JN429905

이해하기 쉬운 고급영양학

박현서 임윤숙 김경아

도서출판 효일
www.hyoilbooks.com

머리말

오래전부터 저자는 이 책을 쓰고 싶었지만 수십 년이 지난 후인 지금에서야 집필할 수 있게 되었다. 영양학이란 화학, 생리학, 물리화학, 생화학 등의 여러 기초학문이 바탕이 되어 발전된 하나의 종합학문으로서 식생활과 연계하여 가장 실감나게 탐구할 수 있는 분야라고 생각한다. 오랫동안 고급영양학을 강의하면서 느낀 것은 선수과목으로 선택하는 각 기초과목이나 영양소의 역할과 기능에 관한 것을 종류별로 설명하였을 때는 학생들이 쉽게 이해하였지만, 인체 내에서 진행되는 대사과정과 접목하여 생리적 또는 생화학적 기능과 통합해 영양소들의 역할을 이해하는 데는 어려움이 있었다. 그러므로 이 책에서는 비타민과 무기질에 관한 기능을 하나하나 순서대로 기술하는 것보다 3대 영양소나 조직에서 일어나는 다양한 대사과정에서 비타민과 무기질의 역할을 접목시켜 설명하는 것이 실질적으로 영양학을 이해하는 데 중요하다고 생각되어 다른 교재와 달리 통합적인 접근 방법을 취했다. 이 책의 내용은 될 수 있으면 요점만 간단하게 이해하기 쉽도록 하는 데 목적을 두고, 다음과 같이 크게 세 부분으로 구성하였다.

첫 번째 부분은 식품을 구성하는 각 영양소가 대사되기 전, 우선적으로 소화 흡수되어 혈액 내로 유입되어야만 대사에 참여할 수 있으므로 기본적인 소화기관을 간략하게 다루었다. 그리고 대부분의 혈중 영양소나 물질의 대사는 다양한 호르몬에 의해 조절되므로 호르몬의 역할과 작용 기전에 관한 설명을 첨부하였다. 또한 체내의 신진대사가 원활하게 이루어지기 위해서는 체액의 물과 전해질 및 산-염기의 평형이 유지되어야 하므로 신장의 기본적인 역할을 요약하고 표와 그림으로 다양한 기능을 종합 설명하였다.

두 번째 부분은 에너지를 생성하는 영양소인 탄수화물, 단백질, 지방질의 대사를 생리적, 생화학적인 관점에서 총괄해 기술하였다. 이때 에너지 대사에 관여하는 비타민으로 강조되는 비타민 B_1, B_2, 나이아신 등의 역할과 단백질 및 아미노산 대사에 관여한 비타민 B_6 등의 역할에 관하여 설명하였다. 이 외에도 3대 영양소의 대사과정과 연계하여 간, 근육, 소장 및 지방조직 등의 역할을 표와 그림으로 설명하였다.

세 번째 부분은 에너지 대사와 관련된 다양한 방법의 체중관리와 그에 따른 문제점을 제시하였고, 대사과정에서 여러 종류의 비타민과 무기질을 가장 필요로 하는 조직으로 골격과 적혈구를 선택하여 대사과정을 통합 설명하였다. 골격대사에 관여하는 호르몬과 골격 형성의 주요 무기질과 비타민으로 칼슘, 인, 마그네슘, 불소 등과 비타민 D, 비타민 C, 비타민 K 등의 기능 및 역할을 첨부하였다. 그리고 적혈구 형성과 관련된 호르몬과 철분, 비타민 B_{12}, 엽산, 비타민 B_6의 역할을 종합해 설명하였다. 또한 질병 발생과 관련해 항산화 영양상태의 중요성을 강조하기 위해 체내 항산화 방어체계와 항산화영양소인 비타민(비타민 C, E, A, 카로티노이드 등 기타 물질)과 무기질(셀레늄, 철분, 구리, 아연 등)의 역할과 기전을 첨부하였다. 이와 같이 구성함으로써 모든 종류의 비타민과 무기질에 관한 내용을 영양소 및 조직과 연계하여 대사되는 과정을 이해할 수 있게 정돈하였다.

이 외에도 생리적인 측면을 고려하여 더 많은 정보를 삽입하고 싶었지만 될 수 있으면 기본적인 요점에 집중시키기 위해 간단하게 하려고 노력하였다. 하지만 아직도 미비한 점이 있음을 인정하여 여러분의 많은 조언을 기대한다. 끝으로 이 책을 출간하기까지 여러 가지로 협조해 주신 도서출판 효일 사장님과 관계자 여러분께 감사의 뜻을 전하고 싶다.

대표 저자 박 현 서

차 례

1 소화기관

2 호르몬과 영양소 대사

3 물과 전해질 및 산-염기 평형

4 탄수화물 대사와 관련 영양소

5 단백질 대사와 관련 영양소

6 지방질 대사와 관련 영양소

7 에너지 균형 및 체중관리

8 골격대사와 관련 영양소

9 적혈구 형성 및 관련 영양소

10 항산화 방어 체계와 관련 영양소

1
소화기관

1. 소화기관의 구성

식품 내 함유된 각각의 영양소를 흡수 가능한 작은 분자로 가수분해하는 과정을 소화라고 하고, 소화된 영양소들이 소장의 점막을 통해 혈액이나 림프로 들어가는 것을 흡수라고 한다. 소화관은 입에서부터 항문까지 9m 정도의 긴 관으로, 음식물이 통과하는 위장관과 음식의 소화를 돕는 소화효소를 분비하는 부속기관으로 나뉜다. 위장관은 구강에서부터 식도, 위장, 작은창자, 큰창자를 포함하며 부속기관으로는 타액선, 간, 담낭, 췌장이 있다(그림 1-1a). 소화기관의 부위에 따라 주로 흡수되는 영양소를 그림 1-1b에 표시하였다.

2. 구강의 구조와 기능

입은 일련의 소화과정이 제일 먼저 일어나는 장소로 타액선에서 분비되는 타액과 음식물을 섞는 저작 작용이 일어난다. 타액은 점액과 항균제뿐만 아니라 전분을 부분적으로 분해시키는 전분분해효소(타액 아밀라아제, salivary amylase)를 가지고 있어서 전분을 짧은 사슬의 올리고당으로 분해시킨다. 저작 작용 후 음식물을 삼키는 연하작용을 통해 음식물이 입에서 식도로 이동하는데 이때 후두가 열리면서 후두개가 호흡기 입구를 막아 음식물이 기도로 들어가는 것을 막으며 타액에 존재하는 점액(mucin)에 의해 음식물이 매끄럽게 넘어가도록 한다.

식도는 인두와 위(stomach)를 연결하는 약 25cm의 소화관으로 구조적으로 위장관과 유사하지만 장막층과 장간막이 없어 점막을 통한 영양소의 흡수에 관여하지 않는다. 식도에 음식물이 들어오면 연동운동에 의해서 음식물이 위로 이동한다. 이때 식도 점막층의 외분비선에서 점액을 분비해 음식물 덩어리가 매끄럽게 위로 이동하도록 도와준다. 식도에는 상부와 하부에 각각 괄약근이 존재하는데 상부 식도괄약근은 음식물을 삼킬 때를 제외하고는 닫혀 있어서 공기가 위로 들어가는 것을 방지한다. 식도 하부에 존재하는 하부 식도괄약근은 정상상태에서는 수축된 상태로 위의 내용물이 식도로 역류하는 것을 방지한다. 예로, 임산부의 경우 하부 식도괄약근이 제대로 수축하지 못해 위산이 역류하여 속 쓰림을 느끼게 된다.

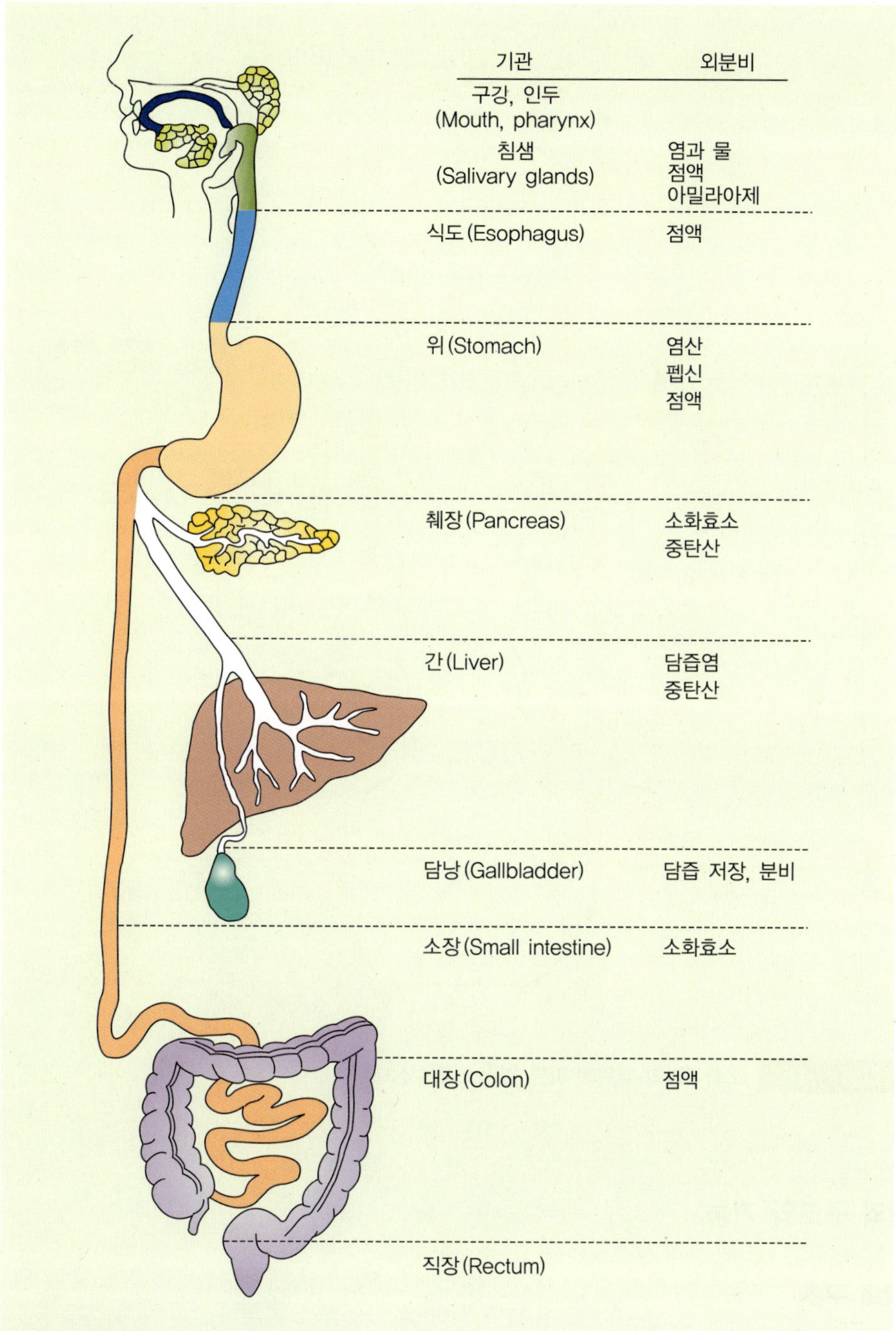

그림 1-1a 소화기관의 구성

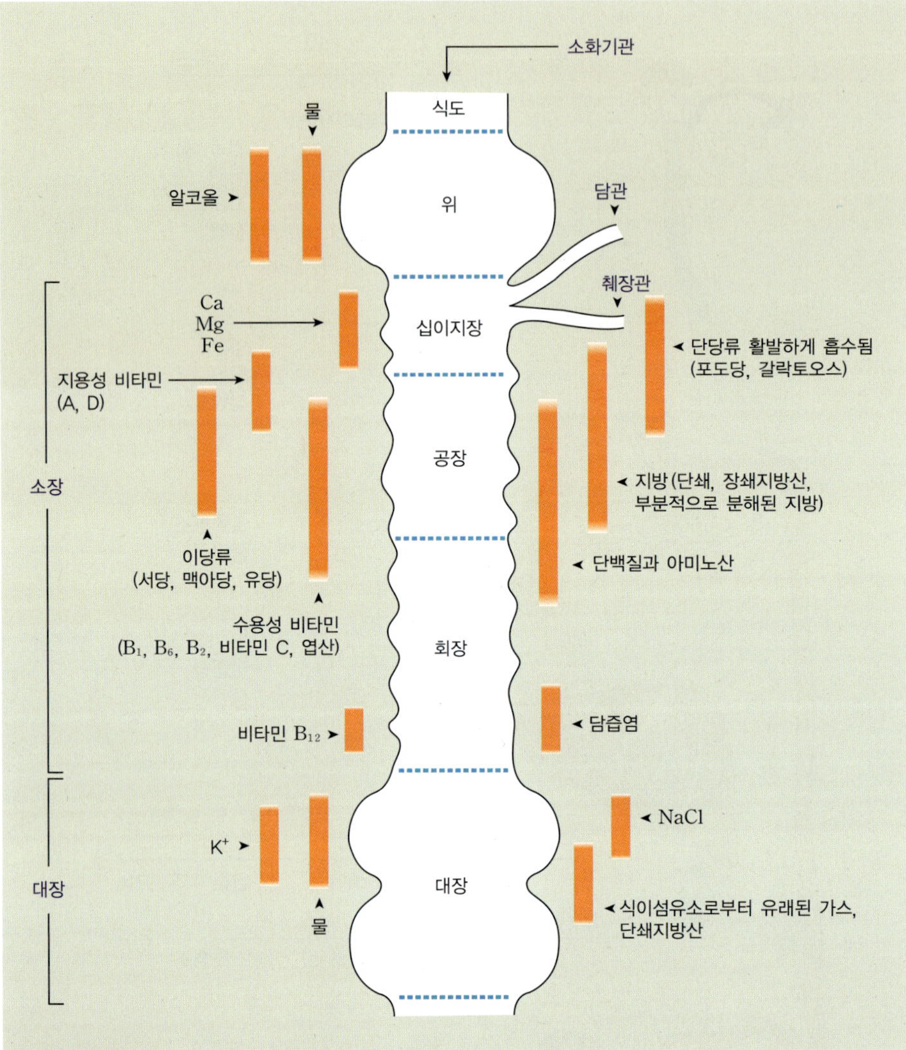

그림 1-1b 소화기관의 부위에 따른 영양소 흡수상태

3. 위장의 구조와 기능

(1) 위장의 구조

위는 J자 모양의 기관으로 위쪽은 식도, 아래쪽은 십이지장과 연결되어 있다. 식도와 연결된 부위를 분문부, 십이지장과 연결된 부위를 유문부라고 한다. 위는 크게 두 부분으로 나뉘는데 분문부보다 위로 올라온 부분을 위저(fundus)라 하고, 그 아래 부분을 위체(body)라고 한다. 이 위체 몸통 부분에서는 주로 점액, 펩시노겐(pepsinogen), 염산 등이 분비되고 특히 위의 하부 부분인 유문부(pyloric antrum)에서는 점액과 펩시노겐 이외에도 호르몬인 가스트린(gastrin)이 분비된다(그림 1-2a).

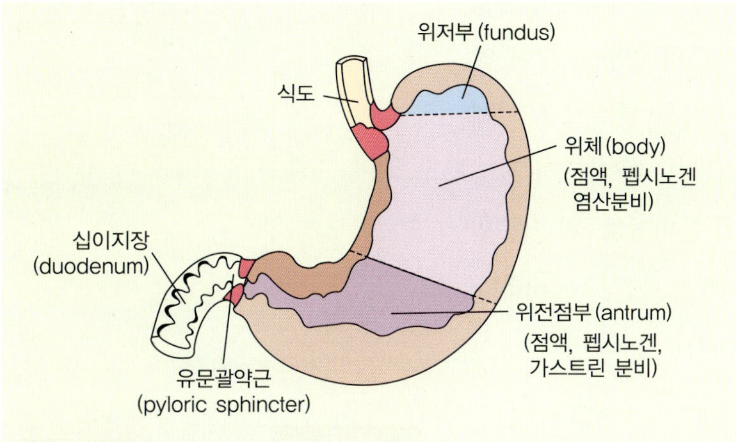

그림 1-2a 위의 구조

위의 내부표면은 긴 주름으로 접혀 있으며 위점막에는 위소와(gastric pit)라고 불리는 함몰 부위가 있다. 위 점막 속주름을 덮는 세포들은 여러 가지 생성물을 위 속으로 분비하며 위선(gastric gland)을 형성한다. 위선을 형성하는 세포들의 종류와 기능은 점액세포에서 분비되는 점액, 벽세포(parietal cell)에서 생산되는 염산, 주세포(chief cell)에서 분비되는 펩시노겐, G세포에서 분비되는 가스트린이다(그림 1-2b). 이 외에도 위점막의 벽세포에서는 비타민 B_{12} 흡수에 필요한 내인성인자(intrinsic factor)를 분비한다(그림 1-3 참조).

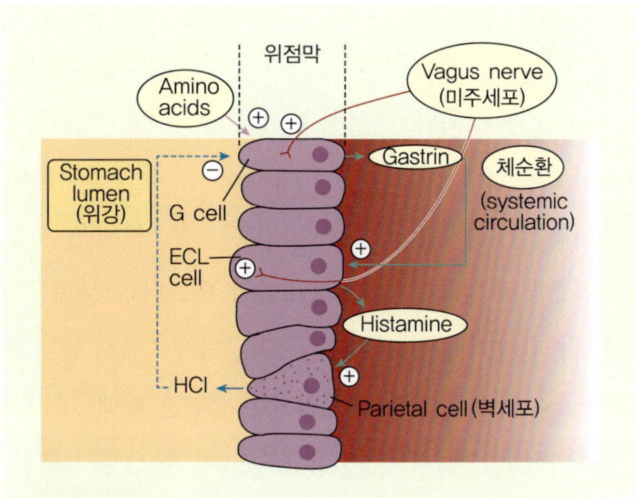

그림 1-2b 위 점막세포와 기능

(2) 위액분비 조절

위 운동과 위액의 분비는 어느 정도 자동화되어 있어서 벽세포에서 분비되는 염산과 주세포에서 분비되는 펩시노겐은 신경과 호르몬의 영향을 받지 않고 부분적으로 소화된 단백질에 의해 자극을 받아 분비된다. 위액은 하루 평균 2000ml 정도가 분비되며, 위 기능의 외부통제 인자로는 뇌상(cephalic phase), 위상(gastric phase)과 장상(intestinal phase)을 들 수 있다.

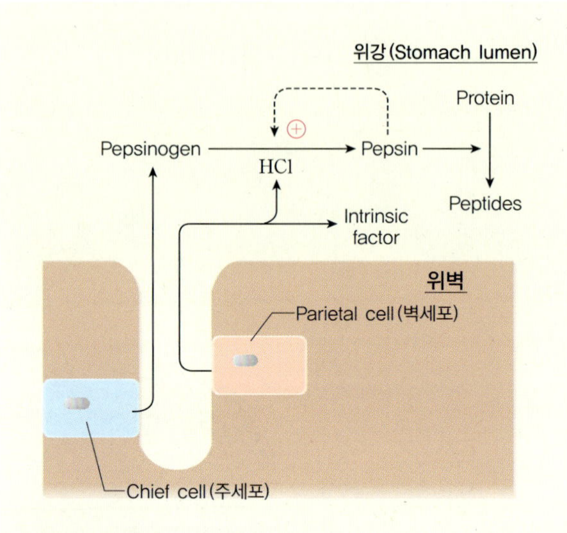

그림 1-3 위강 내에서 pepsinogen이 pepsin으로 전환되는 과정. Intrinsic factor : 내인성인자

1) 뇌상(cephalic phase)

위 기능 조절의 뇌상은 미주신경(vagus nerve)을 통해 뇌의 통제로, 음식에 관해 얘기하는 것, 음식 냄새를 맡는 것, 음식을 보는 것 등을 통해 위액 분비를 자극한다. 이 뇌상은 식사 후 첫 30분간 계속되다가 서서히 사라진다. 미주신경 말단은 G세포와 장크롬친화성세포(enterochromaffin-like cell, ECL cell)를 직접 자극하여 호르몬인 가스트린(gastrin)과 히스타민(histamine)의 분비를 촉진시킨다. 가스트린은 체순환에 의해 위(stomach)로 분비되는데, 위 점막의 장크롬친화성세포에서 히스타민 분비를 자극하고 히스타민은 벽세포를 자극하여 염산을 분비시킨다(그림 1-2b). 벽세포에서 분비되는 염산은 위액을 pH 2 이하의 산성으로 만든다. 위 속의 강산성 환경은 섭취한 단백질의 구조를 변형(denaturation)시켜 소화하기 쉽게 만들고, 펩시노겐(pepsinogen)을 활성형의 펩신(pepsin)으로 전환시키며, 칼슘과 철분을 가용화시켜 흡수를 촉진한다. 펩신은 산성조건에서 더욱 활성화된다. 또한 위산의 강한 산도는 살균의 기능도 가진다(그림 1-3).

2) 위상(gastric phase)

위상이란 위에 도달한 음식물에 의한 자극을 말한다. 음식물에 의한 위의 확장은 가스트린과 히스타민의 분비를 촉진하는데, 가스트린은 주세포에서 펩시노겐을 분비하도록 직접 자극하지만, 벽세포에 대해서는 간접적으로 가스트린이 장크롬친화성세포를 자극하여 분비된 히스타민에 의해 염산이 분비되도록 자극하는 양성피드백 기전이 형성된다. 그러므로 더 많은 염산과 펩시노겐이 분비될수록 단백질의 가수분해가 촉진되어 더 많은 작은 분자의 polypeptide와 아미노산이 생성된다. 그리고 이 가수분해 물질들은 가스트린, 염산, 펩시노겐의 분비를 더욱 가속화시킨다. 반대로, 위상 중 염산 분비는 음성피드백 기전에 의해 조절된다. 위액의 pH가 2.0 이하로 감소되면 가스트린의 분비도 감소하여 염산의 분비 또한 감소한다(그림 1-2b 참조).

3) 장상(intestinal phase)

장상이란 미즙이 소장으로 이동할 때 위의 활동이 억제되는 것을 의미한다. 위액 분비 조절의 억제성 장상은 십이지장에서 일어나는 신경반사와 십이지장에서 분비되는 호르몬에 의한 것이다. 미즙이 십이지장에 도달하면 미주신경(vagus nerve)의 감각뉴런(sensory neuron)을 활성화시키고 위운동과 분비를 억제시키는 신경반사가 일어난다. 그리고 미즙 내 지방도 십이지장을 자극하여 위 기능을 억제하는 엔테로가스트론(enterogastrone) 호르몬을 분비하도록 한다. 위 활동을 억제시키는 소장에서 분비되는 호르몬으로는 소마토스타틴(somatostatin), 콜레시스토키닌(cholecystokinin)과 글루카곤 유사 펩타이드(glucagon-like peptide-1) 등이 있다.

요약하면 위액 분비는 신경과 호르몬의 음성피드백에 의해 조절된다. 첫째로, 위상 동안 위 내의 강산 환경이 추가적인 산 분비를 억제하고, 둘째로, 장상 동안 십이지장으로 들어가는 산성미즙이 위산분비를 억제한다. 이와 같은 음성피드백은 산성미즙이 중화된 상태로 십이지장으로 들어가게 하는데 이는 췌장 효소에 의한 음식물의 소화와 궤양형성 예방에 필수적이다.

(3) 위장의 기능

위는 단백질 소화를 담당하는 주된 기관으로 단백질은 펩신(pepsin)에 의해 위에서 부분적인 소화가 일어난다. 하지만 탄수화물의 소화에 관여하는 아밀라아제는 위 속에서 강산에 의해 불활성화되기 때문에 탄수화물과 지방의 소화는 위에서 일어나지 않는다. 위산은 식이 단백질을 변성시키고 펩시노겐을 단백질 분해효소인 펩신으로 활성화시킨다. 펩신은 섭취한 단백질을 더 작은 단위의 단백질로 분해시킨다. 비록 위가 주요 흡수 기관은 아닐지라도 소량의 물과 지용성 물질 등이 흡수되며 알코올이 빠르게 흡수된다.

4. 췌장의 구조와 기능

(1) 췌장의 구조

췌장은 위(stomarch) 뒷부분의 좌우에 걸쳐 위치하고 있다. 췌장은 다수의 소엽으로 구성되어 있으며 소엽에는 호르몬을 분비하는 랑게르한스섬(Langerhans islets)이라는 내분비 단위와 췌액을 분비하는 선포(acinus)라는 외분비 단위가 있다. 각 소엽의 도관은 췌액의 외분비 경로가 되는 췌관과 연결되고 그 끝은 십이지장의 유두(duodenal papilla)에 연결된다(그림 1-4).

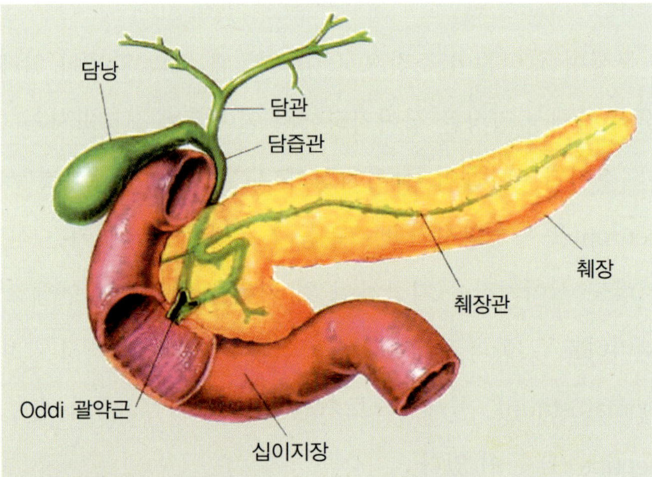

그림 1-4 췌장의 구조

(2) 췌장의 기능

췌장은 내분비와 외분비 기능을 모두 가지고 있는 기관이다. 췌장의 외분비선에서 십이지장으로 분비되는 췌장액은 다량의 소화효소를 함유하고 있으며 이들의 분비는 십이지장 점막에서 분비되는 세크레틴(secretin)과 콜레시스토키닌(cholecystokinin, CCK)에 의해 조절된다. 세크레틴은 십이지장 내 pH가 4.5 이하일 때 분비되며 산성의 미즙이 알칼리성인 췌장액(pH 8.0~8.5)에 의해 중화되기 때문에 십이지장 내 pH 감소는 잠시 동안만 일어난다. 장내 pH에 민감한 세크레틴과는 다르게 콜레시스토키닌(CCK)은 십이지장으로 도달하는 미즙의 부분적으로 가수분해된 단백질과 지방에 반응하여 분비된다.

췌장액은 전분을 소화하는 아밀라아제(amylase), 단백질을 소화하는 트립신(trypsin)과 중성지방을 소화시키는 리파아제(lipase)를 포함한다. 췌장에서 분비되는 소화효소는 불활성 상태인 전구체(proenzyme) 형태로 생산되기 때문에 췌장 내에서 자가소화 될 가능성이 없다. 트립신의 전구체인 트립시노겐(trypsinogen)은 소장 내 미세융모(microvillus)에서 엔테로키나아제(enterokinase)에 의해 트립신으로 활성화되며 이 활성화된 트립신은 췌장액내 다른 불활성효소들의 활성을 촉진시킨다.

내분비 기능은 랑게르한스섬의 β-세포에서 분비되는 인슐린(insulin), 알파(α)세포에서 분비되는 글루카곤(glucagon)과 델타(δ)세포에서 분비되는 소마토스타틴(somatostatin)에 의해 수행된다. 인슐린은 혈당 상승 시 분비되어 포도당이 세포 안으로 유입되도록 촉진한다. 이외에도 인슐린은 간에서 글리코겐(glycogen), 지방 및 단백질 합성을 촉진하며 분해는 억제한다. 반대로 글루카곤은 혈당이 감소되었을 때 분비되어 간의 글리코겐 분해와 포도당 신생합성을 촉진하여 혈당을 증가시킨다. 소마토스타틴은 인슐린과 글루카곤의 상반된 혈당 조절작용을 조절하는 역할을 한다.

5. 간의 구조와 기능

(1) 간의 구조

간은 우리 몸에서 가장 큰 장기로 횡경막 밑의 오른쪽 상복부에 위치하고 있다. 간 중앙 하부에는 문맥, 간동맥, 간관과 림프관이 드나드는 간문이 있으며, 간정맥이 간문 후방에 자리잡고 있다. 간문맥은 소화 흡수된 영양소를 간으로 운반하는 역할을 한다. 간의 모세혈관 형태인 간동양혈관(sinusoid)은 다른 모세혈관과 다르게 기저판(basal lamina)을 가지고 있지 않아서 지방과 콜레스테롤과 같은 비극성 분자를 통과시킬 만큼 투과성이 높다. 간동양혈관은 체내에 필요한 영양소를 온몸으로 공급하고 노폐물을 대정맥으로 보내는 역할을 한다.

간은 간세포에서 생산된 담즙뿐만 아니라 다양한 외인성 물질을 담관으로 분비하여 장으로 배출시킨다. 장으로 배출된 물질들 중 일부는 소장을 통해 재흡수되어 간문맥을 통해 간으로 들어간다. 이 물질들은 간으로 다시 운반되어 간세포에 의해 담관으로 분비된다. 이와 같이 물질이 간과 장 사이에서 재순환하는 과정을 장간순환(enterohepatic circulation)이라고 한다.

(2) 간의 기능

간은 지방의 소화, 흡수에 관여하는 담즙을 생성하고 3대 영양소의 대사, 저장, 분배를 담당하며 해독의 기능도 가진다. 이 대사에 관한 내용은 제4~6장에 자세하게 설명되어 있다.

1) 영양소 대사 및 저장

간은 소장에서 흡수된 영양소들을 대사하고 저장하는 주요 장소로서 소화관에서 흡수된 영양소가 간 문맥을 통하여 간으로 운반되도록 이상적인 위치에 자리하고 있다. 영양소대사와 저장에 관한 간의 역할 중 주요한 기능은 첫째, 혈당조절과 글리코겐, 지방 및 비타민, 무기질의 저장이며, 둘째, 간에서는 혈장 단백질(알부민과 글로불린), 혈액 응고인자(피브리노겐과 프로트롬빈 등) 및 영양소 운반단백질(트랜스페린, 레티놀결합단백질 등)과 지단백질 등이 합성된다. 각 영양소의 대사에 관한 간의 기능은 간략하게 아래 언급하며 관련 장에서 다시 상세하게 다루어진다.

탄수화물 대사

식이 중 탄수화물은 소장에서 포도당으로 가수분해된 후 흡수되어 간문맥을 통해 간으로 운반된다. 간으로 운반된 포도당 중 일부는 혈액으로 운반되어 일정 수준의 혈당을 유지하고, 글리코겐 합성(glycogenesis) 과정을 거쳐 글리코겐으로 저장된다.

저장된 글리코겐은 필요시 일정 혈당치를 유지하기 위해 포도당으로 분해되기도 한다. 간에서는 글리코겐 분해 작용에 의해 혈당을 일정하게 유지하기 힘들 경우, 젖산(lactic acid)같은 작은 분자나 당생성아미노산(glucogenic amino acid), 글리세롤(glycerol) 등의 물질을 이용하여 포도당 신생작용(gluconeogenesis)을 통해 정상 혈당을 유지하게 된다.

단백질 대사

간은 단백질 대사에서 중추적인 역할을 하는 기관으로 체단백질의 저장, 아미노산 대사, 비필수아미노산의 합성, 혈액 단백질 합성, 핵산합성, 요소합성 등에 관한 역할을 담당한다. 아미노산은 탈아미노반응과 아미노전이반응 등을 거쳐 비필수아미노산으로 전환되기도 하고 필요시 에너지와 포도당 생성에 이용되는 물질로 전환된다. 간에서는 혈장 단백질인 알부민(albumin), 글로불린(globulin), 혈액 응고인자인 피브리노겐(fibrinogen), 프로트롬빈(prothrombin) 등이 합성되고, 영양소 운반단백질인 트랜스페린(transferrin), 레티놀결합단백질(retinol binding protein, RBP), 지단백질의 합성도 일어난다. 체내 단백질 대사과정에서 생성된 암모니아는 간에서 요소회로를 통해 독성이 훨씬 약한 요소로 전환되어 소변으로 배설된다.

지방질 대사

간은 중성지방의 합성과 분해, 콜레스테롤 합성과 분해, 지단백질 합성 및 이동, 지방산 합성 및 산화, 케톤체 형성, 담즙산 합성 등이 진행되는 중요한 기관이다. 소장에서 흡수된 단쇄지방산과 글리세롤은 간문맥을 통하여 간으로 운반된다. 간으로 이동한 지방산은 산화되어 에너지 생성과정에 사용된다. 다량의 탄수화물을 섭취한 경우 간에서 중성지방이 합성되어 지단백질 형태로 체내 지방조직 및 에너지가 필요한 조직으로 이동시킨다.

2) 콜레스테롤 합성과 담즙 생성

간은 콜레스테롤을 합성하고 분해하는 주된 기관으로, 합성된 콜레스테롤의 대부분은 담즙산염으로 전환되고, 나머지 콜레스테롤은 지단백질 형태로 간 이외의 조직으로 이동한다. 간에서는 매일 약 0.5g의 콜레스테롤을 담즙산으로 전환시킨다. 담즙산의 약 95%는 회장에서 재흡수되어 간문맥을 통해 간으로 재순환하는 장간순환을 하기 때문에 많은 양의 콜레스테롤이 담즙산으로 전환되지는 않는다.

담즙 생성

담즙은 간에서 하루 500~1000ml 생성되어 간관을 거쳐 담낭으로 이동하여 저장된다. 담즙은 담관을 통해 십이지장으로 분비되어 지방의 소화흡수에 용이하도록 지방을 유화시키는 역할을 한다. 담즙의 주요성분은 담즙산염, 지방산, 레시틴(lecithin), 빌리루빈(bilirubin), 콜레스테롤, 무기질과 수분이다.

빌리루빈은 알부민과 결합된 헴(heme) 유도체로 비장(spleen), 간과 골수에서 생성된다. 유리 빌리루빈(free bilirubin)은 알부민과 결합하여 혈액으로 운반되어 글루쿠론산(glucuronic acid)과 결합한 복합빌리루빈(conjugated bilirubin)이 되어 담즙으로 분비된다. 이는 장에서 장세균에 의해 우로빌리루빈(urobilirubin)으로 전환된다. 우로빌리루빈의 30~50%는 장에서 재흡수되고 간문맥을 통해 장간순환에 의해 간으로 재순환되며 나머지는 일반 순환(general circulation)을 거쳐 신장을 통해 소변으로 배설된다.

담즙산은 콜레스테롤이 분해되어 생성된 유도체이다. 간에서 합성되는 담즙산은 콜릭산(cholic acid)과 케노디옥시콜릭산(chenodeoxycholic acid)으로 글리신(glycine) 또는 타우린(taurine)과 결합하여 담즙산염을 형성한다. 담즙산염은 지방을 유화시키는 역할을 할 뿐 아니라 레시틴과 미셀(micelle)을 형성할 때 지방이나 콜레스테롤을 유입시켜 흡수를 돕는다(제6장 참고).

간에서 생성된 담즙은 농축되어 간 아래에 위치한 주머니 모양의 담낭(gall bladder)에 저장된다. 담즙은 담관을 통해 십이지장으로 배출되는데, 담낭과 십이지장의 연결부위에 위치하는 오디 괄약근(sphincter of Oddi)이 십이지장으로 배출되는 담즙의 양을 조절한다. 십이지장으로 지방이 운반되면 소장점막에서 콜레시스토키닌(cholecystokinin)이 분비되어 담낭을 수축시키고 오디 괄약근을 이완시켜 담즙 분비를 촉진하여 지방의 소화를 돕는다.

3) 해독작용

간은 체내에서 생성된 유해물질과 박테리아로부터 생성된 독소, 약물·화합물에 함유된 독성을 혈액으로부터 담즙으로 보내어 이물질의 배설과 간의 쿠퍼(Kupffer)세포에 의한 식세포작용(phagocytosis)을 통해 제거할 수 있다. 예를 들어 아미노산의 탈아미노반응과 장내 세균작용에 의해 생성되는 암모니아는 유독성이 강한 물질이므로 요소회로를 거쳐 독성이 약한 요소(urea)로 전환되어 소변으로 배설된다. 스테로이드계 호르몬은 수산화반응(hydroxylation)과 황(sulfate) 또는 글루쿠론산과 결합하여 독성이 약한 물질로 전환된 후 체외로 배설된다. 또한 혈액을 통해 간으로 이동한 알코올은 간에 존재하는 여러 효소에 의해 아세트알데히드(acetaldehyde)로 대사되며 이는 다시 신체에 무해한 아세테이트(acetate)로 대사된다.

6. 소장의 구조와 기능

(1) 소장의 구조

소장은 위의 괄약근과 회맹판(ileocecal valve) 사이에 있는 위장관의 한 부분으로 길이는 약 3m이다. 유문괄약근에서 처음 20~30cm 부분을 십이지장, 그 다음 소장의 2/5를 공장, 나머지 3/5을 회장이라 한다. 소장의 벽은 점막층, 근육층, 장막층의 세 부분으로 이루어져 있다. 소장의 점막은 많은 주름으로 이루어져 있으며 내강으로 돌출해 있는 융모(villus)와 융모의 점막세포에 배열된 미세융모(microvillus)로 이루어져 있어서 영양소 흡수 표면적을 증가시킨다(그림 1-5).

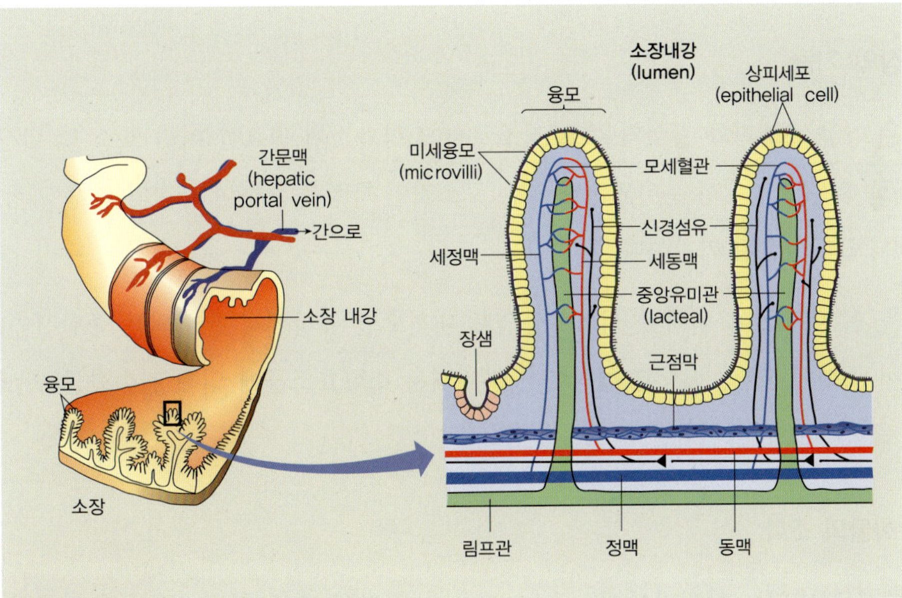

그림 1-5 소장점막과 융모의 구조

융모는 손가락 모양의 점막주름으로 원주 상피세포(columnar epithelial cells)로 덮여있고 점액을 분비하는 배상세포(goblet cell)가 있다. 융모의 결합조직핵을 형성하는 고유판은 림프구, 모세혈관과 중앙유미관(lacteal)을 가지고 있어서, 흡수된 단당류와 아미노산은 모세혈관으로, 지방은 중앙유미관으로 들어간다.

융모의 정상에 있는 상피세포들은 계속해서 떨어져 나가고 융모의 기저로부터 만들어지는 세포들에 의해 대치된다. 미세융모는 각 상피세포막의 정점표면에서 접힘에 의해서 형성되며 이 미세융모는 원주상피세포의 가장자리에 쇄자연(brush border)을 만든다. 그리고 미세융모는 소장에서의 소화를 증진시키는데 소화효소들이 미세융모 세포막에 존재하기 때문이다.

(2) 소화기관 내 음식물의 이동

소장에서 일어나는 두 종류의 장운동은 연동운동(peristalsis)과 분절운동(segmentation)으로 구분된다. 연동운동은 음식물이 소화관을 따라 아래로 쭉쭉 내려가도록 하는 근육의 수축운동이다. 소장의 또 다른 주요 수축운동은 분절운동으로, 이는 장의 환상근육(circular muscle)이 수축해서 장관 수화물이 부서지고 소화효소와 잘 섞이도록 하여 소화흡수를 돕는데 관여한다.

(3) 소장의 기능

소장은 영양소 소화와 흡수의 주요 장소로서 소화과정에 필요한 여러 효소 및 활성물질이 소장 내로 혹은 소장에서 분비되거나 또는 구조적인 특성을 통하여 소화와 흡수 과정이 적절히 진행되도록 발달된 기관이다.

산성을 띤 내용물이 위에서 십이지장으로 내려오면 췌장에서 분비되는 중탄산염에 의해 중화되어 중성이 된다. 소장은 췌장에서 분비되는 소화효소들에 의해 탄수화물, 단백질, 지방질의 소화가 모두 일어나는 장소이다.

1) 탄수화물의 소화

췌장에서 분비되는 아밀라아제(amylase) 효소에 의해 주로 십이지장에서 전분의 소화가 일어난다. 췌장의 아밀라아제는 전분을 가수분해하여 포도당, 이당류인 맥아당(maltose), 삼당류인 말토트리오즈(maltotriose), 짧은 가지사슬의 올리고당 등의 혼합물을 생성한다. 소장 점막에는 이당류 분해 효소로 수크라아제(sucrase : 설탕을 포도당과 과당으로 분해), 말타아제(maltase : 맥아당을 두 개의 포도당으로 분해), 락타아제(lactase : 유당을 포도당과 갈락토오스로 분해)가 존재한다. 이러한 효소작용에 의해 분해되어 나온 단당류들은 2차 능동수송(active transport)에 의해 상피세포막을 거쳐 이동하고 포도당은 나트륨(Na)과 막 운반체를 공유하여 상피세포에서 장 융모 내 모세혈관으로 방출된다.

2) 단백질의 소화

단백질 분해효소인 트립신(trypsin), 키모트립신(chymotrypsin)은 췌장에서 합성되어 전구체 형태인 트립시노젠(trypsinogen)과 키모트립시노젠(chymotrypsinogen)으로 소장 내로 분비된다. 소장에서는 장의 트립신 활성화효소인 엔테로키나아제(enterokinase)에 의해 트립시노젠(trypsinogen)의 일부 펩티드(peptide)를 유리시켜 트립신으로 활성화시킨다. 활성화된 트립신은 키모트립신과 카르복실말단 분해효소(carboxypeptidase)를 활성화시키며, 또 불활성상태의 트립시노젠이 트립신으로 더욱 활성화되도록 촉진한다. 췌장액 효소인 트립신, 키모트립신과 엘라스타아제(elastase)는 폴리펩타이드(polypeptide)사슬 내부의 펩티드(peptide)결합을 절단하기 때문에 펩티드 내부가수분해효소(enteropeptidase)라고 한다. 반면 카르복실말단 분해효소는 폴리펩타이드 사슬의 카르복시(-COOH) 말단으로부터 아미노산을 제거하고, 아미노펩티다아제(aminopeptidase)는 아미노말단($-NH_2$)에서부터 아미노산을 제거하므로 펩티드 외부가수분해효소(exopeptidase)라고 한다. 이러한 효소작용에 의해 폴리펩타이드는 아미노산, 디펩티드(dipeptide), 트리펩티드(tripeptide)로 가수분해된다. 아미노산은 나트륨(Na^+)과 막 운반체를 공유하여 상피세포에서 장 융모 내 모세혈관으로 방출된다. 디펩티드와 트리펩티드는 단일 막 운반체의 작용에 의해 상피세포 내로 들어간 후 세포 내에서 아미노산으로 가수분해되어 혈액으로 운반된다.

3) 지방질의 소화

지방의 소화는 대부분 소장에서 이루어진다. 십이지장에서 분비되는 콜레시스토키닌(CCK)은 담낭에서 담즙 분비를 촉진시키고 췌장의 리파아제(pancreatic lipase) 분비를 자극한다. 췌장에서 분비된 활성화되지 않은 지방분해 보조효소인 코리파아제(colipase)는 소장에서 췌장 트립신에 의해 활성화된 코리파아제(colipase) 형태로 전환된다. 활성화된 코리파아제는 리파아제(lipase)와 유해지방구의 접근을 용이하게 해주며, 중성지방은 리파아제에 의해 지방산과 모노글리세라이드(monoglyceride, MG)로 가수분해된다. 지방산과 MG는 극성을 띠기 때문에 흡수를 위해서는 담즙산염, 레시틴(lecithin), 콜레스테롤로 이루어진 미셀과 결합하여 혼합 미셀이 형성되어야 한다.

지방산과 MG는 미세 융모막을 통해 장내 상피세포 내로 들어가 세포 내에서 중성지방 및 인지질로 재합성된다. 재합성된 중성지방, 인지질과 콜레스테롤은 상피세포 내에서 지단백질인 킬로마이크론(chylomicron, CM)을 형성하여 장 융모의 모세림프관으로 이동한 후 림프를 통해 흉관을 거쳐 정맥으로 이동된다.

7. 대장의 구조와 기능

(1) 대장의 구조

대장은 맹장(cecum), 충수(appendix), 상행결장(ascending colon), 횡행결장(transverse colon), 하행결장(descending colon), 직장(rectum), 항문관(anal canal)으로 구성되는 평균 길이 150cm 정도의 장기이다(그림 1-6). 대장의 점막은 상피세포로 덮여있으며, 소장과는 달리 대장 속에는 융모가 없으나 점액을 분비하는 분비선은 존재한다.

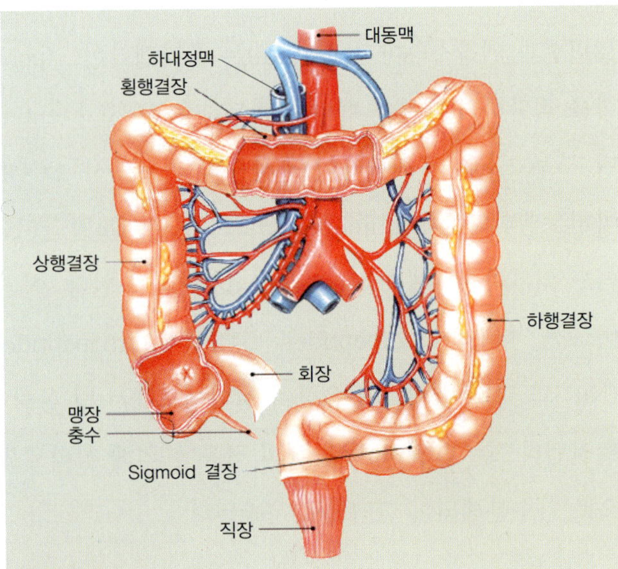

그림 1-6 대장의 구조

(2) 대장의 기능

회장대장 반사(ileocecal reflex)에 의해 대장으로 회장의 내용물이 들어오면 대장에서는 남은 물과 이온을 흡수하고 찌꺼기는 몸 밖으로 배설하게 되는데 대장에서는 주요 수축운동인 분절운동과 집단이동(mass movement) 등을 통하여 점액과 잘 혼합되도록 함으로써 흡수와 이동이 일어난다.

대장은 소화효소를 분비하지 않으므로 소화작용은 일어나지 않는다. 그러나 대장은 두 가지 중요기능을 가진다. 즉, 상행결장은 발효의 주요 장소이고, 하행결장은 수분과 전해질의 흡수와 대변형성의 장소이다. 소장에서 흡수되지 않은 탄수화물들이 대장 내 박테리아에 의해 아세트산(acetic acid), 프로피온산(propionic acid), 부티르산(butyric acid)으로 전환된다. 장내 중탄산(bicarbonate)은 이와 같은 휘발성 단쇄지방산에 의한 산을 중화시켜 이산화탄소와 물을 형성한다. 사람의 대장은 상당량의 단쇄지방산을 흡수하여 케톤체로 대사하거나 간문맥을 통해 다른 조직으로 이동시켜 에너지원으로 쓰기도 한다. 반추동물에서는 이러한 지방산이 에너지원의 70%를 차지하나 사람에서는 아직 이러한 지방산 흡수의 중요성에 대하여 잘 알려져 있지 않다. 대장 내 미생물은 장쇄지방산을 대사할 수 있는 효소를 가지고 있어 이들을 수산화시키는데 이렇게 수산화된 지방산(예로 올레산이 수산화스테아르산으로 전환)은 대장 내 수분 및 전해질의 흡수를 저해하고 배설을 유도한다. 대장 내 박테리아에 의해 소량의 콜레스테롤과 담즙산이 2차 담즙산과 같은 대사산물로 전환되어 대장점막 상피세포의 증식을 촉진하고 세포독성이 있어 세포를 손상시켜 대장암 발생을 유도하는 것으로 보고되고 있다.

소장에서 운반된 미즙은 약 1500 ml이지만 이 중 약 90%는 대장에서 흡수되고 200 ml 미만이 대변으로 배설된다. 대장 내에서 전해질과 수분이 흡수되고 남은 노폐물은 직장으로 보내져서 직장 내 압력을 증가시킨 후 내부 항문 괄약근의 운동에 의해 배변이 일어난다.

2

호르몬과 영양소 대사

2-1. 호르몬의 정의

2-2. 호르몬의 유형과 구조

1. Amine 호르몬
2. Peptide와 protein 호르몬
3. Steroid 호르몬

2-3. 호르몬의 운반 및 대사

2-4. 호르몬의 작용기전

2-5. 내분비선의 호르몬 분비

1. 시상하부와 뇌하수체의 호르몬 분비
2. 그 외 내분비선의 호르몬 분비

2-6. 호르몬의 3대 영양소 대사 조절

1. Insulin 역할
2. Glucagon 역할
3. Epinephrine과 그 외 catecholamine 역할
4. Growth hormone 역할
5. Thyroid hormone 역할

2-1 호르몬의 정의

호르몬은 체내에서 합성되는 일종의 화학적 전달자로서 내분비선(endocrine gland)에서 분비되어 혈액을 통해 작용조직으로 운반된 후 세포나 조직의 활성 조절에 중요한 역할을 한다.

호르몬은 일반적으로 화학적 종류로 3가지 유형, 즉 (1) amine hormones (2) peptide와 protein hormones (3) steroid hormones으로 분류한다. 그러나 요즘은 지질 또는 지방산 유도체(fatty acid derivatives)라고 하여 prostaglandine을 분류에 넣기도 한다.

2-2 호르몬의 유형과 구조

호르몬의 전구체가 될 수 있는 물질은 다음과 같이 구별한다.

1. Amine 호르몬

아민 호르몬(amine hormones)은 tyrosine의 N-함유 아미노산 유도체에서 형성된 호르몬이며, 이 호르몬에는 thyroid hormones(TH)과 부신수질(adrenal medulla)에서 생성된 호르몬이 있다. Thyroxine(T_4)과 triiodothyronine(T_3)은 보통 갑상선 호르몬(thyroid hormone)으로 알려져 있다(그림 2-1). 각 신장의 정수리에 하나씩 부신(adrenal gland)이 있으며, 부신에는 2개의 내분비선, 즉 안쪽에는 부신수질(adrenal medulla)이 있고, 주변에는 부신피질(adrenal cortex)이 있다. 부신수질에서는

① Thyroid hormones (TH) = (T_4와 T_3)

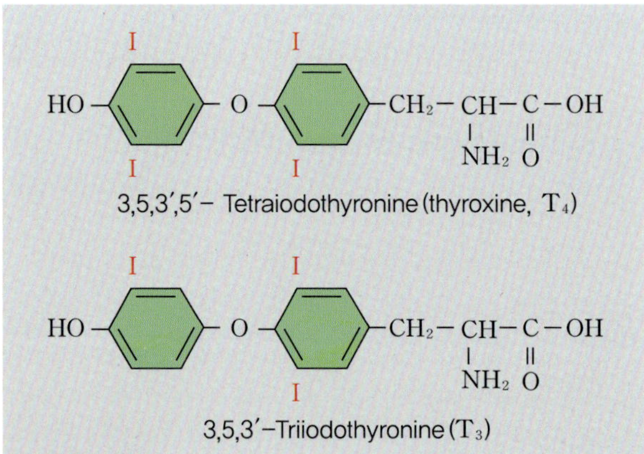

그림 2-1 Thyroxine (T_4)과 triiodothyronine (T_3)의 구조

amine 호르몬인 epinephrine과 norepinephrine (catecholamine계) 이 분비된다 (그림 2-2).

② Adrenal medullary hormones = Epinephrine과 그 외 catecholamines

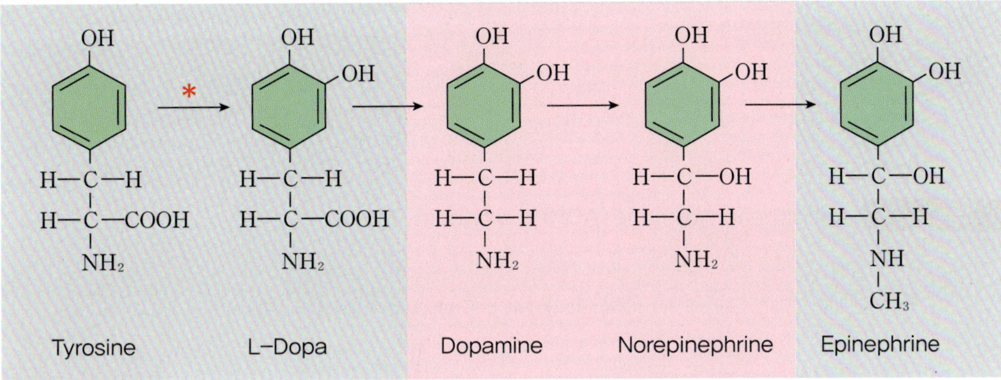

그림 2-2 Catecholamines 생합성 경로

*빨강 별표는 tyrosine hydroxylase 효소가 작용하는 곳이고, 핑크색 부위는 가장 흔한 중추신경계 catecholamine 신경 전달물질이다.

2. Peptide와 protein 호르몬

호르몬의 상당 종류가 peptide 또는 단백질로 구성되었다. 호르몬 크기가 3개의 아미노산으로 구성된 것이 있는가 하면 작은 단백질 크기로 다양하게 존재하지만 전체적으로 보통 peptide 호르몬으로 분류한다. 많은 peptides가 호르몬과 신경전달물질(neurotransmitter)로서 작용을 한다. 예를 들어 소화기관의 내분비선에서 분비된 대부분의 호르몬은 뇌의 신경에서도 분비된다. 호르몬을 분비하는 내분비선에서 분비되는 화학물질은 혈액을 통해서 표적세포(target cell)에 작용하는 호르몬이며, 신경말단 (neuron terminal) 에서 유리된 신경호르몬 (neurohormone) 도 혈액을 통해서 표적세포에 작용하는 호르몬이다. 그러나 신경말단에서 분비되어 나온 화학물질은 연결된 다음 신경이나 작용세포에 작용하는 신경전달물질 (neurotransmitter) 이라고 한다 (그림 2-3, 2-4).

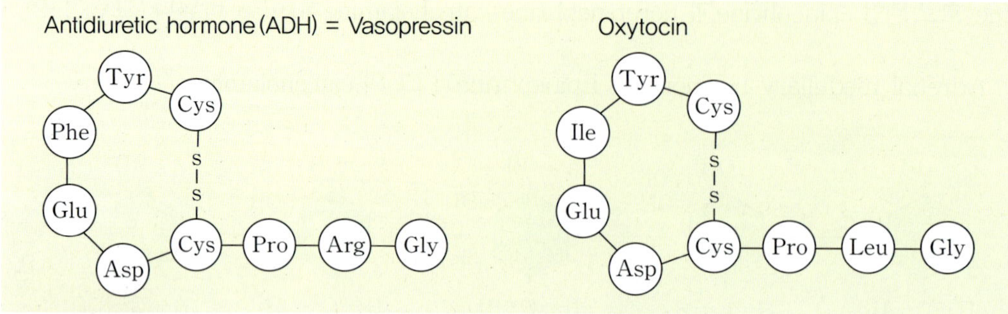

그림 2-3 Antidiuretic hormone (ADH)과 oxytocin 구조

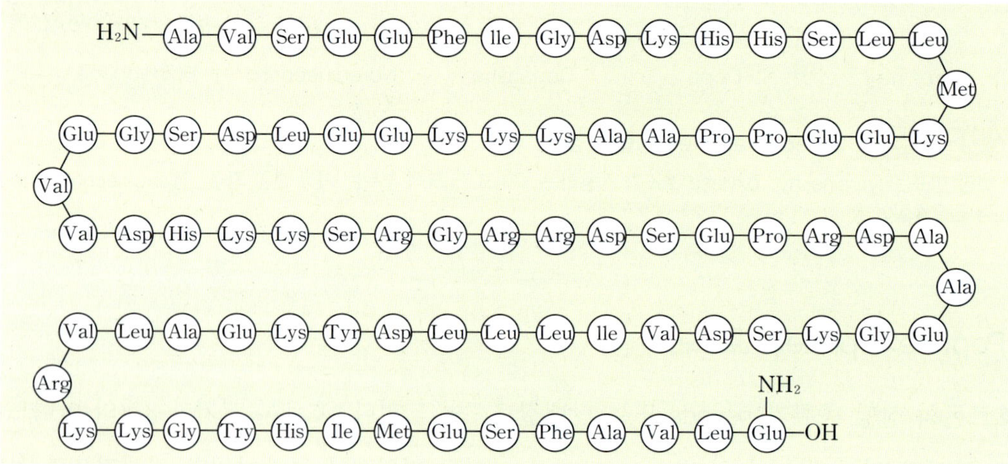

그림 2-4 Parathyroid hormone (PTH) 구조

3. Steroid 호르몬

스테로이드 호르몬(steroid hormones)은 부신피질(adrenal cortex)과 생식선(gonads)인 정소(testes)와 난소(ovaries), 그리고 임신 시 태반(placenta)에서 분비된다. 스테로이드 호르몬의 전구체는 콜레스테롤이며, 대표적인 스테로이드 호르몬에는 cortisol, aldosterone, testosterone, estradiol 등이 있다. 이 호르몬의 생성과정은 그림 2-5에서처럼 콜레스테롤에서 pregnenolone으로 전환되며 이는 다시 생식선에서 분비되는 황체호르몬(progesterone)으로 전환되었다가 남성 호르몬인 testosterone(일종의 androgen), estradiol(일종의 estrogen)로 전환된다. 또한 부신피질에서는 aldosterone과 cortisol(포도당 대사 또는 그 외 유기영양소에 중요한 영향을 주기 때문에 glucocorticoid라고 함)로 전환되어 분비된다.

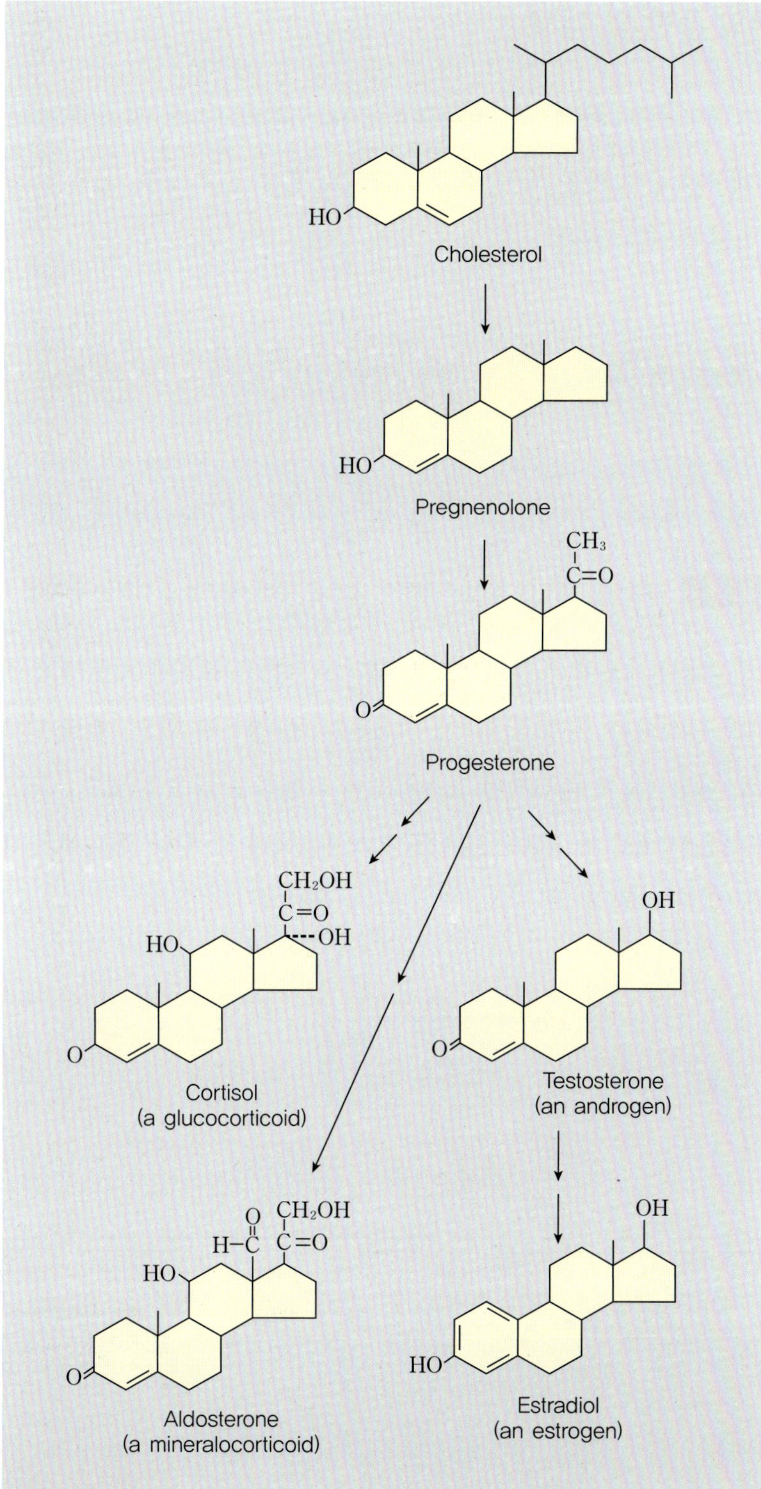

그림 2-5 Cholesterol 에서 합성된 steroid 호르몬

2-3 호르몬의 운반 및 대사

호르몬 분비를 촉진 또는 억제하는 자극원으로 내분비선 세포에 직접 투입 작용하는 인자로는 그림 2-6에서와 같이 이온 또는 영양소 자체의 혈중 농도가 될 수도 있으며, 신경전달물질이나 호르몬이 될 수도 있다.

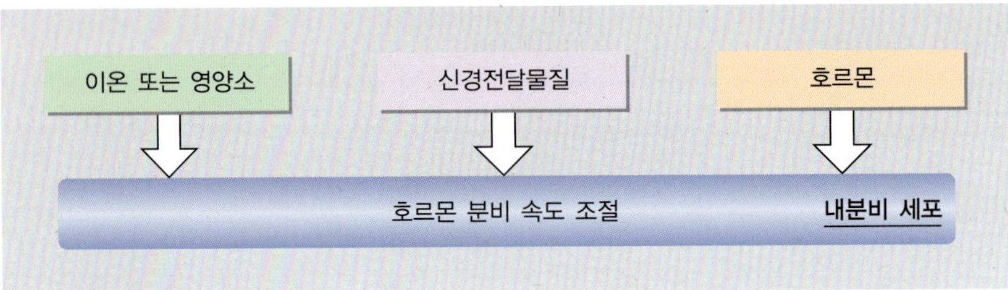

그림 2-6 내분비선 세포에 직접 작용하여 호르몬 분비 속도를 조절하는 인자들

자극원에 따라 내분비세포에서 혈액으로 분비된 호르몬은 표적세포에 직접 작용하는 경우와 대사에 의해서 활성화된 후 표적세포에 작용을 하는 경우가 있고, 혈장 단백질에서 활성화된 호르몬으로 형성되도록 촉진되어 표적세포에 작용하는 경우도 있다. 그러나 이때 작용하지 못한 호르몬은 그대로 배설되는 경우도 있으며, 특히 간 같은 조직에서 대사되어 불활성화되는 경우도 있다(그림 2-7).

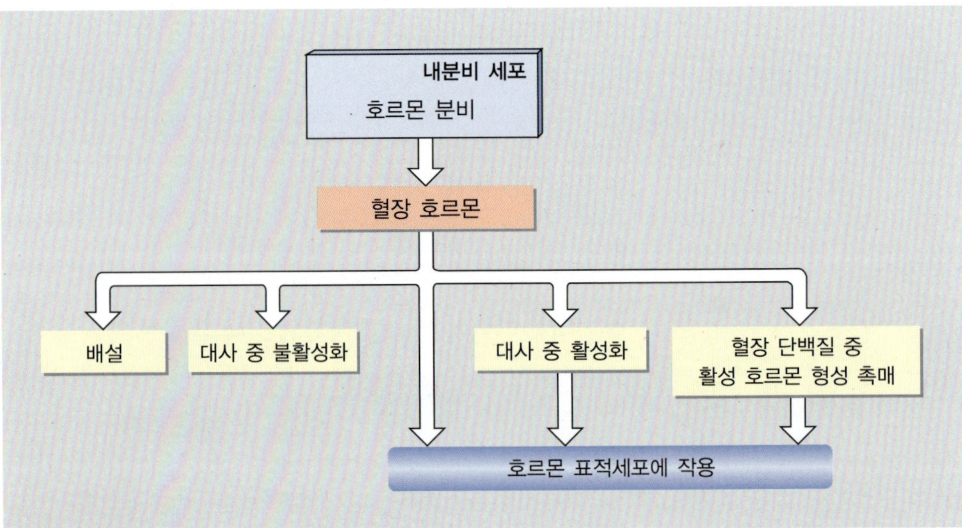

그림 2-7 호르몬의 분비와 활성화 작용

2-4 호르몬의 작용기전

표적세포란 특정 호르몬에 의해서만 영향을 받는 세포를 뜻하며, 호르몬은 항상 표적세포에 작용하는 성질을 보인다. 호르몬의 작용은 두 가지로 구분하여 설명한다. 첫째로, peptides와 catecholamines 같은 호르몬은 혈액에서 다른 물질과 결합하지 않은 형태로 이동하며 호르몬 수용체(receptor)가 세포의 원형질막에 존재하는데, 신호전달은 cyclic AMP 또는 Ca^{2+}, inositol triphosphate(IP_3), diacylglycerol(DAG) 같은 물질에 의해서 전달되고 체외로 배설이 빠른 것이 특징이다. 둘째로, 단백질이 아닌 스테로이드계 호르몬과 갑상선 호르몬은 혈액에서 단백질과 결합해서 운반되며, 호르몬 수용체가 세포 안에 존재하여 결합된 단백질에서 유리된 호르몬은 세포 안으로 들어간 후 핵 안의 수용체와 결합하여 유전자 발현을 촉진하여 단백질 합성을 증가시키며, 배설속도가 느린 것이 특징이다.

호르몬은 서로 상승효과(synergistic effect)를 보이는 호르몬이 있고, 반대로 서로 억제하는 효과를 보이는 호르몬도 있다. 예를 들어 에피네프린(epinephrine)은 지방세포에 단독으로 작용하였을 때보다 갑상선 호르몬(TH)이 같이 존재할 때 지방세포에 있는 에피네프린 수용체가 더욱 활성화되도록 허용하여 더 많은 지방산을 방출하도록 하는 상승 효과가 있다(그림 2-8).

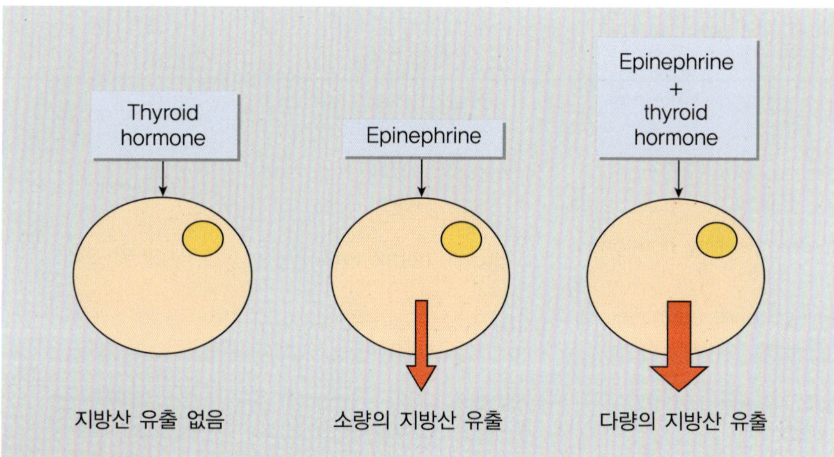

그림 2-8 지방세포에 작용하는 thyroid hormone과 epinephrine의 기능 비교

2-5 내분비선의 호르몬 분비

1. 시상하부와 뇌하수체의 호르몬 분비

시상하부(hypothalamus)와 뇌하수체 전엽(anterior pituitary)에서 분비되는 호르몬은 표 2-1에서와 같다. 시상하부에서 분비되는 호르몬은 hypothalamic releasing hormones(시상하부 방출 호르몬)이라고 하며, 분비되는 호르몬의 종류에 맞추어 뇌하수체 전엽에서 또 다른 호르몬을 분비하도록 조절한다.

시상하부 방출 호르몬에는 corticotropin releasing hormone(CRH), thyrotropin releasing hormone(TRH), growth hormone releasing hormone(GHRH), 성장 호르몬 방출 억제 호르몬인 somatostatin(growth hormone release inhibiting hormone, GIH), gonadotropin releasing hormone(GnRH), prolactin releasing hormone(PRH), prolactin release-inhibiting hormone(PIH) 등이 있다.

시상하부 호르몬이 순차적으로 작용하는 전형적인 패턴은 시상하부에서 분비되는 호르몬에 의해 뇌하수체 전엽에서 분비되는 호르몬이 조절되고, 전엽에서 분비된 호르몬은 혈액을

표 2-1 Hypothalamic releasing hormones에 의해 뇌하수체 전엽에서 분비되는 호르몬과 표적기관 및 분비되는 호르몬

시상하부 분비 호르몬(hypothalamic releasing hormones)	뇌하수체전엽에서 분비되는 호르몬 또는 작용	표적기관 (target organ)	분비되는 호르몬
Corticotropin releasing hormone (CRH)	Adrenocorticotropin (ACTH)	Adrenal cortex	Cortisol
Thyrotropin releasing hormone (TRH)	Thyroid stimulating hormone (TSH)	Thyroid	Thyroxine
Growth hormone releasing hormone (GHRH)	Growth hormone(GH)	기관 및 조직	…
Somatostatin=Growth hormone release inhibiting hormone(GIH)	Growth hormone, TSH 분비억제	…	…
Gonadotropin releasing hormone (GnRH)	Follicle stimulating hormone(FSH) Luteinizing hormone(LH)	Gonads(생식선) (ovaries, testes)	Estrogen Progesterone Testosterone
Prolactin releasing hormone (PRH)	Prolactin	Mammary gland (유선)	…
Prolactin release-inhibiting hormone (PIH)	Prolactin 분비 억제	…	…

통해 운반되어 제3내분비선의 호르몬 분비를 조절하며, 여기서 마지막 분비된 호르몬은 혈액을 통해서 표적세포로 운반되어 대사를 조절한다. 예를 들어 시상하부에서 thyrotropin releasing hormone(TRH)이 분비되면 이에 대응해서 뇌하수체 전엽에서는 thyroid stimulating hormone(TSH)이 분비되어 표적기관인 갑상선을 자극하여 갑상선 호르몬인 thyroxine이 분비되고 혈액을 통해 표적세포로 운반되어 에너지 대사 등을 조절한다.

뇌하수체 전엽에서 분비되는 호르몬 중 기능이 잘 정립된 6가지는 다음과 같다. 부신피질에 작용하는 adrenocorticotropic hormone(ACTH, corticotropin), 갑상선에 작용하는 thyroid stimulating hormone(TSH), 여러 기관과 조직에 작용하는 growth hormone(GH), 생식선에 작용하는 follicle-stimulating hormone(FSH)과 luteinizing hormone(LH), 유방발달과 모유 합성을 촉진하는 prolactin 등이 있다.

뇌하수체 후엽(posterior pituitary)에서 분비되는 호르몬에는 모유 배출 및 자궁 운동성 조절에 관여하는 oxytocin과 신장에서 수분배설을 조절하는 vasopressin(항이뇨 호르몬 : antidiuretic hormone, ADH)이 있다. 실제 이 두 가지 호르몬은 시상하부의 신경세포에서 분비되기는 하지만 이 신경세포의 축색돌기(axone)가 뇌하수체 후엽 내부까지 들어와 있어서 호르몬이 분비되는 곳이 뇌하수체 후엽이기 때문에 후엽에서 분비되는 호르몬으로 취급한다(그림 2-9).

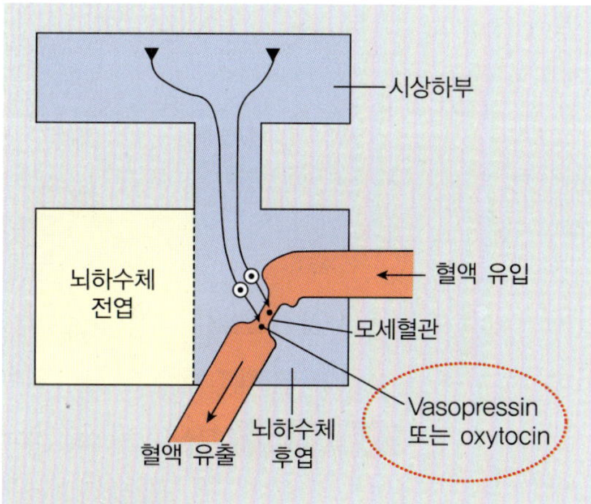

그림 2-9 **Vasopressin과 oxytocin의 분비되는 과정과 분비되는 곳**

2. 그 외 내분비선의 호르몬 분비

그림 2-10에서와 같이 부신(adrenal gland)은 부신피질(adrenal cortex)과 부신수질(adrenal medulla)로 구성되어 있다. 부신피질은 부신의 제일 밖에 위치하고 있으며 여기서 분비되는 호르몬은 3가지로 분류한다. 스트레스나 면역시스템 등에 작용하는 cortisol, 신장

에서 Na, K, 산 배설 조절에 관여하는 aldosterone, 여자에서 성욕을 유도하는 androgens이 있다. 부신수질에서 분비되는 호르몬은 신진대사 조절, 심혈관기능, 스트레스에 반응하는 epinephrine과 그 외 catecholamines이 있다.

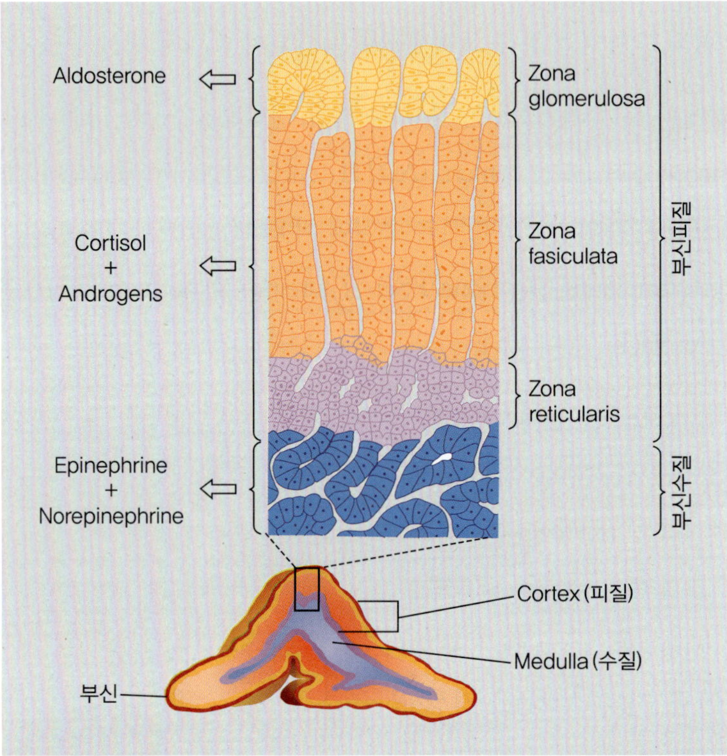

그림 2-10 부신(adrenal gland)의 피질과 수질에서 분비되는 호르몬

갑상선에서 분비되는 호르몬에는 신진대사 속도, 성장, 뇌 발달과 기능에 관여하는 thyroxine (T_4)과 triiodothyronine (T_3)이 있고, 혈액의 Ca 농도를 조절하는 calcitonin이 있다. 부갑상선 (parathyroids) 에서는 혈액의 Ca과 P 농도를 조절하는 부갑상선 호르몬 (parathyroid hormone, PTH)을 분비한다.

생식선(gonads)에서는 생식기계에 관여하는 호르몬으로 여자의 난소(ovaries)에서는 estrogen과 progesterone을 분비하고 남자의 정소 (testes) 에서는 testosterone을 분비한다. 그 외 췌장 (pancreas)에서는 혈당 및 신진대사를 조절하는 호르몬인 insulin, glucagon, somatostatin을 분비한다 (표 2-2).

표 2-2 주요 호르몬의 종류와 주요 기능 요약

내분비선	분비되는 호르몬	표적기관 및 주요 기능
시상하부 (hypothalamus)	시상하부 분비호르몬 Oxytocin Vasopressin	뇌하수체전엽에서 호르몬 분비조절 뇌하수체후엽에서 분비됨 뇌하수체후엽에서 분비됨
뇌하수체전엽 (anterior pituitary)	Growth hormone (somatotropin, GH)	
	Thyroid-stimulating hormone (TSH, thyrotropin)	갑상선 자극해 호르몬 분비촉진
	Adrenocorticotropic hormone (ACTH, corticotropin)	부신피질 자극해 호르몬 분비촉진
	Prolactin	유방 성숙과 유즙 합성
	Gonadotropic hormone : Follicle-stimulating hormone (FSH) Luteinizing hormone (LH)	Gonads
뇌하수체후엽 (posterior pituitary)	Oxytocin Vasopressin (antidiuretic H : ADH)	모유 배출 및 자궁 운동성 조절 신장에서 수분배설 조절
부신피질 (adrenal cortex)	Cortisol Androgens Aldosterone	스트레스, 면역시스템에 반응함 여성에서 성욕 유도 신장에서 Na, K, 산 배설 조절
부신수질 (adrenal medulla)	Epinephrine Norepinephrine	유기적 신진대사 조절, 심혈관기능, 스트레스에 반응
갑상선 (thyroid gland)	Thyroxine (T_4), Triiodothyronine (T_3) Calcitonin	신진대사율, 성장, 뇌발달과 기능. 혈장 Ca 농도조절
부갑상선 (parathyroids)	Parathyroid hormone (PTH)	혈장 Ca과 P 농도조절
생식선 (gonads)	Ovaries : estrogen, progesterone Testes : testosterone	생식기계, 유방 성장과 발달 생식기계, 성장과 발달
췌장 (pancreas)	Insulin Glucagon Somatostatin	유기 신진대사, 혈장 포도당

2-6 호르몬의 3대 영양소 대사 조절

여러 가지 호르몬은 3대 영양소뿐 아니라 미네랄 대사에도 관여하지만 당질, 지방질, 단백질 대사에 가장 유의한 역할을 하는 호르몬의 작용 기전에 관하여 요약하여 기술하고자 한다.

3대 영양소의 대사는 호르몬이 가지고 있는 명령에 따라 조절된다. 그러나 체내 생리적인 상황에 따라 필요한 호르몬이 분비된다. 다음은 주로 3대 영양소 대사에서 자주 거론되는 호르몬을 위주로 간략하게 호르몬의 작용을 설명하고자 한다.

1. Insulin 역할

신체의 생리적인 조건에 따라 분비된 호르몬에 의해서 포도당, 지방산, 아미노산 대사는 동화작용(anabolism) 또는 이화작용(catabolism)을 하게 된다. 동화작용을 증진하는 호르몬인 insulin은 역 조절호르몬(counterregulatory hormone)인 glucagon, epinephrine, cortisol, growth hormone 등 사이의 상호작용에 의해서 영양소 대사를 정교하게 조절한다. Insulin의 영향은 동화작용 또는 다른 호르몬의 분해작용을 방해하는 호르몬이다(표 2-3).

식사 후 혈중 포도당 농도가 증가하면 insulin이 췌장의 β-cell에서 분비되어 다른 peptide 호르몬과 마찬가지로 지방세포, 골격근육, 심근육, 섬유아세포(fibroblast), 적혈구 등의 여러 조직의 세포표면 수용체에 결합하여 포도당이 세포막을 통과해서 운반되는 것을 촉진한다. Insulin은 glycogen synthase 효소의 활성화를 촉진하여 글리코겐 합성을 증진하며, glycogen phosphorylase 효소를 억제하여 글리코겐 분해(glycogenolysis)를 억제한다. 혈중 포도당 농도가 증가하면 glycogen synthase가 더욱 활성화되어 간 조직 내에 글리코겐 축적이 증가된다. Insulin은 골격근육에서 글리코겐 합성을 촉진하고 글리코겐 대사 조절에 중요한 역할을 하며, 지방조직에서는 지방생성(lipogenesis)과 지방축적을 촉진한다. 당뇨병환자에서는 인슐린 저항조직(insulin-resistant tissue), 즉 인슐린 수용체 수효가 감소하기도 하지만 수용체의 감수성 감소로 인해 insulin 신호전달에 약화를 초래하여 포도당이 세포내로 유입이 어려워 정상적인 대사가 어려워진다. 특히 insulin에 대한 감수성이 높은 지방조직, 골격근육, 심장근육에 포도당 공급이 저조하게 되어 혈중 포도당 농도가 높은 상태로 유지된다.

Insulin과 glucagon은 지질대사에서 중요한 역할을 한다. Insulin 농도가 증가되면 지방생성과 지방축적이 촉진되고, 기아상태와 같은 경우처럼 insulin 농도가 감소되며, glucagon 농도가 상승되면 지방분해(lipolysis)와 지방산 산화가 촉진된다. 열량 섭취량과 열량 소비량의 균형에 따라 혈중 insulin 농도에 의한 지방생성 또는 지방분해가 일어날지가 결정된다. 만일 glucagon 수준이 높거나 또는 정상인데 insulin 수준이 감소된다면 굶는 동안 에너지를 공급하기 위해서 저장된 지방의 분해가 필요하며, 반대로 glucagon에 비해 insulin의 상대적 수준이 더 높다면(예 : 식사 후) 세포 안으로 포도당 운반이 증가되고 포도당 사용이 증가하여 지방합성이 증가되며, 지방분해는 억제되어 저장되는 지방량이 증가된다. 지방조직은 insulin 작용의 중요한 기관으로서 기능한다. 지방조직에 저장된 지방산은 소화기관과 간에서 지방조직으로 chylomicron이나 VLDL로서 운반된 지방산과 포도당에서 합성된 지방산으로 구성되어 있다. Insulin은 지방조직의 세포표면의 수용체와 결합하여 혈중 유리지방산을 세포 안으로 유입시켜 지방축적이 일어나도록 한다. 사람에서는 간과 지방조직이 지방 합성의 주된 기관이다. 간에서는 지방을 새롭게 합성하기도 하지만 지방 조직에서 유리되어 나온 혈중 유리지방산의 대부분을 제거할 능력이 있다. 예를 들어 혈장의 유리지방산 수준이 낮은 경우에는 간으로의 유리지방산 유입이 감소하며, 혈장의 유리지방산 수준이 높은 경우에는 간으로 유입되는 유리지방산량이 증가한다.

지방대사에 영향을 주는 주된 호르몬으로 insulin, glucagon, epinephrine, norepinephrine이 있는데 glucagon과 catecholamine은 adenylate cyclase 효소를 활성화시켜 cAMP 생성을 증가시킨다. 이때 thyroid hormone (TH) 또는 growth hormone (GH)은 지방세포가 catecholamine에 더 민감하도록 변형시켜 지방세포 내에 존재하는 adenylate cyclase 활성도를 더 강화시켜주는 역할을 한다.

아미노산 대사도 신체의 생리적인 조건에 따라 분비된 호르몬에 의해서 동화작용 또는 이화작용을 하게 된다. Insulin은 혈중 아미노산을 세포 안으로 운반하여 조직 단백질 합성에 아미노산 이용을 증가시키고 혈중 아미노산 농도를 감소시킨다. 이로 인해 간 조직 내 단백질 분해가 감소되고 조직 단백질 함량이 더 증가하게 된다. 이때 혈중 아미노산 중 발린(Val), 이소류신(Ile), 류신(Leu), 메티오닌(Met), 타이로신(Tyr), 페닐알라닌(Phe) 농도가 가장 변화무쌍하고 이들 단백질들이 근육으로 유입된다. 또한 지방조직, 유선, 늑연골(costal cartilage), 골수세포, 백혈구, 그 외의 조직으로 아미노산이 더욱 유입된다. 이와 같이 insulin은 전체적으로 세포 안으로 아미노산 유입을 증가시켜 단백질 합성을 증가시키는 역할을 한다.

표 2-3 인슐린 작용 요약

	간	지방조직	근육
항분해작용 결과 (Anticatabolic effects)	↓ Glycogenolysis ↓ Gluconeogenesis ↓ Ketogenesis	↓ Lipolysis	↓ Protein catabolism ↓ Amino acid output
동화작용 결과 (Anabolic effects)	↑ Glycogen synthesis ↑ Fatty acid synthesis ↑ TG synthesis	↑ Glycerol synthesis ↑ Fatty acid synthesis ↑ TG synthesis	↑ Glucose uptake ↑ Amino acid uptake ↑ Protein synthesis ↑ Glycogen synthesis

2. Glucagon 역할

췌장의 α-cell에서 분비되는 glucagon은 인슐린의 작용과는 반대로 adenylate cyclase를 활성화하여 cAMP 생성을 증가시킨다. 이로 인해 간에서 glycogen phosphorylase가 활성화되고 글리코겐 분해(glycogenolysis)가 촉진되어 글리코겐에서 포도당 생성이 증가한다. 그러므로 글루카곤은 글리코겐 분해제(glycogenolytic agent)라고 한다. Glucagon은 간에서 글리코겐 분해를 조절하는데 epinephrine보다 더욱 강력하며, 당신생(gluconeogenesis) 작용을 증가시킨다. 예를 들어 alanine, lactate, pyruvate 같은 작은 입자에서 포도당을 합성한다. 또한 기아상태, 저혈당증(hypoglycemia), 운동 후와 같은 경우에 간에서는 당분해(glycolysis)가 감소되고 포도당 공급이 감소되어 glucagon 분비가 증가한다.

Glucagon은 cAMP 생성을 증가시켜 지방조직에서 지방분해를 자극하여 간과 이외 조직에서 에너지원으로 사용할 유리지방산(free fatty acid)과 glycerol 유출을 증가시킨다. Glucagon은 간에서 유리지방산의 산화와 케톤체 형성을 증가시키고, 중성지방의 분해를 증가시킨다. 이와 같이 혈중 insulin과 glucagon 비율은 대사의 평형유지에 중요한 요인이 되며, insulin은 glucagon의 지방분해 작용보다 항지방분해 활성(anti-lipolytic activity)이 더 강하다. 그러나 간에서 글리코겐 분해에 의한 포도당 방출은 insulin의 억제작용보다 glucagon의 글리코겐 분해 촉진효과가 더 강하다. 그러므로 insulin에 비해 glucagon 농도가 더 높을 때는 간에서 유리지방산 산화가 증가하고, 혈중 케톤체가 증가한다. 이에 반하여 고당질식사를 하면 혈중 glucagon 농도에 비해 insulin 농도가 더 높아져서 포도당 사용이 증가하고, 당신생 작용이 감소하며 간에서 유리지방산 산화가 감소한다.

Glucagon은 단백질 대사에서도 합성보다 분해를 촉진하여 근육에서 단백질 분해가 일어나 혈액으로 아미노산 중 Leu, Ile, Val을 더 유출시키며, 간에서는 유출되어 나온 아미노산을 이용해서 포도당 합성을 증가시킨다. 즉 glucogenic 아미노산인 Gly, Ala, Glu, Phe 등을 사용한 당신생작용이 증가되며, 아미노산에서 탈락된 아미노기를 제거하기 위해서 요소 합성이 증가된다. 예를 들어 3~4일간 단식하였을 때 혈중 glucagon 농도가 증가하여 중추신경계와 적혈구에 포도당을 공급하기 위해 간에서 당신생작용이 증가하여 아미노산에서 포도당으로의 전환이 증가한다. 그러나 만일 기아상태가 지속되면, 근육 단백질이 더 이상 분해되는 것을 막기 위해 뇌에서는 열량원으로 케톤체 사용에 적응하여 당신생작용을 감소시키도록 적응한다.

3. Epinephrine과 그 외 catecholamine 역할

Epinephrine과 그 외 catecholamine이 분비되면 세포막의 adenylate cyclase 효소가 활성화되어 cAMP 생성이 증가되고 조직의 glycogen phosphorylase 효소의 활성화가 증가된다. 그러면 골격근육에서는 글리코겐 합성이 감소되고, 글리코겐 분해가 촉진되어 혈액으로 포도당 유출이 증가하여 조직에서 에너지원으로 사용된다. 사람의 골격근육에서 포도당은 극심하게 활동할 때 잠깐 동안 사용되는 에너지원이며 지방산과 케톤체 산화능력이 크다. Epinephrine과 그 외 catecholamine은 간에서 당신생작용과 글리코겐 분해를 조절하는 강한 자극제이다. Glucagon과 epinephrine은 둘 다 cAMP 형성을 촉진하지만 당질대사에서는 Glucagon이 훨씬 더 강력한 작용을 한다.

Epinephrine과 그 외 catecholamine은 또한 강한 지방질 분해제(lipolytic agent)이기 때문에 이와 같은 호르몬이 분비되면 지방분해가 증가되어 혈장으로 유리지방산 유출이 증가되고 조직(간, 신장, 심장, 골격근, 허파 등)으로 유리지방산 유입이 높아져 에너지원으로 사용된다.

Catecholamines 외에도 ACTH, TSH, glucagon 등은 adenylate cyclase 효소를 활성화시켜 cAMP 생성이 증가하여 지방조직, 간, 심장, 골격근의 hormone-sensitive lipase(HSL)라는 효소를 활성화시킨다. 이로써 지방분해가 촉진되어 조직 밖으로 유리지방산이 유출되므로 에너지원으로 사용이 가능하다. 운동이나 추위에 노출되거나 또는 정신적 압박감(emotional stress)이 있을 때는 교감신경계(sympathetic nervous system)를 통해서 혈중 유리지방산 농도가 증가한다.

4. Growth hormone 역할

만성적으로 성장호르몬(growth hormone, GH)을 투여하면 글리코겐 분해가 증가하고, 간에서 포도당 유출이 증가하여 혈중 포도당 농도가 증가한다. 그리고 GH는 지방조직에서 지방분해를 증가시켜 지방산 유리를 증가시키며 포도당의 인산화를 방해하여 포도당 사용을 억제한다. 그러므로 GH를 장기간 지속적으로 투여하면 insulin 분비가 높은데도 고혈당증이 되는 경우가 많다. 만일 GH 투여가 계속되면 당뇨병 또는 β-cells에 퇴행성 변화를 초래하게 된다. 예를 들어 정상인에 비해 GH 농도가 높은 선단거대증(acromegaly patient)인 사람 중 당뇨병을 가진 사람의 비율이 20%가 더 높았다.

GH가 분비되면 지방조직에서 지방분해가 증가하여 조직 내로 유리지방산 유입이 증가하므로 근육에서 지방산 산화가 증가하며 간에서는 케톤체 생성이 증가한다. 이때 glucocorticoid는 GH의 지방분해 작용을 최대화하여 지방합성을 감소시킨다. 그러나 지방분해는 GH보다 catecholamine, ACTH, glucagon에 의해 더 활발하다. 정상적으로 보통 GH 투여는 지방분해를 증가시키고 지방합성은 감소시키므로 지방대사에서 분해효과를 보인다. 예를 들어 선단거대증 환자는 체지방량이 정상인보다 더 낮았다. 때로는 비만 치료효과를 보기 위해서 GH를 투여하는 경우가 있는데 이 방법을 장기간 사용하면 위에서 언급한 것과 같이 당뇨병이 초래될 위험성이 있을 뿐 아니라 다른 부작용 증세도 유발될 수 있으므로 비만 치료 차원에서 이 방법을 권장해서는 안 된다.

5. Thyroid hormone 역할

Thyroid hormone인 thyroxine(T_4)은 catecholamine과 서로 상승 작용을 하여 T_4 분비가 증가되면 catecholamine에 의한 글리코겐 분해와 지방분해 효과가 증가된다.

TH 농도가 높아지면 말초조직에서 단백질 분해를 증가시켜 유리되어 나온 아미노산은 간으로 유입되어 당신생 작용에 이용된다. 그리고 지방분해를 증가시켜 지방에서 유리된 글리세롤 함량이 증가되고 결과적으로 포도당 생성이 증가하여 비정상 포도당 내성이 생기는 경우가 있다. 실제로 갑상선 항진증(hyperthyroidism)에서는 포도당 내성이 증가한다. 이때 포도당을 공급하면 혈중 포도당 또는 insulin 농도가 정상보다 상당 시간 지속적으로 높게 유지된다.

TH는 지방대사에서 glucagon, TSH, ACTH, GH 호르몬과도 서로 상승 작용을 하여 각 호르몬에 의한 지방 유출을 증가시킨다. TH에 의해 증가한 유리지방산 유출은 지방산의 산화를 증가시킨다. 갑상선 항진증에서는 간과 말초조직 등의 여러 기관에서 유리지방산의 유입과 지방산의 산화작용이 증가한다.

이 외에도 glucocorticoid는 catecholamine에 의해서 유도된 지방분해를 더욱 증가시키는 상승효과가 있어 유리지방산과 글리세롤 농도가 증가한다. 또한 ACTH도 투여하면 지방분해를 증가시켜서 혈중 유리지방산 농도를 증가시키며 간의 지방량이 증가하고 케톤체 생성이 증가한다.

3
물과 전해질 및 산-염기 평형

3-1. 신장의 생리기능

1. 신장구조와 소변의 체계
2. 기본적인 신장 기능
   (1) 사구체 여과
   (2) 세뇨관의 재흡수
   (3) 세뇨관의 분비

3-2. 산과 염기 균형 및 조절시스템

1. 체액의 전해질과 수소이온 급원
2. 산-염기 평형 조절
   (1) 체액의 pH 변화에 대한 제1차적인 방어시스템
      1) 중탄산 완충 시스템
      2) 인산 완충 시스템
      3) 단백질 완충 시스템
   (2) 체액의 pH 변화에 대한 제2차적인 방어시스템
      1) 호흡에 의한 방어기전
      2) 신장을 통한 방어기전

3-3. 체액의 pH와 건강상태

1. 호흡성 산과다증
2. 대사성 산과다증
3. 호흡성 알칼리혈증
4. 대사성 알칼리혈증

3-4. 신장의 물과 염(salt) 평형

1. 신장의 수분 평형 조절
2. 신장의 전해질과 Na^+/K^+ 평형
3. 신장의 Na^+, K^+와 H^+ 사이의 관계
4. 혈액량과 호르몬 분비

3-1 신장의 생리기능

1. 신장구조와 소변의 체계

신장은 한 쌍을 이룬 기관으로 횡격막과 간 아래의 척추 양쪽에 위치한다. 각 신장은 일백만 개 이상의 기능적 단위인 네프론(nephron)이 소량의 결체조직으로 결합되어 있으며 혈관, 신경 및 림프도 함유하고 있다(그림 3-1). 신장에서 생성된 소변은 신우(renal pelvis)로 나가고 요관(ureter)을 통해 방광(urinary bladder)으로 흘러 들어간다. 신장의 피질(cortex)은 적갈색이고 과립상으로 밖으로 향해있으며 수질(medulla)은 색깔이 더 엷고 줄무늬 모양을 하고 안쪽으로 향하고 있다.

네프론은 소변을 만드는 신장의 주요 기능 단위이다. 하나의 네프론은 세뇨관(tubule)과 연결된 작은 혈관으로 구성되어 있으며, 모세혈관 여과에 의해 형성된 여과액은 세뇨관으로 흘러 들어가 소변으로 변한다.

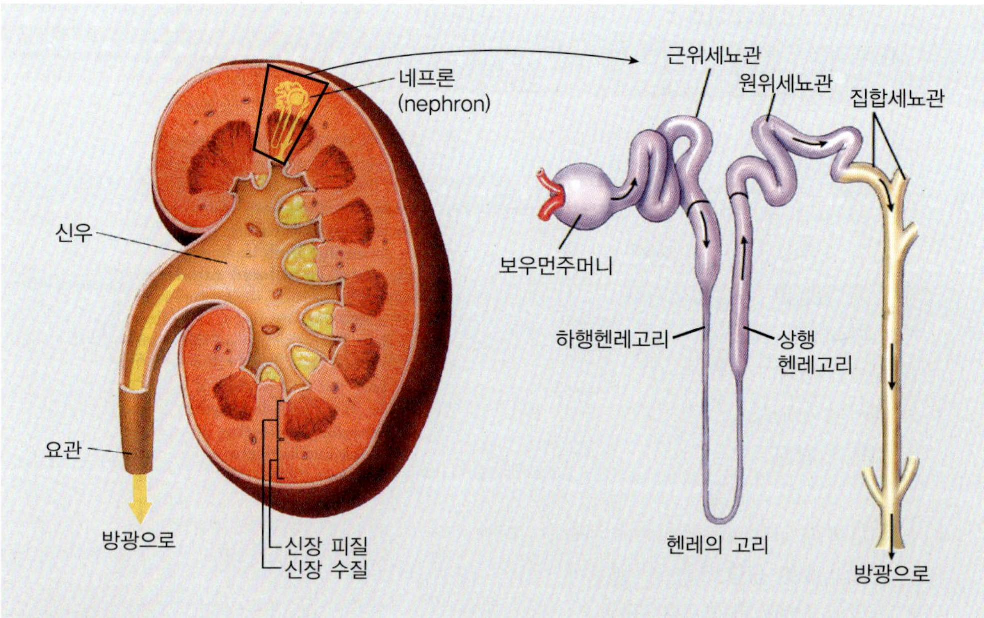

그림 3-1 신장의 단면도와 네프론(nephron)의 기본구조

2. 기본적인 신장 기능

신장의 주요 기능은 소변 형성을 통해 세포외액을 조절하는 것이다. 소변을 형성하는 과정에서 신장은 기본적으로 첫째, 혈장량을 조절하고, 둘째, 혈중 노폐물의 농도를 조절하며, 셋째, 혈장 내 전해질 (Na^+, K^+, HCO_3^-) 농도를 조절하고, 넷째, 혈장의 pH 등을 조절한다. 소변을 형성하는 과정을 수행하기 위한 네프론의 기능은 3가지 기본 요소로 구성된다(그림 3-2). 즉, 사구체 여과작용과 세뇨관의 재흡수 및 세뇨관의 분비에 의해 역할을 수행하며, 부가 설명은 다음과 같다.

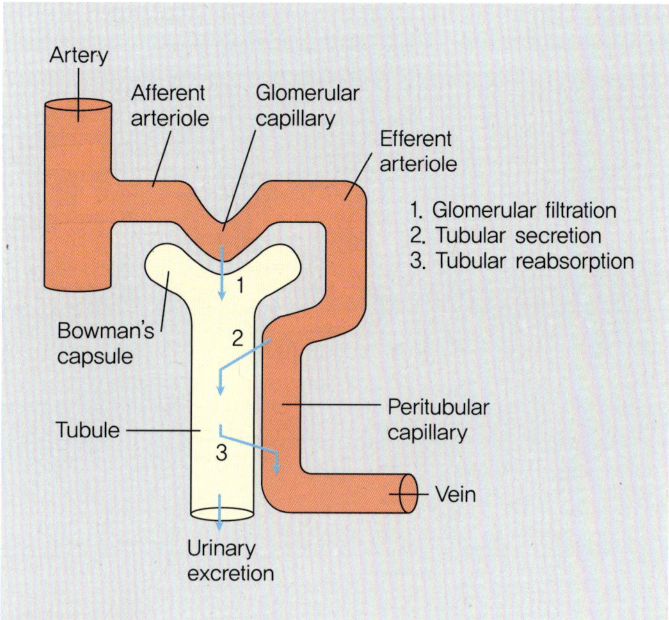

그림 3-2 신장 기능의 3가지 기본 구성요소

1. glomerular filtration(사구체 여과), 2. tubular secretion(세뇨관의 분비), 3. tubular reabsorption(세뇨관재흡수), artery(동맥), afferent arteriole(구심성세동맥), Bowman's capsule(보우만 주머니), glomerular capillary(사구체 모세혈관), efferent arteriole(원심성세동맥), peritubular capillary(세뇨관 주위 모세혈관), tubule(세뇨관), vein(정맥), urinary excretion(소변배출)

(1) 사구체 여과(glomerular filtration)

그림 3-3에서 보는 바와 같이 여러 개의 구심성 세동맥(afferent arteriole)에 의해서 혈액이 사구체(glomerulus) 내로 운송되고 이 사구체는 보우만 주머니(Bowman's capsule) 안으로 뻗어서 들어가며, 사구체 모세혈관은 다시 원심성 세동맥(efferent arteriole)에 의해서 보우만 주머니를 떠나 모세혈관으로 나뉘어서 세뇨관 주위 모세혈관(peritubular capillary)으로 피질의 세뇨관 모든 부위를 싸는 망상조직을 형성하기 위하여 수없이 많은 가지를 친다. 소변 형성은 사구체 여과작용에 의해서 시작된다. 사구체 여과란 사구체 모세혈관의 혈액에서 단백질과 혈구를 제외한 모든 물질이 확산에 의해서 보우만 주머니의 세포막을 통해 세뇨관 강 내로 모두 여과되는 것을 일컫는다. 이 사구체 여과액이 세뇨관을 통과하는 동안 소변

이 형성된다. 실질적으로 혈장은 단백질을 제외하고는 소변과 거의 같은 수준의 물질이 함유되어 있다.

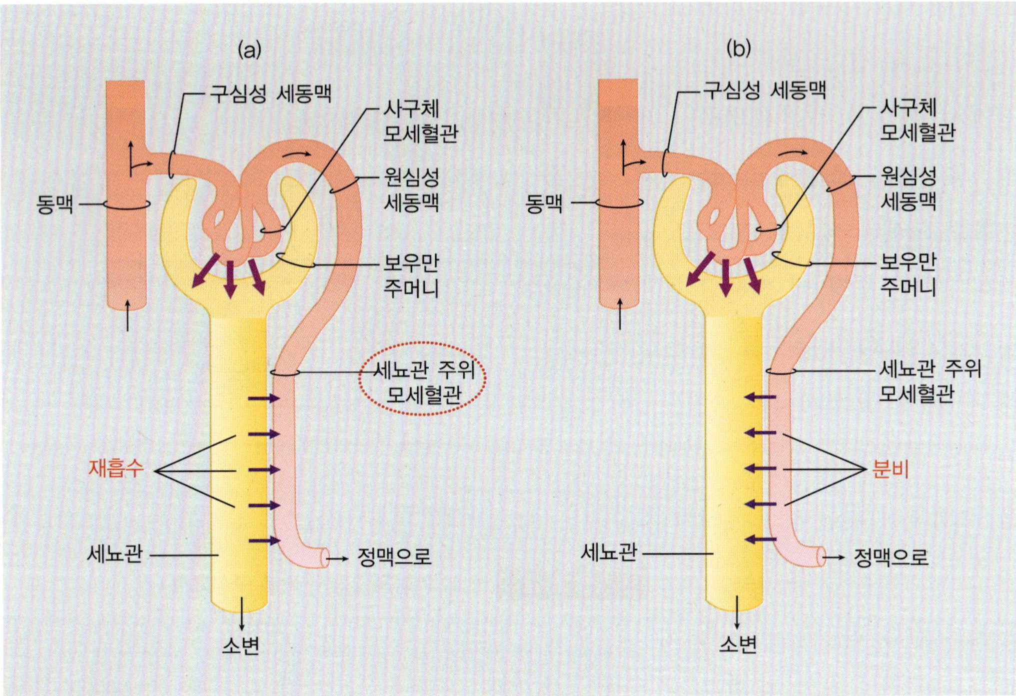

그림 3-3 (a) 세뇨관의 재흡수 과정 (b) 세뇨관의 분비 과정

(2) 세뇨관의 재흡수(tubular reabsorption)

세뇨관(tubule)은 세뇨관 주위 모세혈관 망상 조직과 직접적으로 결합되어 있어 세뇨관 주위 혈액과 세뇨관 강 내 사이에는 물질이 운반되는 유연관계가 있다. 물질이 세뇨관 강에서 세뇨관 주위 모세혈관의 혈액 쪽으로 운반되는 이 과정을 세뇨관의 재흡수라고 한다(그림 3-3a).

사구체 여과액의 내용물은 세뇨관을 통과하여 신우(renal pelvis)로 들어오는 동안 형성된 소변의 구성 성분과는 상당히 다르다. 왜냐하면 사구체에서 여과된 물질이 전부 소변으로 배설되는 것이 아니라 세뇨관에서 혈액 쪽으로 재흡수되므로 여과액이 보우만 주머니에서 세뇨관을 통과하는 동안 그 구성성분이 변화하기 때문이다. 중요한 물질이 신사구체에서 여과되는 양과 소변으로 배설되는 양을 비교하였을 때 물은 99%가 세뇨관에서 혈액 쪽으로 재흡수 되었고, Na^+은 99.5%, 포도당은 100%, 요소는 44%의 재흡수율을 보였다(표 3-1). 이와 같은 결과의 중요한 점은 첫째, 여과된 양이 엄청난 양으로서 일반적으로 체내에 함유된 양보다도 훨씬 더 많은 양이다. 둘째, 폐기산물의 재흡수는 비교적 불완전하다. 예로 요소의 경우 44%만이 재흡수되고 여과된 양의 상당 부분이 소변으로 배설된다. 셋째로, 물이나 무기이온, 유기 영양소의 경우 비교적 완전하게 재흡수되며, 극미량만이 소변으로 나가는 경우가 있다. 신장은 혈중 영양소 농도를 직접적으로 조절하지는 않지만 혈중 영양소 농도를 정상적인 수준으로 유지하기 위해 변화를 최소화한다.

표 3-1 혈중 Na, 포도당, 요소의 여과와 세뇨관 재흡수

물 질	하루 여과량	하루 배설량	재흡수율(%)
물(L)	180	1.8	99.0
Na(g)	630	3.2	99.5
포도당(g)	180	0	100
요소(g)	54	30	44

(3) 세뇨관의 분비(tubular secretion)

세뇨관의 분비작용은 반대로 세뇨관 주위 모세혈관에서 세뇨관 쪽으로 물질이 더 이동되어 더 많은 양이 소변으로 배출된다(그림 3-3b). 모세혈관에서 세뇨관 쪽으로 분비되는 가장 중요한 물질은 수소 이온(H^+)과 칼륨 이온(K^+)이다. 이 외에도 많은 종류의 유기 이온이나 크레아티닌(creatinine) 같은 대사산물, 외부에서 들어온 화학물질, 페니실린 등이 있다. 이와 같이 혈중 내 불필요한 물질을 세뇨관 쪽으로 분비해서 배출시키는 것을 세뇨관의 분비(tubular secretion) 과정이라고 한다. 다시 말해서 소변으로 배설되는 물질의 함량이란 것은 사구체에서 여과된 물질량과 혈액에서 세뇨관 쪽으로 분비되는 양을 합친 것에서 세뇨관에서 혈액 쪽으로 재흡수된 양을 뺀 함량과 같은 양을 뜻한다.

Na^+은 세뇨관에서 재흡수는 되지만 분비는 되지 않는다. 중탄산 이온(HCO_3^-)은 여과된 후 다시 재흡수가 일어나며, 포도당은 100%가 재흡수된다. 그러나 K^+이나 황산이온(SO_4^{-2}), 인산이온(PO_4^{-3}), 요소, 요산, 크레아티닌 등은 신사구체에서 모두 세뇨관의 분비작용에 의해 소변으로 배설된다. Mg^+과 Cl^-은 세뇨관의 분비에 의해 여과액에 존재하는 양보다 더 많은 양이 소변으로 배설된다(표 3-2).

표 3-2 세뇨관의 재흡수 및 분비과정 후 혈장, 여과액, 소변 내 물질농도

물 질	농도 (mEq/L)		
	혈 장	여과액	소 변
Sodium (Na^+)	142	142	128
Potassium (K^+)	5	5	60
Calcium (Ca^{2+})	4	4	5
Magnesium (Mg^{2+})	3	3	15
Chlorine (Cl^-)	103	103	134
Bicarbonate (HCO_3^-)	27	27	14
Sulphate (SO_4^{2-})	1	1	33
Phosphate (PO_4^{3-})	2	2	40
물 질	농도(mg/dL)		
	혈 장	여과액	소 변
Glucose	100	100	0
Urea	26	26	820
Uric acid	4	4	53
Creatinine	1	1	196

3-2 산과 염기 균형 및 조절시스템

1. 체액의 전해질과 수소이온 급원

체액 내 함유된 Na^+, K^+, Mg^{2+}, Ca^{2+}, Cl^-와 같은 무기이온은 모두 식이를 통해서 얻어진다. 그러나 체내에 존재하는 수소이온(H^+)들은 첫째, 포도당이 호기성 호흡 상태에서 완전 대사되어 나온 탄산가스(CO_2)가 탄산(carbonic acid, H_2CO_3)으로 전환되어 HCO_3^-과 함께 생성한 H^+, 둘째, 혐기성 호흡 상태에서 포도당 대사에 의해 생성된 젖산(lactic acid)에서 나온 H^+, 셋째, 인지질(phospholipid)과 인단백질(phosphoprotein) 및 핵단백질(nucleoprotein)의 가수분해 시 생성된 인산에서 나온 H^+, 넷째, 함황아미노산이 산화되어 생성된 황산에서 나온 H^+, 다섯째, 당질 섭취가 부족하여 지방산이 불완전하게 산화되어 생성된 케톤체(ketone bodies)가 높을 경우 생성된 H^+ 등으로 구성된다(그림 3-4). 이 외에 지방산, 피루브산(pyruvic acid), 구연산(citrate), 요산(uric acid) 등에서도 H^+가 나오지만 혈액에는 산과 염기의 평형을 조절하는 완충시스템이 존재한다. 그러므로 체액의 H^+ 농도가 증가하면 세뇨관 액으로 H^+ 분비를 증가시켜 소변으로 배설시키므로 체액의 H^+ 농도는 정상으로 회복되는 것이다.

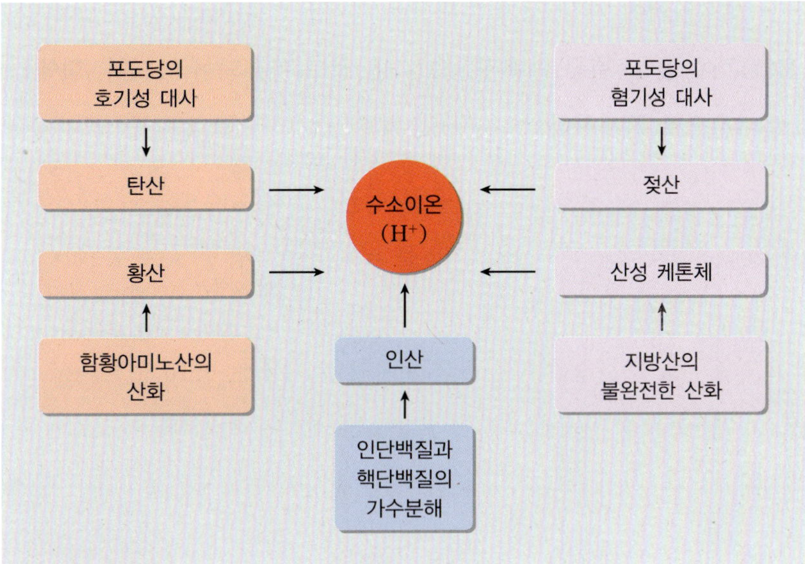

그림 3-4 **대사과정에서 생성되는 수소이온 급원**

생물학 체계에서는 양이온(+)과 음이온(−)의 함량이 전기적으로 동일하게 균형을 이루고 있다. 다음 그림 3-5에서와 같이 총 체액의 약 60%가 세포내액(intracellular fluid, ICF)이며, 40%는 세포외액(extracellular fluid, ECF)으로 구성되는데, 이 세포외액의 약 20%는 혈장이며 나머지는 세포 사이의 액체, 즉 세포간질액(interstitial fluid)으로 구성되어 있다.

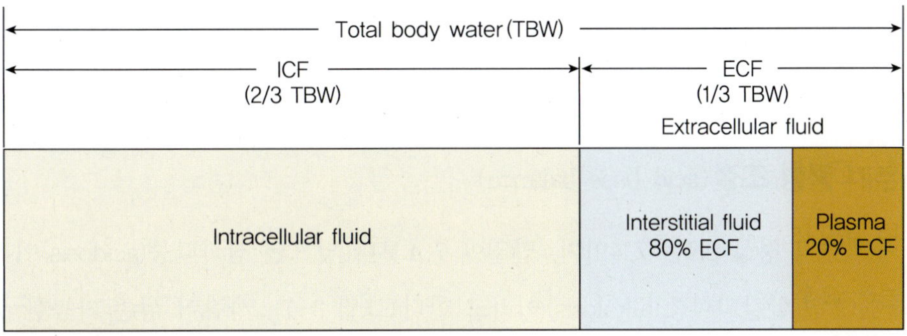

그림 3-5 **세포내액과 세포외액의 구성 비교**

TBW = 체내 총 수분량, ECF = 세포외액 (extracellular fluid), ICF = 세포내액 (intracelluar fluid)
interstitial fluid = 세포간액, plasma = 혈장

그림 3-6에서 보는 바와 같이 세포내액에 가장 많이 존재하는 양이온으로는 K^+(140meq), Mg^{2+} 등이 있고 Na^+ 이온도 적은 양 존재한다. 음이온으로는 유기물질인 PO_4^{3-}(인산이온)과 HCO_3^-이 존재하며, 체세포질량(body cell mass, BCM) 중 23%가 단백질인데 주로 음이온

으로 존재한다. 세포외액에 가장 많이 존재하는 양이온으로 Na^+(140 meq)이 있고, 음이온으로는 Cl^-과 HCO_3^-이 있다. 혈중 단백질은 7 g/dL 정도 함유되어 있으며, 혈액의 pH 범위 내에서는 거의 음이온으로 존재한다.

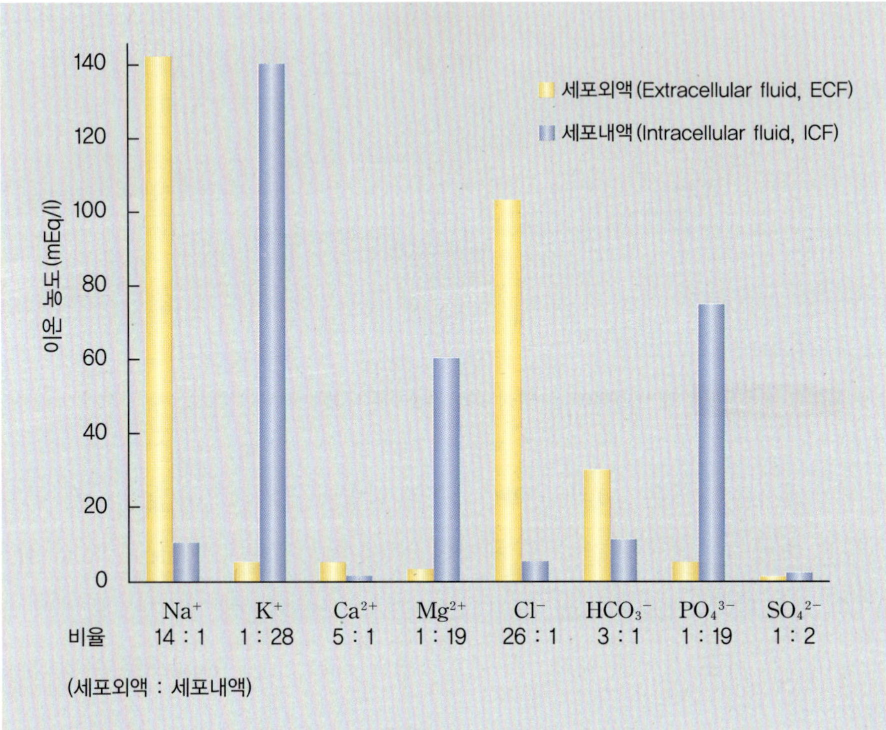

그림 3-6 세포외액과 세포내액에 존재하는 전해질 농도비교

2. 산-염기 평형 조절(acid-base balance)

보통 동맥혈의 정상 pH는 7.4이며, 만일에 7.4보다 낮으면 산과다증(acidosis)이라 하고, 7.4보다 높으면 알칼리혈증(alkalosis)이라고 한다(그림 3-7). 사람이 생존 가능한 pH 범위는 7.0~7.8로 동맥혈의 pH가 몇 시간 이상 7.0 이하로 떨어지거나 7.8 이상으로 상승하면 사람은 생존할 수가 없다. 그러므로 체액의 pH 변화에 저항하기 위해서 다음과 같은 방어 시스템이 존재한다.

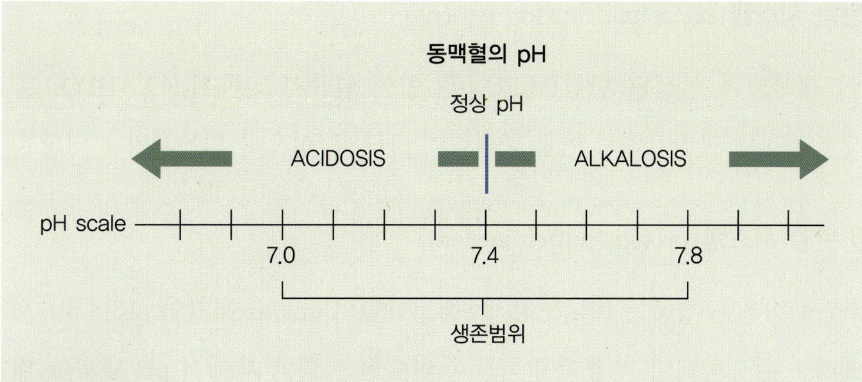

그림 3-7 산과다증(acidosis)과 알칼리혈증(alkalosis) 정의

(1) 체액의 pH 변화에 대한 제1차적인 방어시스템

체액의 pH 변화에 저항하기 위한 제1차적인 방어시스템으로 매우 빠르게 진행되는 화학적 완충작용에 의해 정상을 유지하는 방법이 있다. 혈액에서 완충 기능을 하는 시스템에는 ① 중탄산 완충시스템, ② 인산 완충시스템, ③ 혈장 단백질과 헤모글로빈 등이 있다.

1) 중탄산 완충 시스템(bicarbonate buffer system)

중탄산 완충시스템은 체내 완충 시스템 중 75%에 해당된다. 만일 혈중 H^+ 농도가 증가하여 pH가 낮아지면 이 H^+을 중화하기 위해서 HCO_3^-은 다음과 같이 반응하여 탄산(H_2CO_3)을 형성하고 궁극적으로 물과 탄산가스로 전환된다. 이와 같은 기전에 의해 H^+ 농도를 낮추어 항상 정상으로 유지하려고 한다.

$$\uparrow H^+ \text{ 농도} + HCO_3^- \rightleftharpoons H_2CO_3 \rightleftharpoons H_2O + CO_2$$

그러나 만일에 H^+ 농도가 낮아서 pH가 높아지면 다음과 같은 반응에 의하여 H^+를 생성하여 pH를 낮추어 준다.

$$H_2O + CO_2 \rightarrow H_2CO_3 \rightarrow \uparrow H^+ \text{ 생성} + HCO_3^-$$

2) 인산 완충 시스템(phosphate buffer system)

단백질이 대사되어 생성된 인산(H_3PO_4)은 인산 완충시스템($-H_2PO_4/-HPO_4$)을 형성하여 H^+ 농도가 증가하면 마찬가지로 이를 중화하여 pH를 정상으로 회복시키는 역할을 한다.

3) 단백질 완충 시스템(protein buffer system)

혈액 내 단백질을 구성하는 아미노산 중 히스티딘의 imidazole기의 pK는 6.6으로 생리적 pH 범위에서는 완충능력이 가장 우수하므로 단백질은 혈액 내에서 pH 변화에 대처하는 완충 역할을 한다. 또한 적혈구의 헤모글로빈도 생리적 pH 범위에서 완충 역할을 한다.

(2) 체액의 pH 변화에 대한 제2차적인 방어시스템

제2차적 방어시스템은 pH 변화에 대한 저항이 시작되기까지 몇 분이 소요되는 생리적 완충 시스템으로 호흡과 신장을 통한 방어기전이 있다.

1) 호흡에 의한 방어기전

만일 H^+ 농도가 증가하면 다음과 같은 중탄산 완충 시스템에 의한 이산화탄소(CO_2) 생성이 증가하여 호흡을 통해 체외로 배출시켜 세포외액(ECF)의 H^+ 농도를 조절하여 pH를 정상화시킨다. 이와 같이 혈장의 H^+ 농도는 호흡시스템을 자극하여 공기유통을 증가시키므로 더 빨리 CO_2를 체외로 배출시켜 혈장의 CO_2 농도를 낮추는 반응이 계속 일어날 수 있다.

$$\uparrow H^+ \text{ 농도} + HCO_3^- \rightarrow \uparrow H_2CO_3 \rightarrow H_2O + \uparrow CO_2 \text{ 생성}$$

그러나 만일 세포외액의 H^+ 농도가 감소하면 폐포의 통풍(alveolar ventilation)이 감소하고 CO_2 축적이 증가되어 다음과 같이 H^+ 생성이 증가되므로 pH가 정상으로 회복된다.

$$\uparrow CO_2 \text{ 축적} + H_2O \rightarrow \uparrow H_2CO_3 \rightarrow \uparrow H^+ \text{ 생성} + HCO_3^-$$

위의 반응은 H^+가 실제로 신장에 의해 제거되기 전에 체액의 H^+가 증가되는 것을 막기 위해 일어나는 중화작용이다.

2) 신장을 통한 방어기전

만일 단백질 섭취가 높으면 아미노산 대사가 증가하여 황산과 인산 형성이 증가하므로 체액의 H^+ 농도가 증가한다. H^+ 농도가 증가하면 신장의 세뇨관 내로 H^+ 분비가 증가하여 소변으로 H^+ 배설을 증가시키고 HCO_3^-를 재흡수함으로써 체액의 H^+ 농도를 정상으로 회복하여 혈액의 pH를 조절한다. H^+는 일단 두 가지 방법에 의해 여과액으로 들어오는데, 즉 사구체를 통한 여과와 세뇨관 내의 분비에 의해 들어온다. 근위세뇨관(proximal tubule)에서 대부분의 H^+ 분비는 Na^+ 재흡수와 교환하므로 Na^+와 H^+는 서로 반대방향으로 상반되게 운반되는 것이다. 이 외에도 신장을 통해서 혈장의 pH를 조절하는 시스템에서는 다음 그림 3-8, 3-9에서와 같이 인산($H_2PO_4^-/HPO_4^{2-}$)과 암모니아($NH_3-NH_4^+$) 완충시스템의 활발한 작용에 의해서 혈장의 pH가 정상으로 유지된다.

인산($H_2PO_4^-/HPO_4^{2-}$) 완충시스템에 의해 세뇨관액에 존재하는 인산이온(HPO_4^{-2})은 사구체에서 여과된 후 세뇨관에서 모세혈관 내로 다시 재흡수되지 않도록 세뇨액의 H^+와 결합하여 소변으로 배설하여 pH를 정상으로 조절한다(그림 3-8).

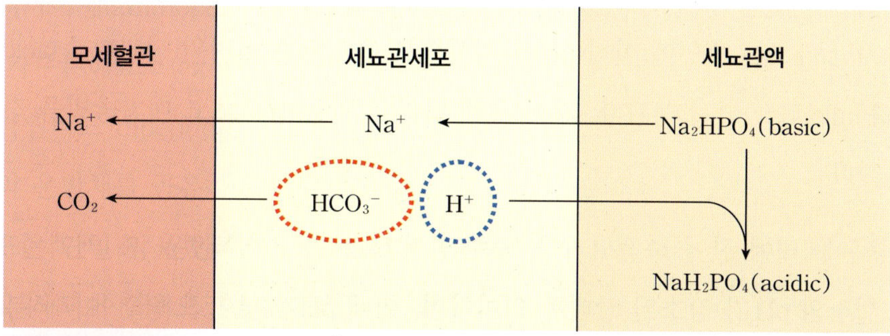

그림 3-8 Phosphate ($H_2PO_4^-/HPO_4^{2-}$) 완충시스템

Ammonia($NH_3-NH_4^+$) 완충시스템에 의해 세뇨액에 존재하는 암모니아(NH_3)는 모세혈관의 혈장에서 세뇨관 세포를 통과해서 세뇨관 강 내로 확산에 의해서 여과된 후에 H^+와 결합하여 암모니움 이온(NH_4^+)으로 전환된다. 이때 세뇨관 세포막은 NH_3에는 투과성이지만 NH_4^+에는 반투과성이기 때문에 다시 재흡수되지 않고 소변으로 배설되어 혈액의 pH를 정상으로 회복한다(그림 3-9).

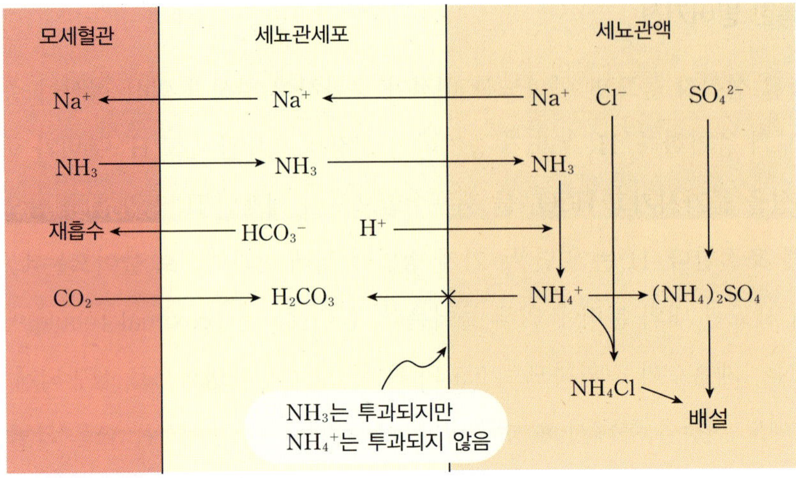

그림 3-9 Ammonia(NH_3-NH_4^+) 완충 시스템

3-3 체액의 pH와 건강상태

이미 설명한 바와 같이 체액의 pH 변화를 최소화하기 위해 여러 가지 방법의 방어시스템이 존재하지만 때로는 원인에 따라 pH가 정상으로 유지되기 어려워 산과다증(acidosis) 또는 알칼리혈증(alkalosis)이 초래된다. 각 증세에 따라 원인을 살펴보고 대처방법을 간략하게 설명하고자 한다.

산과다증은 체내에 산이 축적되거나 또는 염기(base)가 손실되었을 때 체액의 H^+ 농도가 증가하여 혈장의 pH가 감소된 상태를 의미하며, 이때 pH가 낮아진 원인에 따라 2가지로 구분할 수 있다. 하나는 호흡에 문제가 있어 발생한 호흡성 산과다증(respiratory acidosis)이고, 다른 하나는 대사에 문제가 있어 H^+가 축적되거나 염기가 손실되어 발생한 대사적 산과다증(metabolic acidosis)이다. 산과다증과 반대로 알칼리혈증은 체내의 산이 손실되거나 염기가 축적되어 체액의 H^+ 농도가 감소되어 혈액의 pH가 상승된 상태이며, 마찬가지로 pH가 증가된 원인에 따라 2가지로 구분할 수 있다. 즉, 호흡의 문제에서 발생한 호흡성 알칼리혈증(respiratory alkalosis)과 대사에 문제가 있어 산이 손실되거나 염기가 축적되어 발생한 대사성 알칼리혈증(metabolic alkalosis)이다.

세포에서는 CO_2 생성이 증가하여 물(H_2O)과 반응하여 H_2CO_3을 생성하고, 이는 다시 H^+를 생성한다. H^+나 CO_2는 호흡센터를 자극하여 호흡의 속도와 깊이를 증가시켜 허파를 통해서 더 많은 CO_2를 배출시켜 체액 내 CO_2와 H^+ 농도를 낮추어 준다(그림 3-10).

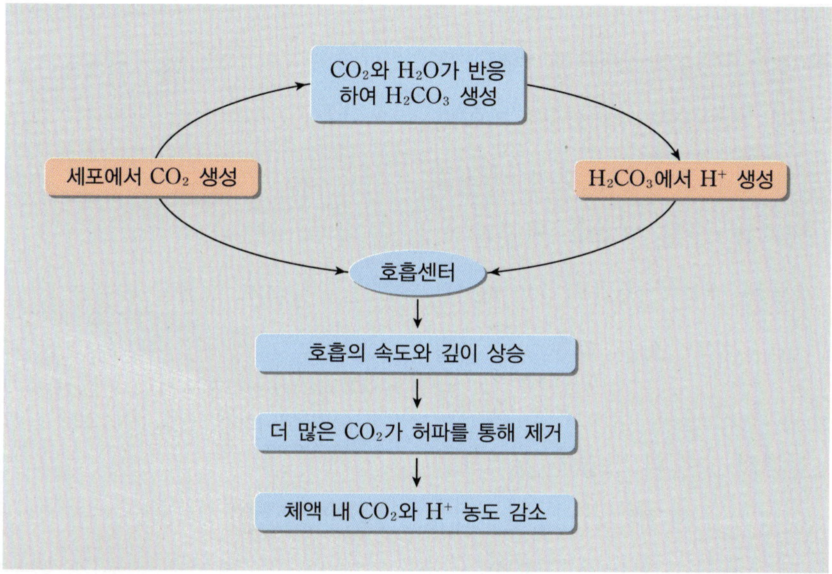

그림 3-10 CO_2 생성과 이에 따라 증가된 CO_2 제거

1. 호흡성 산과다증(respiratory acidosis)

호흡의 속도나 깊이가 감소되었을 때나 기도가 막혔을 때, 또는 공기 교환이 감소되었을 때 CO_2 분압이 높아져서 체내에 CO_2가 축적되고 탄산으로의 전환이 높아지고 여기서 H^+ 생성이 높아 혈장의 pH가 낮아졌을 때 호흡성 산과다증이 발생한다(그림 3-11). 체내에서는 이를 보완하기 위해 신장 세뇨관의 Na^+과 HCO_3^- 이온의 재흡수가 증가되거나, 세뇨관에서 Cl^-와 H^+의 분비가 증가되어 소변으로의 배출이 증가하고 혈액의 HCO_3^- 농도가 높아져 혈액의 pH가 정상으로 회복된다.

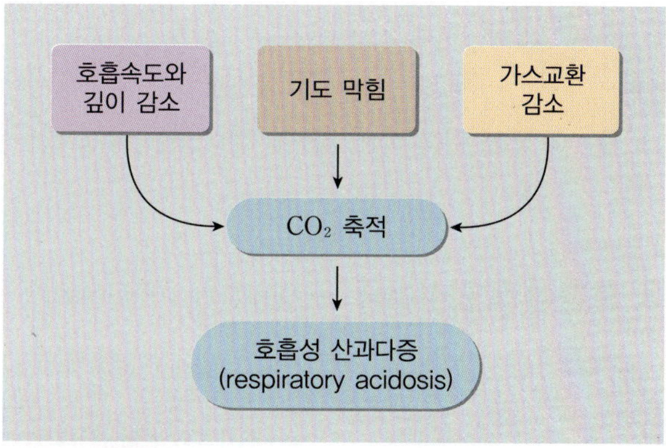

그림 3-11 호흡성 산과다증 유발 요인

2. 대사성 산과다증(metabolic acidosis)

대사성 산과다증은 여러 가지 원인에 의해 발생한다. 첫째, 신장에 문제가 있어서 체내에서 산의 배설이 감소되어 황산이온(SO_4^{2-})과 인산이온(HPO_4^{2-})이 보존된다. 예를 들어, 기아상태에 처해 있어 케톤체가 과잉으로 생성되거나 당뇨증에서와 같이 케톤증(ketosis)이 있거나, 또는 고지방-저당질 식사를 하여 케톤체 생성이 증가되었을 때 H^+ 농도가 증가한다. 발열 또는 패혈증이 있을 경우에도 H^+ 농도가 증가한다. 둘째, 장기간의 설사로 인해서 소장의 알칼리 분비액을 잃었을 때 Na^+ 손실로 Cl^-과 SO_4^{2-}이 보유되고, 또는 장기간의 구토로 소장액을 잃었을 때 염기가 과잉으로 손실된다. 이와 같은 경우에 상대적으로 혈액의 pH가 감소되어 대사성 산과다증이 발생한다(그림 3-12). 그러나 체내에서는 이에 대한 보완작용으로 호흡이 빨라져 CO_2 분압을 낮추어 부분적으로 pH가 정상으로 되돌아온다. 만일 호흡이 지속적으로 빠르게 일어나고 있다면 아직도 대사성 산과다증이 있다는 증거이다. 신장에서의 조절은 더 천천히 일어나는 과정으로서 세뇨관 내에서 NH_4^+ 생성이 증가하고, 세뇨관으로 H^+ 분비가 증가하여 소변으로 더욱 배설시켜서 궁극적으로 혈액의 HCO_3^- 농도를 유지하여 pH를 정상화하려고 한다.

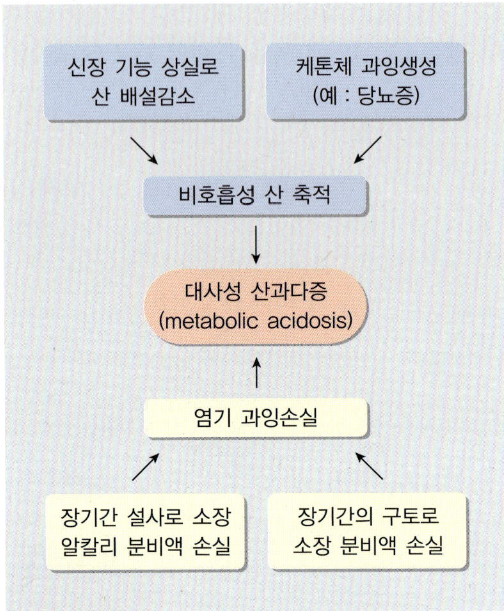

그림 3-12 대사성 산과다증 유발 요인

3. 호흡성 알칼리혈증(respiratory alkalosis)

과호흡(hyperventillation), 즉 폐에서 호흡이 과다하게 일어나 CO_2 배출이 높아짐으로 혈중 CO_2 분압이 감소되고 탄산 형성이 낮아져서 H^+ 농도가 감소되어 혈중 pH가 높아짐으로 호흡성 알칼리증이 된다. 예로 중추신경계가 상해를 받았거나 패혈증, 약물 중독, 발열, 불안, 걱정 등이 있을 경우에 발생한다(그림 3-13). 이런 상태에 대한 보완작용으로 신장에서는 중탄산나트륨($NaHCO_3$) 배설이 증가하여 pH를 낮추어 정상으로 회복시킨다. 그러나 외상성 장애

(trauma)의 경우는 Na^+ 이온 보유와 항이뇨(antidiuresis) 현상에 의해서 이와 같은 보완 작용을 막는다. 수술 후 환자의 약한 알칼리혈증은 얼마 후 스스로 회복되지만 심할 경우 마약을 투여하여 호흡을 감소시킨다. 또는 CO_2와 O_2 혼합가스에서 CO_2의 함량을 증가시켜 주기도 하지만 성공률이 낮다.

☞ 높은 산에 오를 때 과호흡을 하면 동맥혈의 이산화탄소 분압이 감소되어 호흡성 알칼리혈증이 발생한다. 신장은 과량의 HCO_3^-를 배설하도록 적응하여 혈액의 pH를 정상으로 회복시킨다.

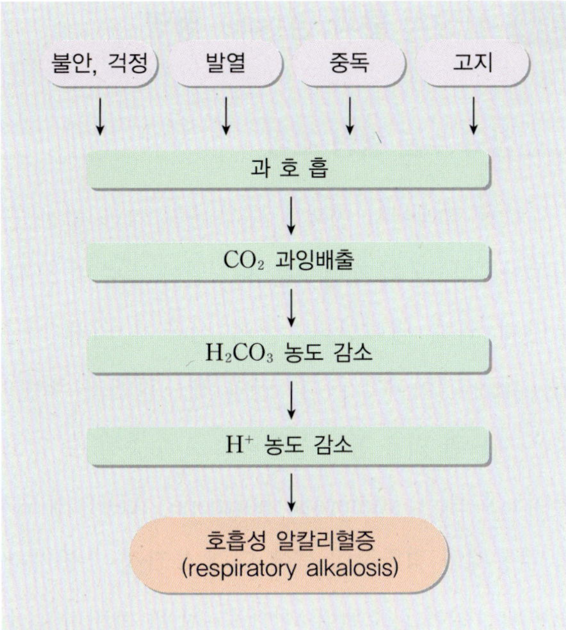

그림 3-13 호흡성 알칼리혈증 유발 요인

4. 대사성 알칼리혈증(metabolic alkalosis)

토하거나 위액분비 검사에 의해 위액이 손실되거나, 체내의 Cl^-가 소모되거나 K^+의 배설을 동반한 산성뇨증(aciduria)이 발생할 경우, 또는 흡수 가능한 제산제(antiacid)를 과잉으로 섭취하여 염기가 축적된 경우, Na^+이 결합된 약산(예: lactate, citrate)을 다량 섭취하여 염기가 과잉으로 들어온 경우, K^+ 섭취가 결핍인 경우나 이뇨제 사용으로 신장의 K^+ 분비가 증가되어 K^+ 손실이 높아 Na^+이 과잉으로 보전되었을 경우, Cl^-의 손실이 장기간 대체되지 않은 경우에는 혈액의 pH가 증가되어 대사성 알칼리혈증이 발생할 수 있다. 이에 대한 보완작용으로 신장에서는 $NaHCO_3$ 배설이 증가하여 소변이 알칼리로 변한다. 만일에 스테로이드나 알도스테론(aldosterone) 투여로 Na^+이 보유되어 알칼리혈증이 된 경우는 치료를 중단하면 되고, Cl^-과 K^+이 손실되어 알칼리혈증이 되었다면 Cl^-과 K^+ 이온을 공급하면 수정된다.

3-4 신장의 물과 염(salt) 평형

1. 신장의 수분 평형 조절

사구체 혈액에서 여과된 대부분의 염과 물은 근위세뇨관 벽을 통해 재흡수되어 혈액으로 되돌아온다. 물의 재흡수는 세뇨관에서 주변 모세혈관으로 NaCl의 수송에 따라 발생하는 삼투압에 의해 일어난다. 물이 삼투에 의해 재흡수되려면 주변의 세포간질액이 고장성(hypertonic)이어야 한다. 만약 세뇨관액과 주변의 세포간질액이 서로 등장성(isotonic)이면 물은 세뇨관 벽을 통해 능동적으로 수송될 수 없고 물의 삼투는 일어날 수 없다. 그러나 만일 항이뇨호르몬(antidiuretic hormone, ADH) 농도가 증가하면 신장 집합관(collecting duct)의 막 수용체와 결합하여 물에 대해 투과성이 증가하여 더 많은 물이 모세혈관으로 재흡수되어 소변배설량이 감소된다. 반대로 ADH 분비가 감소되면 물의 재흡수가 감소되어 희석된 소변을 배설하게 만든다. ADH는 시상하부 내 신경세포에 의해 생성되고 뇌하수체후엽에서 분비된다. ADH 분비는 시상하부 내 삼투압 수용체(osmoreceptor)가 혈액의 삼투 몰농도의 증가에 반응하여 자극된다. 따라서 탈수상태에서 혈액이 더 농축되었을 때 ADH 분비가 증가하여 집합관의 물에 대한 투과성이 증가되도록 촉진한다. 심각한 탈수상태에서는 노폐물을 제거하는 데 필요한 최소의 물만을 배설하며, 이 상태에서는 최초 사구체 여과액의 약 99.8%가 재흡수된다. 재흡수의 작은 변화가 소변량에 있어 큰 변화를 일으킨다. 만일 물을 많이 마시면 ADH 분비가 감소하여 이에 따라 소변배설은 증가한다.

2. 신장의 전해질과 Na^+/K^+ 평형

신장은 혈액의 Na^+, K^+, HCO_3^- 및 H^+의 농도를 조절한다. 알도스테론은 Na^+의 재흡수와 K^+의 분비를 촉진함으로써 혈액 내 Na^+ 보유와 K^+의 소변 배설을 촉진한다. 부신피질에서 알도스테론 분비는 고농도의 혈액 K^+에 의해 직접 촉진되고, Na^+ 이온의 농도가 낮을 때 레닌-안지오텐신 시스템(renin-angiotensin)을 통해 간접적으로 촉진된다.

레닌-안지오텐신 시스템은 그림 3-14에 있으며 이때 작용기전을 다시 그림 3-15에서 간략하게 요약하여 설명한다. 일단 신장을 통과하는 혈액량이 낮아지면 신장의 교감신경의 활성이 증가되고 신장 동맥압이 낮아지면 신장에서 레닌 분비가 증가되고 이에 따라 혈장의 안지오텐신 농도가 증가하여 부신피질을 자극하게 된다. 이 자극에 의해 알도스테론이 분비되어 세뇨관에서 Na^+ 재흡수가 높아져 소변으로의 Na^+ 배설이 감소된다. 결과적으로 혈액 속의 Na^+ 농도가 낮을 때나 또는 K^+ 농도가 높을 때 알도스테론 분비가 증가하여 Na^+의 배설은 낮추고, K^+ 배설은 증가시킨다.

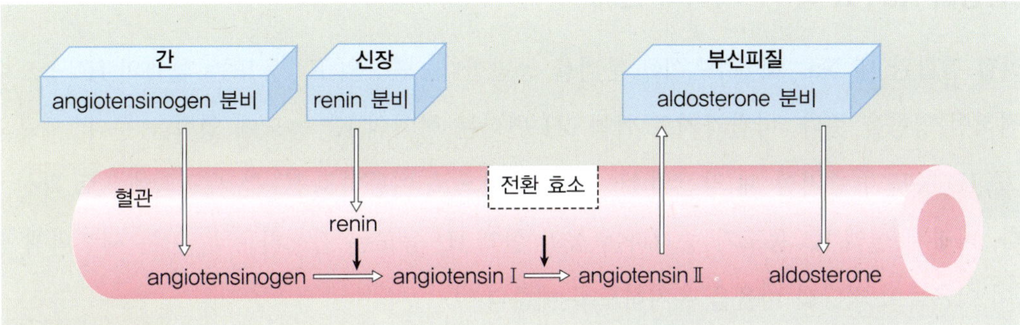

그림 3-14 Renin-Angiotensin-Aldosterone 시스템

신장은 전해질의 배설을 섭취한 양에 맞게 조절함으로써 혈액의 전해질(예 : Na^+, K^+, Cl^-, HCO_3^-, PO_4^{2-}) 농도를 조절한다. 혈중 Na^+ 농도의 통제는 혈액량과 혈압조절에 중요하고 혈중 K^+ 농도의 통제는 심근과 골격근의 적절한 기능을 유지하는 데 필요하다.

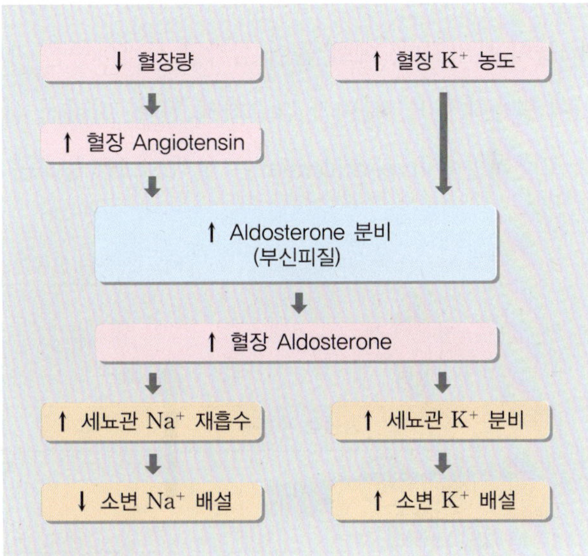

그림 3-15 Aldosterone 분비와 Na^+과 K^+ 배설

☞ 우리 몸은 집합관으로 K^+ 분비를 촉진하는 알도스테론 없이는 과도한 양의 K^+를 제거할 수 없다. 부신수질과 피질을 모두 제거했을 때 나타나는 고칼륨혈증(hyperkalemia)은 치명적인 심장부정맥을 일으킨다. 또한 알도스테론 과다분비로 일어나는 저칼륨혈증(hypokalemia)도 심장부정맥뿐만 아니라 근육 약화를 일으킨다.

☞ 이뇨제의 사용은 소변 속으로 과도한 양의 K^+가 손실되게 하므로 합병증을 초래할 수 있다. 만약 세뇨관으로 K^+ 분비가 과도하게 증가하면 저칼륨혈증이 일어날 수 있다. 이 상태는 신경근 질환(neuromuscular disorder)과 비정상적인 심전도를 일으킬 수 있다. 고혈압 치료를 위해 이뇨제를 사용하는 사람은 Na^+ 함량이 적은 식사를 하고 가끔 K^+ 손실을 보완하기 위해 KCl을 보충해야 한다.

3. 신장의 Na^+, K^+와 H^+ 사이의 관계

피질 집합관 내 Na^+ 재흡수는 K^+ 분비를 동반한다. 혈장의 K^+ 농도는 혈액의 H^+ 농도에 간접적인 영향을 준다. 마찬가지로 혈액 pH 변화는 혈액의 K^+ 농도에 영향을 준다. 세포외액 중 H^+ 농도가 증가할 때 약간의 H^+는 세포 안으로 이동하고 K^+를 세포외액으로 확산시킨다. 따라서 혈액 K^+ 농도가 증가하는 동안 혈액 H^+ 농도는 감소하는데, 이는 세포외액 속에 이 이온들이 적당한 비율을 유지하도록 해준다.

원위세뇨관(distal tubule) 뒷부분과 피질 집합관의 세포에서(그림 3-16) 세뇨관에서 모세혈관 쪽으로 Na^+ 재흡수에 의해 생성된 음극성(negative polarity)에 대응하여 양이온(K^+와 H^+)들이 분비된다. 예를 들어 심각한 산과다증을 가진 사람에서는 H^+ 분비가 증가하게 되고 이에 반응해서 K^+ 분비가 감소하게 된다. 따라서 산증은 혈액 중 K^+ 증가를 동반한다. 반대로 고칼륨혈증(hyperkalemia)은 혈액 내 H^+ 농도를 증가시키고 산증을 일으킨다.

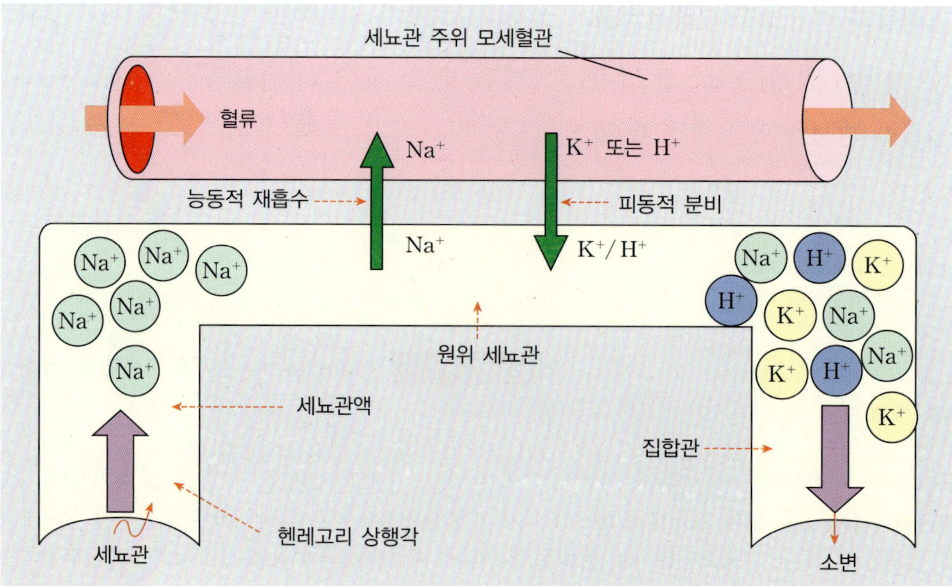

그림 3-16 Na^+의 능동적 재흡수에 따른 K^+/H^+ 이온의 피동적 분비 과정

4. 혈액량과 호르몬 분비

체내 혈장량은 생리적 조건에 따라 감소 또는 증가하기도 하며 이에 대응하여 뇌하수체후엽에서 ADH가 분비되거나 부신피질에서 알도스테론 분비가 증가 또는 감소하여 체내에 보유된 수분량과 혈액의 Na^+ 농도를 정상으로 유지하려고 한다. 실제 생활에서 일어나는 몇 가지 예를 들어 혈액량이 감소 또는 증가되는 경우와 이에 따라 소변으로 배설되는 물과 Na^+ 양이 조절되는 기전을 설명하고자 한다.

(1) 혈액량이 감소되는 경우의 예

1) 설사로 인해 Na^+과 H_2O 손실이 높으면 혈액량이 감소되어 정맥압 수용체에 의한 반사작용을 통해 신장 교감신경의 활성이 증가함으로써 사구체 모세혈관압이 감소되고 사구체 여과속도(GFR)도 낮아져 소변으로 물과 Na^+ 배설이 감소되도록 조절한다. 또는 다른 기전으로 레닌-안지오텐신 시스템을 통해 신장의 교감신경 활성도가 증가되고 신장 동맥압이 낮아져서 신장에서 레닌 분비가 증가되고(그림 3-14 참조) 따라서 증가된 혈중 안지오텐신에 의해 부신피질에서 알도스테론이 분비되어 세뇨관의 Na^+ 재흡수가 높아져 소변으로 Na^+ 배설이 감소된다(그림 3-17).

2) 만일 땀을 심하게 많이 흘리면 저삼투성 염용액(hypo-osmotic salt solution), 즉 용질보다 물 농도가 더 높은 땀이 손실되어 혈액의 삼투질 농도(osmolarity)가 높아질 뿐 아니라 혈액량이 감소되어 위에서 언급된 것처럼 사구체 여과속도(GFR)가 감소되고, 부신피질에서는 알도스테론 분비 증가로 혈액의 알도스테론 농도가 증가하여 세뇨관에서 Na^+의 재흡수가 증가하므로 소변으로 Na^+ 배설이 감소되도록 조절한다. 또한 혈액의 삼투질 농도가 증가하여 삼투압 수용체(osmoreceptors)에 의해 중재된 반사작용에 의해 뇌하수체후엽에서 ADH 분비가 증가하여 혈액의 높아진 ADH에 의해 세뇨관의 H_2O에 대한 투과성이 높아져 세뇨관 주위 모세혈관 내로 H_2O의 재흡수가 증가하여 소변 배설량이 감소되도록 조절한다(그림 3-17). 이렇게 하여 땀을 많이 흘리면 소변량이 감소하여 자연스럽게 체내 함유된 Na^+과 수분량을 일정하게 유지하려고 한다.

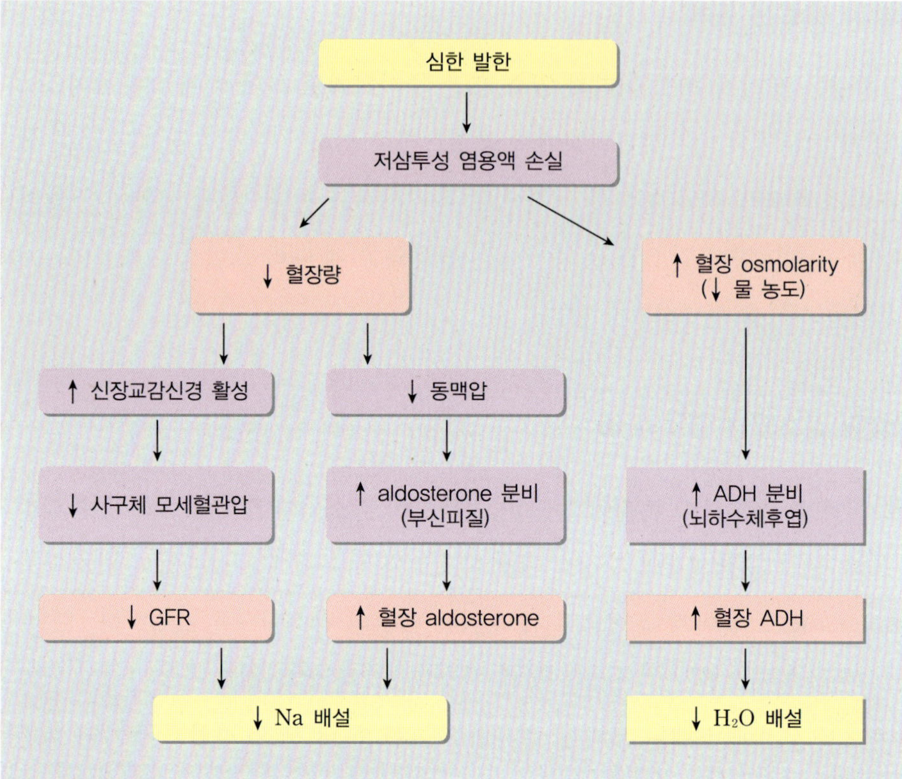

그림 3-17 혈장량과 Na^+과 H_2O 배설

(2) 혈액량이 증가되는 경우의 예

1) 만일 물을 과잉으로 많이 마셨다면, 세포외액의 삼투질농도(osmolarity)가 감소(혈액 중 용질 농도가 희석되었음)되어 시상하부 삼투압 수용체에 의한 점화가 감소되어 뇌하수체 후엽에서 ADH 분비가 낮아져 세뇨관의 물에 대한 투과성이 감소되므로 세뇨관 주위 모세혈관 내로 물의 재흡수가 감소되어 소변 배설량이 증가한다. 또는 물 과잉 섭취에 의해 혈액량이 증가하면 좌심방압이 증가하여 심방 압력수용체에 의한 반사작용에 의해 뇌하수체후엽에서 ADH 분비가 감소되어 소변으로 물 배설이 증가한다(그림 3-18).

2) 만일 짜게 먹어 Na^+ 섭취가 높으면 혈액의 삼투질 농도가 증가하여 뇌하수체후엽에서 ADH 분비가 증가하고 높아진 혈중 ADH로 인해 소변 배설량이 감소되어 혈액량이 증가한다. 이에 따라 동맥혈압의 증가로 혈압이 증가할 수도 있으나 이를 보완하기 위해 신장

교감신경의 활성이 감소하여 신장 세동맥압력이 증가하므로 레닌(renin) 분비가 감소된다. 따라서 알도스테론(aldosterone) 분비 감소로 세뇨관의 Na^+ 재흡수가 감소되고 소변으로 더 많은 Na^+을 배출하기 위해 사구체 여과속도가 높아져 소변으로 Na^+ 배설이 증가한다.

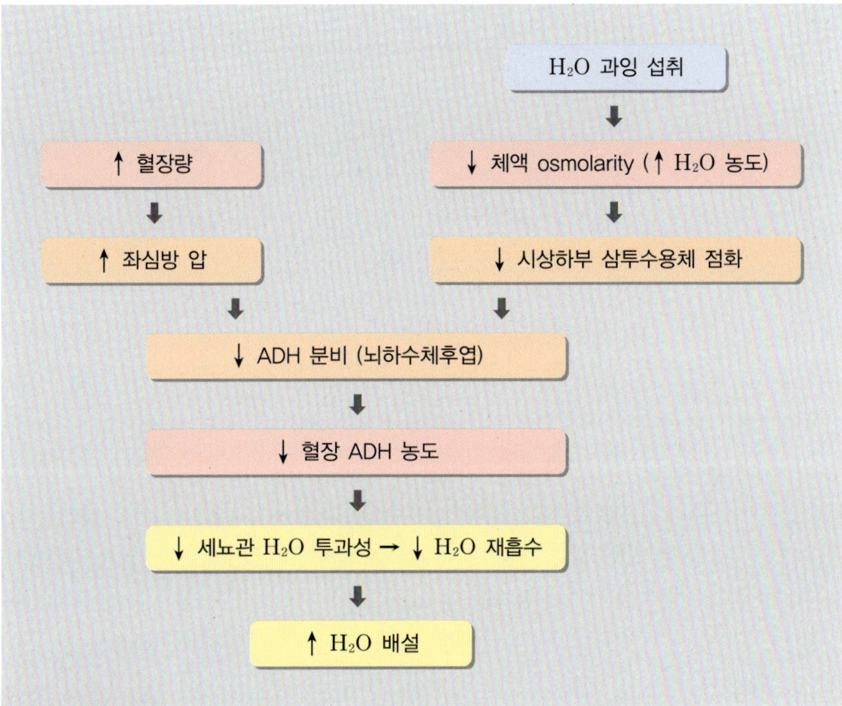

그림 3-18 물 과잉 섭취와 ADH 분비 기전

만일 K^+ 섭취가 높으면 증가한 혈중 K^+ 농도가 직접 부신피질에서 알도스테론의 분비를 증가시켜 혈중 알도스테론 농도가 높아져 세뇨관에서 K^+ 분비가 증가하여 소변으로 K^+ 배출을 증가시킨다(그림 3-15 참조).

4

탄수화물 대사와 관련 영양소

4-1 탄수화물 분류 및 기능

1. 탄수화물 분류

탄수화물은 단당류, 이당류, 올리고당, 다당류 등으로 분류할 수 있다. 이에 대한 내용을 좀 더 자세히 설명하면 다음과 같다.

(1) 단당류(monosaccharides)

단당류에는 포도당(glucose), 과당(fructose), 갈락토스(galactose)가 가장 흔하게 자연에 존재한다. 포도당은 혈액 내에 존재하는 주된 당으로 일정 수준을 유지하려는 기전이 있다. 과당은 주로 과일이나 꿀에 많이 존재하는 당으로서 소장에서 흡수되어 간에서 빠르게 포도당으로 전환되기 때문에 혈액 내에서 과당으로 존재하는 경우는 드물다. 갈락토스는 포도당과 결합하여 유당으로서 주로 우유나 유제품에 있으며, 소장에서 소화되어 나온 갈락토스는 간으로 흡수된 후 빠르게 포도당으로 전환되어 사용된다.

(2) 이당류(disaccharides)

이당류는 2개의 단당류가 결합하여 생성된 것으로 맥아당(maltose), 서당(sucrose), 유당(lactose)이 존재한다. 맥아당은 두 분자의 포도당이 알파(α–)결합으로 연결되어 있는 당으로 주로 한국의 식혜에 다량 존재하고, 전분이 입이나 소장에서 소화과정 중 생성되기도 한다. 서당은 포도당과 과당이 알파 결합하여 생성된 당으로서 주로 사탕수수, 사탕무, 꿀, 메이플 시럽 등에 다량 존재한다. 유당은 갈락토스가 포도당과 베타(β–) 결합하여 생성된 것으로 주로 우유 및 유제품에 다량 존재하는 당이다.

(3) 올리고당(oligosaccharides)

올리고당은 3~10개의 단당류가 결합하여 생성된 당이다. 영양학적으로 중요한 올리고당은 콩과 두류에 존재하는 라피노스(raffinose), 스태키오스(stachyose) 등이 있으며, 소화 효소에 의한 분해가 거의 되지 않아 대장까지 그대로 통과된다. 이때 박테리아가 대사하여 가스와 그 이외 물질을 생성한다.

(4) 다당류(polysaccharides)

다당류는 3000개 이상의 단당류가 기본단위로서 결합된 중합체(polymer)이다. 다당류에는 소화가 가능한 전분(starch)과 글리코겐(glycogen)이 있고, 소화가 안 되는 식이 섬유소(dietary fiber)가 있으며, 전분은 식물에 저장된 다당류이고 글리코겐은 동물의 근육조직이나 간 조직에 저장된 다당류이다.

1) 전분(starch)

전분에는 아밀로오스(amylose)와 아밀로펙틴(amylopectin)이 있다. 아밀로오스는 많은 포도당이 α-1,4 결합으로 일직선인 직쇄로 연결된 중합체이지만 아밀로펙틴은 α-1,4 결합으로 형성된 일직선에 α-1,6 결합인 분지가 많은 중합체라는 차이가 있다. 아밀로펙틴은 분지가 많아서 전분 젤(gel)을 형성하여 더 많은 물을 보유하게 한다(그림 4-1).

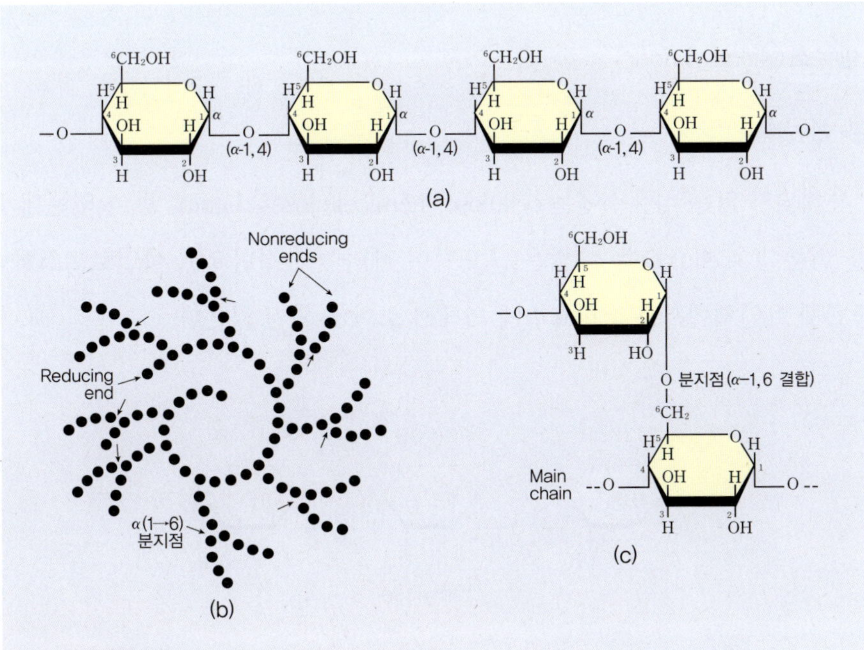

그림 4-1 전분의 amylose와 amylopectin의 구조

(a) amylose : α-1,4 결합으로 연결된 포도당의 직선 polymer. (b) amylopectin (c) 분지 지점의 α-1,6 결합

2) 글리코겐(glycogen)

글리코겐은 아밀로펙틴보다 더욱 분지가 많은 당질의 저장 형태로서 사람과 동물에 저장되어 있는 당질이다. 아밀로펙틴이나 글리코겐은 분지가 많아서 효소에 의한 가수 분해가 쉬워 포도당 유리가 더 쉽다. 동물에 저장된 글리코겐은 실제로 식품으로 상품화된 육류에서는 발견되지 않았다. 이는 동물이 도살되었을 때 글리코겐은 이미 다 에너지로 사용되어 고갈된 상태이기 때문이다.

글리코겐은 주로 간과 근육에 저장되는데 습시료 중량(wet weight) 기준으로 휴식하고 있는 근육에는 무게의 1~2%에 해당되는 200~300g의 글리코겐이 저장되어 있고, 식후 영양이 충분한 성인에서는 간 무게의 8~10%에 해당되는 150g 정도의 글리코겐이 저장된다.

다음은 식물에 저장되어 소화가 안 되는 다당류로 식이 섬유소가 있다. 이 섬유소는 불용성 섬유소와 수용성 섬유소로 분류한다.

3) 식이 섬유소(dietary fiber)

① 불용성 섬유소

물에서 용해되지 않는 섬유소에는 cellulose, hemicelluloses, lignins 등이 있는데 주로 식물의 구조를 이룬다. Cellulose는 수많은 포도당이 베타(β–) 결합으로 아밀로오스처럼 직쇄로 연결된 중합체로 인체에서는 소화효소에 의해서 소화가 되지 않는다.

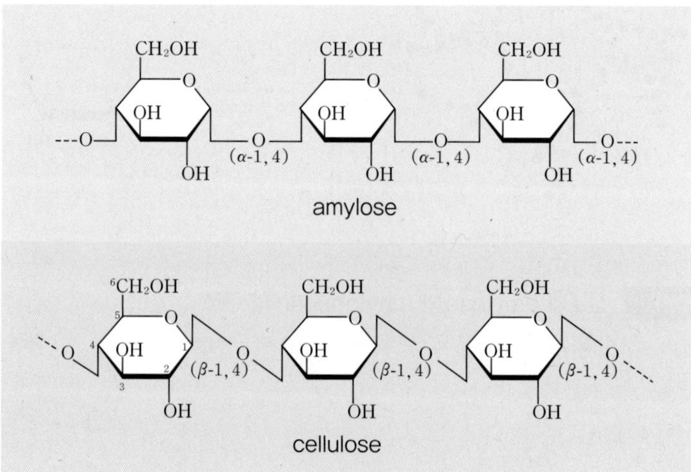

amylose : α-1,4 결합, cellulose : β-1,4 결합

② 수용성 섬유소

수용성 섬유소(soluble fibers)는 물에 녹거나 팽창하여 수용성이라고 한다. 종류로는 pectins, gums, mucilages 등이 있는데 이는 주로 식물 세포 안이나 주변에 존재하며, 식물 세포에서 'glue(아교)' 역할을 한다. 이 외에도 수용성 섬유소로서 gum arabic, guar gum, locust bean gum이 있고, 그 외 샐러드 드레싱, 아이스크림, 잼, 젤리 등의 식품에 활용되는 여러 가지 pectins이 있다. 과일과 채소, soybean fiber(대두 섬유), rice bran(쌀겨) 등에도 있으며 psyllium seeds(차전자씨)에는 상품화된 설사제로 사용하는 수용성 섬유소가 있다. 이 수용성 섬유소는 소장에서 소화가 안 되며, 대장에서 박테리아에 의해 분해된다.

2. 탄수화물의 기능

① 당질은 가장 저렴한 좋은 에너지원이다. 근육이나 다른 세포는 당질 이외에 케톤체와 지방도 에너지원으로 사용 가능하다. 그러나 세포 중에서 특히 적혈구, 뇌, 신경 세포 등에서는 거의 포도당만을 에너지원으로 사용한다. 그러므로 당질 섭취가 없는 경우에는 체내에서 포도당을 새롭게 합성하여 보급해 주어야 한다.

② 당질은 간에서 해독작용을 하여 다른 기관을 보호하는 기능을 한다. 혈당이 증가하면 간에서 glycogen 합성이 증가하고, 포도당에서 유도된 glucuronic acid 함량이 증가하여 과잉의 성호르몬에서 생성된 phenolic OH기와 결합하여 제독하며, p-aminobenzoic acid와 sulfa-anilamide와 acetylation 반응을 통해 해독함으로써 기관을 보호하여 건강을 유지시켜 준다.

③ 당질은 단백질 절약작용을 한다. 식이 중 당질 함량이 높을수록, 즉 포도당 함량이 높을수록 포도당이 에너지로 사용되어 단백질이 분해되어 에너지로 사용되는 양이 감소한다. 그러므로 단백질이 다른 조직 합성이나 필수 화합물 합성에 사용될 가능성이 더욱 높아진다. 만일 포도당이 부족하면 근육에 있는 단백질이 분해되어 포도당을 합성하는 당신생작용(gluconeogenesis)이 증가한다. 예를 들어 저열량 식이 요법이나 완전 절식하여 굶었을 때는 당신생작용이 더욱 활성화되어 증가한다. 그러므로 당질 섭취량이 높으면 단백질이 에너지원으로 사용되는 것을 막아준다.

④ 당질은 케톤증(ketosis) 예방효과가 있다. 지방산이 물과 탄산가스로 완전 대사되려면 적당량의 당질 섭취가 필요하다. 만일 당질 섭취가 부족하면 옥살아세트산(oxaloacetate, OAA) 보급이 부족하여 지방산의 β-산화에서 특히 많이 생성되는 acetyl CoA가 citric acid cycle(TCA cycle 또는 Krebs cycle이라고도 함. 그림 4-5 참조)로 들어가지 못하고 축합되어 케톤체가 생성된다. 그러므로 지방산이 완전 대사되지 못하고 불완전하게 대사되어 케톤체가 축적되는 것을 막기 위해서는 최소한 50~100g의 당질을 섭취해야 한다. 기아 시에는 당질 섭취가 충분하지 않아 혈중 케톤체 농도가 즉시 증가한다. 뇌조직 중 일부와 간 이외의 다른 조직에서는 케톤체를 에너지원으로 사용할 수 있으므로 기아 시에 이와 같은 적응 반응을 할 수 있으면 생존이 가능하다. 그러나 만일 뇌가 케톤체를 사용하지 못하면 뇌에 에너지를 공급하기 위해서 단백질이 분해되어 당신생작용으로 포도당을 생성해 주어야 한다. 보통 간에서 과잉으로 지방산이 산화될수록 케톤체 생성이 증가되는데 말초조직에서는 이것을 활발하게 대사하여 에너지원으로 사용하게 된다. 그러나 말초조직에서 대사되는 양보다 간에서 생성되는 케톤체가 더 많을 경우 모두 사용하기 어려워 균형이 깨지면서 케톤증(ketosis)이 나타날 수 있다.

4-2 탄수화물 대사

1. 포도당 대사

포도당 대사의 주된 경로를 요약하면 그림 4-2에서와 같으며, 더욱 자세한 탄수화물 대사에 관한 개요는 아미노산과 지방산 대사와 연계하여 표시한 부록 4-1을 참조할 것을 권장한다. 다음은 그림 4-2를 참고로, 첫째, 식후 혈중 포도당 농도가 기준치보다 상승하였을 때를 기준으로 글리코겐 합성(glycogenesis)과 당분해작용(glycolysis)을 설명하며, 또 이와 연계하여 TCA cycle을 통한 에너지 생성 등을 추가 설명한다. 둘째로, 혈중 포도당 농도가 기준치 이하로 낮아졌을 때 일어나는 과정으로 글리코겐 분해작용(glycogenolysis)과 당신생작용(gluconeogenesis)에 관하여 설명하고자 한다.

식이로 섭취한 다당류가 체내에서 대사되어 에너지를 생성하기 위해서는 일단 소장에서 소화효소에 의해 단당류로 가수분해된 후 포도당이 소장점막을 통과해 혈액으로 흡수되어야 한다.

(1) 혈중 포도당 농도가 정상치 이상으로 높아진 경우에는 췌장에서 분비된 인슐린에 의해 포도당은 세포 안으로 유입되고 인슐린에 의해 glycogen synthase가 활성화되는 반면 glycogen phosphorylase는 억제되어 그림 4-2에서처럼 글리코겐 합성(glycogenesis)이 촉진되어 글리코겐으로 저장도 되고 에너지원으로도 사용된다. 세포 내로 유입된 포도당은 에너지를 내기 위해서 세포질 내 당분해작용(glycolysis)에 의해 피루브산(pyruvate)을 생성한다(그림 4-2). 당분해작용의 자세한 진행 과정은 그림 4-3과 같다. 이때 1분자의 포도당은 분해과정에서 2분자의 ATP를 사용해 2분자의 pyruvate와 동시에 4분자의 ATP와 2분자 NADH를 생성한다.

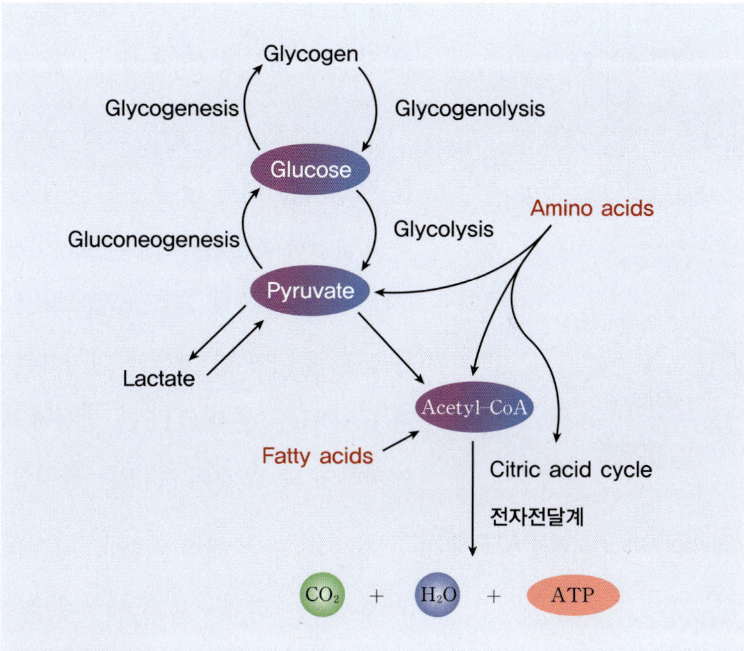

그림 4-2 포도당 대사의 주된 경로

세포질 내 pyruvate는 호기성 상태로 산소가 충분할 때는 미토콘드리아 내로 들어가 pyruvate dehydrogenase complex에 의한 산화적 탈카복실(decarboxylation) 반응을 통해 acetyl CoA로 전환된다(그림 4-4). 이 acetyl-CoA는 당질 외에도 아미노산의 탄소골격이나

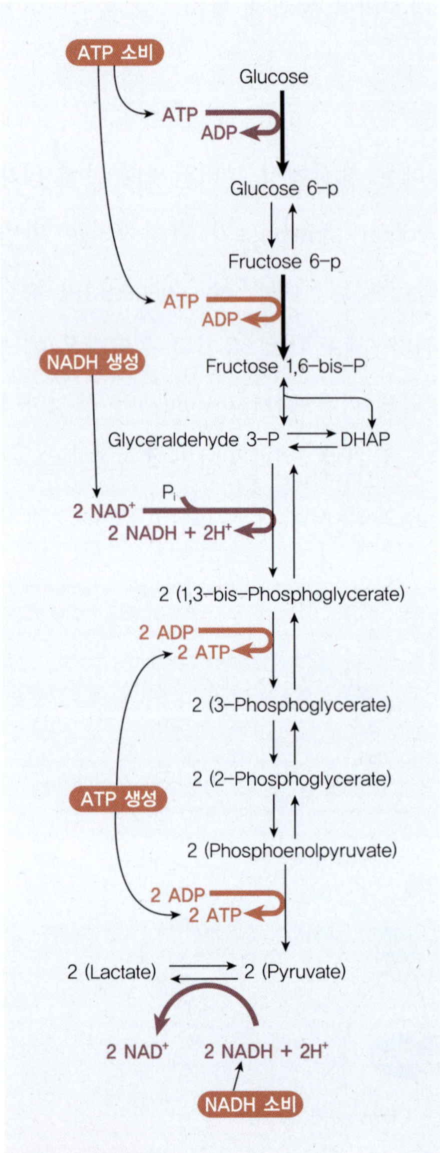

그림 4-3 Glycolysis 경로에서 ATP와 NADH 생성 및 소비
DHAP=dihydroxyacetone phosphate

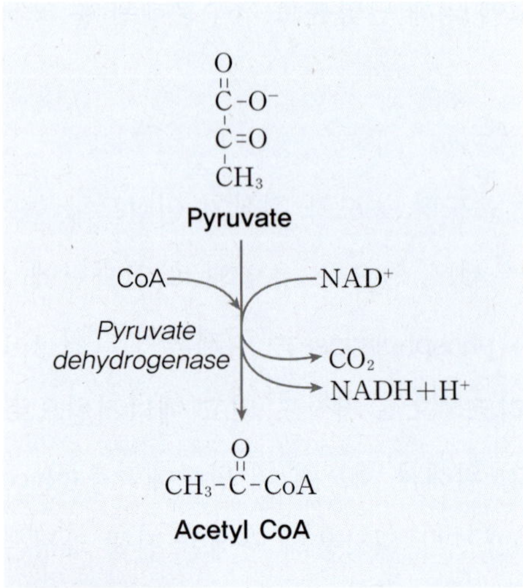

그림 4-4 Pyruvate의 산화적 탈카복실 반응에 의한 acetyl CoA와 NADH 생성

지방산 대사에 의해서도 생성되는 공통된 물질로서 산화적 대사를 통해 에너지를 생성한다.

이 acety CoA가 citric acid cycle을 통해 에너지를 생성하는 대사 과정은 그림 4-5와 같다. 한 분자의 acetyl-CoA는 미토콘드리아 내 oxaloacetate (OAA)와 결합해 citrate를 형성해 citric acid cycle로 들어가 한 바퀴 돌면서 3분자 NADH, 1분자 $FADH_2$, 1분자 GTP를 생성하고 전자전달계와 연계하여 총 12개의 ATP를 생성할 수 있다.

그러나 당분해작용(glycolysis)에서 생성된 pyruvate는 적혈구 세포에서나 심하게 운동을 하는 근육에서와 같이 산소가 부족한 상태에 있는 조직에서는 혐기성 상태이기 때문에 그림 4-3에서와 같이 lactate dehydrogenase (LDH)에 의해 유산(lactate)으로 환원되면서 NADH를 NAD^+로 산화시키기 때문에 ATP 생성이 감소된다.

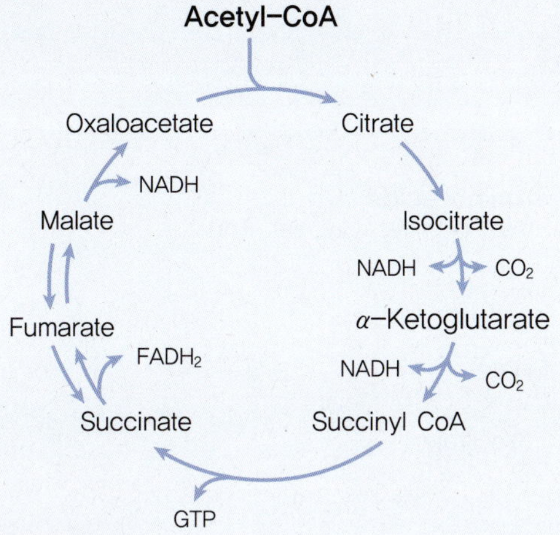

에너지 생성 반응	생성된 ATP
3 NADH → 3 NAD^+	9
$FADH_2$ → FAD	2
GDP + P_i → GTP	1
1 acetyl CoA 산화 → 12 ATP	

그림 4-5 Citric acid cycle 경로와 NADH, $FADH_2$와 ATP 생성

이와 같이 포도당은 에너지원으로 제일 좋은 급원으로 사용된다. 근육에서는 에너지원으로 포도당뿐 아니라 지방산, 케톤체 사용이 가능하지만 뇌, 신경 세포, 적혈구 등의 세포는 기본적인 에너지원으로 포도당에만 의존하기 때문에 혈당을 정상 수준으로 항상 유지시켜 주어야 한다.

(2) 기아 초기단계로 혈당이 정상 이하로 감소된 경우에는 일단 췌장에서 인슐린 분비가 감소되고 글루카곤 분비가 증가하여 protein kinase 효소가 활성화되면 glycogen synthase 효소의 활성은 억제되고 glycogen phosphorylase 효소가 활성화되어 간에 저장된 글리코겐의 분해(glycogenolysis)가 일어나 포도당이 혈액으로 유출되어 혈당 농도가 정상으로 유지된다(그림 4-2 참조).

그러나 기아 상태 기간이 길어지면서 간의 글리코겐 분해에 의한 포도당 공급이 충분하지 못하여 혈당이 지속적으로 정상 이하로 낮으면 글루카곤 분비가 더욱 증진되고 근육 단백질이 분해되어 아미노산이 유리된다. 이때 유리된 아미노산 중 포도당 생성이 가능한 glucogenic amino acids의 아미노기가 제거된 후 탄소골격이 대사되어 생성된 TCA cycle의 중간물질(oxaloacetate, fumarate, α-KG, succinyl CoA)과 pyruvate는 당신생작용(gluconeogenesis)에 의해 포도당을 새롭게 합성하는 데 사용된다(그림 4-6). 이 외에도 중성지방 분해에서 나온 글리세롤과 운동하는 근육이나 적혈구에서 생성된 유산(lactate), 그리고 propionate 등의 작은 분자를 사용하여 간과 신장에서는 당신생작용에 의해 최대 130~160g의 포도당을 공급할 수 있다.

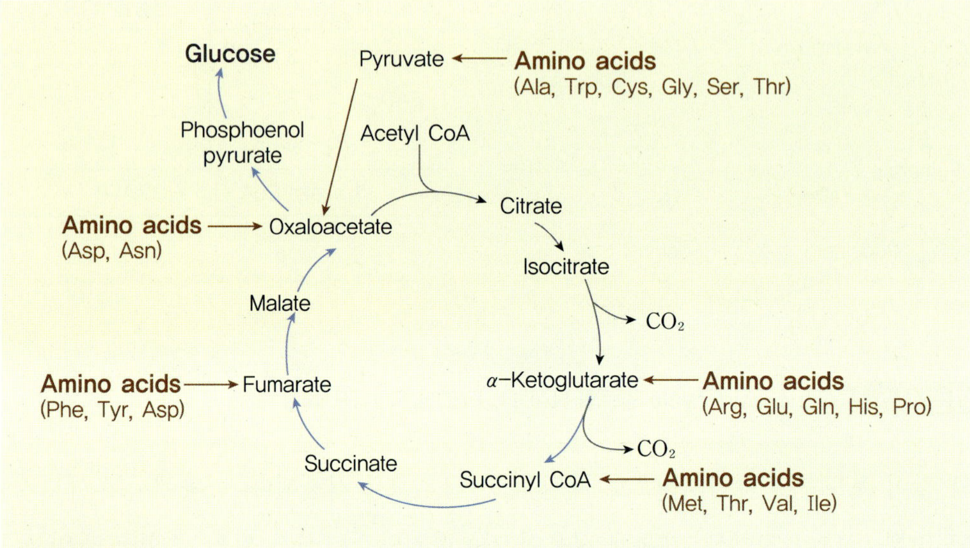

그림 4-6 포도당 합성이 가능한 glucogenic amino acid에서 TCA cycle의 중간물질 생성

2. 포도당의 효율적인 저장

사람에서 포도당은 주로 글리코겐으로 저장된다. 그러나 포도당이 직접 산화되어 에너지를 내는 것보다 글리코겐으로 저장되는 경우에는 5%의 에너지가 손실된다. 이에 비해 포도당이 지방산으로 전환되어 지방으로 저장되는 경우에는 28%의 에너지가 손실된다. 이론적으로 포도당이 글리코겐으로 저장되는 것이 더 효율적이지만 한계가 있다. 글리코겐은 첫째, 저장할 곳의 크기가 제한되어 간에서는 최고 무게의 8~10%가 저장되고 근육에서는 무게의 1~2% 정도에 불과하며, 둘째, 1g 글리코겐이 저장될 때 2.7g의 물이 결합되어 저장되므로 단위 무게당 에너지 밀도가 지방에 비해 더 낮기 때문에 많은 에너지가 글리코겐으로 저장될 수가 없다. 이와 같이 당질로 저장되는 것은 한계가 있어 그 이상으로 당질을 많이 섭취하면 남는 에너지는 지방으로 전환되어 저장된다. 반면에 지방산의 산화를 완성시키기 위해서 하루에 약 180g의 포도당이 필요하지만 체내에서 당신생작용에 의해 합성되는 포도당이 약 130g 정도 되므로 케토시스(ketosis)를 막기 위해서는 식이로 하루에 최소한 50g의 포도당 공급이 필요하다. 그러므로 매일 최소한 50~100g 정도의 당질 섭취를 권장하는 것이다.

3. 간과 근육의 글리코겐 기능의 비교

글리코겐의 주된 저장기관은 간과 골격근육이다. 그림 4-7에서와 같이 혈중 포도당 농도가 높으면 간과 골격근육에서 글리코겐으로 합성되어 각각 150g과 200~300g 정도 저장된다. 그러나 혈중 포도당 농도가 정상 이하로 감소되면 간에서는 가역적으로 글리코겐이 분해되어 나온 마지막 glucose-6-P는 glucose-6-phosphatase에 의한 탈인산화 반응을 통해 포도당이 혈액으로 유출되어 혈당을 높여준다.

골격근육에서도 저장된 글리코겐이 분해되어 glucose-1-P가 유출되어 glucose-6-P까지는 전환이 되지만 근육에는 glucose-6-phosphatase라는 효소가 없어 인산이 제거되지 않아 혈액으로 포도당 유출이 안 된다. 또한 근육에서는 당신생작용에 의해 생성된 glucose-6-P도 탈인산화 반응이 일어나지 않아 포도당을 생성하지 못하여 혈중 포도당 농도를 유지시키는 역할을 하지 못한다. 다만 근육에 저장된 글리코겐은 근육이 운동하는 동안 수축, 이완에 필요한 ATP 합성을 위한 연료 저장고로 작용한다. 이와 같이 간에 저장된 글리코겐은 혈당 농도를 유지하는 기능을 할 수 있지만 근육에 저장된 글리코겐은 활동에 필요한 에너지원으로만 작용한다(그림 4-7).

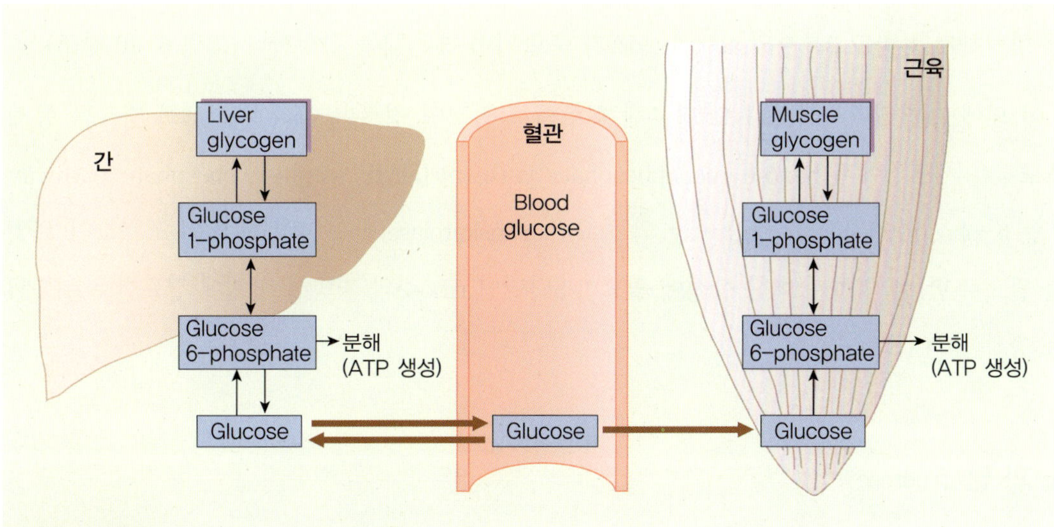

그림 4-7 간과 근육의 글리코겐 기능의 비교

4. 포도당 대사와 비타민 B_1, B_2, Niacin 역할

이미 언급된 것처럼(그림 4-4) 세포질 내에서 당분해작용에 의해 생성된 pyruvate는 미토콘드리아 내로 들어가 효소복합체인 pyruvate dehydrogenase complex에 의해 산화적 탈카복실(oxidative decarboxylation) 반응을 통해 acetyl-CoA를 생성한다. 이 효소복합체는 5개의 조효소, 즉 비타민 B_1의 조효소인 TPP(thiamin pyrophosphate), B_2의 조효소인 FAD (flavin adenine dinucleotide), niacin의 조효소인 NAD^+ (nicotinamide adenine dinucleotide), 그리고 lipoic acid와 coenzyme A (pantothenic acid를 함유)를 필요로 한다. 이 반응 과정은 부록 4-2에 첨부되어 있다.

이와 같이 미토콘드리아 내에서 생성된 acetyl CoA는 oxaloacetate와 결합하여 citric acid를 형성하여 citric acid cycle로 들어가 정상적으로 대사되고 전자전달계와 연계되어 CO_2와 H_2O, 그리고 더 많은 ATP를 생성한다. 한 분자의 acetyl CoA가 citric acid cycle로 들어가 대사되는 과정에서 niacin과 비타민 B_2(riboflavin)가 각각 NAD^+와 FAD의 조효소 형태로 관여하여 3분자의 NADH(전자전달계를 통해서 9개 ATP 생성), 1분자의 $FADH_2$(전자전달계를 통해 2개 ATP 생성), 1개의 GTP를 생성하여 총 12개의 ATP를 생성한다(그림 4-5). 만일 이때 기아상태가 장시간 지속되어 oxaloacetate 공급이 부족하면 acetyl CoA는 citrate를 형성하지 못하고 3분자의 acetyl CoA가 축합되어 케톤체를 형성한다(그림 6-10 참조).

이 외에도 당질대사에서 주요 당분해 회로의 직접적인 경로는 아니지만 우회 경로를 통해 포도당은 세포질에서 hexose monophosphate pathway (HMP, pentose phosphate pathway 또는 6-phosphogluconate pathway)의 중요한 transketolase 반응(비타민 B_1의 조효소인 TPP를 필요로 함)에 의하여 핵산 합성에 필요한 5탄당인 ribose와 지방산 합성에 필요한 NADPH를 생성한다(부록 4-3).

5. 과 당 (fructose)

과당은 흡수되면서 소장 벽에서는 포도당으로 전환이 거의 미약하지만 간으로 흡수된 과당은 상당량이 포도당으로 빠르게 전환되어 실제로 혈중 과당 농도는 아주 낮은 편이다. 예로 과당을 정맥 주사한 경우에도 마찬가지로 혈중 과당 농도는 낮았다. 간에서와는 다르게 근육에는 fructokinase라는 효소가 없어 글리코겐 합성에 과당을 직접 사용하기는 어렵기 때문에 근육의 글리코겐은 주로 혈액의 포도당으로부터 합성된다.

일반적으로 포도당보다 과당을 많이 투여하면 간 조직 내에서 glyceraldehyde 3-P 농도가 증가하고 이에 따라 글리세롤 농도가 증가되어 중성 지방 합성이 높아져 간 조직 내 중성 지방 축적이 증가하고 혈중으로 더 많은 중성 지방이 유출된다(부록 4-1).

과당은 포도당과는 다르게 알코올을 더 빨리 분해한다고 보고되었으나 과당이 술에 취한 것을 더 빨리 해독해 주는 효과가 있다는 결과를 얻지는 못했다. 지금까지 보고된 자료에 의하면 과당을 많이 섭취하면 유산(lactate) 생성이 증가하면서 동시에 NAD^+의 생성도 증가하여 알코올 대사에 필수적으로 필요한 NAD^+ 사용이 더욱 용이해지므로 그만큼 알코올 대사가 더 빠르게 진행될 수 있다.

6. 갈락토스(galactose)

갈락토스는 에너지원으로 사용되거나 글리코겐으로 저장되려면 일단 포도당으로 전환되어야 한다. 만일 알코올 섭취가 높았다면 갈락토스가 포도당으로 전환되는 것이 더욱 어려울 수도 있다. 다른 영양소보다 알코올에 의해서 NAD^+가 더 빨리 사용되므로 NAD^+의 부족으로 인해 NAD^+ 의존적 효소인 UDP-glucose-4-epimerase의 활성이 낮아져 UDP-galactose가 UDP-glucose로 전환이 억제되므로 글리코겐 합성이 적게 일어난다(부록 4-4). 예로, 과음 후 우유를 섭취하면 유당이 소화되어 흡수된 갈락토스가 포도당으로 전환이 원활하지 못하여 갈락토스가 장내에 증가되면 삼투압 현상에 의해 많은 물을 보유하여 때로는 설사를 유발할 수 있다.

4-3 비타민 B_1, B_2, Niacin의 기타 사항

1. Thiamin(티아민, 비타민 B_1)

1911년 쌀겨에서 생리적 활성을 가진 결정형 물질을 추출하여 비타민(vitamin)이란 용어를 만들어 냈고 1930년대 처음으로 pyruvate 대사에 thiamin의 역할이 필수라는 것을 보고하였다.

(1) 화학구조 및 일반적 특성

Thiamin 또는 아뉴린(aneurin)이라고도 불리며 가장 일찍 알려진 비타민이다. 이 비타민 분자는 1개의 pyrimidine과 1개의 thiazole 고리가 메틸렌기(methylene)로 연결된 구조로 되어 있다. Thiamin은 산성용액에서는 안정하나 알칼리용액에서, 특히 가열 시 쉽게 파괴되며, 식품제조 및 가공처리에 흔히 사용되고, 아황산(sulfite) 처리에 의해 pyrimidine과 thiazole 부분으로 분해되어 생리활성이 파괴될 수 있다. Thiamin은 대사에 이용되기 전에 조효소 형태인 TPP(thiamin pyrophosphate)로 전환된다(그림 4-8).

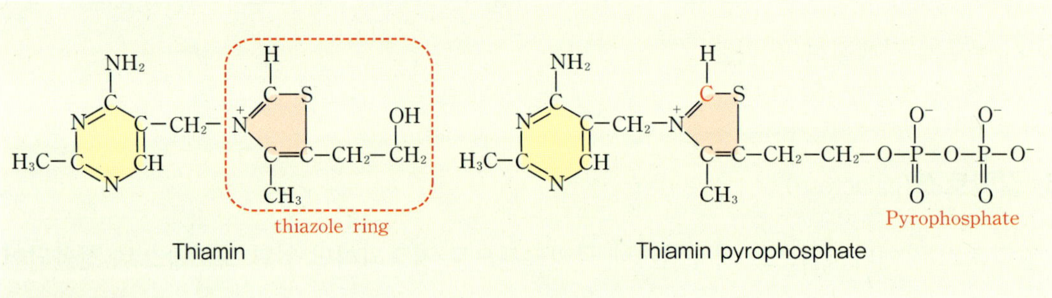

그림 4-8 Thiamin과 thiamin pyrophosphate(TPP) 구조

(2) 비타민 B$_1$의 생화학적 기능

Thiamin의 주된 조효소 형태는 thiamin pyrophosphate(TPP)로서 α-keto acid의 산화적 탈카복실(decarboxylation) 반응을 촉매하는 여러 가지 효소에 관여한다.

$$RCOCOOH + CoASH + NAD^+ \longrightarrow RCO\text{-}S\text{-}CoA + CO_2 + NADH + H^+$$

Pyruvate의 비산화적 decarboxylation 반응은 식물이나 효모에 널리 분포되어 있고 알코올 발효의 첫 단계를 촉매하는 pyruvate decarboxylase 효소는 조효소로 TPP를 필요로 하며 다음과 같이 촉매한다.

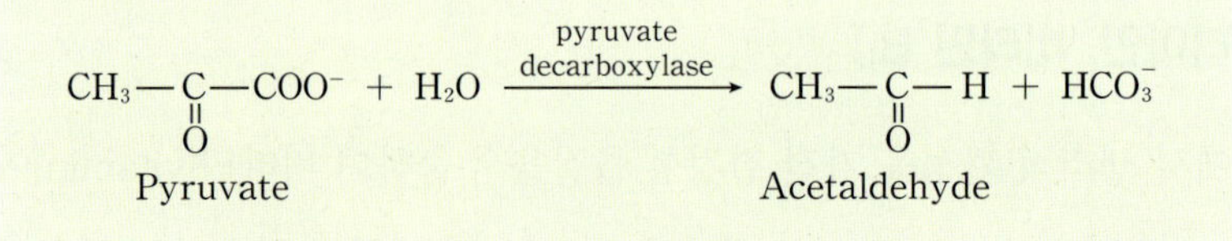

또한, TPP는 hexose monophosphate pathway(HMP)의 중요한 반응의 transketolase 조효소로 핵산 합성에 필요한 ribose와 지방산 합성에 필요한 NADPH 생성에 관여할 뿐 아니라 2C 혹은 3C 탄소분자 전이에 의해서 3-, 4-, 5-, 6-, 그리고 7탄당의 가역적 상호전환 시 필요로 한다(부록 4-3).

Pyruvate, α-ketoglutaric acid, 분지아미노산인 leucine, isoleucine, valine에서 유도된 α-keto acid는 각각 pyruvate dehydrogenase, α-ketoglutarate dehydrogenase, branched chain amino acid(BCAA) dehydrogenase와 미토콘드리아 내 효소복합체로서 5개의 조효소, 즉 TPP, FAD, NAD^+, lipoic acid와 coenzyme A를 필요로 하며, 각각 acetyl CoA, succinyl CoA, 그리고 BCAA의 유도체들을 생성하는데, 이들 모두 당질과 지질대사에서 중요한 역할을 한다.

(3) 비타민 B_1의 길항 물질

Thiamin의 길항 물질은 두 종류가 알려져 있다. 즉, 합성된 구조적 동족체와 자연에 존재하는 길항 물질이 있다.

식물이나 동물 조직에 함유된 비타민 B_1의 자연 길항 물질은 thiamin의 구조를 변화시킨다. 이 중 두 가지 효소가 thiamin을 분해시키는 것으로 알려졌다. 첫째, thiaminase Ⅰ은 잉어와 그 외 물고기 창자, 고사리 등에 주로 존재하며, 아황산염에 의한 메틸렌기의 변위를 일으키는 것과 같은 thiamin 분해를 촉매 한다. 둘째, thiaminase Ⅱ는 장내 박테리아에 있는 아뉴리나아제(aneurinase)라는 효소로서 thiamin을 단순히 피리미딘과 티아졸 고리로 가수분해시킨다. 이 외에도 고사리와 기타 채소(특히 월귤나무, 꽃 상치, 까막까치 밥나무, 빨간무, 붉은 양배추)에는 산화환원 반응에 의해 thiamin을 불활성화시키는 polyhydroxyphenol(caffeic acid, chlorogenic acid, tannin)이 들어 있다. 그러므로 찻잎이나 차에서 우려낸 물은 polyhydroxyphenol 함량이 높기 때문에 식사와 동시에 이런 차를 같이 마시는 것은 체내에서 thiamin을 손상시킬 수 있다. Thiamin의 자연 길항인자인 thiaminase는 신경 증후를 초래하는 심한 thiamin 부족증을 유발하며 목장에 널리 퍼져있는 고사리의 잎과 줄기로 키운 소, 말, 양, 돼지를 사망에 이르게까지 한다.

(4) 비타민 B_1 필요량

Thiamin은 체내 저장량이 적으며 다량 투여는 잘 흡수되지 않으므로 규칙적인 섭취가 필요하다. 또한 thiamin 필요량은 열량섭취량과 관련이 있으며, 특히 당질 대사와 가장 관련이 깊기 때문에 만일 당질 섭취가 높으면 그만큼 thiamin 섭취량을 증가시켜야 한다.

(5) 비타민 B_1 급원식품

곡류 제품은 thiamin 필요량의 약 40%를 제공하는 가장 중요한 공급원이다. 그러나 흰 밀가루의 생산, 쌀을 도정하는 과정에서 대부분의 thiamin이 손실되므로 일부 선진국에서는 백미와 흰 밀가루에 thiamin을 강화한다. 그 외 thiamin의 주요급원은 육류제품(27.1%, 특히 돼지고기), 야채(11.7%), 우유와 유제품(8.1%), 콩류(5.4%), 과일(4.4%), 계란(2.0%) 등이다.

(6) 비타민 B_1 결핍증

사람에서 thiamin 부족은 후진국의 경우, 부적절한 섭취가 주요 원인이며 선진국의 경우, 알코올 중독이 가장 보편적인 원인이다. 알코올 중독자에서는 thiamin 섭취가 부족하고, thiamin의 흡수율 감소와 소변으로의 배설 증가로 인하여 thiamin이 결핍되는 것이다. 제일 잘 알려진 결핍증세로 각기병(beriberi)은 주로 심장 혈관과 신경 조직에 영향을 준다. 심장 혈관은 심장의 비대와 확장(특히 우심실), 빈맥, 호흡곤란, 다리의 부종 등으로 나타난다. 신경 증후에는 과잉의 건반사(tendon reflex) 작용, 때때로 마비를 동반하는 다발신경병증(polyneuropathy)은 전형적으로 하지(lower extremities)에 나타나며, 과정 초기에 thiamin 결핍 증상으로 '발바닥이 타는 듯한 증상'이 나타난다. 다음 단계로 근육의 쇠약과 통증으로 상지(upper extremities)에 영향을 주고 경련 등이 온다.

Thiamin 결핍의 준 임상적 상태는 선진국에서도 상당히 보편적이며 증상이 심하지 않고 피곤함, 두통과 무기력증 등으로 나타난다. 사람의 중추신경계에서 thiamin 결핍은 베르니케(Wernicke) 뇌질환과 코르사코프(Korsakoff) 정신병을 일으킬 수 있다. 알코올 중독인 경우에 전형적인 이 두 가지 상태가 나타나 베르니케-코르사코프 증후군으로 분류한다. 코르사코프 정신병은 일종의 건망증인데 베르니케병의 정신병적 요소로 여겨진다. 이 질병은

thiamin의 투여로 극적으로 임상적 개선을 가져온다.

Thiamin 결핍은 알코올 중독이 된 엄마에서 태어난 아이에게서 알려진 태아 알코올 증후군(fetal alcohol syndrome)의 원인이 될 수도 있다. 이 증후는 자궁내 성장지연, 비정상적 수의 운동(psychomotor abnormality)과 선천성 기형(congenital malformation)이 특징이다.

(7) 독 성

사람의 경우 thiamin을 과량 경구 투여하면 위장 장애가 있을 가능성이 있으나 독성 효과는 없다. 그러나 권장량의 100~200배 이상 되는 양을 몇 차례 주사한 직후에 알레르기 반응이 생긴 경우가 있다.

2. Riboflavin(리보플라빈, 비타민 B_2)

(1) 화학구조 및 일반적 특성

Riboflavin은 모두 isoalloxazine ring을 가지고 있으며, 강한 형광성을 나타낸다(그림 4-9). Riboflavin은 에너지 대사에 관여하기 전에 2가지의 조효소 형태로 전환된다. 조효소로 FMN(flavin mononucleotide)과 FAD(flavin adenine dinucleotide)가 존재하는데 알칼리와 산에 민감하며 특히 빛에 민감하다. Riboflavin은 알칼리와 산성 조건하에서 광분해가 일어나면 생리활성이 없어지며, 물에 녹는 용해도가 상당히 낮아서 정맥 영양 시 다량의 riboflavin을 공급하는 것은 불가능하다.

(2) 비타민 B_2의 생리적, 생화학적 기능

Riboflavin은 FMN과 FAD 조효소의 전구체로서 작용하고, 많은 산화-환원 반응에서 촉매 역할을 한다. FAD가 산화적 에너지 대사 경로에 참여하므로 riboflavin은 에너지 생성에 중요한 역할을 한다. 또한 FAD는 cytochrome P-450 효소와 함께 약물 대사와 지방 대사에도 관여한다.

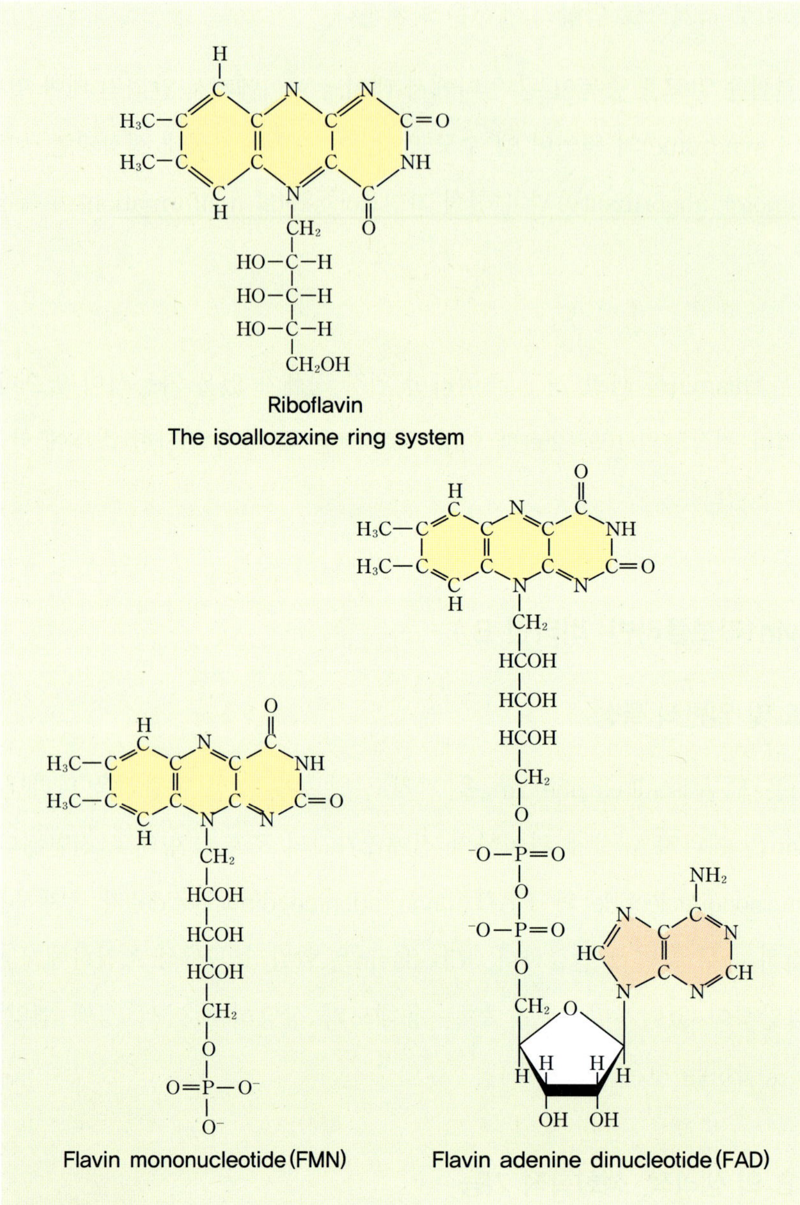

그림 4-9 Riboflavin, FMN, FAD 구조

Flavoprotein은 탈수소화 반응(dehydrogenation), 수산화 반응(hydroxylation), 산화적 탈카복실 반응(oxydative decarboxylation), 이산소화 반응(dioxygenation), 산소를 과산화수소로 환원시키는 반응 등에 촉매 역할을 한다.

FAD를 조효소로 필요로 하는 효소 중에 glutathione reductase (글루타티온 환원효소)는 glutathione (글루타티온)의 산화-환원 회로에 의해 지질과산화물 생성을 방지하는 데 중요한 역할을 한다. Glutathione은 3개의 아미노산, glycine, cysteine, glutamate로 구성되어 있으며, 산화-환원 회로와 riboflavin의 관계는 다음과 같다.

Glutathione peroxidase(글루타티온 과산화효소)는 과산화수소 및 과산화 지질을 분해하는데 환원형의 glutathione(GSH)이 필요하다. 이때 glutathione reductase가 산화형 glutathione(GSSG)을 다시 환원해서 환원형인 GSH를 공급해 준다. 이 glutathione reductase는 조효소로 FAD를 필요로 하므로 riboflavin이 결핍되면 이 과정이 원활하지 못해 과산화 지질 생성이 증가될 수도 있다(10장 참조).

$$H_2O_2 + \underset{\substack{\uparrow \\ \text{(환원형 glutathione)}}}{2GSH} \xrightarrow{\text{glutathione peroxidase}-\text{Se}} \underset{\substack{\uparrow \\ \text{(산화형 glutathione)}}}{GSSG} + 2H_2O$$

$$GSSG + NADPH + H^+ \xrightarrow{\text{glutathione reductase}-\text{FAD}} 2GSH + NADP^+$$

실제로 riboflavin 결핍의 기능적 검사법으로 적혈구의 glutathione reductase 효소의 활성을 측정하여 결핍 정도를 판정한다. 이 효소는 FAD가 조효소로 필요하므로 적혈구 용혈액에 FAD를 첨가하기 전과 후의 활성도가 증가되는 정도를 비교하여 활성계수가 1.2~1.3배 이상 증가하면 riboflavin이 결핍된 것으로 추정한다.

(3) 비타민 B_2 급원식품

선진국에서 비타민 B_2의 급원식품은 육류와 그 제품, 닭고기, 생선, 계란, 우유와 치즈 같은 유제품이다. 그러나 개발 도상국에서는 브로콜리, 아스파라거스, 시금치와 같은 녹색채소가 좋은 식물성 급원이다. 식품 속의 비타민 B_2 함량은 조리 과정이나 가공 과정 중에 변화될 수 있다. 우유를 투명한 용기에 담아 조리하거나 저장할 때 빛에 의해 상당량의 riboflavin이 손실되므로 우유를 보관할 때 불투명한 플라스틱이나 종이로 된 용기를 사용한다. 과일이나 채소를 햇빛에 말릴 때 많은 양의 riboflavin이 파괴될 것으로 생각되지만 정확히 어느 정도 손실되는지는 알려져 있지 않다. 그러나 녹색채소를 좀 더 신선하게 보이기 위해 조리 중에 베이킹 소다를 첨가하면 광선에 의한 riboflavin의 파괴를 더욱 촉진시킨다.

(4) 결핍증

세포 수준에서 riboflavin의 조효소들이 대사과정에 많이 관여하므로 riboflavin 결핍은 생화학적으로 막대한 영향을 미친다. 더구나 riboflavin의 조효소들이 엽산, 비타민 B_6, 비타민 K, 나이아신 대사에도 관련하므로 riboflavin이 결핍되면 flavin 조효소들이 직접 관여하는 효소계뿐만 아니라 다른 비타민이 관여하는 효소체계까지 영향을 준다. 당질이나 지방산을 대사하여 ATP를 생성할 때 효소가 riboflavin을 필요로 하므로 전체적으로 에너지 대사에 영향을 미치게 되어 riboflavin 결핍의 가장 뚜렷한 증세는 성장지연이다. 그 외에는 털이 빠지고, 피부질환, 신경계의 퇴화, 생식 불능 등이 나타난다. 사람에서 riboflavin 결핍증은 다른 비타민 결핍증과 구별할 수 있는 임상적 특이성을 가지고 있지 않다. 초기 증세는 허약, 피로, 구강의 통증과 연화증, 눈이 가렵고 화끈거림, 성격 변화 등이 나타나고, 결핍 증세가 더 진행되면 구순증, 구각염, 피부염, 각막 충혈, 빈혈, 뇌기능 장애 등이 나타난다.

최근 보고에 의하면 riboflavin 결핍증은 섭취부족뿐만 아니라 비타민의 체내 이용을 조절하는 약품, 호르몬, 질병, 영양적 요인 등에 의한 영향 때문에 일어날 수도 있다. 예를 들어 riboflavin이 활성형인 조효소로 전환되는 과정은 갑상선 호르몬이나 부신호르몬 결핍 시 방해를 받게 된다. 또한 향정신성 약품이나 항암치료약인 아드리아마이신(adriamycin), 말라리아 치료약 등은 riboflavin의 조효소 형성을 저해하며, 알코올은 riboflavin의 소화와 흡수를 방해하므로 결핍증을 초래한다.

(5) 과잉과 독성

Riboflavin은 권장량의 몇 배가 되도록 많은 량을 섭취해도 별로 독성이 나타나지 않는다. Riboflavin의 최고 흡수량이 한 번에 약 25 mg 정도로 제한되므로 과량을 복용해도 흡수량이 증가하지는 않는다. Riboflavin는 용해도가 아주 낮기 때문에 정맥을 통한 비타민의 과량 투여도 거의 불가능하다. 하지만 Riboflavin가 광선에 민감한 성질은 이론상으로는 잠재적 위험성을 내포하고 있는데 생체 외 광 치료는 DNA의 파괴를 초래하고 지질 과산화를 증가시켜 암화과정을 일으킬 수 있기 때문이다.

3. Niacin(나이아신)

(1) 화학구조와 흡수 및 배설

Niacin이라는 용어는 니코틴산(nicotinic acid)과 니코틴아미드(nicotinamide 또는

niacinamide)에 대한 일반적인 용어로 사료된다. 니코틴산과 니코틴아미드 모두 niacin의 비타민 활성이 있다. 구조식은 그림 4-10에서와 같으며, 조직 내에서 niacin은 조효소 형태인 NAD^+와 $NADP^+$로 존재한다(그림 4-11).

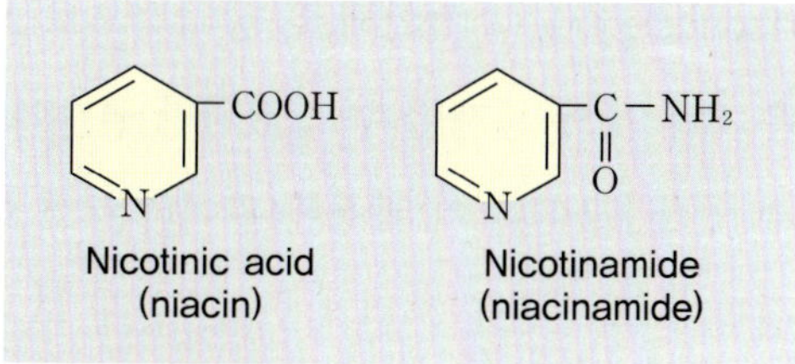

그림 4-10 Nicotinic acid와 nicotinamide 구조

Nicotinic acid와 nicotinamide는 위와 장에서 신속히 흡수되는데 농도가 낮을 때는 Na^+ 의존성 확산에 의해서 촉진되어 흡수되고, 농도가 높을 때는 수동적 확산에 의해서 주로 흡수된다. 경구로 투입된 3~4 g의 niacin은 거의 완전하게 흡수된다. Nicotinamide는 혈액 내 존재하는 주요 형태인데 이것은 장 점막과 간에서 NAD^+의 효소적 가수분해로 생성된다. 식이 중 niacin의 주요형태인 NAD^+와 $NADP^+$는 장 점막에서 효소에 의해 가수분해되어 nicotinamide로 전환된 후 흡수되어 조직으로 운반되고 필요에 따라 자체 NAD^+를 합성한다. Niacin은 간에서 대사되어 소변으로 대사산물인 N-methyl-nicotinamide와 6-pyridone로서 소변으로 배설된다(그림 4-12).

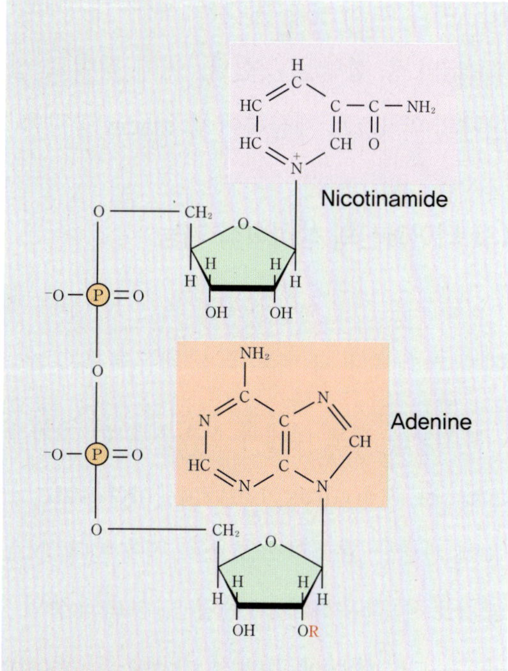

그림 4-11 NAD^+와 $NADP^+$의 구조

R=H일 때 NAD^+ : nicotinamide adenine dinucleotide
R=PO_3^{2-}일 때 $NADP^+$: nicotinamide adenine dinucleotide phosphate

(2) 나이아신 생합성 경로

Niacin은 포유동물에서 필수아미노산인 트립토판(tryptophan)으로부터 키뉴레닌(kynurenine) 경로를 통해 퀴놀린산(quinolinate)이 합성된 후 nicotinic acid

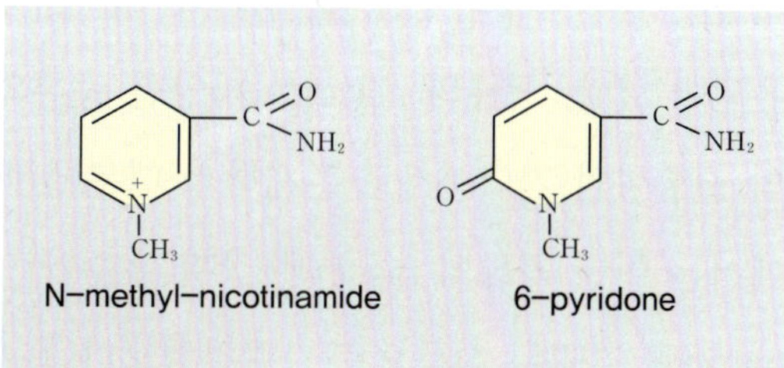

그림 4-12 Niacin의 배설형

ribonucleotide로 전환되고, 궁극적으로 NAD^+ 또는 $NADP^+$로 합성된다(부록 4-5). Niacin은 식품 내에 존재할 수도 있지만 필수아미노산인 tryptophan에 의해 인체 내에서 생합성될 수 있다. 그러나 이 과정에 관여하는 효소의 필수 보조인자인 비타민 B_6와 riboflavin, 철의 결핍은 그 전환을 느리게 한다. 현재 보고된 바에 의하면 사람에서 식이로 섭취한 niacin 함량을 추정하기 위해서 트립토판 60mg에 대해 niacin 1mg을 평균 전환비율로 권장한다. 그러므로 식이로 인체 내에서 사용 가능한 총 niacin 함량을 niacin 당량(niacin equivalent, NE)이라고 하는데 이것은 식이 내 이미 존재하는 niacin 함량과 트립토판에서 전환된 niacin의 총 함량을 뜻한다. 이때 식이로 섭취한 트립토판 함량은 식이로 섭취한 총 단백질 함량의 약 1%로 계산하여 총 niacin 당량을 추정한다.

(3) 나이아신의 생화학적 기능

Niacin은 조효소인 NAD^+ 또는 $NADP^+$ 형태로 세포 내에서 여러 생물학적 산화환원 반응에서 전자 수용체 또는 수소 제공자로서 작용한다.

NAD^+은 세포 내에서 호흡을 위한 전자운반체로서 glyceraldehyde 3-phosphate, lactate, ethanol, 3-hydroxybutyrate, pyruvate, α-ketoglutarate(KG)와 같은 분자의 산화환원 반응에 관련된 효소의 조효소로 작용한다. $NADP^+$는 지방산과 스테로이드 생합성에서 수소 제공자로서 작용하며, 5탄당 인산화과정의 hexose monophosphate pathway(HMP)에서 glucose-6-phosphate에서 ribose-5-phosphate로 산화될 때 dehydrogenase(탈수소효소)의 조효소로서 작용하며, 이 반응에서 생성된 NADPH는 지방산 합성에 관여한다.

(4) 나이아신의 급원식품

Niacin은 식물성 식품과 동물성 식품에 널리 분포되어 있다. 좋은 급원으로 효모, 육류(특히 간), 생선, 시리얼, 콩류, 종자류, 우유, 푸른잎 채소 등이 있고, 커피와 차에도 상당량 함유되어 있다. 곡류의 niacin은 다양한 종류의 펩타이드, 6탄당, 5탄당을 포함하여 여러 종류의 결합형인 거대분자로 존재하기 때문에(때로는 niacinogen 또는 niacytin이라고 함) 동물에서는 이런 곡류의 niacin은 장관 흡수가 안 되어 생체 이용률이 낮다. 지금까지 옥수수는 niacin이 결핍된 식품으로 간주하였으나 옥수수에 있는 결합형 niacin의 생체 이용률은 석회수로 사전 처리하면 niacin이 분리되어 증가된다. 이 방법은 중앙 아메리카와 멕시코에서 또띨라(tortillas : 멕시코지방의 둥글넓적한 옥수수 빵)를 만들 때 사용한다.

대부분의 단백질은 약 1% 정도의 트립토판을 함유하고 있기 때문에 niacin이 결핍되어도 100g 이상의 단백질을 함유한 식이는 충분한 niacin 영양 상태를 유지하는 것이 가능하다.

(5) 결핍증

Niacin 결핍증인 펠라그라(pellagra)는 종종 옥수수나 사탕수수 같은 곡류를 주식으로 하는 저소득층에서 발현되었다. 펠라그라는 현재 산업화된 나라에서는 일부 알코올 중독 환자에서의 발생을 제외하고는 사실상 없어졌다. 그러나 인도, 중국과 아프리카의 일부 지역에서는 여전히 발생되고 있다.

Niacin 결핍증의 가장 일반적 증상은 입의 점막, 혀, 위, 소화관 등의 피부와 신경계의 변화이다. (1) 피부와 연관된 증상들은 매우 특이하게 태양 광선에 노출된 부위에서 착색된 발진이 대칭적으로 나타나며, 이는 마치 햇볕에 탄 것과 유사하고 만성적인 경우에는 더 어두운 색깔을 나타낸다. (2) 소화관에서의 변화는 구토, 변비, 설사와 관련이 있고, 혀는 선홍색으로 된다. (3) 신경학적 증세로는 우울증, 무관심, 두통, 피로, 기억력 감퇴(dementia)를 동반하게 된다. 이 증상들이 심해지면 사망(death)에 이른다 하여 펠라그라는 4D's 질환(dermatitis, diarrhea, dementia, death)이라 부르기도 한다.

펠라그라는 niacin 결핍에 의해서만 발생되는 것이 아니라 트립토판에서 niacin으로 전환되는 경로에 필요한 기타 미량영양소들(riboflavin, pyridoxine, 철 등)의 결핍으로도 발생할 가능성이 있다. 폐결핵 치료약으로 알려진 이소니아지드(isoniazid)를 장기간 복용하면 트립토판에서 niacin으로 전환될 때 관여하는 효소의 조효소 형태인 pyridoxal phosphate (비타민 B_6의 조효소 형태)와 약제가 서로 경쟁함으로써 나이아신 결핍을 초래하기도 한다.

(6) 약리적 효과와 독성

1955년에 처음으로 사람 대상으로 다량의 니코틴산(nicotinic acid)을 복용하였을 때 혈청 콜레스테롤과 중성 지방 농도를 감소시킨다는 것이 보고되었다. 니코틴산을 약으로 하루에

1.5~3g을 투여했을 때 총 콜레스테롤과 LDL-cholesterol 농도는 감소하였고 HDL-cholesterol 농도는 증가하였다. 그러나 부작용으로 피부 홍조와 고요산혈증(hyperuricemia), 간과 시력이상, 간헐적인 고혈당 증세가 있었다. 이와 같은 증세는 약의 양을 줄이거나 복용을 중지하면 없어진다.

4-4 포도당 대사와 당뇨병

1. 당뇨병에 관한 일반사항

식후 소장에서 소화된 탄수화물에서 유리되어 나온 포도당이 혈액 내로 흡수되어 혈중 포도당 농도가 증가하면 췌장의 β-세포에서 인슐린이 분비되어 포도당을 세포 안으로 운반해 준다. 세포 안으로 운반된 포도당은 에너지원으로 사용되며, 또한 혈중 포도당 농도도 정상적인 수준으로 회복된다.

그러나 췌장에서 인슐린이 충분히 생성되지 못하거나 인슐린이 정상적인 기능을 발휘 못하여 혈중 포도당이 에너지로 이용되지 못하면 혈중 포도당 농도가 정상 이상으로 높아지게 되는데 혈당치가 어느 한계(180 mg/dl)를 넘어 소변으로 당이 배설되면 당뇨병이라 한다. 당뇨병은 원인에 따라 크게 2가지로 나눈다. 유전적인 소인이 많고 인슐린이 전혀 분비되지 않는 경우를 인슐린 의존형(제1형) 당뇨병이라 하는데 이는 대부분 어린이나 청소년기에 발생되어 소아형 당뇨병이라고도 한다. 제1형과는 달리 췌장의 인슐린 분비 능력은 정상이지만 인슐린 수용체의 민감도가 낮아져 인슐린 저항성이 증가하여 발생하는 경우를 인슐린 비의존형(제2형) 당뇨병이라 한다. 제2형 당뇨병은 중년기 이후에 잘 나타나 성인형 당뇨병이라고도 하는데 최근에는 소아 비만이 증가하면서 어린 나이에도 인슐린 비의존성 당뇨병 발생률이 증가하고 있는 추세이다.

인슐린 비의존형 당뇨병인 경우 일반적으로 비만인 경우에 많이 발생하고 보통 체중 감량으로도 당뇨병이 치료되는 경우도 있다. 하지만, 인슐린 비의존형 당뇨병 환자가 모두 비만한 것은 아니기 때문에 비만이 인슐린 비의존형 당뇨병의 위험인자이긴 하나 비만 자체가 당뇨병을 꼭 유발시키는 것은 아니다.

한국의 당뇨병 환자는 계속 증가 추세에 있으며 당뇨병으로 인한 사망률 순위도 점점 높아지고 있다. 이러한 증가 추세는 생활 습관의 변화와 풍부한 식생활 때문인 것으로 보인다. 또한 당뇨병 중에 75~80%는 제2형 성인형 당뇨병에 속하며 증세가 천천히 발생되어 자신도 모르는 사이에 나타나는 경우가 많다. 비만인은 비만이 아닌 사람보다 상대적으로 지방 조직량이 더 많으며, 특히 몸통(trunk) 내에 존재하는 지방 조직은 인슐린에 의해 덜 억제되어 같은 인슐린 수준일 경우 더 많은 유리 지방산이 순환계로 유출되어 나온다. 보통 지방 조직에서 유리 지방산 유출은 호르몬에 의존적인 리파제(lipase) 작용에 의해 조절되지만, 이 유리 지방산 유출의 바닥 수준(basal level)은 지방 조직 총 함량에 의존한다. 그러므로 비만인은 공복 시에 정상인에 비해 유리 지방산 유출이 더 높게 유지된다. 골격근은 포도당과 지방산을 모두 에너지원으로 이용하는 주된 조직인데 근육에서 포도당과 지방산이 에너지원으로 이용될 때 어느 정도 서로 경쟁을 한다. 만일 유리 지방산 수준이 높다면 근육으로 유리 지방산 유입이 증가되어 산화가 증가되는 반면 포도당 이용이 감소하게 된다. 이와 같은 결과는 인슐린 저항성(insulin resistance)이 높은 경우에 나타나는 현상과 같다.

2. 당뇨병의 진단

당뇨병은 증상이 없는 경우가 많으므로 당뇨병의 가족력이 있거나 지나치게 뚱뚱한 사람의 경우 예방차원에서 검사를 해보아야 한다. 당뇨병 진단의 기본으로 소변량의 증가, 갈증, 소변내 당 검출 등을 측정할 수 있으나, 보다 정확한 진단을 위해서는 반드시 혈당 검사가 필요하다. 혈당 검사는 12시간 이상 물 이외에는 아무 것도 먹지 않은 공복 상태에서 혈당이 110mg/dL 이하이거나, 당 부하검사에서 일정량의 포도당 용액 섭취 2시간 후에 혈당이 120mg/dL 이하이면 정상으로 판정한다. 그러나 공복 시 혈당이 126mg/dl 이상이면 당뇨병으로 진단하고, 공복 시에 혈당이 126mg/dl 이하지만 당 부하검사에서 2시간 후 혈당치가 200mg/dl을 넘으면 당뇨병으로 진단한다. 제2형 당뇨병은 유전적인 소인이 있는 경우가 많으므로 부모나 형제 중에 당뇨병 환자가 있다면 6개월에 한 번씩 혈당 검사를 하여 당뇨병을 조기에 발견하는 것이 바람직하다.

3. 당뇨병의 기본적인 식이 요법

당뇨병 식이 요법의 기본적인 목표는 (1)표준체중을 유지해야 한다. 비만은 당뇨환자의 가장 무서운 적이므로 이상 체중을 유지하도록 칼로리를 제한하며 적당한 운동을 한다. (2)혈당조절을 해야 한다. 식사 후 고혈당이 되는 것을 완화시켜 췌장의 부담을 가볍게 하고 식이요법을 통한 혈당 조절은 매우 중요하다. 또한 인슐린 투여 환자에게는 갑작스러운 저혈당증을 방지하기 위하여 적절한 대비책도 필요하다. (3)좋은 영양을 유지해야 한다. 다섯 가지 기초식품군을 균형 있게 섭취하여 모든 영양소를 골고루 섭취해야 한다. (4)합병증을 예방해야 한다. 균형된 식사로 음식의 양을 조절하여 여러 가지 급·만성합병증을 지연시키고 더 이상의 진전을 방지해야 한다.

제2형 당뇨병 환자나 비만인에서 식사 제한과 운동을 장기간 실시하면 체중 감소와 함께 인슐린 감수성과 포도당 내당능(glucose tolerance)이 개선된다. 운동은 근육을 통해 포도당과 유리 지방산의 이용을 촉진시켜 혈당을 저하시킨다. 그러나 강도 높은 운동은 무산소 상태로서 당질 사용이 증가하여 혈액에 유산이 축적되어 지방 분해를 억제하므로 중등도 이하의 유산소 운동 실시가 인슐린 감수성 개선에 더욱 효과적이다. 제2형 당뇨병 환자에게 식사 제한과 유산소 운동을 통한 생활습관의 변화를 주어 공복 시 혈당, 혈압, 혈중 총콜레스테롤, 중성 지방 등의 동맥경화 위험인자를 개선하는 것이 바람직하다.

4-5 식이 섬유소 대사 및 영양학적 장단점

1. 식이 섬유소의 정의

조섬유소(crude fiber)란 산이나 알칼리에 의해 분해되지 않는 셀룰로오스(cellulose)와 리그닌(lignin) 등을 포함한 식물성 다당류이며, 식이 섬유소(dietary fiber)란 산이나 알칼리에 의해서는 분해되지만 사람의 소화 효소에 의해서 가수분해되지 않는 식물성 다당류인 섬유소를 뜻한다.

2. 식이 섬유소의 물리적 물리화학적 성질과 생리적 반응

식이 섬유소를 구성하는 당의 종류와 그 함량에 관한 화학적 조성만으로는 섬유소의 생리적 효과를 이해하기 어렵다. 장관 내에서 다양한 식이 섬유소의 작용을 이해하려면 식이 섬유소의 물리적 특성을 파악하는 것이 더 중요하다. 그러므로 식이 섬유소의 생리적 효과를 이해하기 위해서는 성분 분석에 의한 상세한 화학 조성에 관한 지식보다는 보수력, 점도, 발효성, 소화효소의 저해성, 담즙산 결합능력, 그리고 양이온 교환능력과 같은 특성들을 측정하는 것이 더 유용할 수 있다.

조섬유소는 식물을 지탱해주는 골격 역할을 하며, 식이 섬유소의 함량은 각 식물 종에 따라 다르며 종류도 다양하다. 식물이 나이가 들어감에 따라 그 함량이 변화되며, 차츰 리그닌(lignin) 함량이 증가하여 목화 현상이 생기게 된다. 섬유소에는 셀룰로오스, 리그닌, 셀룰로오스가 아닌 다당류 종류인 펙틴(pectin), 헤미셀룰로오스(hemicellulose), 검(gums), 식물의 점액(mucilages), 한천(agar) 등이 있다.

(1) 점성(viscosity)

식이 섬유소 중 어떤 종류는 점성이 대단히 높은 용액을 형성할 수 있다. 이와 같은 종류로는 펙틴, 다양한 종류의 검들, 혼합결합 베타-글루칸(β-glucan) 그리고 한천과 카라기난(carrageenan)과 같은 한천 다당류가 포함된다. 검이나 펙틴 같은 수용성 섬유소는 물에 넣으면 녹아서 팽윤 현상을 보이며, 차지고 끈끈한 성질을 가진 점성을 보이는 특성을 가지고 있다. 그리고 수용성 섬유소는 소장 내 점성을 증가시켜 위를 비워주는 시간을 지연시켜 장을 통과하는 시간을 증가시킨다. 또한 이런 점성은 소장의 융털돌기의 살랑거리는 점막의 부동수층(unstirred water layer)을 두껍게 만들어 소장 흡수율을 감소시킨다.

(2) 보수력(water-holding capacity)

섬유소의 보수력이란 그 기질 내에 수분을 보유하는 능력을 말한다. 펙틴과 검 같은 수용성 섬유소들은 셀룰로오스, 밀기울과 같은 불용성 섬유소보다 더 큰 보수력을 가지고 있으며, 채소 섬유소는 중간 정도의 보수력을 가진다. 하지만 식이 섬유소 종류에 따라 대장에서 섬유소의 발효 정도와 미생물량의 증가가 다르기 때문에 생체 외에서 측정한 섬유소의 보수력으로 섬유소 종류에 따른 변량을 증가시키는 능력을 예측하기는 어렵다.

(3) 소화력

생체 외 실험 자료에 의하면 여러 가지 종류의 섬유소들은 에너지를 내는 3대 영양소를 소화하는 췌장 효소의 활성을 저하시킬 수 있는 것으로 알려졌다. 밀기울, 자일란(xylan), 셀룰로오스, 구아검(guar gum), 차전자(psyllium) 등은 췌장액과 십이지장액의 아밀라아제(amylase)의 활성을 저해하였으며, 많은 곡류와 콩류들은 췌장 프로테아제(protease)의 저해물질을 함유하여 단백질 소화율을 감소시킨다.

일반적으로 섬유소는 비타민의 흡수에 거의 영향을 미치지 않는 것으로 보고되지만 곡류와 과일 등의 식품에 함유된 식이 섬유소는 무기질 중 2가 이온을 가지는 칼슘, 철, 아연, 구리와 같은 미량원소의 흡수를 저하시키는 효과가 있다. 이것은 주로 곡류의 피틱산(phytate)이나 과일 및 채소의 수산(oxalate)에 의한 영향이라고 알려져 있다.

섬유소가 얼마나 잘 소화되는지에 따라 변량을 결정하게 된다. 셀룰로오스가 아닌 다당류로 구성된 섬유소는 구조상 분지가 많거나 열려 있어서 박테리아에 의해 쉽게 분해되어 휘발성 지방산(acetate, propionate, butyrate) 등을 생성하는데 이 지방산들은 대장 점막에서 에너지원으로 사용된다. 예를 들어 수용성 섬유소인 펙틴은 거의 전부가 분해되어 하제(laxative)로 효과가 없으며, 거친 밀기울(wheat bran) 같은 섬유소는 대장의 내용물을 증가시켜 배설물의 용적과 직경이 증가되어 대장 내 압력이 감소되므로 변의 통과 시간이 감소된다. 변의 중량은 섬유소 종류에 따라 복용량과 비례하여 증가될 수 있다.

(4) 양이온 교환능력(cation exchange potential)

많은 종류의 섬유질이 생체 외에서 양이온 교환능력을 가지므로 위 장관 내에서도 무기질과 결합할 수 있다. 카르복실기(-COOH), 하이드록실기(-OH), 아미노기(-NH_2)들은 모두 양이온 교환능력과 관련이 있다. 펙틴과 리그닌같이 카르복실기를 가진 다당류는 철(Fe), 칼슘(Ca), 마그네슘(Mg), 구리(Cu), 아연(Zn), 납(Pb)과 같은 미량 원소와 결합하여 배설시키는 성질이 있다. 이 외에도 담즙산(bile acid)과 결합하여 배설되어 담즙산 재사용이 불가능하므로 간에서 콜레스테롤을 분해하여 새로운 담즙산을 합성하여 사용하게 된다. 그러므로 간에서 혈액의 콜레스테롤을 더 받아들일 수 있으므로 결과적으로 혈중 콜레스테롤 농도를 낮추어 준다(제6장 참고). 산성을 띤 카르복실기는 독성을 제거해 주는 항독성효과(antitoxic effect) 도 가지고 있다 (예: saponin은 흡착성질 있음).

(5) 식이 섬유소와 항영양소 (fiber-antinutrients)

자일란(xylan)과 셀룰로오스는 췌장에서 분비되는 트립신과 결합하여 트립신 활성도를 감소시키고, 아밀라아제, 리파제 활성도도 감소시킨다. 따라서 이런 섬유소들과 같이 섭취한 단백질, 지방, 당질의 소화를 저하시킨다. 한편 섬유소는 라디칼 제거제(free radical scavenger) 역할을 한다. 예를 들어 리그닌은 라디칼을 제거해 주는 역할을 하는데 특히 페놀성 수산기(phenolic OH group) 라디칼 생성이 감소되어 암발생 위험도를 감소시키는 효과를 보인다. 이러한 이유로 고섬유 밀제품에서 추출한 기름은 산패하는 경향이 적다고 한다.

이 밖에도, 렉틴(lectin) 은 동식물에서 추출된 당단백질(glycoprotein)인데 세포 표면에 있는 당과 결합하여 세포 분해 (lysis)를 유도하여 소장에 손상을 주고 영양소 흡수를 감소시킨다. 사포닌(saponin) 은 당이 결합한 물질로 수용액에서는 거품을 내며 세포막의 성질을 변화시켜 지질유화제 또는 거품을 안정화시킨다. 피틱산 (phytate) 은 금속 이온 또는 단백질과 결합하여 영양소나 항영양소 흡수율을 감소시키고, 탄닌(tannin) 은 폴리페놀 (polyphenol) 화합물과 결합하여 소화율을 감소시킨다.

3. 섬유소 대사

섬유소가 대장 내에서 분해되는 정도의 차이는 섬유소 종류에 따라서 다르다. 즉 목질화된 섬유소가 많을수록 분해가 감소되며, 수용성 섬유소가 많을수록 분해가 증가한다. 과일이나 채소에 함유되어 있는 소화가 가능한 수용성 섬유소는 대장으로 들어오면 호기성 조건하에서 대장 미생물균 (microflora)에 의한 광범위한 발효로 분해되어 휘발성 저급 지방산과 가스가 발생하고, 이와 같은 발효에 의해 생성된 ATP는 박테리아의 유지와 성장에 사용된다 (그림 4-13). 다량으로 생성된 저급 지방산인 아세트산 (acetate), 부티르산 (butyrate), 프로피온산 (propionate)은 장세포 내에 흡수되고, 부티르산은 대장세포의 에너지원으로 이용될 수 있으며 아세트산과 프로피온산은 간으로 가서 전체 대사과정에 이용된다. 아직 이 지방산의 기능에 관해서는 논란이 되고 있지만 생체 외 연구에서 부티르산은 변형된 세포의 분화를 일으키고, 발효성이 큰 정제 섬유소는 대장 세포의 성장을 자극한다고 보고되었다. 일부 연구에서는 섬유소가 발암성 물질을 처리한 동물에서 종양 형성을 증진시키는 것으로 발견되었으나, 대조적으로 다른 연구에서는 저급 지방산의 생성이 대장암에 대한 보호 효과가 있다고 제시하였다. 질소가 충분한 경우에는 박테리아의 번식이 증진되어 섬유소의 소화되지 않은 잔사량보다 박테리아 덩어리 양이 더 많아진다. 또한 생성된 메탄가스는 포름알데히드와 포름산(formic acid)으로 대사된 후 대장이나 간으로 가서 배설된다.

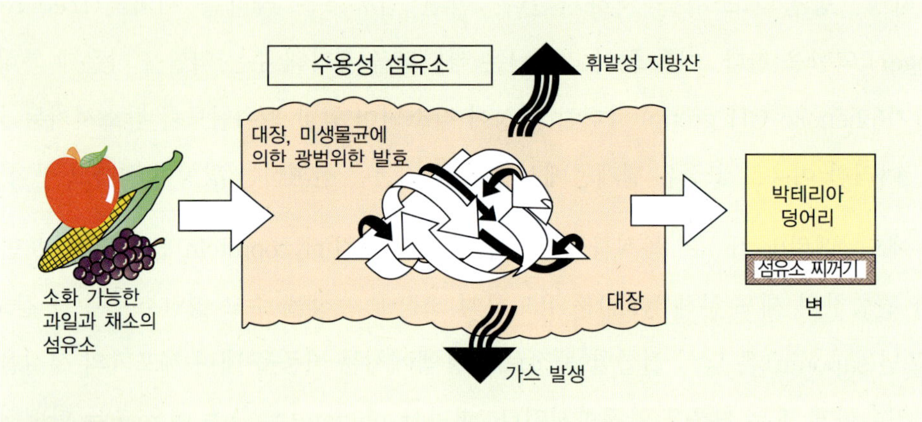

그림 4-13 대장 미생물군에 의한 수용성 섬유소 발효에서 생성된 휘발성 지방산과 변의 구성

그러나 밀기울과 같이 소화되지 않는 불용성 섬유소는 대장 내 미소식물군에 의해서 잘 발효되지 않고 대부분이 변으로 배설된다. 그러므로 저급 지방산의 생성이나 흡수량이 아주 적어 박테리아 성장에 도움이 안 되어 변 중 박테리아 덩어리 양은 적으며 대부분이 섬유소 찌꺼기로 배설된다(그림 4-14).

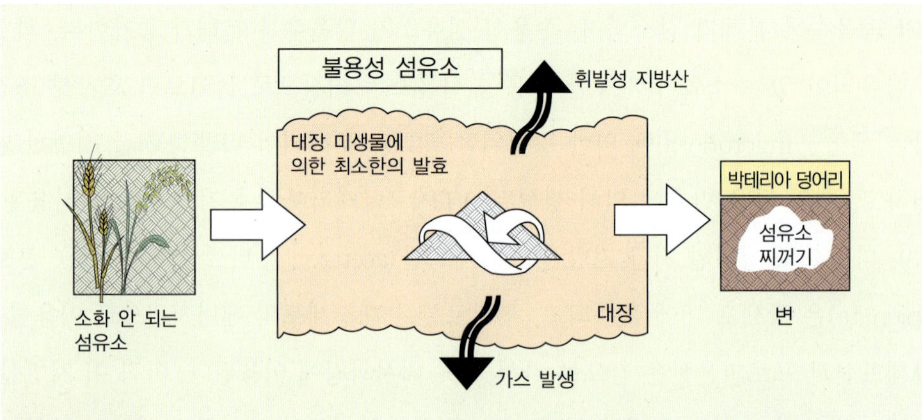

그림 4-14 대장 미생물군에 의한 불용성 섬유소 발효에서 생성된 휘발성 지방산과 변의 구성

4. 식이 섬유소와 건강상태

정제한 섬유소나 섬유소 함량이 높은 식품들을 많이 섭취하였을 때 혈장 콜레스테롤과 포도당 농도가 감소되고 대장 기능이 개선되는 반면 영양소 이용률이 저하되는 여러 생리적인 반응들은 식이 섬유소의 물리적인 특성이 위장관의 기능에 영향을 미쳐 영양소의 흡수 속도를 변화시키는 것과 관계가 있다. 따라서 식이 섬유소의 생리적인 반응에 대해 이해하려면 식이 섬유소의 물리적인 특성과 위장관 기능에 미치는 효과에 관해서 논의할 필요가 있다.

(1) 식이 섬유소와 혈장 콜레스테롤

점성을 가진 대부분의 수용성 섬유소들은 소장 벽의 융털돌기 점막의 두꺼운 부동수층을 형성하여 소장의 콜레스테롤 흡수율을 감소시킨다. 이러한 섬유소들에는 펙틴, 차전자(psyllium)와 구아검, 로커스트 콩 검(locust bean gum)과 같은 다양한 검들, 카르복시메틸 셀룰로오스(carboxymethyl cellulose) 같은 변형된 셀룰로오스가 있다. 귀리겨(oat bran)와 보리, 콩류와 채소 같은 수용성 섬유소를 함유한 고섬유소를 섭취하면 콜레스테롤이나 담즙산 흡수를 방해하여 혈장 콜레스테롤 농도가 감소되거나 담즙산 배설이 증가된다. 대부분의 연구에 의하면 수용성 섬유소에 의해서 약 5~10% 범위 내에서 혈중 총 콜레스테롤 농도가 감소되었다. 대개 LDL-cholesterol 수준은 일관성 있게 감소되는 반면 HDL-cholesterol은 거의 변화가 없었다. 그러나 대조적으로 불용성 섬유소인 셀룰로오스, 리그닌, 옥수수겨, 밀기울은 혈중 콜레스테롤 수준을 거의 변화시키지 않았다. 콜레스테롤 농도 감소 효과와 관련될 가능성이 가장 큰 것으로 보이는 섬유소의 물리적 특성은 점성과 담즙산 결합력이다.

(2) 식이 섬유소와 심장질환

식이 섬유소와 심장 질환과의 관계에 관한 확실한 근거는 아직 불분명하지만 고섬유 식사를 하면 일단 동물성 지방 섭취가 낮아서 혈중 콜레스테롤 농도를 낮추어 주는 효과를 준다. 또한 합성수지인 cholestyramine과 같이 섬유소는 담즙산 격리제 역할을 하여 담즙산을 체외로 배출시키므로 간에서 더 많은 콜레스테롤이 분해되어 담즙산 합성에 사용되어 혈중 콜레스테롤 농도를 낮추어 주는 효과를 준다. 이 외에도 수용성 섬유소는 점성이 있어 소장의 콜레스테롤 흡수를 느리게 하여 혈중 콜레스테롤 농도를 낮추어 주는 효과가 있다.

(3) 식이 섬유소와 혈당 반응

수용성 섬유소의 점성 때문에 정상인과 당뇨병 환자 모두에서 수용성 섬유소를 섭취한 후 혈중 포도당 농도와 인슐린 농도가 감소되는 반응을 보였다. 섬유소의 점성은 음식의 소화 속도를 감소시켜 위 내용물의 배출을 지연시키고, 소장 내에서 전분의 소화를 느리게 하고, 소장 벽에서 포도당 흡수를 지연시키므로 혈당이 더욱 천천히 증가되어 결과적으로 인슐린 분비도 느리게 한다. 따라서, 수용성 섬유소는 포도당 흡수율을 감소시켜 혈당 조절을 통해 당뇨병을 완화시킬 수 있다.

(4) 식이 섬유소와 대장기능의 개선

도시 거주민들의 경우 가공식품 섭취가 높은 반면 저섬유 식사와 동물성 단백질 섭취가 높아 nitrosamine, phenol 같은 발암원 생성이 증가한다. 이와 같은 경우에는 대장 내의 박테리아에 의해 질소를 함유한 폐기물의 발효로 생성된 발암원에 의해 대장암 발생률이 증가될 확률이 높아진다.

그러나 고섬유 식사를 하면 대장 내 존재하는 불필요한 부산물의 농도를 희석해 주며 변 중량이 증가하여 변의 대장 통과시간을 감소시켜 장벽과 나쁜 독성물질의 접촉시간을 감소시켜주는 효과를 주고, 대장에 정상적으로 존재하는 미생물에 발효성 기질을 제공함으로써 대장 기능을 향상시킬 수 있는 효과가 있다.

변의 중량은 섬유소 종류에 따라 복용량과 비례하여 증가될 수 있고, 장 통과시간은 변의 중량이 증가함에 따라 감소하는 경향이 있으나 변의 중량과 단순 직선관계는 아니다. 비전분성 다당류와 난소화성 전분은 변의 부피를 증가시키는 주요 식이 성분이다. 밀기울과 같은 불용성 섬유소는 변 중량을 가장 크게 증가시키는 경향이 있으며, 과일과 채소, 구아검은 변의 중량을 중간 정도로 증가시키고, 두류와 펙틴은 약간만 증가시킨다. 변 무게가 증가하는 것은 미생물의 세포 무게, 비소화성 변 잔사량의 증가, 변 내 비세포성 기질의 증가와 일반적으로 관련이 있다. 예를 들어 밀기울은 비소화성 잔사물의 양을 증가시키는 데 더 효과적인 반면 채소와 과일의 섬유소와 수용성 다당류들은 발효성이 강하고 변 내 미생물의 세포량을 더 증가시킨다. 또한 변의 중량은 섬유소의 물리적 상태에 따라 미치는 영향이 다르다. 즉 미세하게 갈아진 밀기울은 거칠게 갈아진 밀기울보다 더욱 잘 분해되어 변의 무게가 감소된다.

섬유소가 변 무게와 장 통과시간에 미치는 효과는 본질적으로 다양하지만, 대장의 기능을 유지하는 데 있어 중요한 생리적인 반응이다.

(5) 식이 섬유소와 담낭질환

담즙은 원래 담즙염(bile salt), 인지질, 유리 콜레스테롤로 구성되었는데 담즙 내 콜레스테롤 농도가 너무 높게 포화되었을 때 담석증(cholelithiasis)이 생긴다. 이때 담즙산 격리제와 같은 역할을 하는 섬유소를 섭취하여 소장의 담즙산 재흡수를 감소시키면 간에서 새롭게 담즙산을 합성하기 위해 콜레스테롤 분해가 증가하여 간에서 분비되는 담즙 내 콜레스테롤 함량이 낮아져 수용성인 미셀 상으로 남아 있어 담석증 발생률이 감소된다. 실제로 고섬유식사는 변의 대장 통과 시간을 감소시키고 박테리아에 의한 2차 담즙산 생성을 감소시키므로 1차 담즙산의 생성이 증가되어 결과적으로 담즙산 풀의 증가로 담즙의 콜레스테롤 용해도가 향상된다.

(6) 고섬유소 식사의 유익한 점과 문제점 요약

① 변의 양을 증가시켜 배변에 도움을 주며, 대장암 예방효과가 있다.

② 체중조절에 도움을 준다.

③ 포도당 흡수를 지연시켜 인슐린 분비가 감소되므로 당뇨병에 좋다.

④ 콜레스테롤과 담즙산 재흡수를 지연시키므로 혈중 콜레스테롤 농도를 낮추고 담석 형성을 줄일 수 있다.

⑤ 섬유소가 풍부한 과일, 채소, 콩, 전곡류 등이 많은 식사를 하여 하루 섬유소 섭취가 약 25g 이상이면 심질환 위험도를 36% 낮춘다.

⑥ 하루 60g의 섬유소를 섭취한다면 많은 량의 액체를 섭취할 것을 권장한다. 만일에 그렇지 않으면 변이 너무 단단해져 배변이 어려워진다. 또한 과량의 섬유소를 섭취하면 장내에 가스가 높아지고, 때로는 위 내에 소화되지 않은 섬유소 덩어리가 형성되어 장내의 흐름을 막을 수 있다. 이 외에도, 다량의 섬유소 섭취는 Ca, Zn, Fe 같은 중요한 무기질 흡수를 방해하여 손실을 증가시킨다.

4-6 알코올 대사와 영양상태

1. 알코올의 일반적 사항

알코올은 식품의 일부로서 1g당 7.1kcal를 생성한다. 그러나 알코올은 에너지 외에 다른 영양소가 전혀 포함되어 있지 않기 때문에 알코올에서 생성된 에너지는 빈 칼로리(empty calories)라고 하며, 알코올은 영양소의 흡수를 저해하는 항영양소(antinutrients)로 취급된다.

대부분의 보고에 의하면 알코올 섭취량을 하루에 몇 잔을 마시는지로 표현하였는데, 여기서 한 잔이란 약 12g의 알코올 즉, 약 270ml의 맥주(9온스), 30ml의 ≒위스키(80 proof = 40% v/v, 1온스), 또는 100ml의 포도주(3.3온스)를 말한다.

덴마크의 코펜하겐에서 12년간 30~79세 남녀 13,285명을 대상으로 한 전향적 연구 이외에도 영국, 미국 등의 여러 나라에서 대단위의 남녀 대상자를 통해서 얻어진 역학 자료를 종합해 볼 때, 하루 1~2잔의 술을 마시는 사람들의 사망률이 가장 낮았다. 이에 비해 술을 마시지 않는 사람의 경우 오히려 상대적 사망 위험률이 약간 높은 듯하며 하루 3잔 이상 술을 마시는 사람들의 사망률은 단계적으로 높아졌다. 많은 역학연구에 의하면 알코올 섭취와 사망 위험률 간의 관계는 알파벳의 J자 모양의 곡선으로 표현된다. 알코올의 이러한 보호 효과는 여성의 경우 약간 낮은 편이며, 남녀 모두 하루 두 잔 이상 술을 마시면 전체적인 사망위험률이 급속히 증가된다. 알코올 섭취에 따른 건강상 위해는 질병에 따라 다르게 표현된다. 그러므로 다음은 질병 상태에 따라 알코올 섭취에 의한 영향을 간단히 살펴보고자 한다.

2. 알코올 대사에 대한 개요

알코올은 확산에 의해 소장에서 쉽게 완전히 흡수되어 혈류를 통해서 운반되며, 간 조직에 운반된 알코올은 산화적 경로와 비산화적 경로를 통해서 대사된다. 알코올은 저장되지 않고 완전히 대사되며, 그 대사 자체가 에너지를 낭비하면서 다른 영양소 대사에 영향을 미칠 수 있다.

(1) 알코올의 산화적 대사

간에서 일어나는 알코올 대사는 알코올을 얼마나 섭취하느냐에 따라 대사되는 경로가 다르다. 간조직 내 소량의 알코올이 존재하면 산화적 대사 경로로 주로 세포질에 있는 alcohol dehydrogenase (ADH, 조효소로 NAD^+ 필요함)에 의해서 이루어지는데 이 과정에서 생성되는 대사산물인 acetaldehyde는 간을 손상시키는 주요 인자로 알려져 있다. 알코올에 대한 ADH의 Km(0.2~2mM) 값은 세포 내 알코올 농도 수준으로 낮은 편인데, 알코올 농도가 3~4배 정도로 높으면 ADH가 알코올로 포화되어 최대로 대사가 촉진된다. 그러나 과량의 알코올을 섭취하여 알코올 농도가 3~4배 이상이면 알코올은 ADH에 의해서만 산화될 수 없어 간세포의 소포체(endoplasmic reticulum)에 존재하는 microsomal ethanol oxidizing system (MEOS) 중 cytochrome P-450 (CYP2E1) 효소가 반응하여 acetaldehyde를 생성한다 (MEOS는 ADH보다 높은 Km 값을 가지고 있어 세포 내 알코올 농도가 아주 높을 때 반응함). 문제는 알코올이 MEOS에 의해서 acetaldehyde로 전환될 때 슈퍼옥사이드 라디칼(superoxide radical)과 과산화수소(H_2O_2) 같은 활성 산소(reactive oxygen species, ROS)가 생성되어 조직에 손상을 주므로 과량의 알코올 섭취 시에는 세포 내 항산화 능력을 더 소모하게 된다.

세포질의 ADH 효소는 알코올을 산화하면서 NAD^+를 NADH로 환원시킨다. 그 결과 NADH/NAD^+ 비율이 높아져 citric acid cycle이 억제되어 pyruvate가 lactate (유산)으로 전환되어 혈중 lactate 농도의 증가로 pH가 감소되고, 포도당 생합성이 감소된다. 또한, 혈중 증가된 lactate는 2차적으로 소변으로 요산(uric acid) 배설을 감소시켜 산독증이나 저혈당증 및 고요산혈증을 일으켜서 통풍(gout) 등의 임상적인 증상을 초래할 가능성을 높인다.

세포 내 NADH의 증가는 세포 환원능력을 증가시키므로 지방산 합성을 촉진할 뿐 아니라, dihydroxyacetone이 환원되어 α-glycerophosphate로 전환이 증가되어 결국 중성 지방 합성이 증가한다. 이와 같이 알코올이 함유한 에너지는 일을 할 수 있는 열량을 내지는 못하지만 체내에 중성 지방 합성을 증진하도록 주변 환경에 영향을 준다. 또한 만성적 알코올 섭취에 불량한 식사가 동반될 경우 단백질이 부족하여 간조직 내 증가된 지방을 혈액으로 내보낼 지단백(lipoprotein) 합성이 저하되어 지방이 간조직 내에 더욱 축적되어 지방간(fatty liver)이 될 가능성이 높다. 지방간의 경우는 간세포 손상이 적어 재생 가능성이 있지만 지속적인 알코올 섭취로 인한 알코올성 간염(hepatitis)의 경우는 약 50%는 간경변(cirrhosis)으로 발전하거나 10%는 사망할 가능성이 높다.

(2) 알코올의 비산화적 대사

알코올 대사 시 에너지 낭비는 MEOS 작용에 의해 인산화 과정 없이 산화과정을 통해 일어나는데, MEOS는 만성적으로 알코올을 섭취함으로써 유도되어 에너지 낭비를 더욱 악화시킨다. 그리고 세포 내 알코올의 농도가 10~200 mM 이상으로 월등히 높을 때는 산화적 경로를 통한 대사가 어려워지므로 비산화적 대사 경로를 통해서 fatty acyl ethyl esters (FAEE) synthase라는 효소에 의해 알코올과 유리 지방산이 에스터 결합하여 FAEEs를 생성한다. 이와 같이 생성된 FAEEs는 미토콘드리아의 내막에 축적되고 산화적 인산화 과정을 언커플링(uncoupling)하여 ATP 생성에 손상을 주고, 세포 기능 장애 및 세포 사멸을 야기할 수 있다. 사람의 적혈구를 이용한 세포외 실험에 의하면 알코올 대사의 산화적 대사산물과 비산화적 대사산물의 독성을 서로 비교하였을 때, 산화적 대사산물인 acetaldehyde에 비해 비산화적 대사산물인 FAEEs가 적혈구의 조직을 불안정화시키고 구조적인 변화를 보였다. 이 결과는 알코올 섭취 후 알코올 자체보다 FAEEs가 더 장시간 혈액에 남아 있으므로 여러 조직에서 독성 효과를 나타낼 수 있음을 시사한다.

3. 알코올 섭취량과 질병발생 위험률

(1) 알코올 섭취와 에너지 균형 및 체중변화

미국의 건강·영양검진조사 결과, 적당량의 음주에 의해 남자의 체중은 정상보다 약간 낮은 반면 여성의 체중은 훨씬 낮은 편이었다. 식이 중 총 에너지의 50%에 해당되는 당질을 알코올로 대체시키면 체중 감소가 일어나는 반면, 정상적인 식사에다 총 에너지의 50%에 해당되는 알코올을 더 추가해 섭취하는 경우에는 약간의 체중 변화만 보일 뿐 평균적으로 큰 변화를 보이지는 않았다. 하지만, 정상적인 식이 섭취에 추가해 섭취한 알코올 대신 이 에너지를 식이 형태로 더 추가한 경우에는 체중이 급격히 증가하였다. 이와 같이 알코올만으로는 체중을 증가시키지 못하는 이유는 알코올의 첫 대사물인 acetaldehyde가 알코올로 다시 전환되는 에너지 낭비회로 때문에 에너지가 소비된 것이라 설명할 수 있다.

알코올 섭취에 의해 체중이 감소되는 것은 탄수화물 대신 알코올로 대체하였으나 알코올이 함유한 에너지는 일을 할 수 있는 열량을 내지는 못하기 때문이다. 그러나 알코올은 일을 할 수 있는 열량을 내지는 못하여도 체내에 중성 지방 합성을 증진하도록 주변 환경에 영향을 주어 지방이 저장되고 체중이 증가될 수도 있다. 따라서 고지방 식이에 추가되는 알코올은 식이 지방의 산화보다는 저장을 촉진시키게 되므로 비만을 악화시킬 수 있다.

(2) 알코올 섭취와 심혈관계 질환

최근에 이루어진 전향적 추적연구(Women's Health Study)에 의하면, 알코올에 의한 관상심장질환 보호 효과는 하루 2잔 이하의 술을 마시는 폐경 이후의 여성에 국한되었다. 뿐만 아니라, 모든 심혈관계 질환에 의한 전체적 사망 위험률은 "J"자 모양의 곡선을 나타내어 하루 3잔 이상의 음주에 의해 증가하므로, 알코올 섭취가 심근경색 및 심각한 고혈압의 위험에 대해 역효과를 미친다는 것이다.

적당량의 알코올 섭취 시 볼 수 있는 죽상경화증 발생에 대한 보호 효과의 기전으로 알코올 섭취에 의해 고밀도지단백 2가지인 HDL_2와 HDL_3가 증가하고, eicosanoid 대사 변화에 의한 트롬복산(thromboxane)과 혈소판 응집력의 감소 및 포도주에 포함된 비알코올 성분인 폴리페놀(polyphenol) 화합물인 라즈베라트롤(rasveratrol)의 항산화 효과 등을 제안하고 있다. 특히, 알코올에 의한 심혈관계질환 보호 효과에 관한 연구들이 수행된 유럽 국가들은 주로 알코올 급원으로 적포도주를 많이 섭취하는 지역들이었기 때문에 알코올에 의한 심혈관계 질환의 예방 효과라기보다 적포도주에 함유된 폴리페놀 화합물에 의한 예방 효과일 수도 있다는 설이 주장되고 있다.

(3) 알코올 섭취와 암 발생 위험률

알코올 섭취량이 증가하면 구인두(口咽頭) 암과 식도암 발생 위험률은 비례적으로 증가하며, 결장 · 직장암 발생과도 높은 관련이 있고, 위 또는 췌장암이 과음기간 중이나 그 후에도 이 기관들의 만성 염증에 의해 증가된다. 구인두 암과 식도암 위험률은 하루 2잔 이상의 음주에 의해 증가되며, 흡연이 병행되면 현격히 증가되지만 채소를 섭취함으로써 최소화할 수 있다. 여성에서 에스트로겐(estrogen) 반응성 유방암 위험률은 적당량의 음주에 의해서도 거의 2배나 증가되며, 폐경 전 여성에서는 하루 2잔 음주에 의해 에스트로겐 분비가 민감하게 반응하였다.

적당량의 음주에 의한 결장, 직장암 위험률의 증가는 식이로 섭취하는 엽산 함량과 엽산 대사와 관련이 있다. 과량의 엽산 섭취는 직장암에 대해 예방 효과가 있으며, 특히 매일 알코올 섭취량이 높은 사람의 경우 엽산 섭취량에 따른 암 발생 위험률의 감소 차이가 가장 컸다. 전암성 결장 · 직장 선종 발생은 하루 2잔 이상 음주를 하는 경우 증가되었는데, 특히 적은 음주량에서도 전암성 결장 · 직장 선종의 발생은 엽산 섭취량이 높은 사람에 비해 엽산 섭취가 낮은 사람이 3배나 높았다. 엽산이 결핍될 경우 DNA 합성단계에서 methylation이 감소되어 발암 위험률이 증가되는 것으로 추정된다.

(4) 알코올 섭취와 알코올성 간질환 위험률

간장에 생기는 이상은 여러 단계로 나누어지므로 알코올성 간질환에 대한 위험률을 알코올 섭취량만으로 정의하기는 힘들다. 지방간은 적은 양의 음주를 단기간만 지속하여도 나타날 수 있으며, 알코올성 간염과 간경변은 과음을 심하게 하지 않더라도 10년 정도 계속될 때는 나타날 수 있다. WHO 자료에 의하면 포도주를 마시는 나라에서 알코올성 간경변에 의한 사망률이 가장 높으며, 전 세계적으로 간경변 사망률은 국민 1인당 알코올 소비량에 비례한다. 간경변 위험률은 성별(여성의 경우 알코올 섭취량의 역치가 남자의 반에 불과), 가족적 양상과 유전적 요인, 식이요인에 의해 차이가 있다.

4. 알코올 섭취와 미량영양소 결핍

알코올 중독자와 동물 실험에 의하면 과음이 folate, thiamin, pyridoxine, 비타민 A와 Zn 결핍증의 주된 원인이다. 이 결핍증들은 대부분 복합적으로 나타나며 알코올성 간경변이 존재할 때 더 많이 나타난다.

(1) 엽산 결핍

간질환이 있는 과음자들의 50%는 엽산 결핍에 의한 빈혈이 있다. 소장 내의 세포 복제에 엽산이 중요한 역할을 한다. 엽산 결핍은 폭음자에서 설사 증세를 일으키는데, 이는 엽산이나 포도당 같은 수용성 영양소의 흡수 불량과 관련이 있다. 그리고 알코올 대사가 메티오닌(methionine) 합성효소를 저해하므로 엽산 대사에 이상을 초래하여 뉴클레오티드(nucleotide) 조절 장애를 일으키고 암 발생의 위험률을 높일 수 있다.

만성 알코올 중독자에서 나타나는 엽산 결핍의 원인으로는 (1)불량한 식사, (2)엽산의 모노글루타민 형태의 장내 흡수 불량, (3)비정상적인 간 담즙산 대사 및 신세뇨관 재흡수 감소에 의한 소변으로의 배설 증가 등을 들 수 있다. 뿐만 아니라 알코올 대사물인 acetaldehyde가 엽산 분자의 산화적 이화 반응을 일으킨다. 이는 알코올 중독자의 빈혈 치료용으로 엽산을 투여했을 때 급성 알코올 섭취에 의해 골수의 조혈 반응이 저해되는 결과로 알 수 있다.

(2) 비타민 B_1 결핍

Thiamin 결핍의 원인으로는 불량한 식이와 함께 소장에서의 흡수 불량 때문이다. 만성 알코올 중독자에서 thiamin 결핍증에 의한 신경 병리학적 손상을 발견하였으며, 결핍 증상으로 베르니케-코르사코프 증후군의 안근마비, 운동실조 및 기억력의 변화와 알코올성 말초신경병증을 들 수 있다.

(3) 비타민 B_6 결핍

피리독신(pyridoxine)은 흡수되면 간으로 가서 pyridoxal-5-phosphate(PLP)로 인산화 된 후 간에 저장된다. 그러나 알코올 대사에서 생성된 acetaldehyde에 의해 PLP의 분해가 촉진되면 간에 축적된 함량이 현저히 감소된다. 또한 알코올 중독자에서는 acetaldehyde와 비타민 B_6의 조효소인 PLP가 효소와 결합하는 것을 방해하여 소변으로 배설이 촉진되므로 피리독신 결핍을 초래한다. 실제로 알코올 중독자 중 약 25%는 피리독신 결핍에 의한 빈혈이 있어 골수의 철이 부족(철 결핍성빈혈)하거나, porphyrin 합성의 이상으로 철 아구성빈혈(sideroblastic)을 일으키며 이로 인한 말초 신경병증을 야기하게 된다.

(4) 비타민 A 결핍

혈청의 비타민 A 수준은 간 조직 내 비타민 A가 저장되어 있는 한 정상 수준을 유지하는

데, 만성 알코올 중독자의 혈중 비타민 A 수준은 변하지 않는 경우가 많지만 간 조직 내 비타민 A 저장량은 알코올성 간질환의 진전에 따라 감소된다. 알코올 중독자에서 비타민 A 결핍은 담즙과 이자액 분비가 감소됨에 따라 지용성 비타민의 흡수가 불량해져 발생한다. 비타민 A 결핍은 면역기능을 저하시키고, 구인두의 상피세포 이형성(metaplasia)을 통해 암발생을 도울 수 있으며, 암소순응력(dark adaptation)을 손상시켜 교통사고의 위험을 높일 수 있고, 간세포 미세구조에서 리소솜(lysosome)의 이상을 초래할 수 있다.

(5) 아연(Zn) 결핍

알코올성 간 질환자에서는 혈액 및 간의 아연 수준이 감소된다. 만성적으로 알코올 섭취 시, 아연 결핍의 원인은 아연의 좋은 급원인 동물성 단백질의 섭취 부족과 소장 내 메탈로티오네인(metallothionein)에 의한 장내 흡수율의 감소 및 혈청 내 아연 결합 albumin 수준의 저하로 소변으로의 아연 배설이 증가되기 때문이다.

알코올 중독자에서 아연 결핍으로 선단 피부염, 미각과 후각의 변화 및 이로 인한 식욕 부진이 있으며, 아연이 retinol binding protein 합성과 retinol이 retinal로 전환할 때 필요하므로 야맹증이 발생하고, testosterone 생성 감소, 치물린(thymulin) 생성 감소에 따른 세포 매개성 면역 능력의 변화 및 상처 회복의 지연 등이 나타날 수 있다.

5. 알코올의 영양학적 문제점

다음은 총괄적으로 알코올이 건강 상태에 미치는 영향을 아래와 같이 요약한다. 알코올은 기본적으로 'toxic' 한 성질이 있다. 알코올은 결합되어 저장된 amines 종류를 유리시켜 monoamine oxidase(MAO) 활성도를 감소시켜 독성을 초래한다. 그리고 알코올 중독자는 보통 식사를 거르거나 저단백, 고열량의 불균형된 식사를 하는 편이라서 몸을 보호하는 급원이 결여되어 있다.

세포질의 ADH 효소는 알코올을 산화하면서 NAD^+를 NADH로 환원시킨다. 그 결과 $NADH/NAD^+$ 비율이 높아져 젖산 생성이 증가하여 혈액의 산도가 높아지고 포도당 생합성이 감소되며, 저혈당증 및 고요산혈증을 일으켜 통풍 등의 임상적 증상이 나타날 가능성이 높다.

이와 같이 알코올이 함유한 에너지는 일을 할 수 있는 열량을 내지는 못해도 세포 내 NADH의 증가로 인해 지방산과 중성 지방 합성이 증진되도록 주변 환경에 영향을 준다. 또한 불량한 식사로 인해 간조직 내 증가된 지방을 혈액으로 내보낼 때 필요한 지단백의 합성에 필요한 단백질이 부족하여 지방간이 될 가능성이 높다.

알코올 대사에서 NAD^+를 먼저 사용하므로 NAD^+/NADH 비율이 감소하여 갈락토스 내성(galactose tolerance)이 감소되므로 갈락토스 대사에 문제를 초래한다. 또한, 알코올은 뇌하수체후엽에서 항이뇨호르몬인 antidiuretic hormone(ADH) 분비를 감소시켜 이뇨작용을 통해 비타민 B 복합체(B_1, B_2, B_6, 나이아신, 엽산)의 결핍증이 초래될 가능성이 높다. 이 외에도 알코올 중독자는 식이로 무기질 섭취가 낮으며, 소화 흡수율이 감소할 뿐 아니라 소변으로 무기질 배설이 증가하여 무기질 결핍증이 발생할 가능성이 더 높다.

5

단백질 대사와 관련 영양소

5-1. 아미노산 종류 및 대사

1. 아미노산 종류 및 구조
2. 아미노산 대사
   (1) 아미노산 대사의 동화작용
   (2) 아미노산 대사의 이화작용
3. 아미노산 대사의 비타민 B_6 역할
4. 아미노산 대사의 마지막 대사산물

5-2. 통합된 단백질 대사

1. 단백질의 소화 흡수
2. 단백질 급원(외인성, 내인성)
3. 단백질 대사
   (1) 간의 역할
   (2) 골격 근육의 역할
4. 질소 배설과 질소 평형
5. 질소 평형에 영향을 미치는 요인
6. 단백질 필요량 결정
7. 필수아미노산 필요량
8. 단백질 질의 평가

5-3. 단백질 열량 결핍증

1. 단백질 열량 결핍증 평가
2. PCM 치료방안

5-1 아미노산 종류 및 대사

1. 아미노산 종류 및 구조

성장과 발달 과정 중 단백질이 체내 축적되고 성인에서는 조직 단백질을 유지시켜줌으로써 생명체를 유지하는 데 중요한 역할을 한다. 단백질은 체내에서 유기 촉매제인 효소로서 작용하고, 세포의 구조를 이루는 특성이 있다. 또한, 펩티드(peptide)와 호르몬을 구성하여 메신저(messenger) 역할을 하며, 항체를 구성하여 면역작용을 한다.

단백질 합성에 사용되는 20개 아미노산의 구조식은 그림 5-1에 있다. 이 중에서 사람을 위한 필수 아미노산은 이소류신(isoleucine, Ilu), 류신(leucine, Leu), 발린(valine, Val), 트레오닌(threonine, Thr), 메티오닌(methionine, Met), 페닐알라닌(phenylalanine, Phe), 트립토판(tryptophan, Trp), 리신 (lysine, Lys), 히스티딘(histidine, His)이 있으며, 체내에서 메티오닌과 페닐알라닌에서 각각 합성되어 나온 시스테인(cysteine, Cys)과 타이로신(tyrosine, Tyr) 등 11가지의 아미노산은 체세포 내 단백질에 존재하는 아미노산이다. 그 외 9가지 아미노산인 글리신(glycine, Gly), 알라닌(alanine, Ala), 아르기닌(arginine, Arg), 아스파르트산(aspartic acid, Asp), 아스파라긴(asparagine, Asn), 글루탐산(glutamic acid, Glu), 글루타민(glutamine, Gln), 프롤린 (proline, Pro)과 세린(serine, Ser)은 비필수 아미노산으로서 대부분의 단백질에 존재한다. 아미노산의 특징은 크게 나누어 염기성 아미노산(2개 이상 아미노기를 함유)이 3개(His, Lys, Arg), 산성 아미노산(2개의 카르복실기 함유)이 2개(Asp, Asn)가 있으며 대부분의 아미노산은 지방족(aliphatic) 또는 방향족(aromatic)의 측쇄를 가진 중성의 아미노산들이다. 아미노산은 측쇄의 특성에 따라 다음과 같이 분류한다.

1. 지방족 측쇄를 가진 지방족(aliphatic) 아미노산으로는 Gly, Ala, Val, Leu, Ile이 있으며, 하이드록실(OH)기 측쇄를 가진 중성 아미노산으로 Ser과 Thr이 있고, 유황(sulfur) 원자를 함유한 아미노산으로 Met과 Cys이 있다.
2. 방향족과 헤테로고리식(aromatic과 heterocyclic) 아미노산으로 Phe, Trp, Tyr이 있다.
3. 염기성 아미노산으로는 Arg, Lys, His이 있으며, 산성 아미노산으로 Asp과 Glu이 있고, 이 아미노산의 아미드형(amide)인 Asn과 Gln이 있다. 그러나 이 Asn과 Gln은 아미드형으로 존재할 때는 중성 아미노산으로 분류한다.

4. 이미노형(imino acid)으로 Pro이 있으며, 아미노산이 전이된 후 형성된 아미노산으로 cystine(Cys–S–S–Cys), hydroxylysine(Hyl), hydroxyproline(Hyp), 3-methyl-histidine(3-meHis) 등이 있다.

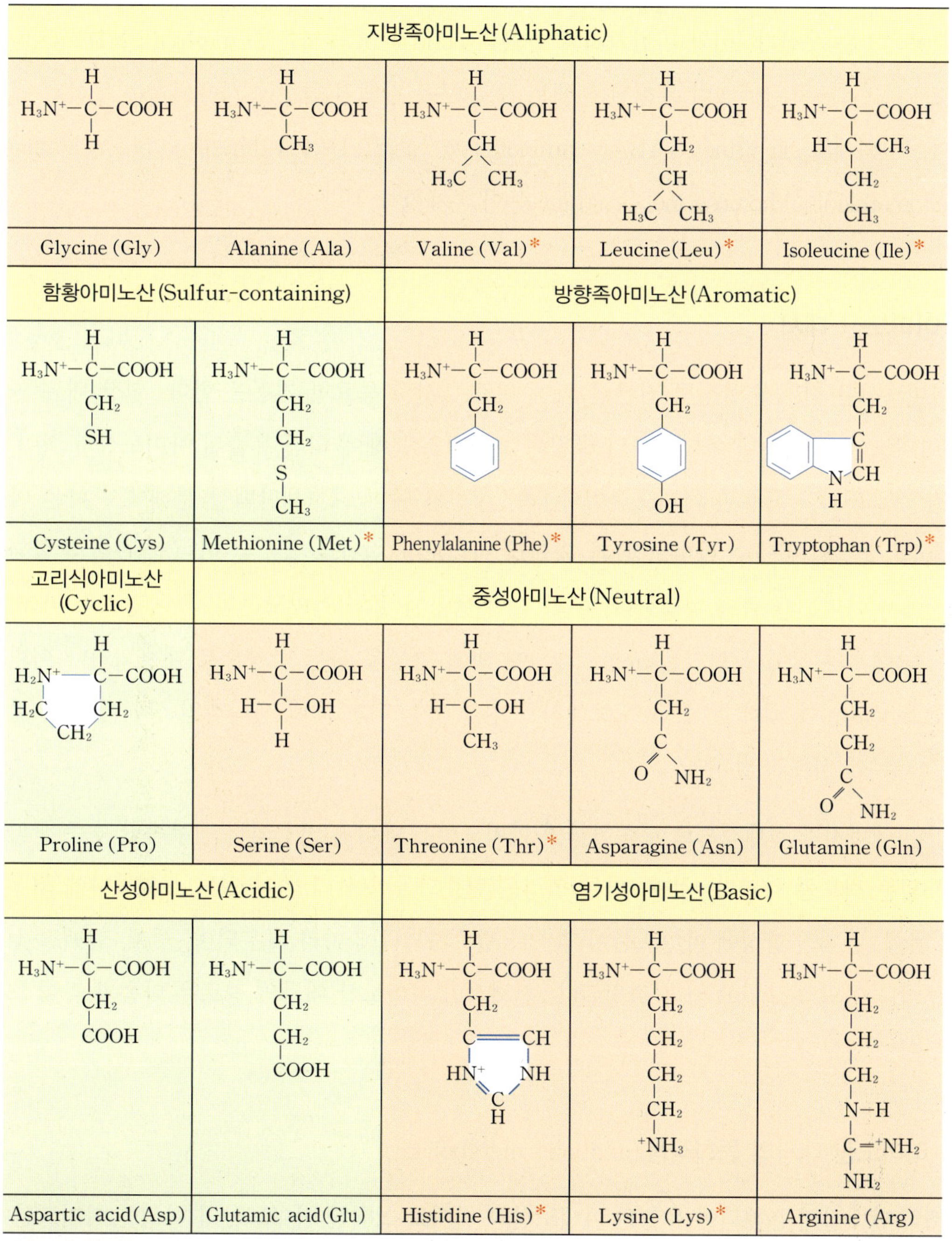

그림 5-1 아미노산 종류와 구조 * 필수아미노산

단백질을 구성하는 아미노산은 약 20개이고(그림 5-1), 이 외에도 대사과정 중에 형성되는 아미노산은 더 많이 존재하지만 처음부터 단백질이 새롭게 합성될 때는 참여하지 못한다. 예를 들어 콜라겐(collagen)을 형성한 펩티드 중 프롤린(proline)은 대사 중에 hydroxyproline으로 전환되지만 콜라겐이 분해되어 유리되어 나온 hydroxyproline은 콜라겐이 새로 합성될 때 재사용되지는 못한다. 이와 마찬가지로 근육의 actin과 myosin은 3-methylhistidine을 함유하고 있지만 근육 단백질이 분해된 후에는 새로 근육 단백질 합성에 사용되지는 못하고 배설된다. 이 외에도 carnitine, GABA(γ-aminobutyric acid), DOPA(dihydroxyphenylalanine), selenomethionine, homoserine, ornithine 등이 존재한다.

2. 아미노산 대사

아미노산은 단백질 합성의 기본이 되며 세포 대사의 중요한 기능을 한다. 혈장 내 순환하는 아미노산과 세포 내 아미노산의 급원은 체조직의 분해에 의해 유출된 아미노산과 식이 단백질이 소화되어 흡수된 아미노산이다. 즉, 내인성 아미노산(체단백질 분해에서 나온 아미노산 및 합성된 비필수 아미노산)과 외인성 아미노산(식사로 흡수된 아미노산)이 혼합되어 혈장에서 아미노산 풀을 형성한다. 이와 같이 형성된 풀의 아미노산의 대사 경로는 아래 그림 5-2에서와 같이 동화작용(anabolism)에 의해 합성을 하는 방향으로 대사되거나 이화작용(catabolism)에 의해 분해 쪽으로 대사가 진행되며, 이는 체내 생리적인 상태에 따라 분비된 호르몬에 의해 조절된다.

만일 에너지가 절대적으로 부족하다면 아미노산은 에너지원이 되지만 부족한 수준에 따라 사용되는 정도는 다르다. 첫째, 다른 열량원(탄수화물이나 지방)이 있느냐 없느냐에 좌우되고, 둘째, 단백질 합성에 아미노산이 얼마나 필요하느냐에 따라 좌우되며, 셋째, 단백질 섭취 수준이나 이외의 요인에 따라 결정된다. 전체적인 아미노산 대사의 경로는 다음과 같이 크게 나누어 설명한다.

(1) 아미노산 대사의 동화작용(anabolic metabolism)

조직 단백질이 분해되어 유출된 아미노산과 식이로 섭취한 아미노산이 형성한 아미노산 풀의 일부는 동화작용으로 기본적인 세포 구조나 혈장의 단백질, 효소, 항체, 근육 단백질 등을

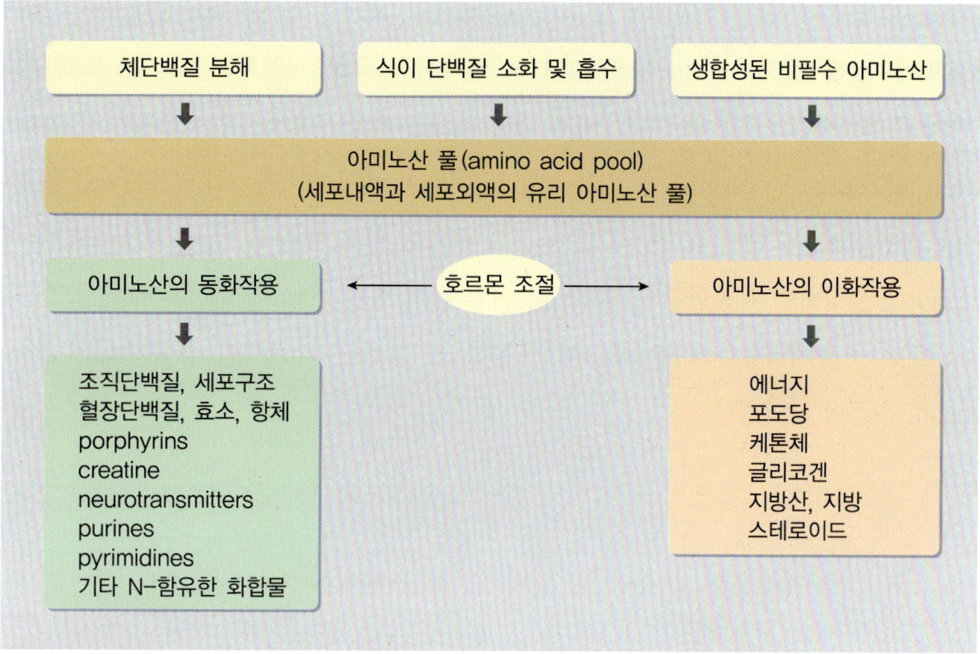

그림 5-2 아미노산 대사의 일반적 개요

합성하는 데 사용된다. 이 외에도 porphyrins, creatine, 신경전달물질(neurotransmitters), purines, pyrimidines, 기타 N-함유한 물질 등이 합성된다. 아미노산 대사에서 생성된 화합물 중 몇 가지는 아래에 간략하게 설명하며 그 외 화합물은 비타민 B_6의 기능과 연결하여 설명하고자 한다.

포르피린(porphyrins)

포르피린은 glycine과 succinyl CoA가 결합하여 delta(δ)-aminolevulinic acid가 형성된다. 이 반응에 관여하는 효소는 Fe과 비타민 B_6를 조효소로 사용하여 porphobilinogen을 형성하고, 이 화합물은 4개의 pyrrole rings이 연결되어 쉽게 금속이온과 결합하는 환식 화합물인 protoporphyrin을 형성한다. Heme이란 protoporphyrin의 가운데 1개의 Fe^{2+} 이온이 결합된 metalloporphyrin이다. 이와 같은 heme은 hemoglobin, myoglobin, cytochrome, catalase 그리고 tryptophan pyrrolase의 보결분자군(prosthetic group)으로 작용한다(그림 9-2 참조).

크레아틴(creatine)

크레아틴 합성은 첫 단계로 신장에서 arginine과 alanine이 반응하여 guanidoacetic acid가 합성되어 간으로 운반된다. 간에서 guanidoacetic acid는 S-adenosylmethionine에서 methyl(CH_3) 기를 받아 creatine이 형성된 후 골격 근육으로 이동되어 대부분 조직 사이에 결합되어 존재한다(그림 5-3). 만일 세포 내 creatine 함량이 높을 때는 고에너지 화합물인 creatine phosphate(phosphocreatine)가 합성되어 존재하는데, 쉬고 있는 근육에서는 creatine phosphate 수준이 높지만 활발한 근육 수축이 있을 때는 creatine kinase(CK)에 의해서 ATP를 생성하여 사용한다(그림 5-4). 이와 같이 혐기성(anaerobic) 상태에서도 근육에서 CK 효소 반응에 의해 ATP 공급이 가능하다. 그러나 피곤해진 근육에서는 creatine phosphate 수준이 낮아진다.

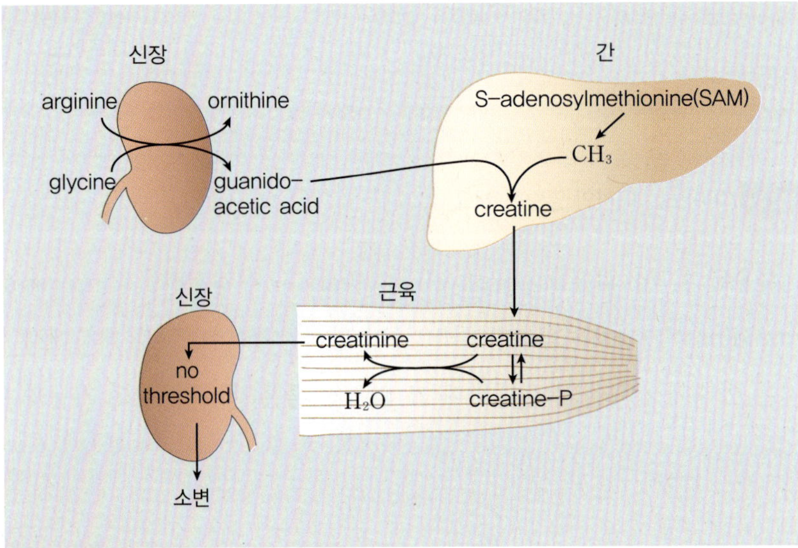

그림 5-3 Creatine 합성과정

Purine과 pyrimidine nucleotide

핵산의 구성 성분인 뉴클레오티드(nucleotide)는 질소를 함유한 염기(base)와 오탄당 그리고 1개, 2개 또는 3개의 인산이 결합된 구조, 즉 nucleotide = 염기 + 오탄당 + 인산으로 구성된 것이다. Nucleotide 구조 중 염기에는 2가지 계열의 화합물인 purine과 pyrimidine이 있다(부록 5-1). Purine과 pyrimidine의 염기는 대부분의 세포에서 탄소와 질소를 가지고 합성할 수 있는 물질이다. Purine과 pyrimidine 염기는 세포 내에서 새롭게 합성 가능하며, 또는 세포가 죽거나 정상세포의 주기가 회전할 때 이미 형성된 염기의 재사용도 가능한 것이

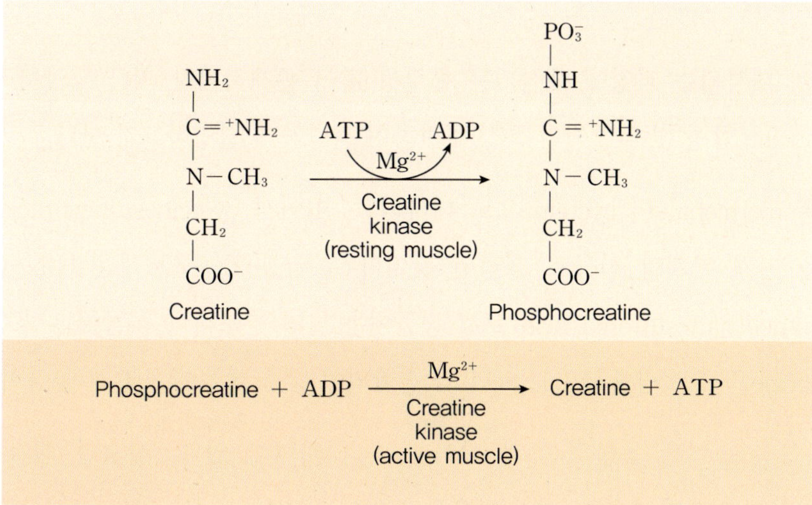

그림 5-4 근육 내 creatine에서 phosphocreatine 형성과 ATP 생성 과정

다. Purine 염기에는 Adenine(A), Guanine(G)이 있으며, pyrimidine 염기로는 Cytosine(C), Thymine(T), Uracil(U)이 있다.

DNA와 RNA는 purine 염기와 pyrimidine 염기로 구성되어 있고, DNA와 RNA는 같은 purine 염기(A와 G)를 가지고 있으며, pyrimidine 염기로 DNA는 C와 T를 가지고 있으나 RNA는 C와 U를 가지고 있다. T와 U의 구조적 차이는 T에는 1개의 methyl(CH_3)기가 있으나 U에는 없다는 점이다. 또한 오탄당으로 RNA는 ribose-5-P를 함유하고, DNA는 환원된 deoxyribose-5-P로 구성된 점이 다르다.

Nucleotides는 모든 세포의 기본이 되며, 만일 없으면 DNA와 RNA가 합성될 수 없어 이에 따라 단백질 합성이 이루어지지 않으므로 세포 증식도 일어날 수가 없다. 또한 nucleotides는 당질, 단백질, 지방질 합성에서 활성화된 중간물질의 운반체로서 역할을 하며, 여러 가지 필수적인 조효소, 예로 NAD^+, $NADP^+$, CoA, FAD 같은 물질의 구조적 구성 요소가 된다. Cyclic AMP(cAMP)와 cGMP 같은 nucleotide는 신호전달 경로에서 제2의 메신저로서 역할을 한다. 또한 nucleotides는 세포 내에서 소위 에너지 유통에 중요한 역할을 한다. Nucleotides는 많은 중간 대사 과정에서 주요 효소의 활성을 억제 또는 활성화시키는 화합물이 된다.

타우린(taurine)

아미노산이 대사되는 과정에 생성되는 물질이 많이 존재하지만 최근 영양학적 중요성이 강조되는 taurine 합성 및 일반적인 특성에 관하여 간략하게 설명하고자 한다.

Taurine은 methionine이 cysteine으로 대사되고, 이어서 cysteinesulfinic acid와 cysteic acid 생성을 거쳐 마지막 산물로 생성된 것이다(부록 5-2). 구조식은 $H_2N-CH_2-CH_2-SO_3H$(2-aminoethanesulfonic acid)로서 동물에는 널리 분포하나 식물에는 소량 분포되어 있다. 이 taurine은 주로 담즙산(bile acid)과 결합되어 담즙 형성에 중요한 물질이다.

Taurine 합성 능력은 동물의 종과 나이에 따라 차이가 있다. 성숙한 개와 쥐의 간은 taurine 생합성에 필요한 효소를 다량 함유하고 있어 식이의 cystine과 methionine 함량에 의존하지만 어린 동물의 간이나 뇌는 합성 능력이 낮아서 식이의 taurine 함량에 의존한다. 한편 사람, 원숭이, 고양이의 간은 cysteinesulfinic acid decarboxylase(CSAD) 효소의 활성이 저조하고 연령에 따라 차이가 심하다. 그리고 비타민 B_6가 taurine 생합성에 관여하는 효소인 CSAD, cystathionase, cystathionine synthase의 조효소로 작용하기 때문에 비타민 B_6 결핍일 경우 taurine 생합성이 감소된다.

☞ Taurine의 일반적 특성

중추 신경계에서는 taurine이 주요 유리 아미노산(free amino acid)이며, 발육 중인 뇌에는 가장 높은 농도의 유리 아미노산으로 존재하고 성숙된 뇌에서는 두 번째로 높은 유리 아미노산이다. 갓 태어난 쥐의 뇌에는 체내의 총 taurine 풀의 10% 이상이 함유되어 있지만 영아기 쥐의 뇌에는 출생 5일 후 총 taurine 풀의 7%가 축적되고, 성장하여 체내 근육덩어리가 증대하면 5%까지 감소한다. 망막의 간상세포와 원추세포에 함유되어 있으며 출생 후 망막에 taurine 농도가 증가한다. 사람의 태아와 신생아에서 담즙산은 taurine과 glycine이 동시에 존재할 때 taurine과의 결합을 선호하는 편이지만 고양이는 taurine이 제한되어도 glycine과 결합하지 않는 것이 특징이다. 그러므로 고양이에게 taurine 결핍식이를 공급한 후 몇 달 이내에 대부분의 조직에서 taurine 농도가 1/10 정도로 감소되는데, 특히 담즙, 망막, 후각 구근(olfactory bulb)에서 심하게 나타난다. 망막의 taurine 수준이 감소되면 망막증이나 실명을 초래한다. 영유아에서는 모유보다 타우린 없는 조제분유(taurine free formula)나 우유 단백질로부터 합성된 것을 먹인 경우에 소변 중 taurine이 적게 배설되고, 혈중 taurine 농도도 감소된다. 원숭이에서는 taurine 없는 식이를 먹였을 때 성장이 16%가 저하되었다.

☞ **Taurine 요구량**

동물의 종과 연령의 조건에 따라 결정된다. 중추 신경계와 근육 발육이 진행되는 기간에는 공급에 주의를 기울여야 한다. 출산 후 초유에는 taurine 함량이 가장 높으며, 수유 초기에는 유즙 중 taurine 농도가 비교적 높다가 3개월 후에는 낮은 수준으로 유지된다. 이와 같이 성장률이 둔화된 후에는 유즙의 taurine 함량이 감소되며, 동물 연구에 의하면 성숙된 후에는 식이로 taurine 공급이 필요치 않으며 함유황 아미노산 섭취량에 의존한다. 그러나 육식성의 생태를 지닌 고양이를 채식주의자의 식이와 비슷한 사료를 먹인 경우 실명까지 될 수 있는 가능성을 보고하고 있으므로 채식주의자들에게 taurine에 관한 연구가 요구된다. 식품 100g당 taurine 함량은 육류 중에는 돼지고기, 양고기 등에 많으며, 해산물 중에는 조개에 특별히 많이 함유되어 있고, 신선한 굴, 참치(캔) 등에 상당량 함유되어 있다(부록 5-3).

(2) 아미노산 대사의 이화작용(catabolic metabolism)

아미노산이 이화작용에 의해 대사되기 전에 α-NH_2(아미노기)가 제거되어 탄소 골격(carbon skeleton)인 α-keto acid가 형성되어야 체내의 생리적 상태에 따라 사용된다.

아미노산의 탄소골격은 대사되어 7가지 물질이 생성된다(표 5-1). 이 중에서 pyruvate, oxaloacetate, fumarate, α-ketoglutarate(KG), succinyl CoA와 같은 물질은 당신생작용(gluconeogenesis)에 의해 포도당을 합성할 수 있다. 그러므로 이런 중간물질을 생성할 수 있는 아미노산을 glucogenic 아미노산이라 한다. 그러나 중간물질로 acetyl CoA와 acetoacetyl CoA를 생성하는 아미노산은 ketogenic 아미노산으로 분류하며, glucogenic 또는 ketogenic으로 분류되는 아미노산도 있다.

표 5-1 아미노산의 이화작용과 탄소골격의 최후 진로

α-아미노기 제거 후 탄소골격 대사 (7가지 생성물)	
Glucogenic amino acids	Ketogenic amino acids
Pyruvate Oxaloacetate (OAA) Fumarate α-Ketoglutarate (KG) Succinyl CoA	Acetyl CoA Acetoacetyl CoA
포도당, 에너지, 지방, 글리코겐	케톤체, 에너지, 스테로이드, 지방산

그림 5-5에서는 여러 아미노산들의 탄소골격이 대사되어 생성된 중간물질이 citric acid cycle과 연결되는 것을 보여준다. Glucogenic 아미노산에는 Ala, Gly, Cys, Ser, Thr, Asp,

Asn, Glu, Gln, Arg, Met, Val, His, Pro이 있고, ketogenic 아미노산에는 Leu, Lys이 있으며, 부분적으로 ketogenic 또는 glucogenic 아미노산에 해당되는 것에는 Phe, Ile, Trp, Tyr 등이 있다.

만일 혈중 포도당 농도가 정상 수준 이하로 감소된 경우 glucogenic 아미노산에서 생성한 중간 물질을 사용해 간에서 포도당을 생합성하여 혈중 포도당 농도를 유지시키며, 신장에서도 기아 시 α-KG를 보급해줌으로써 포도당 생성에 한 역할을 한다. 그러나 과잉으로 생성된 중간물질은 추후 글리코겐 또는 지방으로 전환될 수 있다(표 5-2).

만일 체내 에너지가 절대적으로 부족하면(예: 장기간 기아 상태) 아미노산의 탄소골격 대사에서 생성된 7개의 중간 물질들은 모두 ATP 생성에 사용되어 에너지를 공급하게 되며, 케톤체(ketone bodies)를 합성하여 여러 조직에 빨리 에너지를 보급해 준다. 그러나 추후 에너지가 충분한 경우에는 acetyl CoA와 acetoacetyl CoA를 이용하여 지방산 및 스테롤 합성에 사용된다.

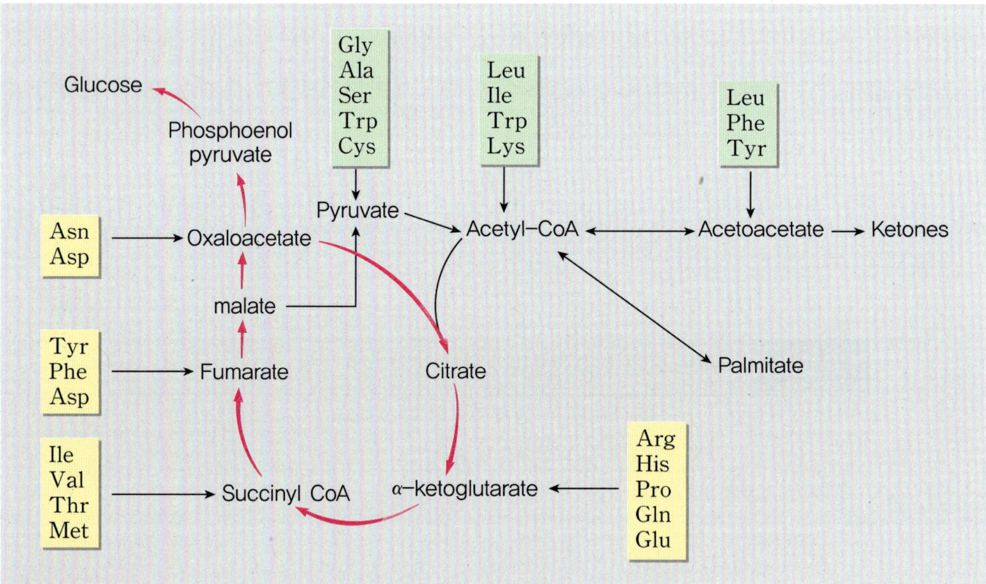

그림 5-5 아미노산 탄소골격의 대사 후 생성한 중간산물

하지만, 에너지가 충분한 상황에서 만일 단백질 섭취가 높아 과잉 생성된 탄소 골격은 지방산이나 지방으로 전환되어 체내에 저장된다. 그리고 아미노산에서 탈락되어 나온 아미노기는 비필수 아미노산 합성에 이용되지만 대부분 간에서 요소로 합성되어 신장을 통해 배설된다(부록 5-4).

3. 아미노산 대사의 비타민 B_6 역할

비타민 B_6는 피리독신(pyridoxine) 형태로서 주로 식물성 식품에 존재하며, 동물성 식품에는 피리독살(pyridoxal) 또는 피리독사민(pyridoxamine) 형태로 존재한다. 비타민 B_6는 세포 내에서 조효소 형태인 pyridoxal-5-phosphate(PLP)와 pyridoxamine-5-phosphate로 전환되며, 대사 후 마지막 산물인 4-pyridoxic acid로 전환되어 체외로 배설된다(그림 5-6).

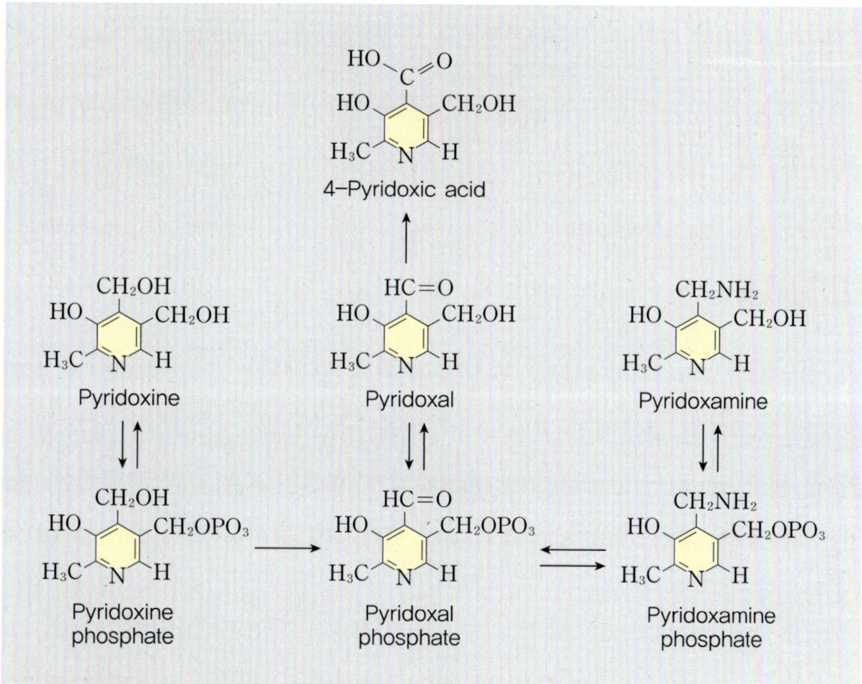

그림 5-6 Pyridoxine과 조효소 및 4-pyridoxic acid 형성

아미노산 대사에서 아미노기 또는 카르복실기가 제거되어야 할 경우 비타민 B_6는 아미노기 전이반응(transamination), 탈아미노반응(deamination), 탈탄산반응(decarboxylation) 등에 관여하는 효소의 조효소로서 중요한 역할을 한다(그림 5-7). 20개 아미노산 중 12개는 그림 5-7에서 (a)와 같이 L-amino acid의 α-아미노기를 α-ketoglutarate(α-KG)로 전이해서 L-glutamate를 형성하고 자신은 α-keto acid가 된다. 예로서 L-alanine은 alanine aminotransferase에 의해 α-아미노기가 α-KG로 전이되어 L-glutamate를 형성하고 자신은 pyruvate가 된다(그림 5-7의 b). 이 반응을 촉진하는 효소인 alanine aminotransferase는 조효소로서 pyridoxal-5-phosphate(PLP)를 필요로 한다.

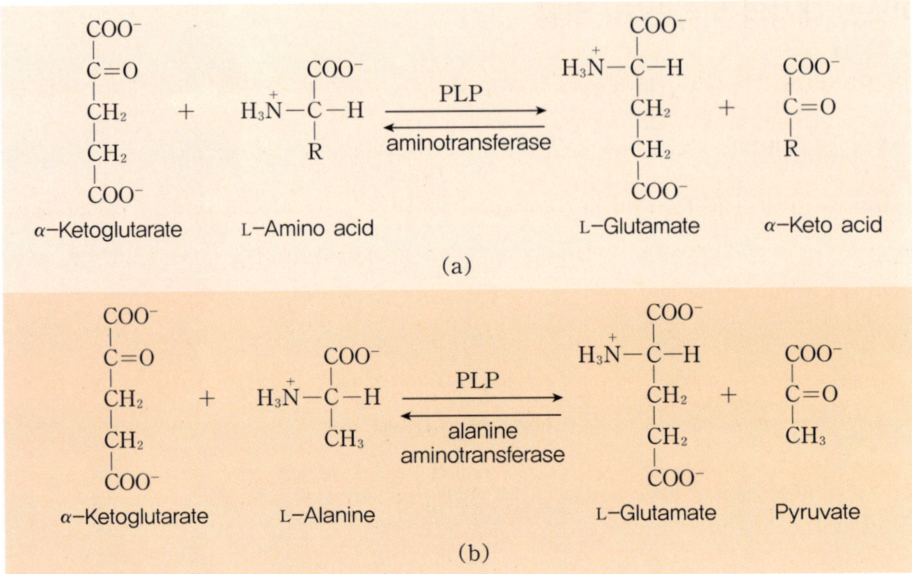

그림 5-7 아미노산 대사의 비타민 B_6 역할

아미노기 전이반응(transamination) 외에도 산화적 탈아미노반응(oxidative deamination)에 의해 생성된 탄소골격 대사에서 citric acid cycle 중간산물을 생성하여 당신생작용에 참여할 수도 있다. 예로, glutamate dehydrogenase가 조효소인 NAD^+와 결합하여 glutamate의 α-아미노기를 제거하고 α-KG를 생성하여 포도당 생합성에 관여할 수 있다(그림 5-11 참조).

$$\text{예 : Glutamate} + NAD^+ + H_2O \underset{\uparrow}{\rightleftharpoons} \alpha\text{-KG} + NH_4^+ + NADH + H^+$$

glutamate dehydrogenase(GDH)

아미노산의 카르복실기(-COOH)를 제거하는 decarboxylase 효소도 비타민 B_6의 조효소인 PLP를 필요로 하며, 이와 같은 탈카르복실 반응에 의해 많은 신경 전달 물질이 합성된다.

Histidine은 decarboxylase에 의해 카복실기가 제거되어 histamine이 된다. 이때 관여한 효소도 PLP를 조효소로 사용하여 amine 물질을 생성하는데, histamine은 강한 혈관확장제로, 알레르기와 염증반응, 위액 분비 등의 광범위한 세포 반응을 중재하는 화학적 전달자의 역할을 수행한다.

Tyrosine은 tyrosine hydroxylase에 의해 3,4-dihydroxyphenylalanine(DOPA)로 전환된 후 조효소로 비타민 B_6 의존적인 DOPA-decarboxylase 효소에 의해 생물학적 활성이 강

한 dopamine으로 전환되고, 이어서 수산화 효소와 메틸기 전이효소 등의 작용에 의해 각각 norepinephrine과 epinephrine이 생성된다(그림 5-8). Dopamine, norepinephrine, epinephrine은 공통으로 catechol이라는 구조를 가지고 있어 집합해서 catecholamines라고 한다(그림 5-9).

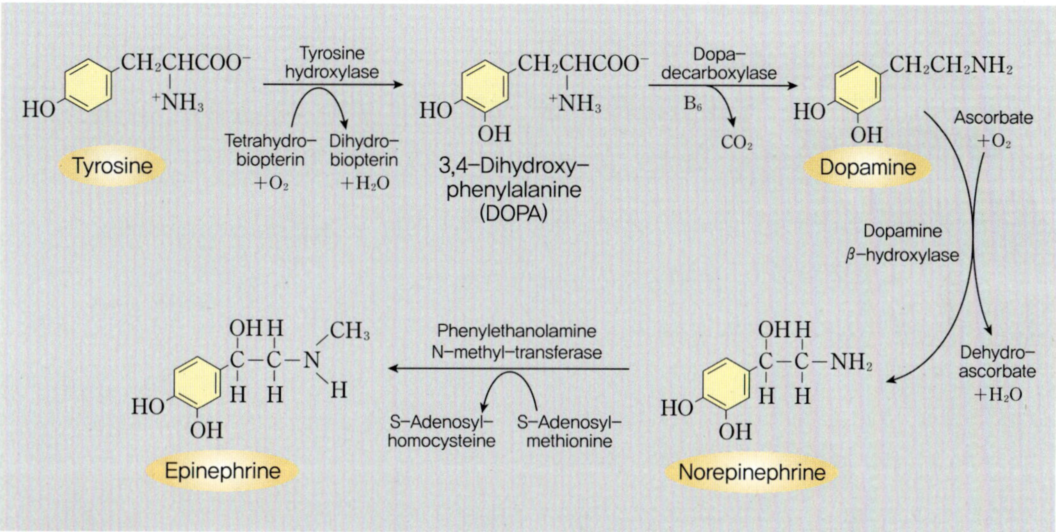

그림 5-8 Tyrosine 대사에서 catecholamines 생성과정

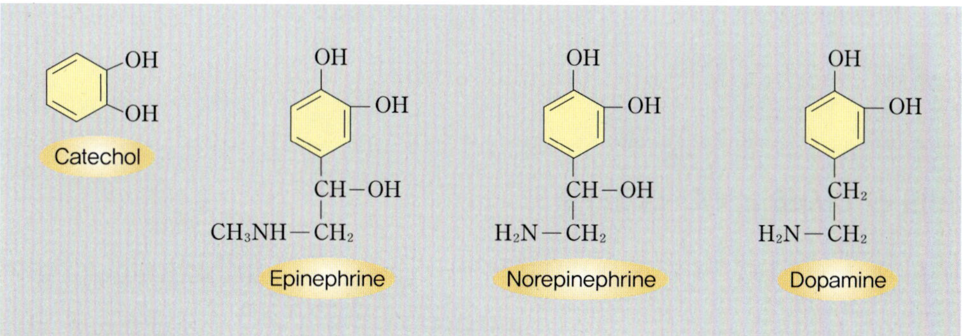

그림 5-9 Catechol과 catecholamines 종류

Tryptophan은 수산화효소(hydroxylase)에 의해 5-hydroxytryptophan으로 전환된 후 decarboxylase 효소에 의해 카복실기가 제거되어 5-hydroxytryptamine(serotonin)이 형성된다(그림 5-10). 이 반응에 관여하는 decarboxylase 효소도 비타민 B_6를 조효소로 사용하며 이 serotonin은 통증 인지, 감정적 혼란상태, 수면, 체온, 혈압 등을 조절하는 복합적인 생리 작용을 한다. 이 외에도 glutamate는 decarboxylase 효소(비타민 B_6 조효소로 필요함)에 의해 카복실기가 제거되고 감마(γ)-aminobutyric acid(GABA)로 전환되어 뇌와 중추 신경계에서 억제성 신경전달 물질로 작용한다.

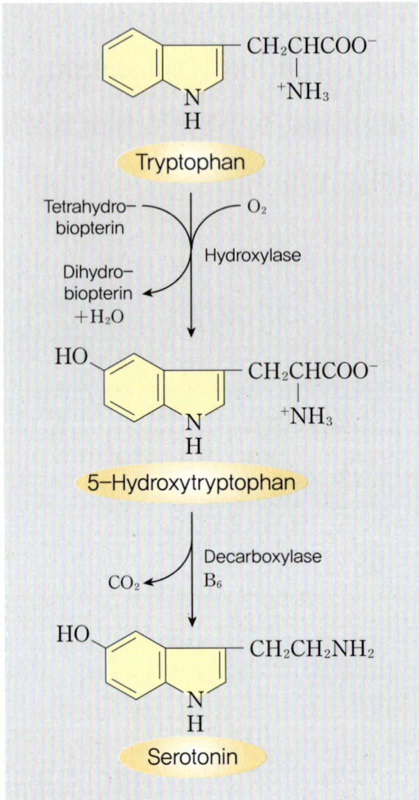

그림 5-10 Tryptophan에서 serotonin 합성

Tryptophan과 methionine은 대사과정에서 조효소로 비타민 B_6를 절대적으로 필요로 한다. 특히 tryptophan은 niacin으로 대사가 가능하여 식이로 niacin 섭취가 부족하여도 단백질만 충분히 섭취하면 niacin 결핍을 예방할 수 있다. 하지만 단백질 섭취가 충분해도 만일 비타민 B_6가 부족하면 niacin 결핍이 초래될 수 있다.

4. 아미노산 대사의 마지막 대사산물

단백질 대사에서 나온 마지막 대사산물인 암모니아(ammonia), 요소(urea), 요산(uric acid), 크레아티닌(creatinine)은 소변으로 배설된다. 기아 상태 또는 조절되지 않은 당뇨증이 있는 경우, 소변의 NH_4^+(암모니움) 농도가 증가한다. 기아가 장기간 지속되면 acidosis 상태에서 포도당은 신장에서 공급되고, 이차적으로 NH_3가 형성된다. 이때 세포 내에서 NAD^+ 의존적 효소인 glutamate dehydrogenase(GDH)가 작용하여 산화적 deamination 반응에 의해 암모니움 이온이 생성된다(그림 5-11).

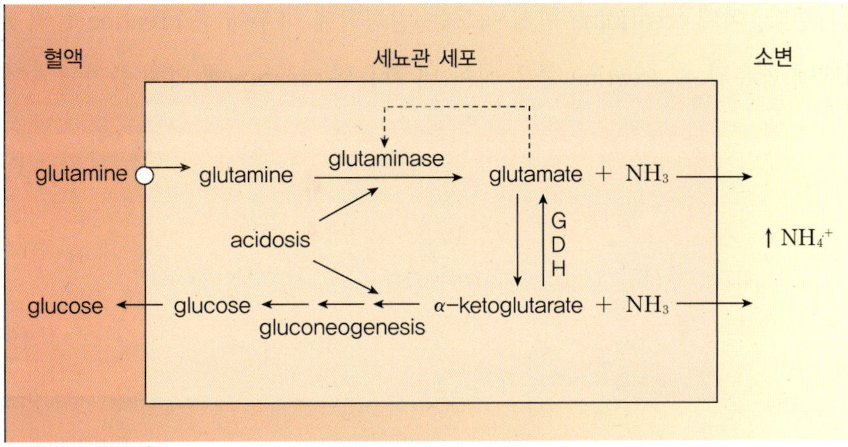

그림 5-11 신장의 Ammonia 합성. GDH : Glutamate dehydrogenase

물고기 등에서는 NH_4^+를 그대로 배설시키며, 포유 동물에서는 아미노기($-NH_2$)를 간으로 운반하여 요소를 합성한 후 신장을 통해 배설시킨다(부록 5-5). 한편 새, 뱀, 도마뱀 등에서는 요산을 합성해서 배설시킨다(그림 5-12). Purine은 주로 간에서 계속적으로 산화되어 hypoxanthine, xanthine, 요산(uric acid)을 생성한다. 이와 같은 반응에 관여하는 효소들(xanthine oxidase 또는 xanthine dehydrogenase)은 비타민 B_2의 조효소인 FAD를 필요로 한다. 예를 들어 남아메리카의 섬에서는 바다새가 배설한 요산이 화학 비료로 사용된다.

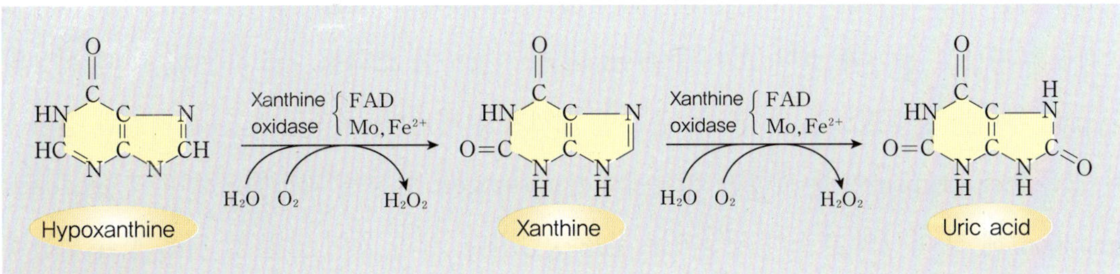

그림 5-12 Uric acid 합성

근육 이외의 조직에서 합성된 creatine은 근육으로 이동되어 creatine phosphate로서 ATP를 공급하는데 체내에 함유된 creatine phosphate 함량은 근육질량(muscle mass)에 비례한다(그림 5-3 참조). Creatine과 creatine phosphate는 우발적으로 비효소적, 비가역적인 탈수 반응에 의하여 고리화(cyclization)되어 creatinine으로 전환된다(그림 5-13). 이와 같은 creatinine은 근육에 결합되어 있지 않고 총체액(total body water)에 분포되어 있다가 신장에 의해 제거된다. 이때 creatinine 형성 속도는 일정한데 하루에 총 creatine 풀의 1.7%가 전환된다. 체내에 함유된 총 creatine 풀은 식이 내 함유된 creatine에 의해 증가될 수 있다.

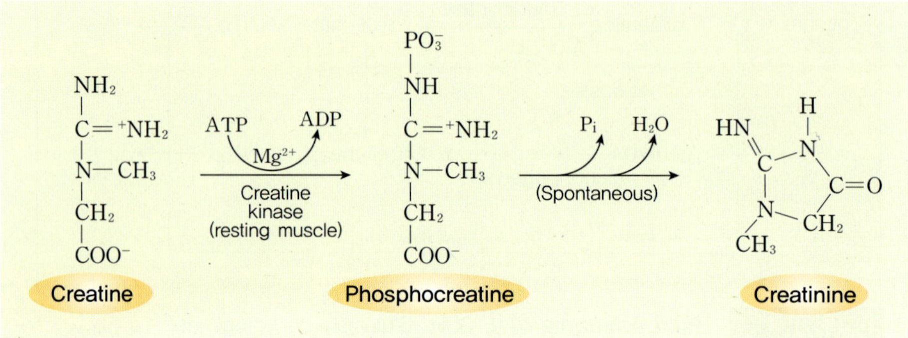

그림 5-13 Creatine과 creatine phosphate는 우발적으로 creatinine으로 전환

5-2 통합된 단백질 대사

1. 단백질의 소화 흡수

소화 기관 내로 들어온 식이 단백질이 췌장(pancreas)의 효소 분비를 조절한다. 예로, 식이 단백질은 장내로 들어와 소화 효소 중 trypsin과 결합하여 소화를 유도하는데, 이때 췌장의 trypsin 분비는 단백질보다 과잉으로 존재할 때까지 분비된다. 하지만 일단 단백질과 결합하지 않은 free trypsin이 존재하면 췌장에서 trypsinogen 합성을 피드백으로 억제(feedback inhibition)해 그 이상의 효소가 생성되는 것을 중단한다. 예를 들어 만일 덜 익은 콩을 먹는다면 콩에 있는 trypsin inhibitor가 trypsin과 결합하기 때문에 췌장에서는 장내 free trypsin이 존재할 때까지 trypsinogen을 계속 분비하도록 자극하여 췌장이 비대(hypertrophy)해진다.

단백질의 소화는 각 효소의 특성에 따라 단계적으로 일어나 큰 분자인 단백질은 작은 peptide로 분해되고, 또 작은 분자는 다른 효소에 의해서 가수분해가 일어난다. 위벽에서 분비되는 pepsin은 단백질 가수분해 시 보통 leucine과 방향족(aromatic) 아미노산의 결합을 선호해서 가수분해한다. 그림 5-14에서 보면 췌장에서 분비되는 단백질 분해효소로 trypsin은 Lys과 Arg의 결합을 가수분해하고, chymotrypsin은 Trp, Tyr, Phe, Met, Leu과의 결합을 가수분해한다. Elastase는 Ala, Gly, Ser과의 결합을 가수분해하며, carboxypeptidase는 아미노산의 COOH 말단(terminal)에서부터 Ala, Ile, Leu, Val 또는 Arg, Lys을 분해한다. 이 외에도 소장 점막에서 분비되는 aminopeptidase는 아미노산의 NH_2 말단에서부터 결합을 분해하고, dipeptidase는 아미노산 2개가 결합한 dipeptide를 가수분해하여 유리 아미노산만이 소장으로 흡수된다. 그러나 모든 단백질이 분해 효소에 의해 동시에 가수분해되어 한꺼번에 모두 흡수되는 것은 아니다. 만일 단백질이 동시에 가수분해되어 나온다면 식이로 단백질을 섭취하는 것이 아니라 마치 아미노산 혼합물을 섭취하는 것과 같은 효과를 줄 것이며 그만큼 생체 이용률이 감소될 것이다. 위에서 언급된 것처럼 단백질은 소화 효소 특성에 따라 단계적으로 가수분해되어 결과적으로 유리 아미노산만 소장 점막 세포에서 흡수되므로 혈액 내에는 유리 아미노산만 존재하게 된다. 그러나 보고된 바에 의하면 dipeptide도 상당량 점막 세포 내로 흡수 운반되기도 한다.

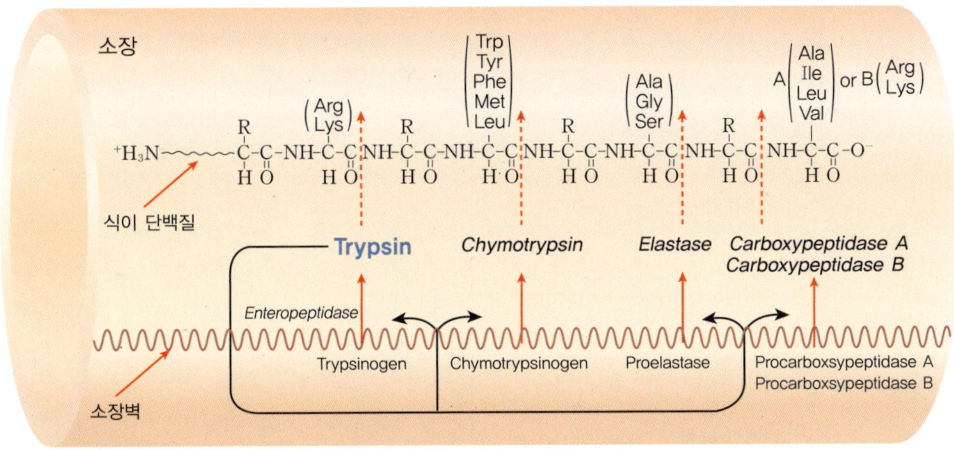

그림 5-14 **단백질 소화효소 분비와 가수분해하는 곳.** Enteropeptidase : 소장에서 합성

산성 아미노산인 glutamate와 aspartate는 소화 기관에서 직접 문맥(portal vein)을 통해 간으로 들어가지 않고 소장 점막 내에서 transamination 반응에 의해 alanine으로 일단 전환되어 혈액으로 흡수된다. 이와 같이 alanine은 산성 아미노산의 과잉 섭취에 의한 독성을 감소시켜 주는 데 중요한 역할을 하며, glutamine도 glutamate로 전환되어 alanine으로 전환이 가능하다(그림 5-15).

2. 단백질 급원 (외인성, 내인성)

소장의 성숙된 점막 세포는 세포 분열에 의해 지속적으로 대체되어 탈락되는 세포량은 약 50g이고, 소화기관 내 소화액의 단백질량은 약 17g으로 추정하여 내인성(endogenous) 급원의 단백질 총량은 약 70g 정도로 보고되지만 아직 논쟁의 여지가 있다. 만일 식이 단백질로 100g 정도 섭취한다면 내인성 단백질까지 합하면 장 내강(gut lumen)에 총 170g이 존재하게 된다. 그림 5-15에서처럼 만일 변으로 배설되는 질소량이 단백질 10g에 해당된다면 단백질의 소화 흡수율은 높은 편이다. 단백질 결핍이나 기아 상태일 때는 점막의 세포 분열이 감소되어 소화기관 내로 분비되는 내인성 단백질량도 감소된다.

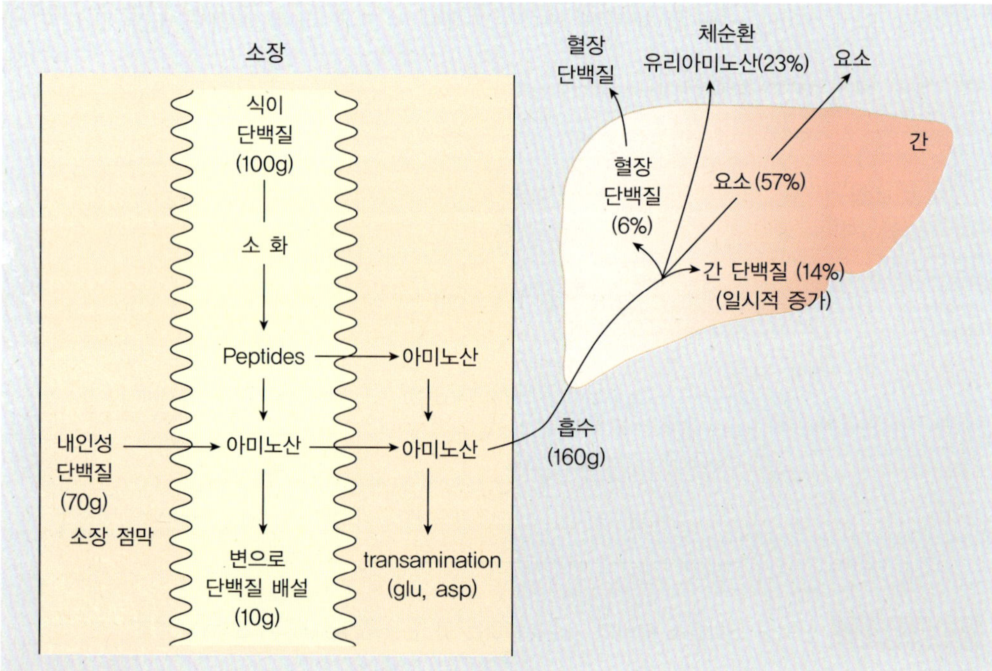

그림 5-15 식이 단백질이 소화되어 흡수된 후 간의 역할

체조직의 분해에 의한 내인성 아미노산과 식이 단백질의 소화에 의한 외인성 아미노산에 의해 혈중 순환하는 아미노산 농도와 세포 내 아미노산 농도가 증가한다. 즉, 내인성 급원의 아미노산은 외인성 아미노산과 혼합되어 혈장에서 아미노산 풀을 형성한다. 이렇게 형성된 풀의 아미노산은 약 100g으로 추정되는데 성인은 하루에 250~300g 정도의 단백질을 합성한다. 이 결과에 의하면 아미노산 풀의 아미노산은 단백질 합성에 재사용되는 중요한 아미노산 급원임을 의미하며, 단백질 대사에 관여한 아미노산은 재사용될 수 있다는 것을 증명한다.

3. 단백질 대사

(1) 간의 역할

간은 식이 단백질이 가수분해되어 유리된 아미노산이 문맥을 통해 들어가는 주된 기관으로서 신체 조건에 따라 흡수된 아미노산의 대사속도를 조절하는 곳이다. 그림 5-15와 같이 문맥을 통해 간으로 들어온 아미노산 중 57%는 아미노기가 제거된 후 대사되며 약 20%는 단백질을 합성하는 데 사용된다. 이 단백질 합성 중 일시적으로 간에 존재하는 단백질(효소 등) 합성에 14%가 사용되고, 나머지 6%는 혈장 단백질을 합성하여 혈액으로 유출시킨다. 그러나 간으로 유입된 아미노산 중 약 23%는 대사되지 않고 유리 아미노산으로서 간을 떠나 혈액 순환계로 유출된다. 이때 탈락된 아미노기는 urea cycle을 통해 요소로 전환되어 신장을 통해 배설된다(부록 5-4).

단백질 식사를 한 후 간을 통과하기 전 문맥의 혈중 아미노산 패턴은 식이 단백질을 구성하는 아미노산 패턴과 비슷하게 변화되고 아미노산 농도도 증가하지만, 일단 간 문맥을 통과해 간에서 혈액 순환계로 유출된 아미노산 패턴은 섭취한 식이 단백질 종류와는 상관없이 평상시와 비슷하게 큰 변화는 없다. 이와 같이 소장에서 흡수된 아미노산이 간을 통과해 순환계로 나갈 때 간에서 혈중 아미노산 농도를 조절해 주는 기전이 있다.

간에서는 7개의 필수 아미노산(essential amino acid, EAA)이 대사된다. 간에서는 식사 후 혈중 아미노산 농도를 정상 수준으로 조절해 준다. 만일 필수 아미노산을 과잉으로 섭취하면 증가된 필수 아미노산 대사에 관여하는 효소를 유도하여 초과된 필수 아미노산의 대사를 촉진하여 수준을 감소시키며, 비필수 아미노산 섭취가 높았을 때는 일반적인 transaminase 효소가 섭취량에 비례하여 증가되어 대사를 촉진한다. 그러나 간의 기능이 완벽하지 못해 다량 섭취한 필수 아미노산을 모두 대사하지 못하는 경우 결과적으로 혈중 필수 아미노산 농도가 증가된다.

(2) 골격 근육의 역할

체내에서 골격 근육은 가장 큰 조직이므로 이 조직의 아미노산 대사는 일반적인 단백질 대사에서 상당한 의미가 있다. 소장에서 흡수된 아미노산은 문맥을 통해 간으로 들어가고, 이

중 23%는 대사되지 않고 혈액 순환계로 방출되는데 이때 방출된 유리 아미노산 중 70%는 분지 아미노산(branched-chain amino acid, BCAA)으로 구성된다. 간에서는 BCAA 분해 첫 단계에 필요한 아미노기 전이효소(transaminase 또는 aminotransferase)가 제한되기 때문에 혈중 BCAA는 주로 골격 근육으로 운반되어 아미노기가 전이된다. 그리고 심장, 뇌, 신장에서도 적은 양의 BCAA를 받아들여 대사한다.

골격 근육은 BCAA인 류신(leucine), 이소류신(isoleucine), 발린(valine) 대사의 주된 곳이다. 영양소 섭취에 따라 근육 단백질 대사에 미치는 영향을 여러 가지 방법으로 조사하였다. 체내 근육으로 들어오는 혈액과 근육에서 나가는 혈액의 아미노산 조성과 농도의 차이를 비교하기 위해 BCAA가 20% 함유된 단백질 식이를 공급한 결과 내장에서 배출된 총 아미노산 중 BCAA가 다량 함유되었고 총 아미노산 중 대부분의 BCAA가 다리 근육에 분포되었다.

인슐린 작용의 주요 목표가 되는 근육에서는 특히 분지아미노산 진입이 증진된다. 인슐린은 근육에서 단백질 합성을 촉진하고 분해를 감소시킨다. 기아 상태에서는 인슐린 분비가 감소되고 글루카곤 분비가 증가하여 단백질 합성은 감소되고 단백질 분해가 더욱 촉진된다. 이와 같은 경우에 근육의 기능을 조사하기 위해서 기아 상태에 있는 사람의 근육에서 아미노산 유입과 유출을 측정하여 본 결과, 근육 단백질 분해가 증가되어 체중 70kg 남자의 경우 하루 약 75g 정도(체중의 약 0.1%)의 단백질 중 다량의 alanine과 glutamine이 혈액으로 유출되었다. 즉 기아 시 근육에서는 단백질 분해가 진행되어 유리된 분지아미노산이 아미노기 전이반응(transamination)에 의해 나온 아미노기가 근육 내 pyruvate와 glutamic acid와 결합하여 각각 alanine과 glutamine으로 전환되어 혈액으로 유출된다. 이때 alanine은 직접 간으로 들어가고, glutamine은 소화관을 통과해 alanine으로 전환되어 간으로 이동된다. 이렇게 운반된 alanine은 간에서 당신생작용에 의해 혈중 포도당 농도를 정상 유지하는 데 중요한 역할을 하고, 또 acetyl CoA를 생성하는 주요한 에너지원이 되기도 한다. 이와 같이 근육 내 BCAA 대사는 기아 시 혈당을 정상으로 유지하고 에너지 보급에 중요한 역할을 한다.

실제로 BCAA가 근육에서 대사된다는 기전을 이용하여 간경화증에 의한 간성 혼수 환자에게 적용한 경우가 있다. 예로, 간경화증(hepatic cirrhosis)과 같이 간 기능이 악화된 경우 단백질 대사에 변화가 온다. 즉, 장내의 단백질이 박테리아 작용에 의해 생성된 amine과 ammonia가 흡수된 후 간 기능의 저하로 제거가 안 되면 뇌세포로 들어가서 가짜 신경전달

물질(false neurotransmitter)로서 catecholamine 등의 작용을 방해한다. 이 외에도 간은 인슐린의 상당량을 불활성화시킨다. 그러나 간질 환자는 이것이 불가능하여 인슐린이 무제한 혈액 내 남아있어 혈중 BCAA가 근육으로 과잉 유입된 결과 혈장 BCAA 농도가 감소된다. 이 BCAA는 뇌세포로 유입될 때 트립토판(Trp)과 페닐알라닌(Phe)과 경쟁관계에 있어, BCAA보다 더 많은 양의 트립토판과 페닐알라닌이 뇌세포로 유입되어 serotonin 등의 호르몬 합성이 증가되어 간성 혼수(hepatic coma)가 발생된다. 이 외에도 간에서 대사되는 필수 아미노산 중 페닐알라닌과 트립토판의 대사가 부진해 뇌세포로 유입이 증가되어 상태가 더 악화된다. 그러나 이때 BCAA를 투여하면 혈중 BCAA 농도가 증가하여 뇌세포로 유입되는 트립토판 양이 감소되므로 일시적이지만 간성 혼수 회복이 가능하다.

간과 근육 사이에는 alanine-glucose cycle이 존재하는데(그림 5-16), 이 cycle의 중요한 역할은 첫째, 기아 상태에서도 뇌, 신경 세포, 적혈구 등에 포도당을 공급해 주며, 둘째, 근육에서 생성된 질소는 alanine 형태로 간으로 안전하게 운반되어 요소로 전환되어 배설된다. 이 기전에 관하여 이미 언급한 바 있지만 간략하게 설명하면 다음과 같다.

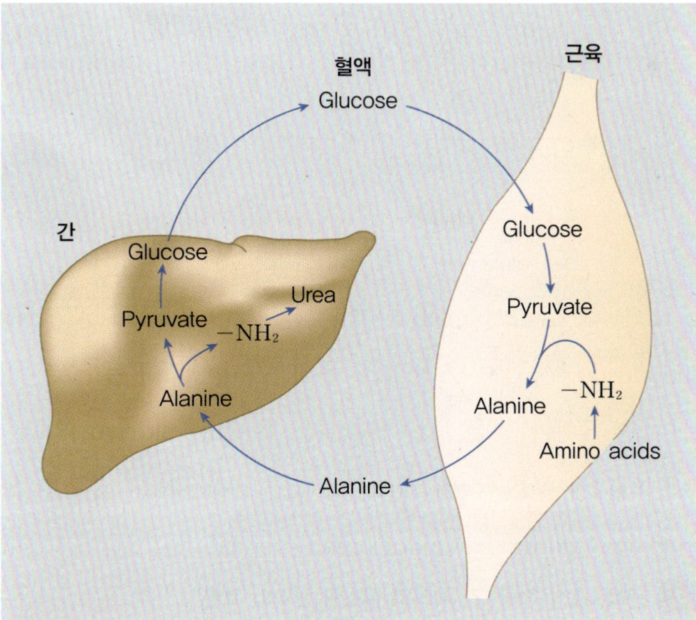

그림 5-16 Alanine-glucose cycle

그림 5-16에서처럼 근육 내 포도당 대사에 의해 생성된 pyruvate는 근육 내 아미노산에서

유리된 아미노기와 결합해 alanine이 형성되어 혈액을 통해 간으로 이동된다. 이는 다시 아미노기 전이반응에 의해 pyruvate로 전환되어 당신생작용에 의해 포도당을 합성하여 혈액을 통해 필요한 조직에 포도당을 공급해 주므로 alanine–glucose cycle이라고 한다.

이 과정에서는 근육 내 아미노산 대사에 의해 생성된 아미노기(NH_2)는 직접 혈액으로 나갈 수 없을 뿐 아니라 근육에서는 요소를 합성하는 기능이 없기 때문에 이때 생성된 아미노기는 alanine 형태로 전환되어야 혈액을 통해 간으로 직접 이동될 수가 있다. 근육에는 또 다른 질소운반체로 형성된 glutamine이 존재하는데(그림 5–17), 이는 혈액을 통해 소장으로 운반되어 아미노기가 탈락되어 glutamate가 된 후 아미노기 전이반응에 의해 alanine으로 전환되어 혈액을 통해 간으로 이동된다. 이와 같이 근육 내에서 형성된 alanine과 glutamine은 근육 내 질소를 간으로 안전하게 운반해 요소로 전환시켜 배출시키는 질소운반체(N–carrier) 역할을 한다.

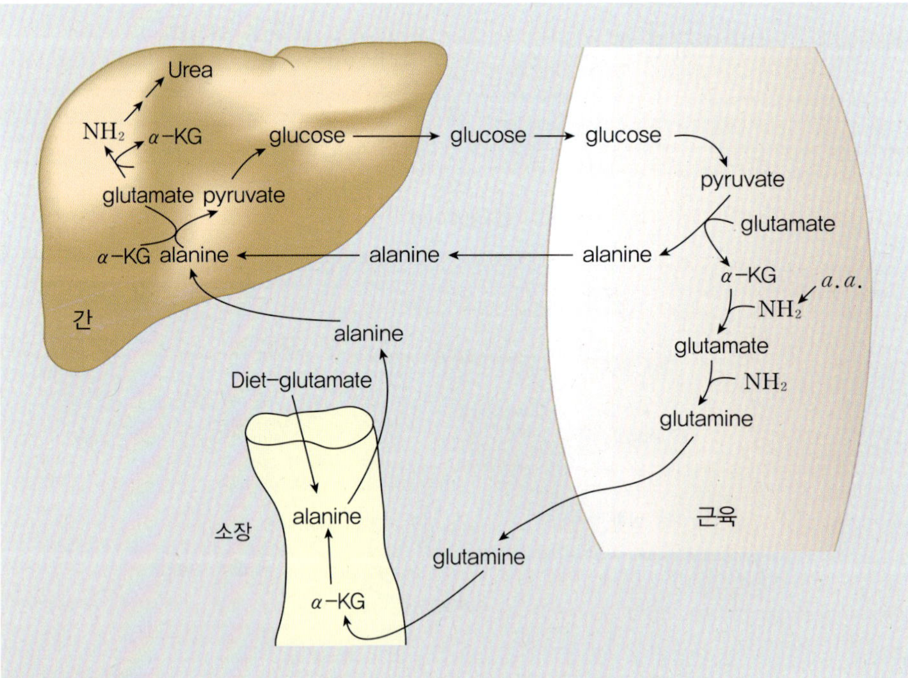

그림 5–17 근육, 소장 점막, 간 사이의 질소와 탄소의 교환

4. 질소 배설과 질소 평형

체내에서 질소 대사의 마지막 산물은 소변으로 배설되며, 식이 단백질이나 소장 루멘(lumen)으로 분비된 단백질 중 흡수되지 않은 것은 변으로 배설된다. 소변으로 배설된 주된 질소 화합물은 요소(urea), 암모니아(ammonia), 요산(uric acid), 크레아티닌(creatinine)이다. 이와 같은 물질들은 단백질 섭취량에 따라 다르게 배설된다(표 5-2). 정상적으로 단백질을 함유한 식사 시 소변의 질소 함량 중 80% 이상이 요소이지만 저단백질 식사 시에는 요소 함량이 감소한다. 기아 시에는 산과다증(acidosis)에 의해서 암모니아 질소(ammonia N)의 절대적인 함량 또는 상대적 퍼센트가 증가한다. 한편, creatinine 배설은 식이 구성과 무관하게 일정하다. 왜냐하면 creatine이 함유되지 않은 식이를 먹었을 때 creatinine 함량은 근육 내에 있는 creatine pool을 반영하기 때문에 근육량에 비례한다고 알려져 있다.

체내에서 단백질의 전체적 대사는 질소 평형으로 설명할 수 있다. 질소 평형이란 질소 섭취와 질소 배설(소변과 변, 그리고 피부를 통한 질소 손실) 간의 균형을 보는 것으로, 만일 차이가 없이 zero(0) 상태라면 질소 평형을 이루었다고 본다. 그러나 질소 섭취와 질소 배설간의 차이가 positive(+)인 경우, 즉 질소 섭취에 비해 질소 배설이 더 낮았다면 임신이나 활발한 성장이 일어나는 경우와 같이 질소가 체내에 보유된 상태이다. 만일, 이 차이가 negative(−)인 경우면 질병 상태같이 질소 섭취보다 질소 배설이 더 높아 질소 손실이 온 상태를 의미한다.

표 5-2 성인에서 영양상태에 따라 소변의 질소 배설 양상

	고단백식이	저단백식이	굶는 기간	
			Day 1	Day 2
소변 중 N 근원	매일 총 배설량(gm N)			
Total N	16.80	3.60	10.51	8.77
Urea N	14.70	2.20	8.96	6.62
Ammonia N	0.49	0.42	0.40	1.05
Uric acid N	0.18	0.09	0.12	0.17
Creatinine N	0.58	0.60	0.44	0.39
Undetermined N	0.85	0.27	0.59	0.54
	총 N 배설량(%)			
Urea N	87.5	61.7	85.1	75.4
Ammonia N	3.0	11.3	3.8	12.0
Uric acid N	1.1	2.5	1.1	1.9
Creatinine N	3.6	17.2	4.2	4.4
Undetermined N	4.9	7.3	5.6	6.1

그러나 질소 평형 연구에 의하면 질소 섭취량은 사용한 그릇에 약간이라도 남아 있는 음식을 완벽하게 다 먹을 수가 없으므로 결국 다 소비하지 않은 식이도 섭취한 것처럼 기록되므로 실제보다 더 높게 추정될 수 있다. 한편 질소 배설량은 배출된 것의 완벽한 수거가 불가능하여 실제로는 배설량의 손실이 있게 되므로 더 낮게 추정될 수가 있다. 그러므로 질소 평형 측정은 사실 내재된 편견(built-in bias)에 의한 문제점이 있어 양(+)의 질소 평형을 초래할 수 있으므로 단백질 권장량이 실제보다 낮게 책정될 수 있다.

5. 질소 평형에 영향을 미치는 요인

(1) 질소 평형은 열량 섭취량과 단백질의 질에 의해 영향을 받는다. 질소 평형을 얻는 데 열량 섭취량이 중요한 역할을 하며 또 같은 열량이라도 단백질의 질이 불량할 때는 그만큼 단백질 생체이용률이 떨어지므로 질소 평형을 얻는 데 필요한 단백질량이 높아진다. 예로, 열량을 체중 kg당 45cal를 섭취할 때는 체중 kg당 달걀 단백질은 0.65g을 섭취해야 질소 평형을 이루었고 쌀 단백질로는 0.87g을 섭취해야 질소 평형을 이루었다. 이렇게 단백질의 질에 따라 질소 평형에 영향을 주었다. 그러나 열량을 체중 kg당 57cal로 높였을 경우, 단백질이 열량으로 사용되는 경우가 적어 체중 kg당 달걀 단백질로는 0.45g을 섭취하였을 때 질소 평형을 이루었고 쌀 단백질로는 0.58g을 섭취해 질소 평형을 이루었다. 이와 같이 단백질 필요량을 설정할 때 단백질이 열량으로 사용되는 것을 막기 위해서 적절하게 충분한 열량을 공급하여 질소 평형을 이루어야 한다.

(2) 질소 평형을 향상시키기 위해 단백질 섭취량을 증가시킬 때는 필수 아미노산(EAA)만 증가시키는 것이 아니라 비필수 아미노산(NEAA) 필요량도 동시에 증가시켜야 한다. 즉 식이 단백질의 EAA와 NEAA의 상대적 비율이 중요하므로 필수 아미노산 함량은 총 질소함량 중 21~25%가 필요하다.

(3) 질소 평형은 생리적 상태와 체내 단백질 저장 정도에 따라 영향을 받는다. 즉 성장 중인 아동이나 임신 말기 또는 단백질 섭취가 부족하여 불안정한 단백질(unstable protein) 저장이 낮았던 성인에서는 양(+)의 질소 평형을 이루기 쉽게 되어있다.

6. 단백질 필요량 결정

3대 영양소 중 질소를 함유한 영양소는 단백질이며, 단백질 중 질소의 함량이 식품의 종류에 따라 약간의 차이는 있지만 평균 약 16.0% 함유한 것으로 추정하여 체외로 배설된 총 질소 함량에 6.25를 곱하여 단백질 섭취량을 예측할 수 있다. 기본적인 기초 대사에 필요한 단백질 함량을 측정하기 위해 다음과 같이 계승법(factorial method)을 이용하여 총 질소 배설량을 합산해 단백질 섭취량을 계산한다.

일단 단백질이 함유되지 않은 무단백식이(protein-free diet)를 먹이면서 체외로 배설된 모든 질소 손실량 즉, 소변과 분변, 피부(탈락된 세포, 머리, 손톱, 땀, 가스, 월경, 정액 등) 로 배설되는 의무적 손실(obligatory loss)의 총 질소 배설량을 측정한다. 다음은 총 질소 배설량을 대치해 줄 수 있는 양질의 단백질량을 계산한다(그림 5-18). 단백질을 장기간 전혀 섭취하지 않았는데도 체외로 손실되는 일정 수준의 질소 손실량을 의무적 손실이라고 하는데, 이는 기초대사를 유지하기 위해 기본적인 단백질 대사가 이루어지고 있다는 것을 의미한다.

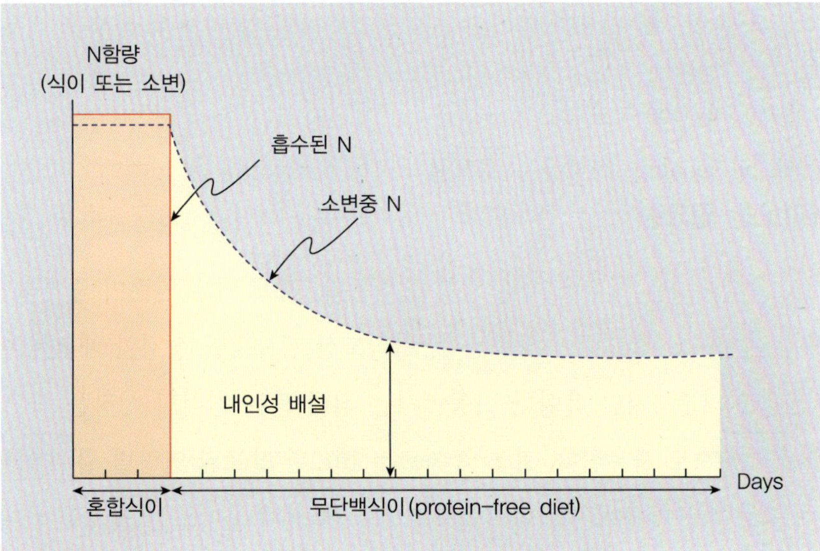

그림 5-18 무단백식이가 소변의 질소 배설량에 미치는 영향

계승법에 의한 총 질소 손실량은 체중 1kg당 약 54mg이며, 단백질로 계산하면 체중 1kg당 0.34g에 해당된다. 대상 집단의 질소 손실량의 상관계수는 15%가 되므로 대상 집단의 97.5% 범위 내 개인의 손실을 모두 포함하려면 30%에 해당되는 단백질을 더욱 추가해 주어

야 한다. 그러므로 체중 1kg당 약 0.45g 단백질〔0.34+(0.34×0.3)〕이 필요하다. 그러나 실제로 양질의 단백질(예로 달걀 단백질)이라 해도 계속 섭취량이 많으면 단백질 이용률이 점차 감소되어 질소 평형을 얻는 데 필요한 단백질량이 점차 더 증가된다(그림 5-19). 그러므로 질소 평형을 얻기 위해서는 실제로 단백질을 약 30% 더 먹어야 질소 평형이 이루어진다. 최소한 체중 1kg당 약 0.59g 단백질〔0.45+(0.45×0.3)〕이 필요하다.

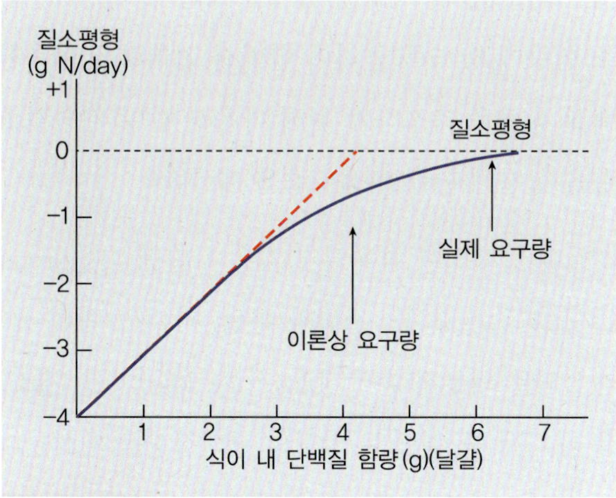

그림 5-19 **무단백식이에 달걀 단백질의 첨가량을 점차 증가시킬 때 N 평형의 반응**

보통 달걀 단백질 생물가의 75%밖에 안 되는 혼합된 식사를 하기 때문에 실제로 필요한 단백질 권장량은 체중 1kg당 약 0.8g(0.59g÷0.75)으로 계산된다. 그러나 이와 같은 방법으로 필요한 단백질량을 설정하려면 각 나라의 식생활 내용에 따라 변화를 주어야 한다.

7. 필수 아미노산 필요량

필수 아미노산 필요량은 연령에 따라 영향을 받는다. 출생 이후 연령이 증가하면서 단백질 필요량과 필수 아미노산 필요량이 감소된다. 아미노산 필요량을 설정할 때 성인에서는 주로 질소 평형 연구에 의존하지만 유아나 아동에서는 최대 또는 최적의 성장을 하고 있는 동안 최소 필요량을 기준으로 사용한다. 표 5-3 자료는 1972년 발표된 연령별 필수 아미노산의 필요량이다. 이 자료에 근거하여 연령을 3군으로 나누어 전체 아미노산 필요량에 대한 필수 아미노산 필요량의 상대적 양(%)을 비교하였다(그림 5-20).

표 5-3 사람에서 연령에 따라 필수아미노산 필요량 (mg/Kg)

필요량	유아	아동	성인 남성		성인 여성
			Day 1	Day 2	
Histidine	(25)	–	–	–	–
Isoleucine	111	28	10	11	10
Leucine	153	49	11	14	13
Lysine	96	59	9	12	10
Met. & Cys.	50	27	14	11	13
Phe. & Tyr.	90	27	14	14	13
Threonine	66	34	6	6	7
Tryptophan	19	4	3	3	3
Valine	95	33	14	14	11
Total EAA* (histidine 제외)	680	261	111	85	80

* EAA : 필수아미노산, essential amino acid

최대로 성장 중인 0~6개월 유아와 제2성장기인 10~12세 아동의 각 필수 아미노산 함량의 총합계의 평균 필요량을 성인과 비교하여 보면 연령이 증가하면서 전체 아미노산 필요량 (비필수와 필수 아미노산의 합)과 필수 아미노산 필요량이 각각 점차적으로 감소한다. 그러나 전체 아미노산 필요량에 비해 필수 아미노산 필요량이 더욱 심하게 감소되어 연령이 증가함에 따라 전체 아미노산 중 필수 아미노산의 상대적 비율이 크게 감소한다. 전체 아미노산 중 필수 아미노산 필요량이 0~6개월 유아에서는 43%를 차지하는 데 비해 10~12세 아동에서는 36%이며 성인에서는 19%로 감소된다. 이와 같이 성장을 하고 있는 동안에는 필수 아미노산의 필요량이 상대적으로 더 높다는 것을 뜻한다.

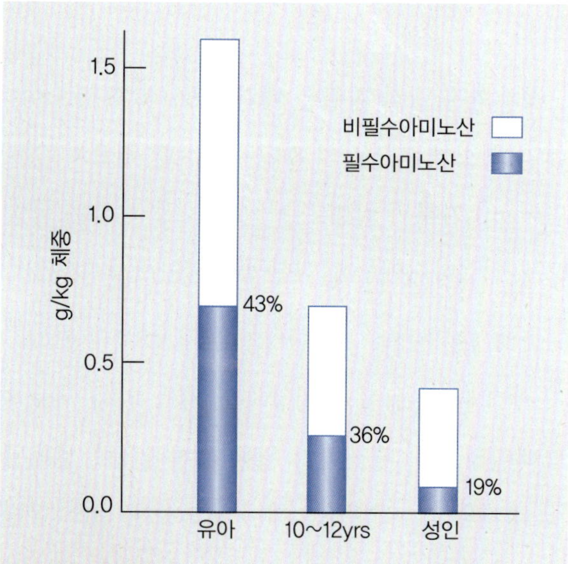

그림 5-20 연령에 따라 전체아미노산 필요량에 대한 필수아미노산 필요량의 비율

8. 단백질 질의 평가

거의 모든 식이의 질소는 단백질 형태로 존재하고 대부분의 단백질은 약 16%의 질소를 함유한다. 비록 미량이긴 하지만 질소가 유리 아미노산, 핵산, 인지질, 그리고 creatine과 dipeptide 등의 비단백질 질소(nonprotein N)로 존재하는 경우도 있다. 예를 들어 종자(seed)에 함유된 질소의 95%가 단백질 형태로 구성되지만 뿌리 종류(감자, 당근 등)에 존재하는 질소는 50%만 단백질 형태이고 나머지는 peptide 또는 유리 아미노산, glutamine 등의 질소로 존재한다. 식물 조직에 함유된 비단백질 질소 함량은 아주 다양하며, single-cell protein과 같은 새로운 단백질 급원에는 purine N가 높게 함유된 것도 있다. 각 식품의 단백질 중 질소 함량은 15.7%(우유 경우)에서 19%(견과류 경우)까지 다양하지만 단백질은 평균 16%의 질소를 함유한다. 그러므로 식품의 단백질 함량은 N 함량에 계수 6.25를 곱하여 계산한다.

식품의 단백질 함량은 대략 0.5~40% 정도이다. 단백질의 질이 평균 정도 되는 단백질로 매일 최소한 총열량의 8%는 섭취할 필요가 있다. 그러므로 열대 지방의 카사바(cassava), 얌(yam) 가루와 같이 단백질량은 적고 전분 함량이 높은 식품들은 유일한 단백질 급원 식품으로 섭취하기에는 단백질 공급량이 부족하다.

단백질의 질은 식품 단백질을 구성하는 아미노산 조성 중 특히 필수 아미노산의 조성에 따라 결정된다. 동물의 성장과 유지를 위해 세포 합성을 도모하는 것이 단백질의 능력이므로 단백질의 질을 평가하기 위해 우선적으로 선택된 것이 생물학적인 평가이다. 그러므로 단백질 평가의 기본 방법은 체내에 보유된 질소 함량을 측정하는 것인데 이는 동물의 성장이나 유지를 위해 합성된 단백질량을 측정하는 것이다. 그런데, 체내에 단백질 합성이 일어나는 곳에는 모든 필수 아미노산이 동시에 필요하며, 이때 필수 아미노산 중 하나라도 부족하면 단백질 합성이 억제되므로 식이 단백질의 생물가는 필수 아미노산 중 가장 적게 함유된 필수 아미노산의 함량에 의해 좌우된다.

식품 단백질의 생물가를 평가하기 위해서는 실제로 성장하고 있는 아동이나 동물 또는 성인에게 적용해 체단백질의 변화를 측정하는 것이다. 이때 아동에서는 성장과 질소 보유를 지표로 사용하며 성인에서는 질소 평형을 지표로 사용한다. 단백질의 질을 평가하는 방법 중에서 가장 간단한 기본적인 방법의 예를 아래에 설명한다.

(1) 가장 간단하고 저렴한 방법으로 식품단백질의 단백질 효율비(protein efficiency ratio, PER)를 측정하는 것이다. PER 값은 보통 어린 동물에게 시험 대상인 단백질을 표준함량인 9% 수준으로 최소 10일 정도 먹여 체중 증가량(g)을 측정하여 섭취한 단백질량(g)으로 나눈 비율이다. PER 값을 측정할 때 주의할 사항은 열량과 시험 단백질량은 반드시 적절한 수준으로 공급해야 한다. 만일 시험 단백질량을 높게 먹일 때는 그에 비례해 체중이 더 증가하기 때문이다. 실제 PER 값을 비교해 보면 우유 단백질인 카세인(casein)의 PER 값이 2.8이라는 것은 카세인 1g을 먹여 동물체중이 2.8g 증가한 것을 의미한다. 같은 방법으로 콩 단백질의 PER은 2.4이고, 밀의 단백질인 글루텐(gluten)의 PER은 0.4이다. 이는 카세인에 비해 콩 단백질에는 제한 아미노산인 메티오닌(Met)이 더 부족하고, 밀에는 제한 아미노산인 리신(Lys)이 부족하여 카세인에 비해 체중 증가가 적어 PER 값이 더 낮아진 것이다.

(2) 동물을 이용하여 식품 단백질의 질을 평가하기에는 높은 비용과 번거로운 점 때문에 비생물학적인 간단한 방법으로 화학가(chemical score) 또는 아미노산가(amino acid score)를 사용한다.

다음 표 5-4에서처럼 시험 대상이 되는 식품 단백질을 화학적으로 분석해 각 필수 아미노산의 함량(%)을 구한 후, 이상적인 표준 아미노산 조성에서 같은 필수 아미노산의 함량을 각각 비교하여 상대적 비율을 구한다. 이때 시험 단백질의 필수 아미노산 중 상대적 비율이 가장 낮은 필수 아미노산을 제한 아미노산(limiting amino acid)이라고 하며, 이 아미노산의 상대적 점수는 바로 이 시험 단백질의 질을 나타내는 대표 점수가 되며 이 외 다른 필수 아미노산은 이보다는 더 많이 함유되어 있다는 것이다.

$$\text{각 필수 아미노산 점수} = \frac{\text{시험 단백질의 각 EAA 함량(\%)}}{\text{이상적인 표준 아미노산 패턴의 각 EAA 함량(\%)}} \times 100$$

표 5-4에서 제시된 자료에 의하면 곡류의 lysine 함량은 2.4%로 아미노산 점수가 44(2.4÷5.5×100)로서 가장 낮게 함유된 아미노산이다. 곡류 단백질에서는 lysine이 제한 아미노산이며, 곡류 단백질의 질을 나타내는 아미노산 점수가 44로서 lysine 이외의 다른 아

표 5-4 이상적인 표준 단백질과 곡류, 두류, 우유분말 단백질 및 3개 식품 혼합식의 필수아미노산 조성

단백질 급원	단백질의 필수 아미노산 함량				Amino acid score (limiting amino acid)
	Lysine	Sulfur amino acids	Threonine	Tryptophan	
	%	%	%	%	
Ideal pattern	5.5	3.5	4.0	1.0	100
Cereal	2.4	3.8	3.0	1.1	44(Lys)
Legume	7.2	2.4	4.2	1.4	68(SAA)
Milk powder	8.0	2.9	3.7	1.3	83(SAA)
Mixture : cereal-legume-milk (67:22:11)	5.1	3.2	3.5	1.2	88(Thr)

미노산은 모두 이보다는 더 높게 함유되어 있다. 대부분 곡류 단백질에서는 methionine, lysine, tryptophan 등이 제한 아미노산으로 보고되어 있다.

식사 중 불완전 단백질 함량이 높을수록 제한 아미노산 요구량이 증가하여 식이 중 아미노산의 불균형이 높아진다. 그러나 곡류, 두류, 우유 단백질을 각각 67:22:11 비율로 섞은 후에는 threonine 함량이 가장 낮게 함유되어 아미노산 점수가 88로 높아져 혼합 식이 단백질의 질이 향상된다. 이와 같이 혼합 식이를 하면 식품 하나만 섭취했을 때보다 단백질 영양이 증진됨을 알 수 있다. 불완전 단백질도 여러 가지를 혼합해 섭취하면 서로 부족한 아미노산을 보완하여 곡류 단백질만 섭취하여도 아미노산의 불균형을 극복할 수 있다.

5-3 단백질 열량 결핍증(protein-calorie malnutrition, PCM)

단백질 열량 결핍증은 단백질 결핍을 동반한 전체적인 열량 결핍 상태로 극심한 기아 시 발생한다. 이는 주로 저개발 도상국 어린이들에서 빈번히 나타나는 영양 결핍의 대표적인 형태로 부종을 동반한 콰시오커(kwashiorkor)나 부종을 동반하지 않고 극심한 근육층의 소모가 나타나는 마라스무스(marasmus) 또는 마라스무스를 동반한 콰시오커 등으로 나눌 수 있다. 단백질 열량 결핍증은 저개발 도상국뿐 아니라 선진국에서도 종종 나타나는 경우가 있는데 이는 저소득층 노인들이나 암 또는 AIDS 등의 소모성 질환을 만성적으로 앓고 있는 환자의 경우 발생할 수 있다. 특히 단백질 열량 결핍의 경우 면역력이 현격히 감소되어 질병에 노출될 확률이 높고 이로 인해 수술이 필요한 경우들이 발생할 수 있으며, 수술 후 높은 합병증의 발병률로 인해 사망률을 증가시키는 원인 중의 하나로 이에 대한 영양학적 이해가 필요하다.

1. 단백질 열량 결핍증 평가

단백질과 열량의 결핍 정도는 다음과 같은 방법으로 판정할 수 있다.

(1) 크레아티닌(creatinine)양은 체내 근육량(muscle mass)과 비례하고 또 이상적인 체중과도 비례한다. 그러므로 단백질과 열량의 결핍 정도를 판정하는 데 크레아티닌/신장 지수(creatinine/height index) 즉, 신장에 대한 크레아티닌의 상대적 비율을 사용한다. 마라스무스인 경우, 크레아티닌÷신장(Cr/Ht index) 값이 정상인의 60~80% 수준이라면 증세를 중간 정도(moderate)로 판정하고, 60% 이하면 심한(severe) 경우로 판정한다. 그렇지만 이와 같은 경우는 만성적인 영양 결핍일 경우에만 적용 가능하며, 급성적인 스트레스가 있어 발생된 경우에는 적용이 불가하다.

(2) PCM은 내장의 단백질 상태(visceral protein status)를 나타낸 지표를 사용해서 판정이 가능하다. PCM 유무를 판정할 때 인체계측치 사용보다 혈중 단백질 농도가 더 예민한 지표가 되기는 하지만 혈중 단백질 종류마다 순환 주기가 다르기 때문에 판정 시 주의를 요한다.

만성적으로 PCM이 발생되면 ① 혈청의 알부민 농도가 감소되고, ② 혈중 비필수아미노산(NEAA) 농도는 일정하게 유지되므로 만일 양질의 단백질을 투여하면 비필수아미노산/필수아미노산(NEAA/EAA) 비율이 감소된다. 또한 ③ 피부 지연 면역반응 검사에서 보통 항원을 두 번째 적용할 때 반응을 나타내지만 PCM에서는 이와 같은 경결(induration) 없이 피부 과민증 지연이 감소된다. ④ 총 백혈구 수효가 혈액 1ml당 1500개 이하로 감소되면 비정상적인 상태이지만 다른 질병에 의해서도 영향을 받으므로 반드시 PCM 판정에 국한된 것은 아니다. 이 외에도 PCM에서는 외부에서 들어오는 항원을 퇴치하는 체액성 면역(humoral immunity)과 세포성 면역(cellular immunity) 능력이 감소되어 박테리아나 바이러스 감염이 증가되고, 호중성 백혈구(neutrophil)의 박테리아를 죽이는 능력이 감소되며, 면역 글로불린(immunoglobin) 합성이 감소된다.

예로, 열량에 비해 단백질 결핍으로 콰시오커가 발생되면 혈청 아미노산 풀의 아미노산 조성이 변형된다. 이유는 인슐린에 의해 특히 BCAA가 근육으로 유입되면 혈중 BCAA 농도가 감소되어 아미노산 중 Gly, Ser, Glu/BCAA 비율이 증가되기 때문이다. 이로 인해 간에서 알부민(albumin) 합성이 감소되어 저알부민혈증(hypoalbuminemia)이 초래되므로 삼투압을 유지하기 위해 혈중 수분이 세포 간으로 빠져 나가 부종이 발생된다. 이 외에도 단백질 결핍으로 간에서 중성 지방 및 그 외 지질을 운반하는 지단백(lipoprotein) 합성이 저하되어 간에서 혈액으로 지방의 이동이 부진하여 간에 지질 축적이 증가되므로 간 크기가 커져 심한 경우 지방이 간 무게의 1/2까지 축적된다. 하지만 단백질뿐 아니라 열량도 장기간 결핍되어 발생한 마라스무스의 경우에는 부종도 없고 간의 크기도 정상인과 다르지 않다.

2. PCM 치료방안

(1) 만성적으로 약한 정도에서 중등 정도의 PCM인 경우, 어린이는 육체적으로 성장이 지연될 뿐 아니라 미성숙한 상태이므로 단백질과 열량 공급은 키에 맞추어 공급한다. 즉, PCM인 어린이는 같은 연령 어린이의 키에 비하면 50th percentile 밖에 안 되므로 같은 역대순 나이(chronologic age)의 어린이 필요량보다 더 높은 단백질과 열량을 단위 체중 당 공급해야 한다. 성인의 경우는 신장과 연령을 고려하여 필요 에너지양을 산출하되 서서히 적응이 되도록 점차적으로 섭취량을 증가시킨다.

(2) 최대로 심한 PCM인 경우, 특징적인 증세로 삼투압 농도의 저하(hypo-osmolarity)를 보이는데 저칼륨혈증(hypokalemia) 증세는 나타나지 않으나 체내 총 칼륨의 고갈 상태가 초래된다. 또한, 약한 정도에서 중등 정도의 산과다증(acidosis)과 혈중 칼슘과 결합할 단백질 부족으로 저칼슘혈증(hypocalcemia)을 보인다.

초기 치료법으로 ① 염증을 치료하고, 수분과 전해질 불균형을 치료해야 하며, ② 적은 양의 단백질을 식이에 첨가해 먹이되 점차적으로 높여 적응시키고, ③ 고단백 식사요법에 적응되면 식욕을 증진시켜 단백질 보충을 더욱 증가시키며, ④ 단백질-열량 관계가 중요하므로 양(+)의 질소 평형을 유지하도록 충분한 열량을 공급해야 한다.

치료 시 주의할 사항으로, ① 혈장의 단백질 농도가 증가됨에 따라, 칼슘 섭취가 부적절하면 저칼슘혈증, 테타니 증세가 생길 가능성이 있으며, ② 만일 설사나 구토 및 이뇨 현상이 있는 경우 충분한 K와 Mg을 보충해야 하며, ③ 설사로 Na 손실이 있는 경우 Na 보충을 증가시키지만 PCM 환자는 체내 Na을 과잉으로 보유하기 때문에 되도록 적게 공급할 것을 권장한다.

6

지방질 대사와 관련 영양소

6-1 중성지방

1. 일반적인 사항

식이지방은 주로 여러 가지의 중성지방으로 구성되며 총열량의 상당량을 중성지방으로 섭취한다. 유럽의 여러 지역에서는 총열량의 40~45%를 지방으로 섭취하고 미국에서는 약간 낮은 30~40%이다. 다른 지역, 특히 아시아와 아프리카 주민들은 지방 섭취가 총열량의 15~25%이다. 과다한 지방 섭취는 여러 가지의 만성질환 즉, 관상동맥심질환, 뇌졸중, 당뇨증, 암, 비만과 같은 질병을 초래할 것이라고 믿고 있다. 실제로 지방 섭취량은 경제수준과 비례하여 높아지므로 식이지방은 총열량의 30% 이하로 비교적 적게 섭취하도록 권장한다. 미국 심장협회에서는 혈액의 콜레스테롤 수준을 감소시키기 위한 식이요법으로 총 열량 섭취량과 함께 총 지방 섭취량을 감소시키는 반면에 불포화지방산량의 비율은 증가시킬 것을 권장하고 있지만 아직 심장질환 이환율은 높은 편으로 보고되었다.

지방은 화학적, 물리적 성질이 서로 다를 수 있는 중성지방으로 구성된 복합 혼합체로 체내에서 열량을 공급하는 주된 영양소이기 때문에 식이지방에 대한 문제는 단순하지 않다. 그러므로 식이지방에 관해서 일반적인 지침을 설정하기 전에 중성지방을 구성하는 지방산에 관한 자료를 반드시 고려하여야 한다.

2. 지방의 기능 및 구조

지방질이란 유기용매(acetone, ethyl ether, petroleum ether, benzene, chloroform 등)에 의해서 추출되는 물질이며, 보통 지방산, 중성지방, 인지질, 콜레스테롤, 당지질(glycolipid) 등으로 분류한다. 지방은 주된 에너지원으로 세포막의 구조적 역할을 하며 호르몬의 전구체가 되고, 인지질(phospholipid)의 구성요소인 필수지방산을 공급한다. 또한 탄소 20개를 가진 다불포화지방산은 프로스타글란딘(prostaglandin) 전구체로서 기능을 하며, 지용성 비타민(비타민 A, D, E, K)의 운반체 역할을 한다.

중성지방(triacylglyceride, TG)은 한 분자의 글리세롤(glycerol)에 3개의 지방산이 에스테르(ester) 결합으로 각각 연결되어 있다. Monoglyceride(MG)와 diacylglyceride(DG)는 글리

세롤에 에스테르 결합으로 각각 1개와 2개의 지방산이 결합되어 있고, 자연에는 드물게 존재한다. 이런 지방은 중성지방이 소화되는 동안 생성된 중간 산물로 유화제로서 작용할 수 있기 때문에 흔히 가공식품에 첨가된다. 식이 중 중성지방은 가공되지 않은 상태로 동물과 식물성 지방에서 유래되었거나 또는 식품에서 특별한 목적을 위해서 산업적으로 가공된 것이다. 식이로 섭취하는 자연에 존재하는 지방산은 탄소의 길이와 탄소 원자 사이의 이중결합의 수효가 상당히 다른 여러 종류의 지방산이 조합되어 있다.

3. 지방의 물리적 성질 및 특성

(1) 지방산(fatty acid)

일반적으로 지방산을 구성하는 탄소의 수효에 따라 그 지방산의 물리적 성질이 다르다. 탄소사슬의 길이가 길수록 융점(melting point)이 높아지고, 용해도가 낮아진다. 그리고 불포화도가 높을수록(탄소 간의 이중결합 수효가 많을수록) 융점이 낮아지고 용해도가 높아진다.

중성지방의 융점은 글리세롤에 에스테르 결합된 지방산의 성질, 즉 탄소사슬의 길이와 이중결합의 수효, 위치, 형태, 그리고 지방산의 입체화학적 위치에 따라 결정된다. 중성지방을 구성하는 지방산이 주로 탄소수효가 16개 이상인 포화지방산이 많으면 상온에서 고체인 굳기름(fat)으로 존재하며, 이중결합이 있는 불포화지방산(MUFA 또는 PUFA)이 많으면 상온에서 액상인 기름(oil)으로 존재한다.

대개 식물성 기름이면 액상의 기름이고, 동물성 기름이면 굳기름 형태지만 예외로 팜유(palm oil)는 식물성이지만 지방산 조성이 쇠기름과 구성이 거의 같아서 상온에서 굳어 있다. 이와 같이 식물성 기름이라도 지방산 구성요소에 따라 물리적인 상태가 다르며, 불포화도가 높은 식물성 기름 또는 어유라도 가수소화(hydrogenation) 반응을 시켰을 때는 융점이 높아져서 상온에서 굳기름 상태로 존재한다.

(2) 인지질(phospholipid)

인지질은 하나의 글리세롤 분자에 에스테르 결합한 2개의 지방산과 인산이 결합되어 1개의 극성 머리 부분으로 구성되었다(그림 6-1). 인지질을 구성하는 지방산은 소수성(hydrophobic)

성질을 가지고, 인산이 결합한 극성인 머리 부분은 친수성(hydrophilic) 성질을 가지므로 인지질은 양수성(amphipatic)을 띤 물질이다. 인지질은 체내에서 양수성 성질 때문에 세포막의 주요한 구조적 요소가 되기도 하고, 체내에서 일어나는 모든 기능의 기본이 되기도 하며 혈류에서 지질 운반에 중요한 역할을 한다.

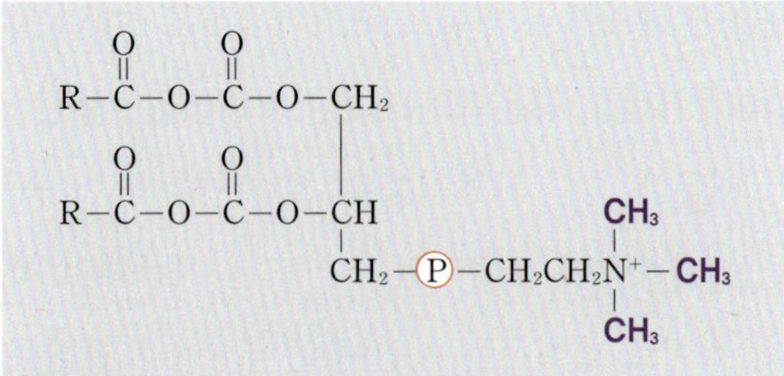

그림 6-1 인지질(예 : lecithin)의 구조

(3) 콜레스테롤(cholesterol)

콜레스테롤은 스테로이드(steroid) 핵과 수산기(hydroxy, -OH)로 구성된 양극성 분자이다. 식품에 있는 콜레스테롤은 대부분 동물성 지방에 함유되었고, 콜레스테롤은 자연에 두 가지 형태 즉, 유리 형태(free cholesterol) 또는 콜레스테롤 에스터(cholesteryl ester, CE) 형태로 존재한다(그림 6-2). 유리 콜레스테롤은 세포막의 중요한 구성 성분이다.

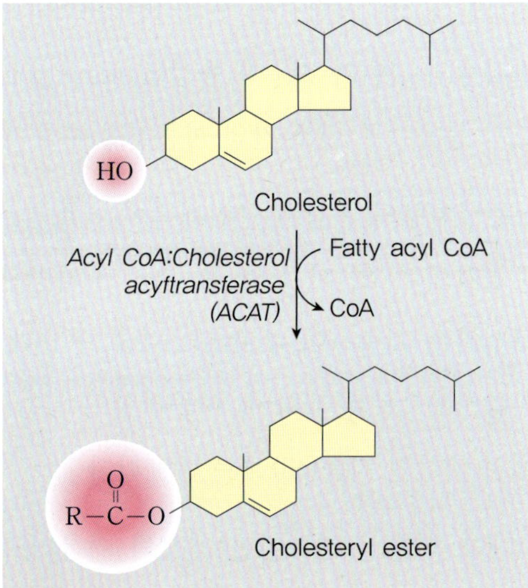

그림 6-2 세포내 cholesteryl ester(CE) 합성

콜레스테롤 에스터는 유리 콜레스테롤보다 극성이 적어 혈장에서 지단백 입자(lipoprotein particles)의 중심으로 들어가고, 대부분 저밀도 지단백(low density lipoprotein, LDL) 입자 안에 많이 들어있다. 콜레스테롤 에스터는 혈중 순환하는 총콜레스테롤의 약 2/3에 해당되고 혈장의 lecithin cholesterol acyltransferase (LCAT)라는 효소의 작용에 의해서 형성되며 동맥경화증 발병의 주된 부분을 차지한다.

식물에서 유래된 지방은 구조적으로 콜레스테롤과 관계된 물질인 피토스테롤(phytosterols)을 함유한다. 식이 피토스테롤에는 β-sitosterol, campesterol과 stigmasterol 등이 가장 흔하고 이스트에는 대부분 ergosterol이 존재하여 콜레스테롤에 비해서 피토스테롤은 거의 흡수되지 않는다(그림 6-3).

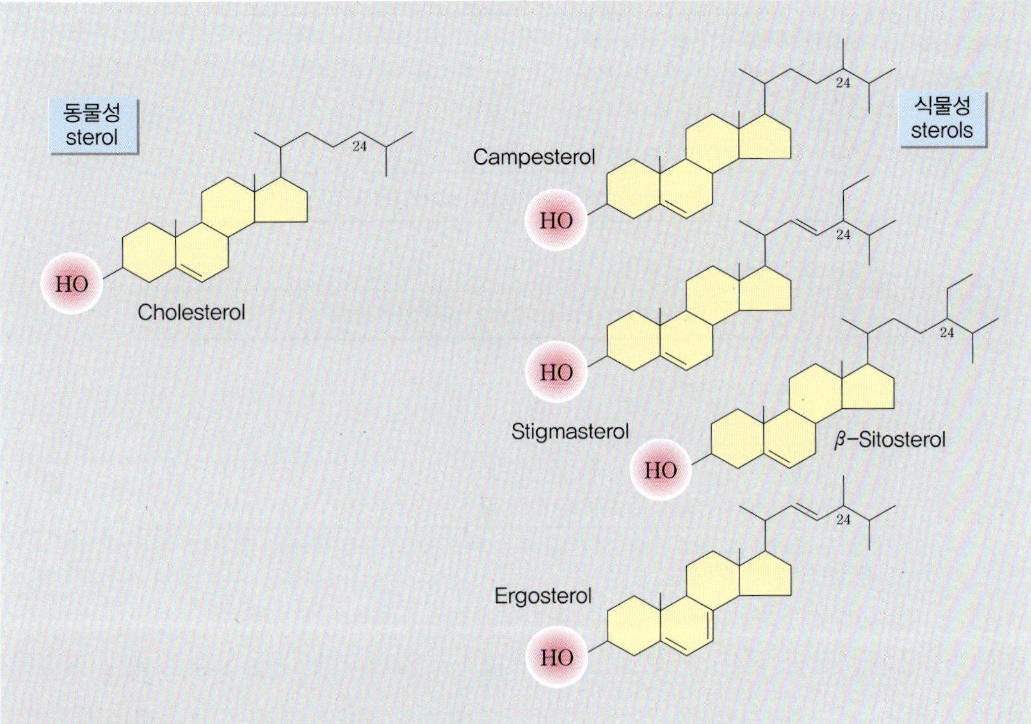

그림 6-3 동물성 스테롤과 식물성 스테롤

4. 지방산 종류

지방산은 크게 분류하여 3가지 군, 즉 포화지방산(saturated fatty acid, SFA), 단일불포화지방산(monounsaturated fatty acid, MUFA), 다불포화지방산(polyunsaturated fatty acid, PUFA)으로 나눈다. 여러 가지 종류의 식이 지방산을 분류하여 표 6-1에 보여주고 있으며, 그 다음은 각 지방산의 특성과 식품급원에 관하여 설명한다.

(1) 포화지방산

포화지방산은 탄소 원자 사이에 이중결합 없이 직쇄로 연결된 여러 가지의 탄소길이를 가진 산이다. 탄소사슬의 길이는 탄소원자의 수효가 8~18개 사이에서 2개씩 증가하며 식품에는 대개 짝수의 포화지방산과 불포화지방산이 많이 존재한다.

표 6-1 식이 지방산 분류

Saturated fatty acids (SFA)
Stearic acid (C18:0) Palmitic acid (C16:0) Myristic acid (C14:0) Lauric acid (C12:0) Medium-chain fatty acids (C8:0, C10:0)
Monounsaturated fatty acids (MUFA)
Oleic acid (cis-C18:1) Elaidic acid (trans-C18:1)
Polyunsaturated fatty acids (PUFA)

n-6 fatty acids
  Linoleic acid (C18:2)
n-3 fatty acids
  Linolenic acid (C18:3)
  Eicosapentaenoic acid (EPA) (C20:5)
  Docosahexaenoic acid (DHA) (C22:6)

지방산을 표기할 때 괄호 안에 첫 번째 수는 탄소원자의 수를 뜻하며, 두 번째 수는 이중결합의 수를 나타낸다.

포화지방산은 미국인 식사 중 총열량의 11~12%를 차지하며, 동물성과 식물성 지방에서 섭취한다. 표 6-2는 포화지방산이 많은 여러 가지 지방의 지방산 패턴을 보여주는 것이다.

표 6-2 포화지방산 함량이 높은 지방들의 지방산 조성

	4-10:0	12:0	14:0	16:0	16:1	18:0	18:1	18:2	18:3	Other
	% of total fatty acids									
Butter fat	9.2	3.1	11.7	6.2	1.9	12.5	28.2	2.9	0.5	3.8
Palm kernel oil	8.2	49.6	16.0	8.0	-	2.4	13.7	2.0	-	0.1
Coconut oil	14.9	48.5	17.6	8.4	-	2.5	6.5	1.5	-	0.1
Palm oil	-	0.3	1.1	45.1	0.1	4.7	38.8	9.4	-	0.5
Beef fat	0.1	0.1	3.3	25.5	3.4	21.6	38.7	2.2	0.6	4.6
Pork fat (lard)	0.1	0.1	1.5	24.8	3.1	12.3	45.1	9.9	1.1	3.0
Chicken fat	-	0.2	1.3	23.2	6.5	6.4	41.6	18.9	1.3	0.6
Mutton fat	0.2	0.3	5.2	23.6	2.5	24.5	33.3	4.0	1.3	5.1
Cocoa butter	-	-	0.1	25.8	0.3	34.5	35.3	2.9	-	1.1

이와 같은 지방들은 전체적인 구성에서 상당히 다른데, 그중 포화지방산이 가장 다르다. 예를 들어, 팜유(palm oil)는 팔미트산(palmitic acid; C16:0)이 45.1%로 가장 많으며, 코코아버터는 스테아르산(stearic acid; C18:0)이 가장 많고, 두 가지의 열대지방 기름으로 팜커널유(palm kernel oil)와 코코넛 기름에서는 라우르산(lauric acid; C12:0)이 각각 49.6%,

48.5%로서 가장 높다. 버터지방은 여러 가지의 포화지방산이 많고, 쇠기름은 팔미트산과 스테아르산이 각각 25.5%, 21.6%로서 거의 비슷하게 함유한다.

(2) 단일불포화지방산

불포화지방산은 탄소원자 사이에 이중결합이 1개 있을 때는 단일불포화지방산이라고 한다. 불포화지방산에서 이중결합을 한 탄소원자에 결합한 수소원자가 같은 쪽에 있는 cis형과 수소원자가 서로 반대 방향에 있는 trans 형태로 있을 수 있다. Cis 형태의 지방산은 자연에 가장 흔하게 존재한다. 불포화지방산은 이중결합의 수효, 위치, 형태에 따라 다양한 이성체로 존재할 수 있다. 이중결합의 'trans' 배위는 다불포화지방산이 촉매작용으로 가수소화될 때 형성되며, 이때 trans형의 이중결합을 가진 여러 종류의 불포화지방산이 형성된다. 예로, 단일불포화지방산인 C18:1에는 cis형 올레산(oleic acid; C18:1)과 이성체로서 trans형 엘라이드산(elaidic acid; C18:1)이 있다(그림 6-4).

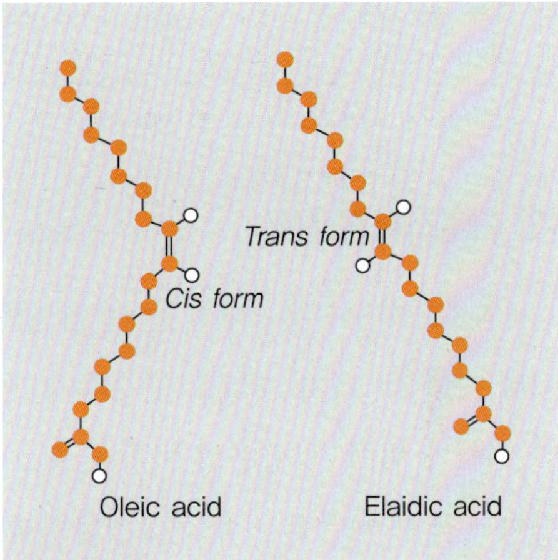

그림 6-4 Cis와 trans 이중결합의 지방산 구조 비교

식이 중 주요한 단일불포화지방산인 올레산은 여러 가지의 지방과 기름에 풍부하게 들어 있으며 동물과 식물에 의해서 합성된다. 표 6-2에서 포화지방산을 높게 함유한 지방들이 올레산을 더욱 많이 함유하고 있는 것을 보여준다. 표 6-3은 올레산을 주된 지방산으로 함유하고 있는 기름 종류이다. 평지씨유(rapeseed oil)에는 에루신산(erucic acid; C22:1)이 34.8% 정도 함유되어 있고, 겨자씨유(mustard seed oil)에는 C22:1가 약 41% 이상으로 높게 함유되어 있다. 그러나 C22:1 지방산은 독성이 있으므로 이 지방산을 제거하여 카놀라유(canola oil)를 만들어 판매하고 있다. 이 카놀라유(C22:1 함량이 낮은 평지씨유)는 미국과 북유럽 식이에서 중요하게 사용되는 올레산 함량(64.1%)이 높은 기름이다. 남유럽에서 사용되는 주된 지방급원인 올리브유(olive oil)는 올레산 함량이 71.1%로 높으며, 해바라기유도 올레산이 79.7%로 가장 많이 함유된 기름도 있다.

표 6-3 올레산(oleic acid) 함량이 높은 유지의 지방산 조성

	14:0	16:0	18:0	18:1	18:2	18:3	Other
	% of total fatty acids						
Olive oil	–	13.7	2.5	71.1	10.0	0.6	2.1
Peanut oil	0.1	11.6	3.1	46.5	31.4	1.5	5.8
Canola oil (LEAR oil)*	–	3.9	1.9	64.1	18.7	9.2	2.2
Rice bran oil	0.5	16.4	2.1	43.8	34.0	1.1	2.1
Sunflower (high oleate)	0.1	5.5	2.2	79.7	12.0	0.2	0.3

*LEAR oil, low erucic acid rapeseed oil.

(3) 다불포화지방산

다불포화지방산은 2개 또는 그 이상의 이중결합을 가지고 있으며, 이 지방산은 이중결합 위치에 따라 두 가지 계열로 구분하며, 이 지방산이 대사되어 생성된 산물의 생리적 효과에는 큰 차이가 있다. 지방산의 이성체 중 가장 일반적인 구별은 지방산 탄소사슬의 메틸기(-CH_3) 말단 끝에서부터 첫 번째 이중결합의 위치에 의해서 구분한다. 첫 번째 이중결합이 메틸 말단에서 3번째 탄소에서부터 시작하는 지방산은 오메가-3(omega-3) 지방산이라 하며, 흔히 n-3 (또는 ω-3) 계열 지방산이라 표시한다. 마찬가지로 첫 번째 이중결합이 메틸 말단에서 6번째 탄소에서부터 시작하는 지방산은 오메가-6(ω-6) 또는 n-6 계열 지방산이라 한다.

여러 종류의 식물성 기름은 주로 다불포화지방산을 함유하고 있으며(표 6-4) 대부분 주된 지방산으로서 n-6계 리놀레산(C18:2)을 함유하고 있다. 외국에서는 잘 알려져 있지 않지만 한국에서 사용되는 들기름(perilla oil)에는 n-6계 리놀레산(C18:2)은 약 14% 정도에 불과하지만 n-3계 리놀렌산(C18:3)은 60% 정도로 다량 함유되어 있고, 많이 사용되지는 않지만 아마유(linseed oil)에도 n-6 C18:2가 약 15%이고, n-3 C18:3은 약 53% 정도로 다량 함유되어 있다.

표 6-4 리놀레산(linoleic acid) 함량이 높은 유지의 지방산 조성

	14:0	16:0	18:0	18:1	18:2	18:3	Other
Corn oil	–	12.2	2.2	27.5	57.0	0.9	0.2
Cottonseed oil	0.9	24.7	2.3	17.6	53.3	0.3	0.9
Safflower oil(high linoleate)	0.1	6.5	2.4	13.1	77.7	–	0.2
Sesame seed oil	–	9.9	5.2	41.2	43.2	0.2	0.3
Soybean oil	0.1	11.0	4.0	23.4	53.2	7.8	0.5
Sunflower seed oil	0.2	6.8	4.7	18.6	68.2	0.5	1.0

단위 : % of total fatty acids

서구식 식사에서 얻어지는 다불포화지방산의 섭취로는 대부분이 n-6계 리놀레산으로서 총 열량의 6%를 차지하며, n-3계 리놀렌산과 다른 n-3계 에이코사펜타에노산(eicosapentaenoic acid, EPA; C20:5)과 도코사헥사에노산(docosahexaenoic acid, DHA; C22:6) 지방산은 식사에 극히 소량으로 존재한다.

식사에서 n-6계 리놀레산의 주요 급원으로 옥수수유, 홍화유, 콩기름과 해바라기씨 기름 등이 있으며, n-3계 리놀렌산 급원으로 호도 기름(10.3%), 콩기름(7.8%), 카놀라 기름(9.2%), 드물게 사용되기는 하지만 들기름(60%) 등이 있고, 또 다른 n-3계 EPA와 DHA 급원으로 생선 등이 있다. 생선에 높게 함유된 n-3계 지방산은 모체 지방산인 n-3 리놀렌산(C18:3)에서 탄소사슬의 길이가 더 연장되어 EPA와 DHA로 전환되며, n-6계 모체 지방산인 리놀레산(C18:2)은 같은 n-6계 아라키돈산(arachidonic acid, AA; C20:4)으로 전환될 수 있다.

(4) 트랜스(trans) 불포화지방산

트랜스 지방산은 다불포화지방이 촉매작용으로 가수소화될 때 생성된다. 불포화도가 높은 지방산은 산패가 잘 되어 상품 가치가 떨어지고 보관에 어려움이 있어 가수소화시켜 포화지방산으로 전환시킴으로써 장기간 보관이 가능하다. 그러나 불포화지방산 함량이 높은 기름은 가수소화시키는 과정에서 이중결합이 쉽게 잘리기도 하고, 이중결합에 결합된 수소의 배위가 시스(cis)에서 트랜스(trans)로 전환되어 여러 종류의 지방산이 혼합된 지방으로 구성된다. 시스 불포화지방산에 비해 트랜스 불포화지방산은 그림 6-4에서처럼 화학적 구조가 포화지방산과 비슷하게 직선 상태로 존재하고 대사 과정에서도 포화지방산과 유사성이 있다. 또한 동물 연구에 의하면 트랜스 불포화지방산 함량이 높은 기름으로 장기간 사육하였을 때 혈중 LDL 콜레스테롤 농도가 증가된 경우가 많으므로 트랜스 지방산은 심혈관질환의 식이 위험인자로 분류되어 있다. 미국 심장학회나 WHO에서는 만성질환 예방을 위해 트랜스 지방산의 섭취를 총열량의 1% 이내로 제안하고 있다.

트랜스 지방산은 여러 가지 식품에서 섭취된다. 미국인이 섭취하는 트랜스 지방산의 1/3은 가정에서 사용하는 쇼트닝, 마가린, 스프레드, 드레싱 등에서 얻어지며, 또 1/3은 가공식품인 스낵, 쿠키, 크래커, 빵, 케이크, 감자칩, 감자튀김 등에서 얻어지고, 나머지 1/3은 음식 준비할 때 사용하는 지방과 기름, 그리고 육류나 유가공식품 등에서 온다. 실제로 섭취하는 트랜스 지방산 함량은 상당히 개인차가 크나 평균 총열량의 3% 정도이다.

한국인이 어느 정도로 섭취하는지는 아직 정확한 자료가 없으나 최근 우리나라 식품 의약품 안전청 자료에 의하면 한국인의 트랜스 지방 섭취량은 미국이나 유럽에 비해 낮은 수준이다. 그러나 어린이들이 간식으로 섭취하는 스낵류에 트랜스 지방산 함량이 높은 것으로 조사되어 식품 가공업체에 트랜스 지방이 함유된 기름을 사용하지 않도록 권고하고 있다. 그러나 아직까지 우리나라 국민을 대상으로 트랜스 지방산 섭취량에 대한 권고량은 설정되지 않은 실정이다.

☞ 자연에 90% 이상으로 가장 많이 존재하는 지방산은 포화지방산으로는 라우르산(lauric acid; 12:0), 팔미트산(palmitic acid; 16:0), 스테아르산(stearic acid; 18:0)이 있으며, 단일불포화지방산으로는 올레산(oleic acid; cis-18:1n9), 다불포화지방산으로는 리놀레산(linoleic acid; 18:2n6)과 아라키돈산(arachidonic acid, AA, 20:4n6) 등이 있다.

☞ 평지씨유(rapeseed oil)와 겨자씨유(mustard seed oil)는 에루신산(erucic acid; C22:1) 함량이 높다. 이 에루신산은 소화 흡수되기 어려워 변으로 많이 배설되며, 더 천천히 대사되어 심근에 주로 많이 축적되어 독성이 있다고 알려져 이 지방산을 제거한 후 카놀라유로 판매된다. 어유에는 C20 이상 되는 지방산이 27~50% 정도 함유되어 있고, 낙화생유에는 C20~24 지방산이 5~10% 함유되어 있다. 우유의 지방에는 지방산 부티르산(butyric acid; C4:0)과 미리스트산(myristic acid; C14:0)이 비교적 많이 있으며, 코코넛 기름에는 라우르산(lauric acid; C12:0)이 약 49% 함유되어 있다.

5. 지방의 소화와 흡수

중성지방(triglyceride, TG)의 소화와 흡수는 대부분 소장에서 일어난다. 이 과정은 췌장 리파아제(pancreatic lipase)와 간에서 분비된 담즙염에 의해 이루어진다. 담즙은 식이지방이 십이지장 내에 있을 때 또 다른 소장 호르몬인 콜레시스토키닌(cholecystokinin)의 분비를 촉진하여 담낭을 수축하므로 분비된다. 담즙은 원래 담즙염(bile salt), 인지질, 콜레스테롤, 빌리루빈(bilirubin), 무기질로 구성되어 있다. 담즙은 소장 내의 내용물(chyme이라고 함)을 유화시켜서 소수성 물질들의 표면적을 넓혀 지방의 소화속도를 최대로 촉진하므로 정상적인 지방 흡수 과정에서는 중요하다. 췌장 리파아제나 담즙산이 부족하면 중성지방의 가수분해는 감소되고 지방 흡수가 급격히 감소되어 중성지방이 그대로 변으로 배설되는 지방변(steatorrhea)을 초래하게 된다. 리파아제는 소장 내에 존재하며, 지방을 가수분해하여 유리

지방산과 글리세롤(glycerol) 및 모노아실글리세롤(monoacylglycerol, MG)을 생산한다. 글리세롤 분자의 1번(sn-1)과 3번(sn-3) 탄소 위치에 붙어있는 지방산이 주로 분리되고, 2번 탄소(sn-2) 위치에 있는 지방산은 글리세롤 분자에 붙어있어 지방 가수분해 산물의 약 80%는 MG로 존재한다. 이때 글리세롤은 소장벽의 혈관을 통해 직접 혈액으로 들어가지만 지방산과 MG는 담즙에 의해 가용화(solubilization)가 촉진되는데, 담즙 중 극성을 가진 담즙산과 인지질은 지방산과 MG를 용해하여 혼합된 미셀(micelle) 형성을 도와준다. 일반적으로 담즙으로 분비된 콜레스테롤과 식이로 섭취한 콜레스테롤도 미셀 입자 안으로 유입된다. 이와 같은 혼합 미셀들은 확산에 의해서 소장의 점막세포를 통해 들어간다. 미셀의 담즙염은 지방 소화산물과 같이 흡수되지만 수동적(passive) 또는 능동적(active) 기전에 의해서 독립적으로 흡수된다. 담즙염의 수동적 흡수는 소장과 대장의 전역에서 일어나며 능동적 흡수는 소장의 회장(ileum) 부위에서 일어난다. 분비된 담즙산의 약 97~98%가 재흡수되어 재활용된다.

(1) 외인성 지방의 흡수와 운반

1) 지단백(lipoprotein)의 분류

혈류로 들어온 지방을 운반하기 위해서는 지단백 입자를 형성하여야 운반이 가능하며, 이 입자의 표면층에는 아포단백질(apoproteins), 극성을 띤 인지질과 유리 콜레스테롤이 있고, 중심부는 비극성 지질인 TG와 cholesterol ester(CE)로 구성되어 있다. 그런데 이 지단백의 구성요소 중 중성지방과 아포단백질 함량에 따라 입자의 크기와 밀도가 다르기 때문에 초원심분리나 전기영동 방법 등에 의해서 카일로마이크론(chylomicron, CM), 초저밀도지단백(very low density lipoprotein, VLDL), 저밀도지단백(low density lipoprotein, LDL), 고밀도지단백(high density lipoprotein, HDL) 등으로 지단백의 분리가 가능하다(표 6-5). 지단백 중 중성지방 함량이 높을수록 밀도(density)는 낮으며 크기는 더 크고 가볍고(그림 6-5), 단백질 함량이 많을수록 밀도는 더 높고 무거우며 크기는 작다(표 6-5). 그러므로 지단백은 CM, VLDL, LDL, HDL 순으로 크기가 작아지는 반면에 밀도는 높아진다. 각 지단백의 중성지방과 콜레스테롤 함량을 서로 비교하고 특징적인 기능의 개념을 아래 그림으로 보여주며(그림 6-5), 그 기능과 역할은 아래 설명과 같다.

표 6-5 지단백질(lipoprotein)의 분류 및 구성

Lipoproteins	Density(g/ml)	Diameter(nm)	Protein(%)	TG(%)	Cholesterol(%)	P-lipid(%)
CM	0.92~0.96	75~1200	2.0	82.0	9.0	7.0
VLDL	0.95~1.006	30~80	10.0	60.0	15.0	18.0
LDL	1.019~1.063	18~25	25.0	10.0	45.0	22.0
HDL	1.063~1.210	5~12	50.0	3.0	18.0	30.0

TG : triglyceride, P-lipid : phospholipid, CM : chylomicron, VLDL : very low density lipoprotein, LDL : low density lipoprotein, HDL : high density lipoprotein

2) Chylomicron(CM) 형성 및 역할

지방이 소화되어 분리되어 나온 글리세롤이나 지방산 중 탄소수효가 10개 이하인 지방산은 직접 문맥 혈액으로 흡수되어 들어간다. 하지만 탄소수가 12개 이상인 지방산과 MG는 아미노산이나 단당류처럼 소장 점막세포를 통과하여 혈액으로 직접 흡수되지 못하고 미셀을 형성하여 소장 점막세포 내로 확산되어 들어가서는 TG로 재결합되고 다시 CM을 형성하여 림프계로 분비된다. 이때 탄소수가 많아질수록 흡수 효율이 감소된다. 식사 중 콜레스테롤은 소장 점막세포 내에서 재합성된 TG와 함께 CM을 형성하여 림프계를 통하여 혈류로 들어간다. 그림

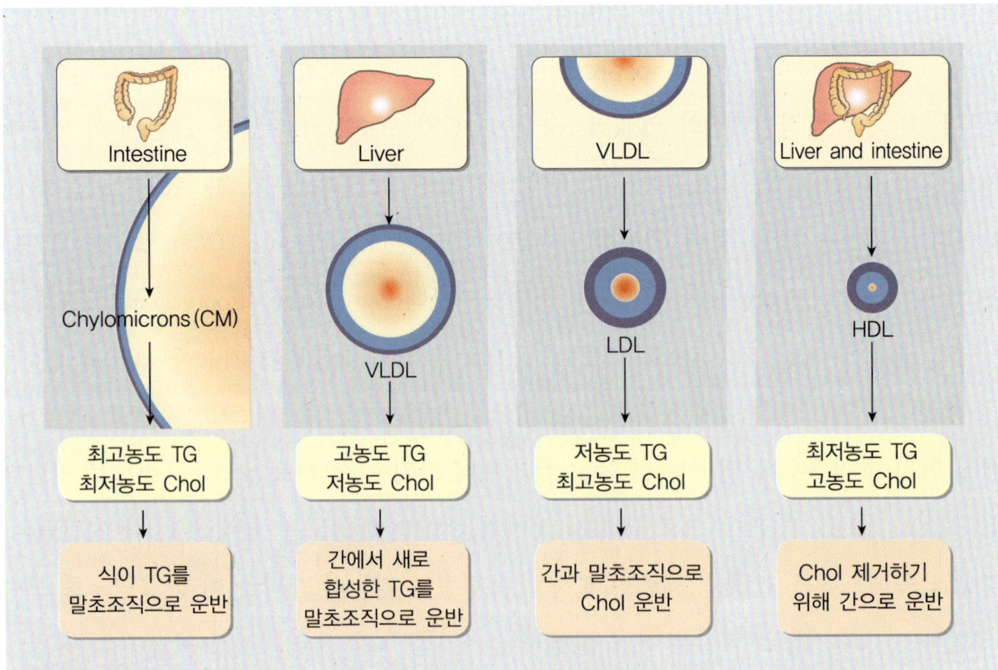

그림 6-5 Lipoprotein의 TG와 cholesterol 함량 비교와 특징적인 기능의 개요

6-5에서처럼 CM은 중심부에 주로 식사를 통해서 흡수된 지방산과 MG로 구성된 중성지방을 가장 많이 가지고 있고 콜레스테롤은 최소로 적게 함유한 가장 큰 지단백이며, 표면에는 친수성인 아포단백질 B-48(apo B-48)을 주로 가지고 있다(그림 6-6). 만일 선천적으로 CM의 중심부로 TG를 이동시켜 끼워 넣는 microsomal triacylglycerol transfer protein(MTP)이라는 단백질이 결핍된 경우 정상적인 CM이 형성되지 못하여 지방 흡수가 급격히 감소된다. 보통, CM은 소장 내 림프로 분비되어 흉관(thoracic duct)을 통해 혈액 순환계로 들어간다. 혈액에서 CM의 순환주기(turnover time)는 약 4~5분 정도로 빨리 제거된다.

CM 표면층에는 apo B-48뿐만 아니라 다른 아포단백질, 즉 apo C(C-II, C-III), apo E, apo A(A-I, A-IV)가 같이 존재한다. 식사 후 CM은 말초순환을 통과할 때 모세혈관의 내피세포의 표면에 존재하는 효소인 지단백 리파아제(lipoprotein lipase, LPL)와 접하게 된다(그림 6-6). LPL은 지방조직과 골격근에서 합성되어 이 조직에 공급되는 모세혈관으로 이동된다. 이 효소가 혈중 CM의 중성지방을 가수분해하여 유리지방산이 나오면 대부분의 유리지방산은 주변의 지방조직 층으로 유입되어 지방세포 내로 흡수되고 TG로 다시 재합성된 후 저장된다. 또한 CM에서 유출된 유리지방산은 골격근의 세포 내로 유입되어 에너지를 내는 데 이용된다. 유리지방산의 일부는 알부민(albumin)과 결합해 다시 순환계로 들어간다.

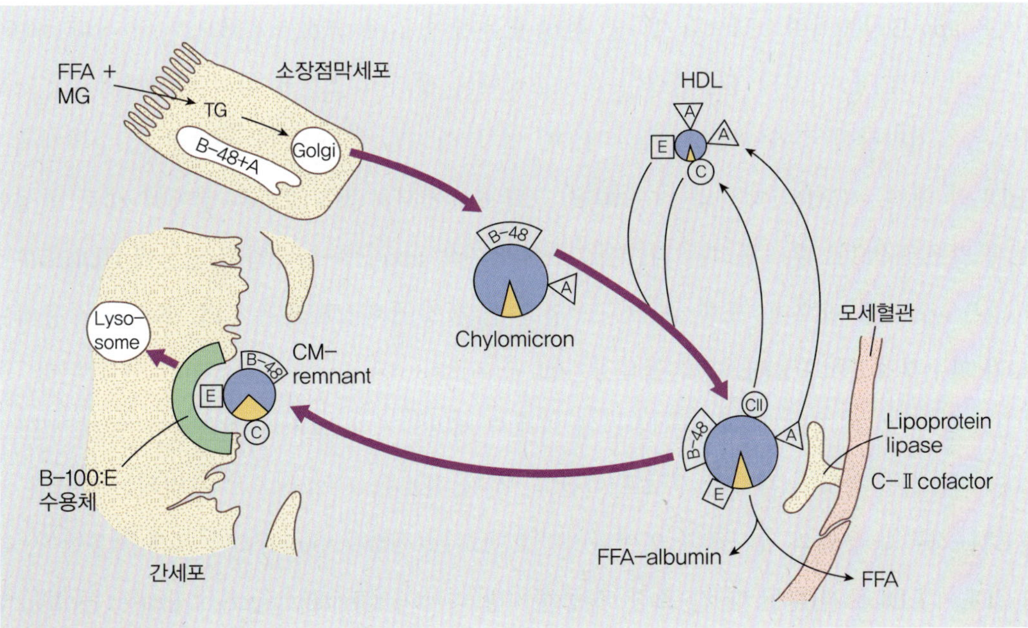

그림 6-6 Chylomicron 대사 경로

LPL은 apo C-II에 의해서 활성화되며, 정상적으로 기능을 하면 CM에 있는 대부분의 TG가 가수분해된다. 그러나 이 지단백 입자는 손상되지 않고 CM-잔유물(CM-remnant)이라고 하는 더 작은 입자로서 다시 순환계로 나오게 된다. 이 입자들은 중심부에 모든 콜레스테롤 에스터(CE)와 약간의 TG를 계속 지니고 있게 되며 간조직으로 유입되어 직접 제거된다. CM-잔유물의 apo B-48은 간세포의 표면에 있는 프로티오글라이칸(proteoglycan)에 결합해서 apo E의 도움에 의해 입자가 세포 안으로 들어간다. 혈중 CM-잔유물은 이 입자의 apo E가 간세포의 LDL 수용체에 결합하는 강도에 따라 혈액에서 제거되는 속도가 좌우된다.

(2) 내인성 중성지방의 운반

1) VLDL과 LDL 역할

한국인에서는 혈중 콜레스테롤 농도가 220 mg/dl를 초과한 자보다(남자 9.5%, 여자 21.7%) 혈중 중성지방(TG) 농도가 140 mg/dl 이상인 자가(남자 28.6%, 여자 30.4%) 더 많아 한국인에 있어서 고지혈증의 판정에 TG 농도가 더 중요할 수도 있다.

간에서는 하루에 중성지방을 약 40~100 g 정도 합성하여 소장에서와 같이 중성지방이 풍부한 초저밀도지단백(VLDL)을 합성하여 말초 순환계로 분비시킨다. VLDL의 주된 아포지단백은 apo B-100이며 CM보다 TG를 적게 함유하여 입자 크기가 CM보다 더 작다(표 6-5). 그러나 VLDL 입자의 TG 함량은 식사조성이나 생리적 조건에 따라 다양하며, 간 조직 내의 중성지방량이 증가하였을 때는 VLDL 입자 내 TG 함량이 더 높아진다. 순환계에서 VLDL의 대사는 CM의 대사와 비슷하다. 그림 6-7에서처럼 VLDL은 간에서 새로 합성한 TG를 말초조직으로 운반하려는 지단백으로서 약간의 apo E를 함유하고 있는데 HDL로부터 더 많은 apo E를 받으며, 또한 apo Cs도 얻는다. 혈장에서 VLDL은 LPL 효소와 작용하여 TG가 가수분해되어 VLDL-잔유물(IDL, intermediate density lipoprotein)로 전환된다. 이때 IDL은 두 가지 경로로 나뉘는데, 간에 의해서 제거되거나 LDL로 전환된다. 보통 VLDL pool의 약 절반 정도씩 각각의 경로로 나간다. 첫째, IDL이 간 조직으로 유입되는 방법은 마치 CM-잔유물 유입과 유사하게 일어나지만 LDL 수용체(receptor)가 더 크게 작용한다. 둘째, IDL이 LDL로 전환될 때 간 조직 내 중성지방 리파아제(triacylglycerol lipase)는 IDL 입자 표면에 있는 인지질을 분해할 뿐 아니라 중심에 있는 TG의 대부분을 가수분해하고, 모든

apo Cs와 apo Es가 제거되고 LDL은 apo B-100만 갖게 된다. LDL 중심부는 거의 CE로 구성되어 있으므로 LDL은 표면상으로는 TG 운반기능을 거의 하지 않으며 그 대신 내인성 TG 운반의 나머지 산물이 되는 것이다. 혈액에서 VLDL의 순환주기는 CM보다 길어 1~3시간 안에 제거된다.

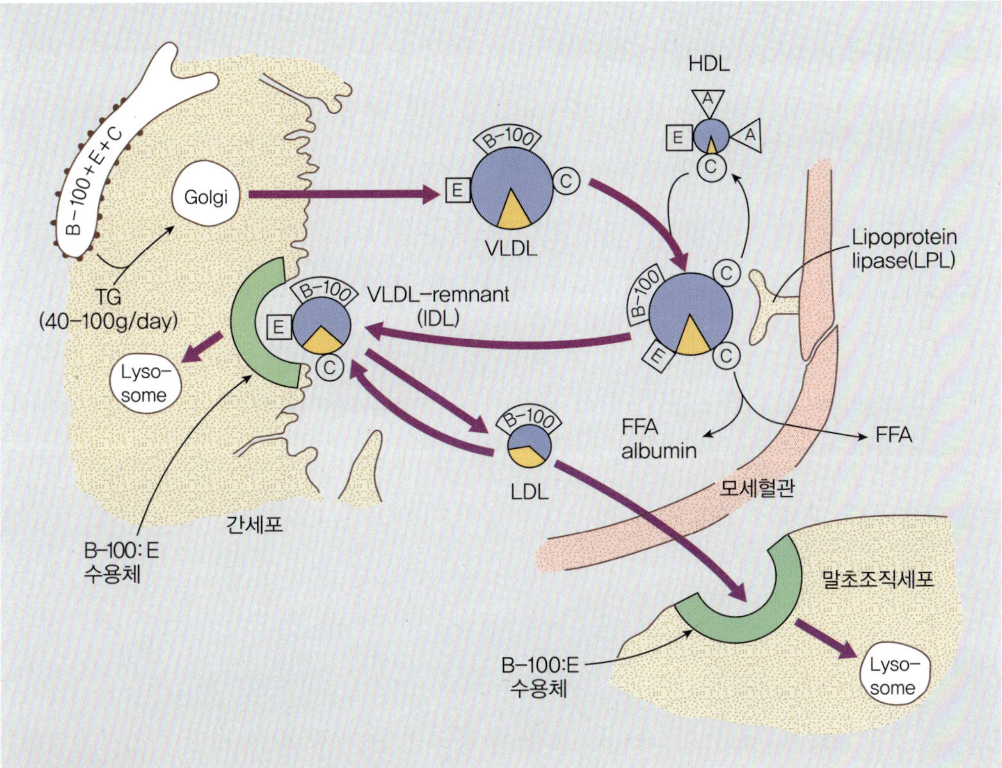

그림 6-7 **VLDL-LDL 대사 경로**

LDL은 말초조직으로 콜레스테롤을 운반할 수는 있지만 혈액 내 순환하고 있는 대부분의 LDL 입자들은 간세포 표면에 있는 LDL 수용체를 통해 간으로 유입되어 제거된다. 이때 LDL 수용체는 LDL의 apo B-100과 결합하여 LDL 복합체를 형성한 후 세포 안으로 들어가고 복합체가 분리되면서 수용체는 재사용되기 위해 세포 표면으로 되돌아가고, LDL은 리소좀(lysosome)에 의해 분해되어 콜레스테롤은 필요한 곳에 사용된다.

만일 LDL 수용체가 결핍되면(예: 가족성 고콜레스테롤혈증) 혈중에서 LDL 제거가 지연되어 혈중 LDL 수준은 현저하게 증가된다. 그러나 LDL 수용체는 세포 내의 콜레스테롤 함량에 의한 feedback 기전에 의해서 합성이 조절된다. 즉 간세포 내 콜레스테롤 농도가 증가하면 LDL 수용체 합성이 억제되어 혈액에서 콜레스테롤을 무한정 받아들이지 못하여 혈중 LDL 농도는 증가한다. 그러므로 간세포 내 콜레스테롤 함량을 증가시킬 수 있는 요인이라면 수용체 활성을 억제할 수 있다.

간세포 내 콜레스테롤이 과잉으로 축적되고 수용체의 활성이 감소되는 경우의 예를 들면, 유전적으로 콜레스테롤을 과잉 흡수하는 능력을 가진 경우이거나 간에서 콜레스테롤이 담즙산으로 원활하게 전환되지 못할 경우이다. 또한 식이에 의하여 수용체 활성도를 조절할 수 있다. 즉 포화지방산이나 콜레스테롤, 열량 섭취가 높을 때 수용체 활성도가 억제될 수 있다. 체중이 과다한 환자에서는 열량 섭취가 높을 때 VLDL 생성이 상승되어 LDL 농도도 증가되는데, 식이 중 포화지방산과 콜레스테롤 함량이 높은 식사로 인해 LDL 수용체 활성도가 억제되었을 때는 LDL 농도가 더욱 현저하게 증가한다. 혈장의 LDL 농도가 지속적으로 높을 때는 LDL이 간 이외의 조직에 점차적으로 재분포되어 동맥벽 같은 말초조직에 축적되어 동맥경화(atherogenesis)가 촉진된다. 다른 유전적인 이유로 apo B-100에 결함이 있어 LDL이 수용체와 약하게 결합하면 혈중 LDL이 제거되지 못해 농도가 높게 존재한다. 일반적으로 하루에 혈중 LDL의 45% 정도만이 제거가 가능하여 LDL은 CM이나 VLDL보다 월등하게 오랫동안 혈액에 남아있다.

2) HDL 역할

HDLs은 주로 apo As(apo A-I과 apo A-II)를 갖고 있는 가장 작은 지단백 입자들이다. 이 입자들은 중심부에 주로 CE를 가지고 있지만 TG 대사에 중요한 역할을 한다. TG가 풍부한 지단백이 분해되는 동안, 이 지단백의 표면층의 구성성분들, 즉 free cholesterol, apo Cs, apo Es가 HDL로 운반된다. Apo A-II와 대부분의 apo A-I은 간에서 유래되지만 HDL의 apo A-I의 일부는 CM에서 유래된 것이다. Apo Cs와 apo Es는 HDL에 남아 있다가 새로이 분비되는 TG가 풍부한 지단백으로 다시 운반되어 이 지단백의 분해를 돕는다.

말초조직에서는 콜레스테롤을 분해하거나 체외로 배설시킬 능력이 없으므로 콜레스테롤은 반드시 간으로 돌아가서 대사된다. 이것을 소위 '콜레스테롤 역이동(reverse cholesterol transport)' 이라고 한다.

HDL의 역할은 말초조직에서 합성된 콜레스테롤을 간으로 운반해서 분해시키는 것을 도모하는 것이다. 체내에서 생성되는 콜레스테롤의 약 절반은 말초조직에서 만들어진다. 말초조직 세포 표면에 있는 free cholesterol은 HDL 입자 내의 효소인 LCAT(lecithin cholesterol acyltransferase)에 의해 레시틴(lecithin)에서 유래된 지방산과 결합하여 cholesterol ester (CE)로 전환되어 HDL 입자의 중심부로 들어간다. 혈중 지단백의 대부분의 CE는 LCAT 작용에 의하여 형성된 것이며, VLDL과 CM 자체는 LCAT의 좋은 기질이 못 되므로 VLDL과 CM 입자 내의 CE는 HDL 입자의 apo D에 의해서 운반된 것이다(그림 6-8).

$$\underset{\text{(Lecithin)}}{\text{Phosphatidylcholine}} + \text{Cholesterol} \xrightarrow[\text{LCAT}]{} \text{Lysophosphatidylcholine} + \text{Cholesteryl ester}$$

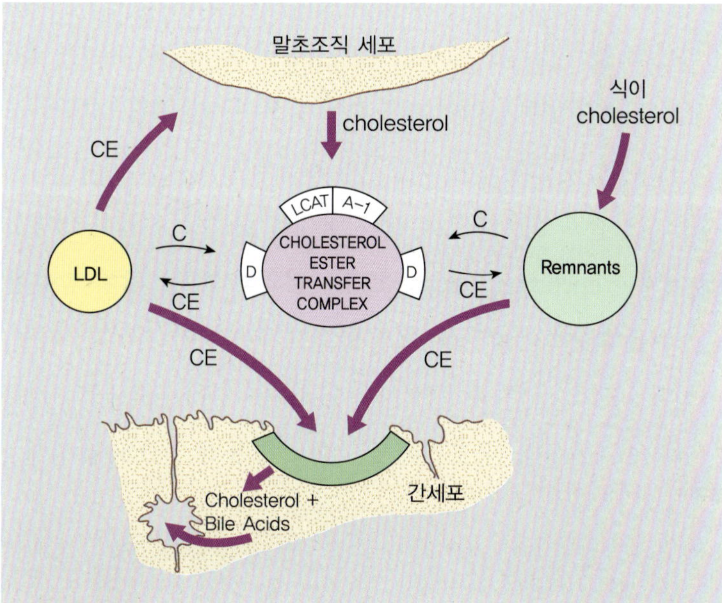

그림 6-8 Reverse cholesterol transport(콜레스테롤 역이동)
LCAT : lecithin-cholesterol acyltransferase

관상동맥 심장질환(coronary heart disease, CHD) 발생 빈도는 LDL 농도와 정의 상관관계를 갖고, HDL 농도와는 역의 상관관계가 있다. 즉, HDL 농도의 증가는 이 질병에 대한 방어력이 증가된 것을 의미한다. 그러나 HDL 농도는 그 증가된 원인에 따라 미치는 영향이 다르다. 예를 들어 규칙적인 운동을 하였을 때 HDL 증가는 내인성 콜레스테롤을 말초조직에서 간으로 운반하는 능력이 더 향상되어 관상동맥 질환을 예방하는 능력이 있다는 것을 의미할 수도 있다. 하지만, HDL의 증가가 식이 콜레스테롤 섭취로 인해 이 HDL 입자에 짐을 더 실어 생긴 결과라면 말초조직에서 콜레스테롤 제거가 어려워진다. 그러므로 이런 때는 오히려 HDL 증가는 동맥경화의 가능성이 증가했다는 신호가 될 수도 있다.

6. 중성지방 대사

(1) 지방조직에서 중성지방 대사

1) 지방조직의 중성지방 저장

식이로 섭취된 과잉의 지방은 지방조직에 저장된다. 지방조직은 신진대사가 가능한 연료의 중요한 저수지 같은 곳이다. 지방조직에 있는 대부분의 지방은 식이지방에서 유래한 것이므로 지방조직의 지방산 조성은 장기간 섭취한 식이지방의 조성을 나타내는 좋은 지표가 된다. 지방조직에서는 지방산을 합성할 능력이 제한되어 있으며, 간 조직 내에서 포도당을 사용해서 합성한 소량의 지방산과 과잉의 식이 지방만이 저장되어 있다. 그러므로 지방 섭취가 높거나 과잉의 에너지를 고당질로 섭취하였을 때 지방세포 안으로 유입된 지방산들은 지방조직 내 모세혈관 벽에 위치한 lipoprotein lipase(LPL)에 의해 TG를 많이 함유한 지단백(CM과 VLDL)의 TG를 가수분해하여 지방산을 세포 안으로 유입시킨 것이다. 이렇게 유입된 지방산들은 다시 활성화된 acyl CoA를 형성한 다음 glycerol-3-phosphate와 결합하여 TG를 형성하여 저장된다(부록 6-1). 이때 간 조직에서는 혈액을 통해 간으로 유입된 glycerol에 인산

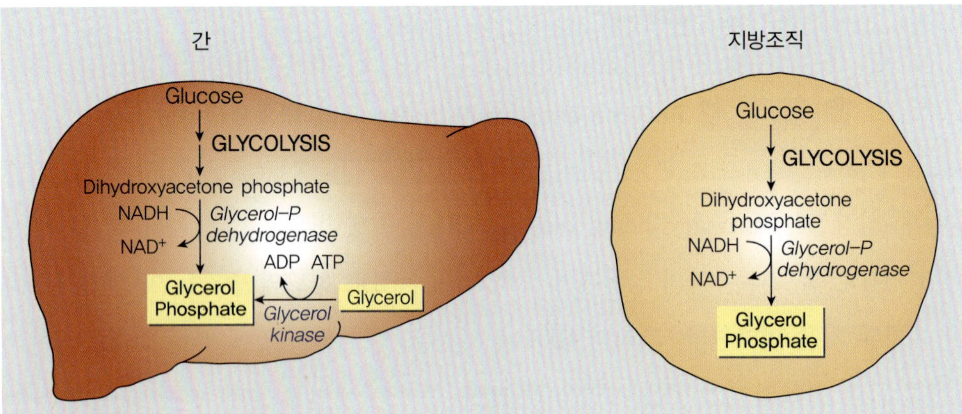

그림 6-9 간과 지방조직에서 glycerol phosphate 생성 비교

을 부착시키는 효소를 가지고 있지만 지방조직에는 glycerol에 인산을 부착시키는 글리세롤 키나아제(glycerol kinase)라는 효소가 없어서 지방세포 내에서는 당분해과정(glycolysis)에 의해 얻어진 glycerol-3-phosphate만이 TG 형성에 사용된다(그림 6-9). 그러므로 지방조직 내의 TG 분해에 의해 생성된 glycerol은 지방조직 내에서 TG 합성에 재사용되지는 못한다.

2) 지방조직의 중성지방 분해

열량이 결핍되거나 또는 기아 식이(starvation diet)를 한 상태에서는 glucagon과 epinephrine 분비가 증가되어 protein kinase 활성이 증가되므로 지방조직 내 모세혈관 벽에 존재하는 hormone-sensitive lipase(HSL) 효소가 활성화되어 지방조직에 저장된 중성지방이 지방산과 glycerol로 가수분해된다(그림 6-10). 유리된 지방산과 glycerol은 혈액으로 나와서 지방산은 대부분의 조직에서 β-산화하여 acetyl CoA를 생성하여 TCA cycle을 통해

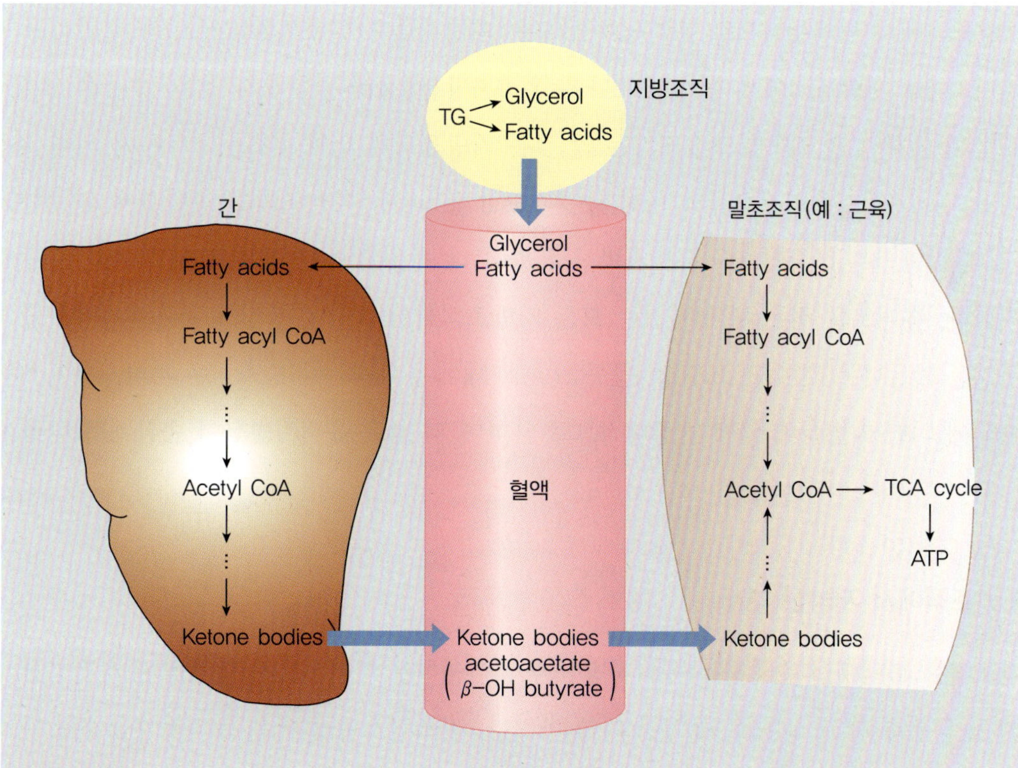

그림 6-10 열량결핍 또는 기아상태 시 지방조직에서 유리된 지방산이 간과 말초조직에서 대사되는 경로 비교

ATP를 생성하여 에너지원으로 사용한다. 그러나 간에서는 지방산의 β-산화에 의해 acetyl CoA가 생성되지만 당질이 부족하면 TCA cycle을 통한 에너지 생성이 제한되어 결국 acetyl CoA가 축합되어 케톤체가 형성된다. 하지만 이 케톤체 대사에 필요한 효소가 결여되어 케톤체는 간 이외의 다른 말초조직으로 이동되고 acetyl CoA로 전환되어 에너지원으로 사용된다. 그러나 식사 후 분비되는 인슐린은 위에서 언급된 호르몬들과는 반대로 HSL 효소의 활성도를 억제하여 지방조직에서 중성지방의 가수분해를 감소시킨다.

지방조직은 식이로 섭취한 지방과 여러 기관의 지방대사 사이에 중요한 완충체 역할을 한다. 지방조직의 중요성은 지방이영양증(lipodystrophy)이라고 하는 희귀한 질병에서 설명할 수 있는데, 이 질병에서는 지방조직 형성이 유전적으로 결여되어 있어 지방은 간에 축적되고, 환자는 극심한 고중성지방혈증(hypertriglyceridemia)을 일으키고 비교적 젊어서 당뇨 증세를 보이게 된다.

지방조직에서 혈액순환으로 유리되어 나오는 지방산들은 알부민(albumin)과 결합하여 운반된다. 이때 지방조직에서 혈액으로 나온 유리지방산(ester 결합하지 않은) 수준은 혈장의 포도당 농도처럼 정교하게 조절되지는 않는다. 지방조직의 리파아제는 호르몬에 의해 조절되지만, 유출되는 유리지방산의 바닥 수준(basal level)은 지방조직의 총함량에 의존한다. 그 결과 비만인은 정상인보다 유리지방산 유출이 더 높을 것이며 공복 시에 더 높은 수준을 유지한다. 흥미로운 점은 체내에 있는 모든 지방조직들이 똑같은 성향으로 유리지방산을 방출하지는 않는다는 것이다. 표면상, 몸통(trunk) 내에 존재하는 지방조직은 피하지방에 비해 인슐린에 의한 지방분해 억제가 상대적으로 약하여 더 많은 유리지방산이 순환계로 나올 수 있다.

(2) 간조직에서 지방산 대사

간조직은 혈액에서 순환하는 유리지방산들을 이용하는 기관으로서 혈액의 유리지방산 농도가 높을수록 간 조직 내로 유입이 더 높아진다. 간조직으로 들어온 유리지방산들은 두 개의 길로 대사될 수 있다. 첫째, 지방산이 완전 산화되어 ATP와 CO_2 및 물을 생성하거나 부분적으로 불완전하게 산화되어 케톤체(ketone bodies)로 전환된 후 에너지로 사용되며, 둘째, 산화되지 않은 지방산은 중성지방과 인지질로 전환될 수 있다.

1) 간조직에서 지방산 산화

간조직 내로 유입된 지방산들은 미토콘드리아 내에서 산화되는데, 이때 지방산들은 미토콘드리아 내로 들어가기 위한 준비로 coenzyme A에 의해 활성화되어 acyl CoA를 형성한

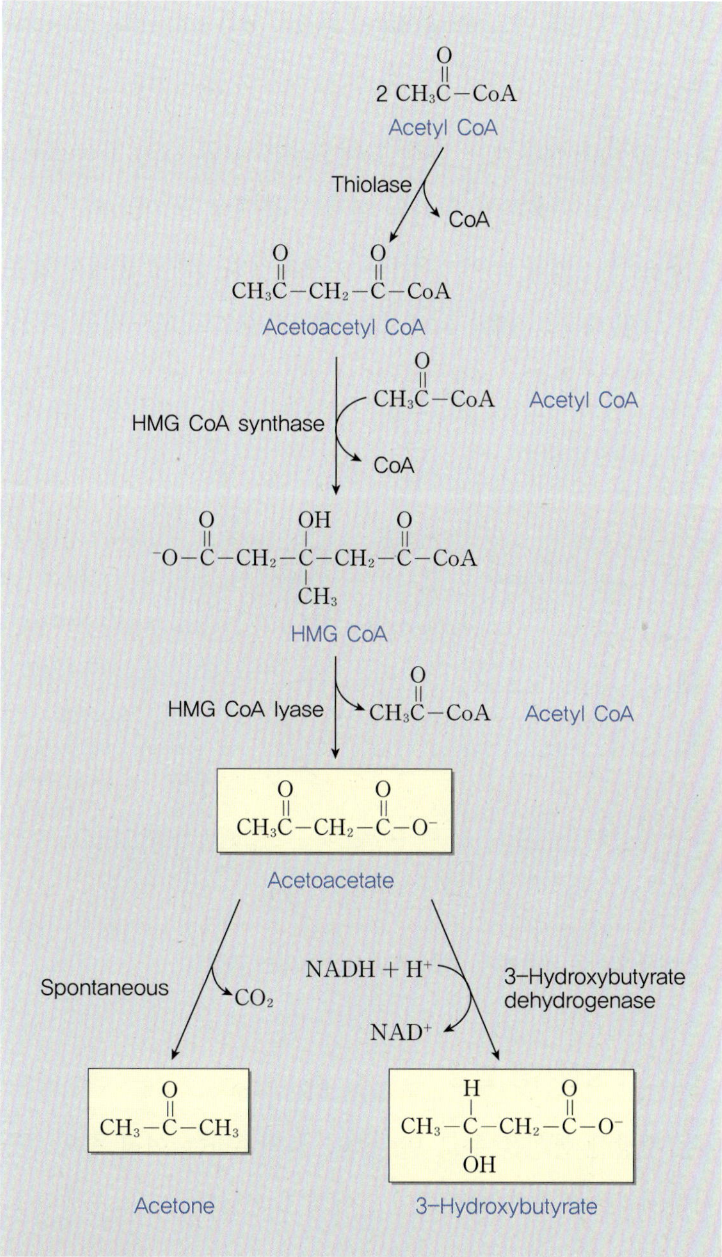

그림 6-11 간에서 Ketone bodies 합성

HMG CoA = 3-hydroxy 3-methylglutaryl CoA

후, 카르니틴(carnitine)의 도움으로 미토콘드리아 안으로 이동하여 β-산화 과정에 의해서 산화된다(부록 6-2). 이때 생성한 acetyl CoA는 oxaloacetic acid(OAA)와 결합하여 citrate를 형성하여 citric acid cycle로 들어가서 CO_2와 물로 산화되면서 ATP를 생성한다. 그러나 만일에 당질 공급이 불충분하여 OAA 공급이 부족하다면 선택적으로 3분자의 acetyl CoA가 축합되어 HMG CoA를 형성하여 acetoacetate, β-hydroxybutyrate, acetone의 케톤체로 전환된다(그림 6-11).

이와 같이 간에서 합성된 케톤체는 간조직 내 β-ketoacyl CoA transferase(thiophorase) 효소가 없어 에너지원으로 사용하기 어려워 혈액을 통해서 간 이외의 말초조직으로 운반되어 에너지원으로 사용한다. 예를 들어 심장근육, 골격 근육, 신장 등에서 케톤체는 쉽게 에너지원으로 사용된다(그림 6-12). 비록 뇌에서는 에너지원으로 포도당을 더 선호하지만, 오랫동안 단식하는 경우에는 뇌에서도 케톤체를 에너지원으로 사용할 수 있도록 적응한다.

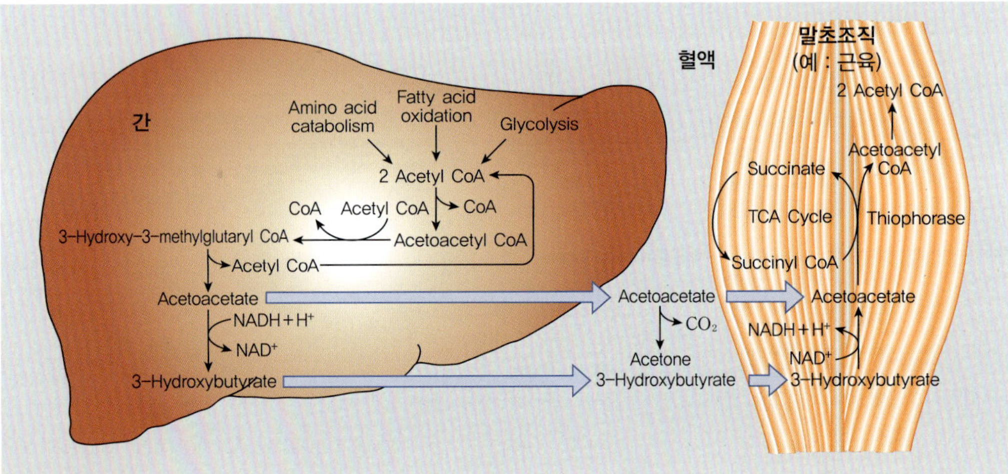

그림 6-12 간에서 합성된 케톤체가 말초조직에서 사용되는 과정

2) 간조직에서 지방산과 중성지방 합성

간에서 일어나는 지방산 합성은 주로 탄수화물에 의존하는 여러 종의 동물에서는 상당하게 일어나지만 사람에서는 소량의 지방산이 간에서 합성된다.

세포질에서 포도당 당분해작용(glycolysis)에 의해 생성된 pyruvate가 미토콘드리아 내로 들어가서 acetyl CoA를 생성한다. 그러나 간세포의 지방산 합성은 세포질에서 일어나는 과정인데 첫 번째 반응으로 필요한 acetyl CoA는 미토콘드리아 내에서 생성되지만 이 물질은 직접 미토콘드리아 막을 통과해 세포질로 나갈 수 없다. 그러므로 미토콘드리아 내에서 생성된 acetyl CoA는 citrate synthase 효소에 의해 OAA와 결합하여 citrate를 형성한다. 이 citrate는 미토콘드리아 막을 통과할 수 있어 세포질(cytosol)로 이동한 후 다시 citrate lyase 효소에 의해 acetyl CoA와 OAA로 분해된다. 이렇게 형성된 acetyl CoA는 세포질에서 지방산 합성에 이용된다(부록 6-3). 지방산이 합성되고 분해되는 과정의 주요한 차이점을 이해하도록 표 6-6에 비교하였다.

표 6-6 짝수 포화지방산의 합성과 분해 비교

	지방산 합성	지방산 분해
생리적인 상태	고당질 식사 후	기아 시
호르몬 상태	높은 insulin/glucagon 비율	낮은 insulin/glucagon 비율
반응이 일어나는 조직	주로 간에서	근육, 간
세포 내	주로 세포질	주로 미토콘드리아
acyl이나 acetyl 운반체 mitochondria/cytosol 사이	Citrate/mitochondria → cytosol	Carnitine/cytosol → mitochondria
활성화된 운반체	Acyl carrier protein (ACP)	Coenzyme A(CoA)
산화 환원 보조인자	NADPH	NAD^+, FAD
2-carbon 공여체/생성물	Malonyl CoA = 1개 acetyl기 공여체	Acetyl CoA = β-산화에 의한 생성물
마지막 생성물	Palmitate	Acetyl CoA

지방산의 산화과정은 미토콘드리아 내에서 일어나는 데 반하여 지방산 합성은 간세포의 세포질에서 진행된다. 지방산 합성에 필요한 효소들은 fatty acid synthase라고 하는 복합체로 존재한다. 지방산 산화과정에서는 지방산이 coenzyme A(CoA)에 의해 활성화되지만 지방산 합성과정의 중간산물들은 acyl carrier protein(ACP)에 의해 활성화된다. 지방산 사슬의 연장(elongation)에 필요한 두 개의 탄소 조각들은 malonyl-ACP에 의해 공급되고, CO_2가 운반과정 중에 유리되어 나온다. 이와 같은 과정에 의해서 acetyl CoA에서 시작하여 지방산을 연장하여 마지막 단계로 팔미트산(C16:0)이 생성된다(부록 6-4).

간세포 내에서 산화되지 않은 지방산들은 중성지방으로 전환된다. 간조직의 중성지방 합성의 첫 단계에서 활성화된 지방산 분자들(acyl CoA)은 glycerol-3-phosphate에 첨가된다(부록 6-1). 보통 포화지방산들은 glycerol 분자의 1번 탄소(sn-1) 위치에 첨가되는 반면에 불포화지방산들은 우선적으로 2번 탄소(sn-2) 위치에 부착되어 phosphatidic acid가 형성된다. 이후 인산 그룹이 제거되어 diacylglycerol(DG)가 생성되고 마지막 acyl CoA는 나머지 3번 탄소에 첨가되어 중성지방(triacylglycerol, TG)이 형성되는 것이다(부록 6-1). 보통 간에서 합성된 중성지방은 혈액을 통해 다른 조직으로 운반되기 위해서 초저밀도지단백(VLDL)을 형성한다. 그러나 만일 VLDL 지단백을 형성할 단백질이 부족하거나 중성지방 합성이 지단백 형성 능력보다 우세하면 과잉의 중성지방은 지방 덩어리로 간 조직 내에 저장되어 결과적으로 지방간(fatty liver)을 초래한다.

(3) 근육에서 지방산 대사

골격근(skeletal muscle)은 포도당과 지방산 및 케톤체를 이용하는 주된 조직이다. 포도당은 극심한 근육활동을 하는 동안에는 우선적으로 이용되는 기질이지만 지방산은 휴식 중인 근육에서 이용되는 주된 열량원이다. 근육은 다량의 포도당을 글리코겐으로 저장할 수 있는 능력이 있으며 약간의 지방산도 중성지방 형태로 저장할 수 있다. 근육에 있는 지방산은 간에서와 같은 기전에 의해서 산화되어 에너지로 사용된다. 포도당과 지방산은 근육에서 이용될 때 어느 정도는 서로 경쟁을 한다. 만일 유리지방산 수준이 높으면 근육으로 유리지방산 유입이 증가되어 산화가 증가되고 포도당 이용이 억제되어 혈당 수준이 높아진다. 이와 같은 현상은 인슐린 저항성(insulin resistance)처럼 혈장의 인슐린 농도에 비해 근육으로의 포도당 유입이 감소된 것이다. 인슐린 저항성은 성인이 되어 시작되는 제2형 당뇨병(성인당뇨병)의 주요 원인 중의 하나이다. 예로, 비만 시 체내 지방량(특히 복부비만)이 높아 혈액으로 유출되는 유리지방산 농도가 증가하고, 이렇게 증가한 혈중 유리지방산 농도에 의해 인슐린 저항성이 유도되어 성인당뇨병이 발생하게 된다. 그러므로 근육에서 이 영양소들의 대사 관계는 중요한 것이다.

6-2 콜레스테롤

1. 콜레스테롤 흡수와 운반

콜레스테롤은 유리 콜레스테롤 형태로 십이지장(duodenum)과 공장(jejunum)에서 흡수된다. 콜레스테롤은 흡수되기 전에 담즙산, 지방산, monoglyceride(MG), 리조레시틴(lysolecithin)과 미셀 입자를 형성하여 확산에 의해 소장 강(intestinal lumen) 내로 흡수된다. 이미 소장 내에 존재하는 콜레스테롤은 담즙과 식이를 통해서 들어온 것이다. 담즙 내로 유입된 콜레스테롤(800~1200 mg/day)은 내인성 콜레스테롤(endogenous 또는 biliary cholesterol)로서 주로 유리 콜레스테롤 형태로 존재한다. 식이성 콜레스테롤(400~500 mg/day)은 외인성 콜레스테롤(exogenous 또는 dietary cholesterol)로서 두 가지 형태, 즉 유리 콜레스테롤과 콜레스테롤 에스터(CE)형으로 존재하며, 콜레스테롤 에스터는 흡수 전에 유리 콜레스테롤과 지방산으로 가수분해되어야 한다. 또한 담즙 내 존재하는 콜레스테롤 함량은 식이로 섭취한 콜레스테롤 양보다 거의 2배가 되며 미셀 형태로 장내로 들어간다. 그러나 식이 콜레스테롤은 중성지방에 녹은 상태로 장내로 들어가서 미셀 형태로 전환되어야 하는데 이것이 100% 유효하지 않기 때문에 담즙 내 콜레스테롤보다 그 흡수율이 더 떨어진다. 그런데 담즙 콜레스테롤은 흡수될 때 식이 콜레스테롤과 서로 경쟁하기 때문에 식이 콜레스테롤 섭취가 높으면 담즙 콜레스테롤 흡수는 감소한다. 그러므로 식이 콜레스테롤을 다량 섭취했을 때보다는 오히려 적은 양을 섭취했을 때 담즙 콜레스테롤 흡수가 더 유리하여 총 콜레스테롤의 흡수율이 높아진다. 그러나 전체적으로 식이 콜레스테롤 섭취가 높으면 결과적으로 흡수된 총 콜레스테롤 함량은 높기 때문에 혈장의 총 콜레스테롤과 LDL-Chol 수준은 증가하지만 개인적으로 흡수율의 차이가 크므로 반응이 다양하다.

식이 콜레스테롤의 25~75%가 흡수되지만 흡수율은 콜레스테롤 섭취량에 반드시 비례하지 않으며, 흡수된 콜레스테롤 양과 혈장 콜레스테롤 수준과는 관계가 없다. 이것은 아마 콜레스테롤 섭취에 따라 세포 내 콜레스테롤 함량이 높아졌을 때 간 조직 이외의 다른 조직의 세포 내 콜레스테롤 합성을 억제할 수 있는 능력 정도에 따라 그 반응이 다양할 것이기 때문이다.

2. 콜레스테롤 대사

(1) 콜레스테롤 평형

그림 6-13에서처럼 식이 콜레스테롤은 흡수된 후 소장 점막세포 내에서 재합성된 TG가 CM을 형성할 때 같이 유입되어 림프계를 통해 혈류로 들어가서 혈장 콜레스테롤 풀(cholesterol pool)을 형성한다. 또한 간과 소장 등에서 생합성된 콜레스테롤도 지단백 형태로 혈액으로 분비되며, 말초조직에서 합성된 콜레스테롤도 HDL에 의해 간으로 역이동하려고 혈장 콜레스테롤 풀로 유입된다. 이 외에도 간에서 중성지방이 VLDL로 형성될 때 콜레스테롤이 유입되어 혈액으로 분비되고, 이 VLDL은 LPL 효소 작용에 의해 중성지방이 가수분해되어 VLDL-잔유물(IDL, intermediate density lipoprotein)로 전환되며, 이 중 일부는 간에서 다시 제거되고, 나머지는 중심부에 거의 CE로 구성된 LDL로 전환되어 혈장 콜레스테롤 풀을 구성한다.

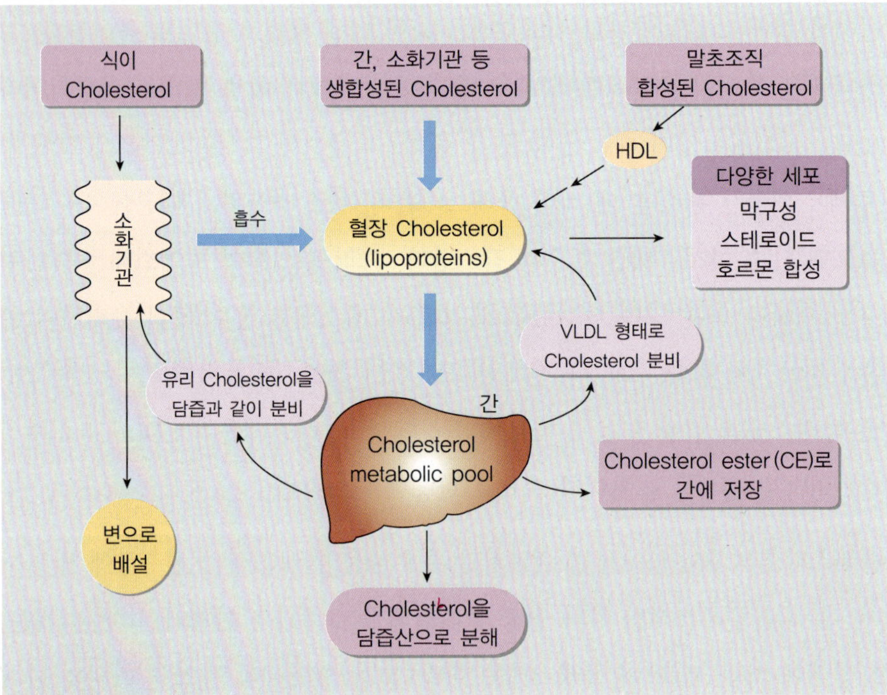

그림 6-13 전체적인 Cholesterol 평형

이렇게 혈장 콜레스테롤 풀을 형성한 콜레스테롤은 지단백 형태로 필요한 조직으로 운반되어 다양한 세포의 세포막을 구성하기도 하며, 각 조직에서 스테로이드 호르몬 등의 합성에 사용된다. 하지만 혈장 콜레스테롤 농도가 필요 이상으로 일정한 수준을 초과하면 혈관 벽 같은 말초조직에 축적되어 여러 가지 문제를 발생시킨다. 그러나 혈장의 콜레스테롤은 간 조직으로 유입되어 대사 풀(metabolic pool)을 형성하여 간에서 체내의 콜레스테롤 총량을 일정하게 유지하려는 다음과 같은 기전이 있다.

첫째, 혈중 콜레스테롤 농도가 증가되면 혈중 LDL이 그림 6-14에서와 같이 LDL 수용체를 통한 경로에 의해 간세포 내 유입이 증가하여 lysosomal hydrolase 효소에 의해 콜레스테롤이 유리되어 나오고 간세포 내의 acyl CoA cholesterol acyltransferase(ACAT) 효소에 의해 유리 콜레스테롤은 지방산과 에스터 결합하여 cholesteryl ester(CE)로 세포 내 축적하게 된다. 둘째, CE 축적이 증가하면 간세포의 LDL 수용체 합성이 감소되어 혈중 콜레스테롤은 간 조직으로 유입이 억제된다. 또한 음성피드백 기전에 의해 세포 내 존재하는 HMG CoA reductase 효소의 활성이 억제되어 콜레스테롤을 새롭게 합성하지 못하도록 한다. 셋째, 만일 콜레스테롤 섭취량이 부족할 시에는 간에서 콜레스테롤을 생합성하여 전체적으로 체내의 콜레스테롤 총량을 일정하게 유지한다. 넷째, 간으로 유입된 콜레스테롤은 담즙산으로 분해하여 담즙염을 형성하고 유리 콜레스테롤과 같이 담즙 형태로 소장 내로 분비되어 지방의 유화작용을 증진시키고 재흡수 또는 변으로 배설되어 체내의 콜레스테롤 풀을 일정하게 유지한다(그림 6-13 참조).

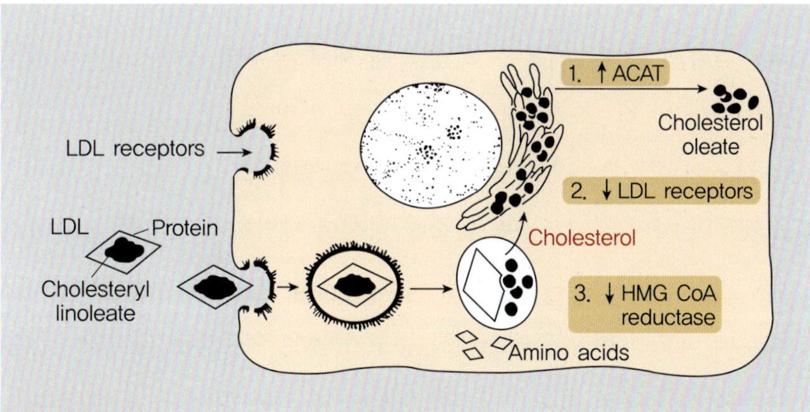

그림 6-14 간세포의 LDL 수용체를 통한 LDL Cholesterol 운반과 축적

ACAT : acyl CoA cholesterol acyltransferase

이와 같이 간에서는 체내의 콜레스테롤 풀을 일정하게 유지하기 위해 간으로 유입된 콜레스테롤을 CE로 저장도 하고 축적이 너무 높으면 콜레스테롤 생합성을 감소시키기도 하며, 콜레스테롤이 필요 이상으로 간에 유입된 경우에는 평소보다 더 많은 콜레스테롤을 담즙산으로 분해하기도 한다. 그러나 너무 지속적으로 콜레스테롤을 다량 섭취하면 간으로 혈중 콜레스테롤의 제거가 어려워 혈액의 콜레스테롤 농도가 높아질 수가 있다.

(2) 간에서 콜레스테롤 합성

체내에서 합성된 콜레스테롤의 90% 이상이 간과 소장에서 합성된다. 이 중 간이 가장 중요한 기관이며 하루에 0.5~1.0g 콜레스테롤이 생합성된다. 여러 종류의 동물에서 콜레스테롤 합성은 식이 콜레스테롤 섭취에 의해서 억제되지만 사람에서는 어느 정도로 가능한지 아직 미지수이다. 쥐, 다람쥐, 원숭이, 햄스터 등은 간에서 대부분의 콜레스테롤이 합성되어 식이로 새롭게 흡수되는 콜레스테롤을 중화할 수 있는 음성피드백 기전에 의해 방어할 수 있다. 이때 콜레스테롤 합성은 속도 제한 효소인 3-hydroxy-3-methylglutaryl(HMG) CoA reductase에 의해 조절된다. 이런 동물들과는 달리 사람의 경우 간에서 비교적 적은 양의 콜레스테롤을 합성하는데, 콜레스테롤 섭취가 증가하였을 때 체내의 콜레스테롤 평형을 유지하기 위해 간에서 콜레스테롤 합성이 억제된다. 그러나 사람의 소장에는 이와 같은 음성피드백 기전이 없어 간의 음성피드백 기전만으로는 새로 흡수되어 들어오는 콜레스테롤을 완전 중화하기에는 미약하므로 그만큼 방어력이 부족하다.

쥐와 개에서는 다량의 콜레스테롤을 먹였을 때 새로 흡수된 콜레스테롤이 담즙산으로 전환되는 비율이 높아져 간 조직 내 콜레스테롤 함량을 감소시켜 고콜레스테롤혈증(hypercholesterolemia)이 되는 것을 방어해 줄 수도 있다. 그러나 사람에서는 콜레스테롤이 높은 식사를 오랫동안 하면 쥐에서처럼 담즙산 형성이 활발하지 못하여 고콜레스테롤혈증을 유발시키는 예가 많다. 사람은 다른 동물에 비해 간에서 콜레스테롤이 담즙산으로 전환되는 비율이 낮기 때문에 비교적 혈장 콜레스테롤 농도가 높은 수준으로 유지되며, 여기에 콜레스테롤 함량이 높은 식사를 하면 더욱 스트레스를 가하게 되는 셈이다.

콜레스테롤 합성은 에너지 섭취량의 영향을 받는다. 에너지를 생성하는 3대 영양소(탄수화물, 단백질, 지방)는 이화작용 과정에서 모두 acetyl CoA를 생성하여 citric acid cycle을 통해 에너지를 공급할 수 있다. 그러므로 에너지를 생성하는 3대 영양소를 어떤 비율로 섭취하든 총열량을 필요 이상으로 섭취하면 acetyl CoA 생성이 더 높아진다. 과잉으로 생성된 acetyl CoA는 그림 6-15에서처럼 축합되어 HMG CoA로 전환되고 HMG CoA reductase 효소에 의해 mevalonic acid 합성이 증가된다. Mevalonic acid는 2분자의 ATP와 작용하여 C5 isopentenyl pyrophosphate(IPP)을 형성하고 부록 6-5에서처럼 순서대로 C10 geranyl pyrophosphate(GPP), C15 farnesyl pyrophosphate(FPP), C30 squalene, C30 lanosterol(첫 sterol), C27 cholesterol 순으로 반응이 진행되어 cholesterol이 합성된다. 그러므로 간에서 콜레스테롤 합성을 낮추기 위해 지방만을 적게 섭취해야 하는 것이 아니라 단백질이나 당질도 필요 이상으로 섭취하면 결과적으로 체중이 증가될 뿐 아니라 콜레스테롤과 중성지방 합성이 증가하여 혈중 지질 농도가 증가된다. 그러나 당질에 비해 지방산은 같은 단위 무게당 에너지 함량이 높고 acetyl CoA 생성이 더 많아 콜레스테롤 합성이 더 높을 수 있으므로 고지방 식사를 지속하면 혈중 콜레스테롤 농도가 더 증가될 수도 있다.

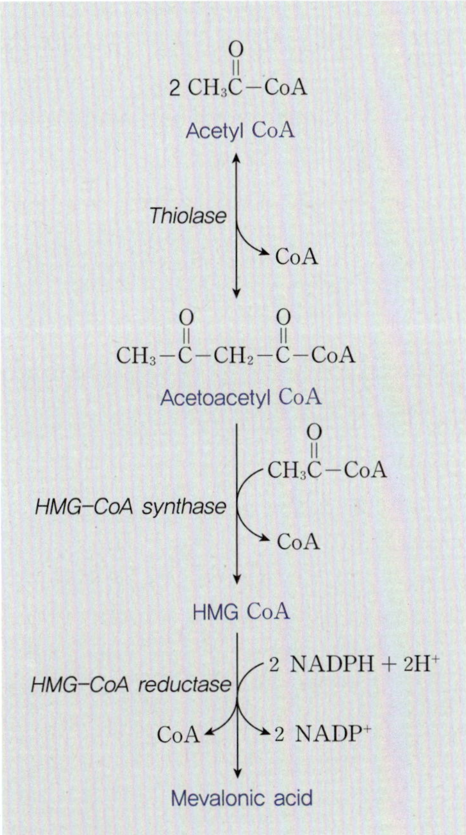

그림 6-15 Acetyl CoA에서 HMG CoA와 Mevalonic acid 합성

(2) 간에서 콜레스테롤 분해

사람에서 콜레스테롤의 링(ring) 구조는 CO_2나 물로 대사될 수가 없어서 스테롤의 핵은 담즙산(bile acid)이나 담즙염(bile salts)으로 전환되어 변으로 배설되거나 담즙 내 콜레스테롤로써 소장으로 분비되어 체내에서 제거된다. 소장 내 콜레스테롤의 일부는 배설되기 전에 박테리아에 의해 변형되기도 한다. 제1차 화합물로 콜레스테롤 이성체인 coprostanol과 cholestanol이 형성되며, 이와 같이 형성된 물질을 콜레스테롤과 함께 변에 존재하는 중성

sterol이라고 한다.

담즙(bile)은 무기, 유기화합물의 혼합물로 구성되며, phosphatidylcholine(lecithin)과 담즙염은 정량적으로 담즙의 가장 중요한 유기화합물이다. 담즙은 간에서 합성되어 식이지방 섭취 시 직접 십이지장으로 분비되거나 담낭에 저장되었다가 필요시 사용된다.

간에서 콜레스테롤은 효소인 cholesterol-7α-hydroxylase와 cholesterol-12α-hydroxylase에 의한 반응과 여러 단계를 거친후 제1차(primary) 담즙산인 cholic acid와 chenodeoxycholic acid로 대사된다(그림 6-16, 6-17). 담즙산은 간에서 배출되기 전에 아미노산인 glycine이나 taurine과 결합해 아래와 같이 담즙염을 형성한다.

Cholic acid(bile acid) + Taurine = Taurocholic acid(bile salt)

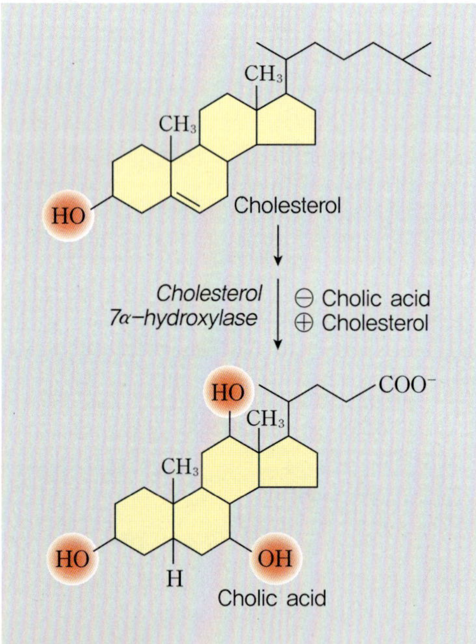

그림 6-16 간에서 cholesterol 분해하여 cholic acid 합성

담즙염은 콜레스테롤이 대사되어 나온 산물로서 콜레스테롤이 담즙 내로 유입되어 분비될 때 기본적인 콜레스테롤 용해제로서 작용할 수 있어 콜레스테롤을 배설하기 위한 유일한 수단이다.

장에서 박테리아는 담즙염에서 glycine이나 taurine을 제거할 수 있으며, 1차 담즙산의 일부를 제2차(secondary) 담즙산으로 전환시킬 수 있다. 즉, cholic acid에서 1개의 OH기를 제거하여 deoxycholic acid로 전환시키고, chenodeoxycholic acid에서도 1개의 OH기를 제거하여 lithocholic acid로 전환시킬 수 있다.

소장으로 분비된 담즙염은 95% 이상 효율적으로 재흡수되어 필요시 십이지장으로 다시 분비되어 재사용된다. 1차, 2차, 담즙염의 혼합체는 주로 회장(ileum)에서 흡수되어 장 점막 세포에서 문맥으로 활발하게 운반되어 간 실질조직 세포(parenchymal cells)에서 효율적으

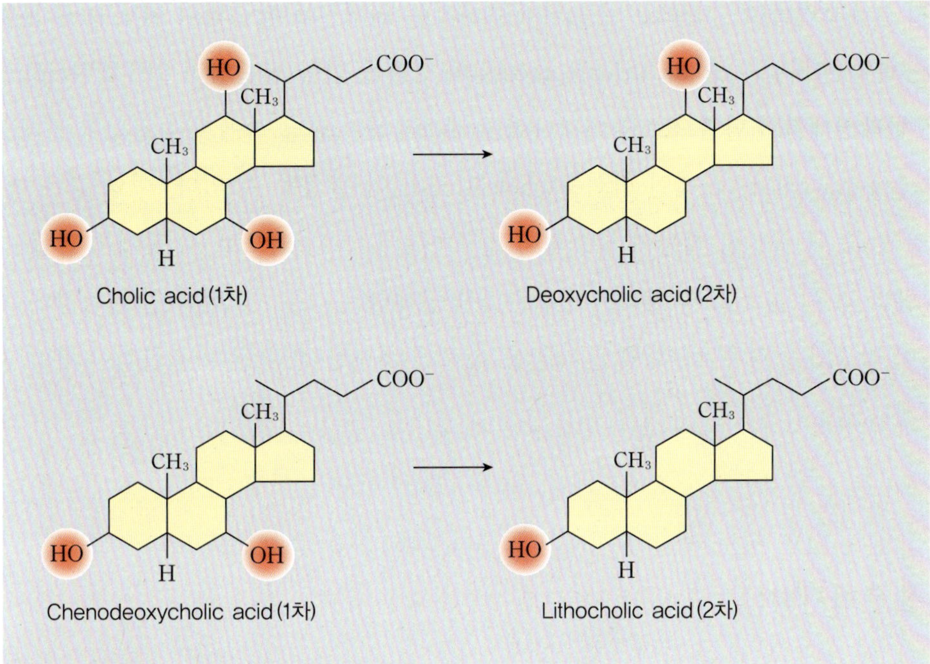

그림 6-17 담즙산(bile acid)의 종류

로 제거된다. 담즙산은 문맥의 혈액 내에서 소수성(hydrophobic)이라서 운반체를 필요로 하는데 마치 혈액에서 지방산을 운반하는 경우와 같이 알부민(albumin)이 운반해준다. 간에서는 1차, 2차 담즙산이 glycine 또는 taurine과 결합하여 형성된 담즙염을 다시 담즙으로 내보내고, 십이지장을 통과하면서 담즙산으로 전환되고 다시 담즙산과 염 형태로 간으로 되돌아온다. 반복되는 이 과정을 장간순환(enterohepatic circulation)이라고 한다. 간에서 매일 15~30g의 담즙염이 십이지장으로 분비되지만 매일 약 0.5g 정도가 변으로 손실된다. 이렇게 손실된 담즙산을 대체하기 위해 간에서는 콜레스테롤에서 하루에 약 0.5g을 새로 합성한다.

Cholestyramine과 같은 담즙산 격리제(bile acid sequestrants)는 장내에서 담즙산과 결합하여 재흡수를 방해하여 담즙산 배설을 증진시키므로 hypercholesterolemia 치료에 사용된다. 간에서 담즙산 합성을 억제하는 효과가 있는 담즙산을 배설시킴으로써 간의 콜레스테롤이 담즙산으로 전환되도록 유도하게 된다(그림 6-16 참조). 식이 섬유소도 담즙산과 결합하여 배설을 증가시키는 능력이 있다. 즉, 담즙 배설을 촉진하는 물질들은 간의 콜레스테롤 이용을 증가시켜 혈중 콜레스테롤 농도를 낮추는 효과를 준다.

간에서 콜레스테롤이 담즙으로 운반되기 위해서는 인지질과 담즙염이 함께 동시 분비되어야 한다. 만일 이러한 이중 과정(dual process)이 방해를 받아 담즙염과 인지질(lecithin)보다 더 많은 콜레스테롤이 담즙으로 들어간다면 콜레스테롤이 담낭 속에서 침전되어 콜레스테롤 담석(cholesterol gallstone)병인 담석증(cholelithiasis)이 발생될 수 있다. 이와 같은 병은 전형적으로 담즙 내 담즙산 함량이 감소되어 발생하는데, 그 원인으로 ① 장에서 담즙산 재흡수가 불량한 경우, ② 담도가 막혀서 장간순환을 방해하는 경우, ③ 심한 간 기능장애로 담즙염 합성이 감소되는 경우, ④ 담즙산 재활용 속도가 촉진된 결과 담즙산 합성이 과잉 피드백으로 억제된 경우가 있다.

6-3 불포화지방산

1. 불포화지방산 대사

포유동물의 세포는 포화지방산과 n-9, n-7계열의 불포화지방산을 acetyl CoA로부터 생합성할 수 있다. 그러나 지방산 탄소사슬의 n-6와 n-3 위치에 이중결합을 삽입하는 데 필요한 효소인 △12-와 △15-desaturase(불포화효소)가 결여되어 리놀레산(18:2n6)과 리놀렌산(18:3n3)을 합성할 수 없으므로 이 지방산을 필수지방산으로 정하고 있다. 아라키돈산(arachidonic acid, AA; 20:4n6)과 EPA(20:5n3), DHA(22:6n3)와 같은 탄소사슬 길이가 길고 불포화도가 높은 n-6계와 n-3계 지방산들은 18:2n6과 18:3n3에서 불포화화(desaturation)와 사슬연장(elongation)을 번갈아 함으로써 합성된다(그림 6-18). 리놀레산(18:2n6)과 리놀렌산(18:3n3)은 같은 불포화효소와 사슬을 연장시키는 효소에 의해서 각각 AA와 EPA로 대사된다. 이들 불포화효소는 간, 소장점막, 뇌, 망막 등 많은 조직의 소포체 막에 결합되어 있다. 생체 외 실험에 의하면 불포화효소는 18:3n3 > 18:2n6 > 18:1n9 순으로 n-3계 지방산인 리놀렌산과 친화력이 가장 크기 때문에 n-3와 n-6계 지방산은 불포화효소와 서로 경쟁관계에 있어 생선과 생선기름이 주 급원인 EPA와 DHA의 섭취가 증가하면 혈장과 조직 인지질 중 n-3계 EPA와 DHA의 함량이 증가하고 n-6계 AA 함량은 감소한다.

DHA(C22:6n3) 합성 과정의 마지막 단계는 최근에 밝혀졌다. 지방산 EPA(20:5n3)는

22:5n3로 연장되고 또 다시 24:5n-3로 연장 과정이 일어난 후 불포화효소에 의해 24:6n3로 전환되고 나서 마지막 단계로 부분적인 베타 산화(β-oxidation)에 의해 DHA(22:6n3)가 생성된다. 즉 20:5n3 → 22:5n3 → 24:5n3 → 24:6n3 → 22:6n3 단계로 합성된다. 22:5n6의 합성도 비슷한 과정으로, 20:4n6 → 22:4n6 → 24:4n6 → 24:5n6 → 22:5n6이 합성된다(그림 6-18).

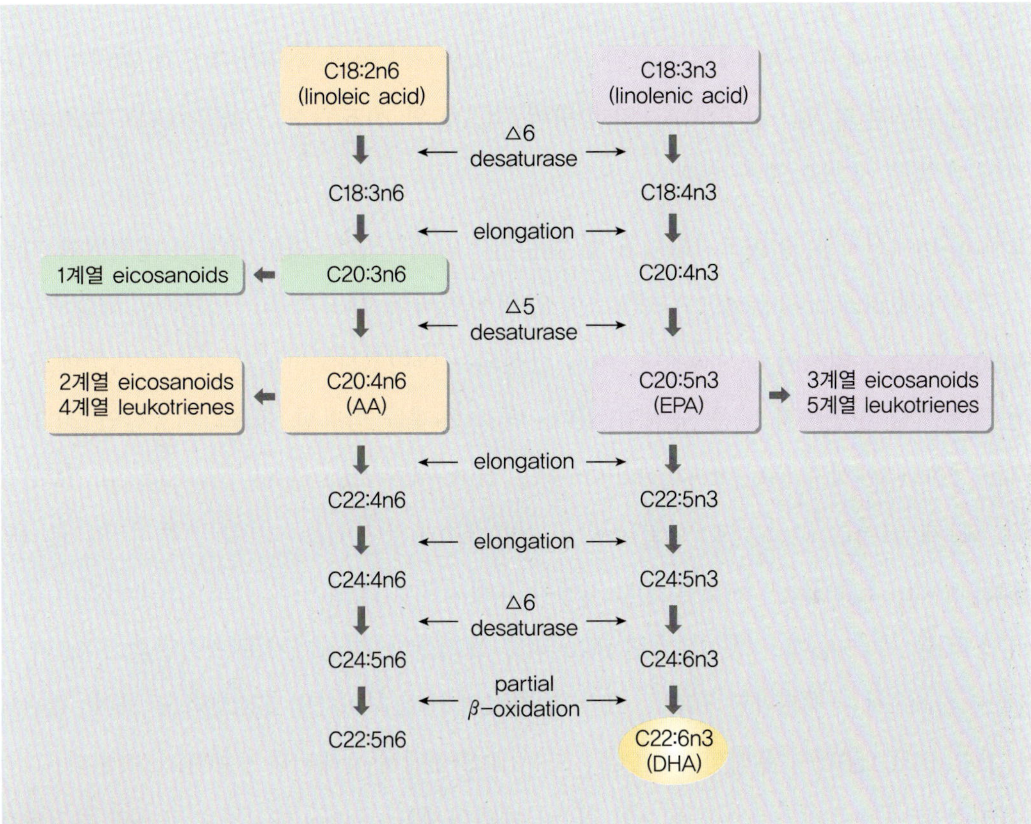

그림 6-18 **N-6 와 n-3 불포화지방산의 대사과정**

AA(arachidonic acid), EPA(eicosapentanoic acid), DHA(docosahexanoic acid)

2. 아이코사노이드(eicosanoids) 합성과 건강상태

인지질은 모든 세포막과 세포내막의 중요한 구조적 구성성분이다. 막 인지질의 지방산 조성은 식이의 n-6와 n-3 지방산 조성에 의해 부분적으로 영향을 받는다. 인지질의 지방산 조성 중 탄소 20개를 가진 다불포화지방산(20:3n6, 20:4n6, 20:5n3)은 사이클로옥시게나아제(cyclooxygenase, COX)와 리폭시게나아제(lipoxygenase, LPO) 효소에 의해 대사되어 프로스타글란딘(prostaglandins, PG), 트롬복산(thromboxanes, TX), 프로스타시클린(prostacyclin, PGI) 그리고 류코트리엔(leukotrienes, LT) 같은 여러 가지 산화된 산물을 생성하며, 이들은 모두 아이코사노이드(eicosanoids)로 알려져 있다. 이러한 아이코사노이드는 많은 생화학적 반응의 중요하고 효과적인 매개물질로 여러 세포 사이의 생리적인 상호작용을 조정하는 역할을 한다.

정상적인 조건에서는 AA에서 유도된 아이코사노이드가 가장 중요한 것으로 알려져 있다. 이것은 대부분의 막 인지질에서 AA의 함량이 20:3n6와 20:5n3보다 높고, COX 효소의 특이성이 더 높은 것으로 알 수 있다.

그림 6-18에서처럼, 아이코사노이드 합성은 세포막에 도달한 여러 가지 신호전달에 따라 포스포리파제(phospholipase) A_2 (PLA_2)가 활성화되어 세포막을 구성한 인지질로부터 AA(20:4n6)를 유리시켜서 시작된다. 이때 합성되는 아이코사노이드가 어느 지방산에서 합성된 것인지를 판단하기 쉬운 규칙이 있다. 탄소 20개를 함유한 불포화지방산인 20:3n6, 20:4n6, 20:5n3에서 유도된 prostaglandin(PG), thromboxanes(TX), prostacyclin(PGI)은 각각 제1계열(series 1), 제2계열(series 2), 제3계열(series 3)로 알려져 있다. 즉, prostaglandin E(PGE)가 지방산 20:3n6에서 유래된다면 PGE_1이라 하고, 20:4n6에서 유래된다면 PGE_2, 20:5n3에서 생성된다면 PGE_3라고 표기한다. 마찬가지로 혈소판의 TXA가 지방산 20:4n6에서 유래된다면 TXA_2, 또는 20:5n3에서 유래된다면 TXA_3라고 하며, 혈관내피의 PGI가 20:4n6에서 유래된다면 PGI_2, 또는 20:5n3에서 유래된다면 PGI_3라고 한다. 그리고 인지질 막에서 유리된 AA에 효소인 리폭시게나아제(lipoxygenase)가 작용하면 류코트리엔(leukotrienes, LT)이 생성되는데 이때도 마찬가지로 20:4n6에서 유래되면 제4계열(series 4)로 LTA_4(leukotriene A_4)라 하고, 20:5n3에서 유래되면 제5계열(series 5)인 LTA_5로 표기한다.

Prostaglandin(PG) 합성과정의 첫 효소인 COX에 의해 유리 20:4n6을 산소화시켜 중간대사물인 PGG_2, PGH_2 등의 엔도페록시드(endoperoxides)를 생성한다(그림 6-19). 이 효소 반응은 아스피린과 비스테로이드성 소염제에 의해서 억제되는 주요 단계이다. 이 엔도페록시드(PGG_2, PGH_2)는 생리적인 조건에서는 불안정하므로 각기 다른 세포나 조직에서 좀 더 안정된 형태인 TXA_2, PGI_2, PGE_2, $PGF_{2}\alpha$, PGD_2로 재빨리 전환된다. 예를 들면, PGE_2는 대부분의 조직, 특히 신장에서 생성되며, 혈관을 확장시키고, 평활근을 이완시킨다. $PGF_{2}\alpha$는 대부분의 조직에서 생성되고, 혈관수축(vasoconstriction)을 일으키고 평활근을 수축시키며, 자궁수축을 촉진한다. PGD_2는 뇌 이외의 많은 조직에서 PGH_2로부터 합성되며, PGD_2는 뇌에서 주된 대사산물로 수면과 체온조절, 통증 반응에 관계한다. TXA_2는 주로 혈소판에서 합성되며, 30초의 반감기를 가진 매우 수명이 짧은 물질로 강력하게 혈소판 응집을 촉진하고, 호흡과 혈관 평활근의 수축제로 작용하여 혈전 형성을 촉진한다. TXA_2는 병리학적으로 동맥경화, 심근경색, 뇌졸중 등과 관련이 있다. PGI_2는 주로 혈관내피세포에서 형성되고, 반감기가 5~10분 정도로서 강력하게 혈소판 응집을 억제하고 혈관확장을 촉진해서 혈전 형성을 억제하는 기능을 가진 물질이다. TXA_2와 PGI_2의 서로 상반된 효과가 혈관 상처 부위에 혈전 형성을 제한하는 것이다.

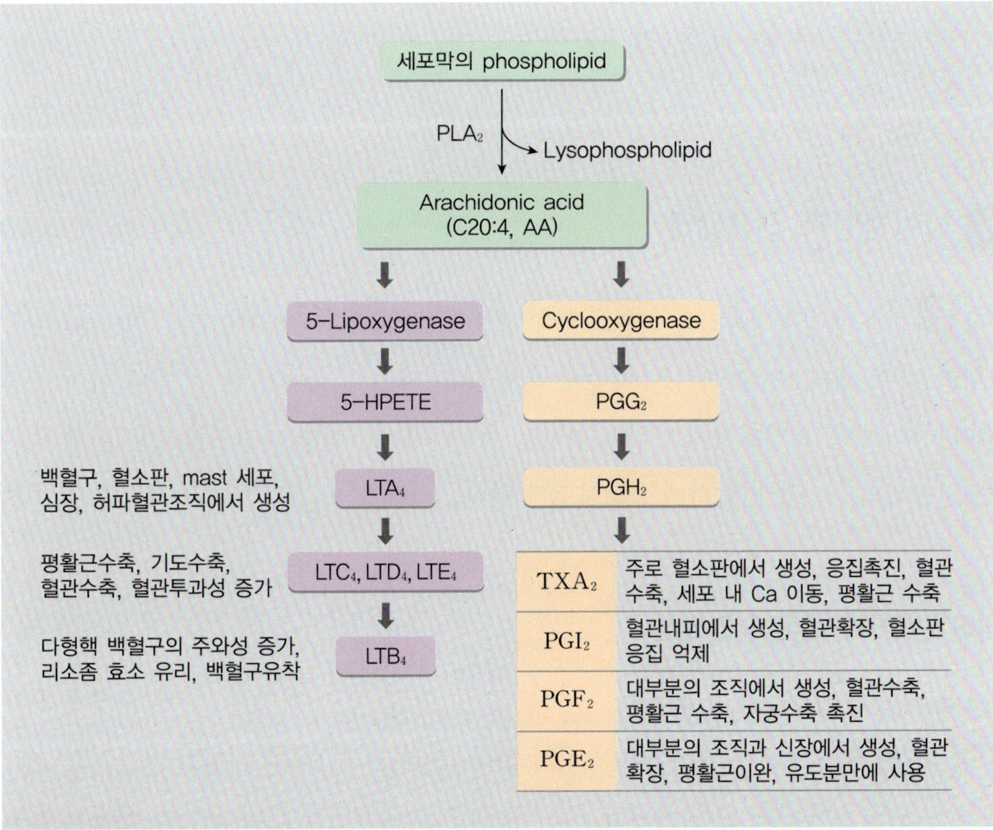

그림 6-19 세포막 arachidonic acid에서 중요한 thromboxanes, prostaglandins, leukotrienes 생합성과 기능의 개요

포유동물의 조직에는 3가지 주된 리폭시게나아제(lipoxygenase)로 5-, 12-, 15-lipoxygenase가 존재한다. Leukotrienes(LT) 합성은 세포막 인지질에서 유리된 20:4n6에 3가지의 lipoxygenases가 작용하여 여러 가지의 hydroperoxyeicosatetraenoic acids(HPETEs)가 형성된다. 예로, 세포막 인지질에서 유리된 20:4n6에 5-lipoxygenase 효소가 작용하면 5-HPETE가 형성되고, 12-lipoxygenase 효소가 작용하면 12-HPETE, 15-lipoxygenase가 작용하면 15-HPETE가 형성된다. 호중성 백혈구(neutrophils)에서 20:4n6가 5-lipoxygenase 효소에 의해 5-HPETE로 전환되고, 이 5-HPETE는 조직의 종류에 따라 마지막 산물로 여러 series의 LT(LTA_4, LTC_4, LTD_4, LTE_4, LTB_4)로 전환된다(그림 6-19). 이 외에도 히드로과산화물(hydroperoxides)은 히드록시 지방산(hydroxy fatty acids)인 hydroxyeicosatetraenoic acids(HETEs)와 리폭신(lipoxins) 등으로 대사될 수 있다. PG, TX, PGI, LT와 같은 아이코사노이드의 생물학적인 역할은 잘 알려져 있지만, 리폭신과 HETEs 등 그 외의 다른 아이코사노이드의 기능은 아직도 확실히 밝혀지지 않고 연구 중이다.

6-4 식이지방과 건강상태

죽상경화증과 관상동맥심질환 발달과정에 혈장 지질과 지단백이 보여주는 역할 때문에 식이지방의 혈중 지질조성에 미치는 영향에 대해 많은 관심이 모아져 왔다. 일단 여러 종류의 식이지방산이 혈중 지질조성에 미치는 영향을 요약해 보고, 혈장 지질조성 및 지단백의 관상동맥심질환과의 관계를 간략하게 살펴보고자 한다.

1. 식이지방산과 혈장 지질조성

식이 포화지방산은 혈중 콜레스테롤 수치를 증가시키는 주된 지방산으로서 죽상경화 유발과 가장 상관관계가 높은 지방산으로 알려져 있다. 그러나 모든 포화지방산이 콜레스테롤 농도에 똑같은 영향을 주는 것은 아니다. 식이와 혈중 콜레스테롤 간의 공식을 산출하기 위해서 임의로 첫째, 올레산(cis-18:1n9)은 총 콜레스테롤 수치를 증가시키거나 또는 감소시키지 않는다는 가정하에 중립의 위치에 놓고, 다른 지방산에 의한 반응을 이 올레산과 비교해서

등급을 정한다. 둘째, 올레산과 탄수화물이 총 콜레스테롤 농도에 주는 반응은 거의 동일하기 때문에 올레산을 중립의 위치에 놓을 수 있다. 이와 같은 가설에 의해서 포화지방산은 올레산에 비해 총 콜레스테롤 농도와 LDL-Chol 농도를 증가시키는 군으로 분류하였다. 그러므로 올레산은 혈액의 총 콜레스테롤과 LDL-Chol 농도에 대해서 '중성' 또는 중성지방산이라고 한다.

(1) 포화지방산

팔미트산(palmitic acid; C16:0)은 미국인 식사에서 주된 포화지방산이며, 총 포화지방산중 60%를 차지하고 육류지방, 버터, 열대지방의 기름 등에 함유되어 있다. 팔미트산은 총 콜레스테롤과 LDL-Chol 농도를 증가시키는 성질이 있다.

스테아르산(stearic acid; C18:0)은 식이 중 포화지방산의 약 25%를 차지한다. 이것은 특히 쇠기름에 많이 함유되어 있고 버터지방에도 어느 정도 들어있다. 수년 동안의 연구에 의하면 탄소길이가 12:0~16:0인 포화지방산에 비해서 스테아르산은 혈중 콜레스테롤 수준을 증가시키는 지방산이 아니라는 것이 증명되었다. 그렇다면 스테아르산은 왜 LDL-Chol 농도를 증가시키지 않는가 하는 것이다. 동물 연구에 의하면 기본적으로 스테아르산의 상당 부분이 일단 체내로 흡수되면 빠르게 올레산으로 전환되기 때문이다. 반대로, 팔미트산이 올레산으로 전환되는 것은 두 단계의 과정 즉, elongation(연장)과 desaturation(불포화) 과정을 필요로 한다. 알려진 자료에 의하면 연장은 천천히 일어나는 과정인 반면에 불포화는 빠르게 일어나는 과정이다. 이와 같이 스테아르산이 LDL-Chol 농도를 증가시키지 못하는 가장 타당한 이유로는 스테아르산이 올레산으로 변형되기 때문이지만 다른 기전에 의한 가능성도 배재할 수 없다.

포화지방산 중 미리스트산(myristic acid; C14:0)과 라우르산(lauric acid; C12:0)은 열대지방의 코코넛유와 팜커널유에 비교적 많이 함유되어 있고, 버터 지방에는 미리스트산의 함량이 높다. 이 두 지방산은 팔미트산처럼 혈중 콜레스테롤 수준에 미치는 영향에 대해 충분히 검토되지는 않았다. 라우르산은 올레산에 비해 콜레스테롤 농도를 높이지만 팔미트산에 비해서는 약 2/3 정도이며, 미리스트산은 적어도 팔미트산만큼 콜레스테롤 농도를 증가시킨다. 그러므로 영향이 조금 미약한 편이지만 라우르산과 미리스트산은 콜레스테롤 농도를 증가시키는 지방산이라고 하겠다.

비록 C12:0~16:0 포화지방산은 대부분의 사람에서 LDL-Chol 수준을 증가시키지만, 반응 정도는 사람에 따라 다양하다. 어떤 사람에서는 포화지방산에 대해서 비정상적으로 민감하게 혈중 LDL 수준이 상당히 증가되는 반면 어떤 사람에서는 비교적 저항성이 있어 약간 증가되는 경우도 있다. 상당한 관심을 끌고 있는 것은 포화지방산이 혈중 LDL 수준에 미치는 영향이 사람마다 다르게 나타나는 근본적인 원인이 유전적, 환경적, 호르몬 혹은 연령에 의해서 결정되는 것인지 하는 것이다. 이 문제에 대해서는 앞으로 더 많은 연구가 요구된다.

중쇄(medium-chain; C8:0과 C10:0) 포화지방산이 콜레스테롤 수준을 증가시키는지는 아직 확실하지 않지만 여러 연구에서 중쇄 지방산들이 총 콜레스테롤 또는 LDL-Chol 농도를 증가시킨다는 것을 증명하지 못했다.

(2) N-6 다불포화지방산

N-6 계열 지방산 중 주된 불포화지방산은 리놀레산(C18:2n6)이다. 이 지방산은 전적으로 식물성 급원, 주로 식물성 기름에서 유래된다. 오랫동안 리놀레산은 콜레스테롤을 낮춰주는 지방산으로 분류되었다. 많은 연구 결과에 의하면 리놀레산이 풍부한 채소유는 포화지방산이 많은 동물성지방에 비해서 혈중 콜레스테롤 농도를 감소시켰다. 또한 여러 가지 지방산을 서로 비교하여 본 결과 리놀레산은 포화지방산뿐만 아니라 올레산에 비해서도 콜레스테롤 수준을 낮추었다. 이와 같은 결과에 의해 다불포화지방산 대 포화지방산의 비율(P/S 비율)은 식이가 혈중 콜레스테롤 수준에 미치는 영향을 예측하는 표준방법으로 사용되었다. 일반적으로, 중성인 올레산에 비해 포화지방산은 다불포화지방산이 혈중 콜레스테롤 농도를 감소시키는 정도의 두 배로 증가시킨다고 제안했다.

그러나 최근 리놀레산이 혈장 지질과 지단백질에 미치는 영향에 대하여 재평가하기 위해 리놀레산이 총 콜레스테롤 수준만이 아니고 모든 지단백 종류에 미치는 영향을 조사하였다. 그 결과 올레산에 비해 포화지방산과 리놀레산의 영향은 생각보다 차이가 더 적었으며, 리놀레산은 사실 올레산에 비해 콜레스테롤 감소 효과가 아주 미미하거나 없었다. 만일 차이가 있다고 해도 비교적 적으며, 그 차이는 LDL-Chol에 국한된 것이 아니고 HDL-Chol 수준도 감소시킨다. 그러나 이와 같은 차이는 식이 중 올레산 대신 비교적 다량의 리놀레산으로 대체할 때만 나타난다. 물론, 식이의 리놀레산은 C12:0~16:0 포화지방산에 비해 LDL-Chol 농도를 낮춘다는 것에 대해서는 의문이 없다. 만일 임의로 포화지방산을 기준으로 정하여 비교한다면, 이에 비해 리놀레산은 강력한 콜레스테롤 저하 효과를 가진다.

(3) N-3 다불포화지방산

N-3계 불포화지방산의 근원은 리놀렌산(C18:3n3)이다. 식이 중 리놀렌산의 일반적인 급원은 콩기름(soybean oil)과 평지씨유(rapeseed oil)이지만, 흔하지 않지만 식이 중 가장 풍부한 급원으로 아마유(linseed oil)와 들기름(perilla seed oil)이 있다. 한국에서는 리놀렌산 급원으로 들기름이 실제로 판매되어 식용으로 사용되고 있다. 또 다른 n-3 지방산 급원으로, 리놀렌산이 연장되어 생성된 장쇄지방산인 EPA(C20:5)와 DHA(C22:6)를 함유한 어유가 있으며 총 지방산 함량 중 약 25%가 n-3 불포화지방산으로 구성되어 있다.

N-3 지방산이 혈중 지단백에 미치는 주요한 영향은 중성지방 수준을 낮추는 것이다. 이 지방산은 간에서 중성지방이 VLDL 입자 내로 결합하는 것을 억제하여 혈액 순환으로 분비되는 중성지방량이 감소하게 된다. 외관상으로는 혈액으로 분비되는 지단백 입자의 총 수효는 감소되지 않으나 각 입자 안에 중성지방 함량만이 감소된다. 고중성지방혈증인 환자에서 어유 섭취는 혈중 중성지방 농도를 감소시키지만 혈장의 apo B 수준을 낮추지는 않아 혈중으로 분비된 지단백 입자의 총 수효가 감소되지 않는다는 것을 보여준다.

(4) Trans 단일불포화지방산

오랫동안, 트랜스(trans) 단일불포화지방산은 올레산과 비슷하게 혈중 콜레스테롤 수준에 중성적인 영향을 미치는 것으로 간주되었다. 그러나 최근 이 작용에 대하여 재평가한 결과 트랜스 지방산 섭취는 LDL-Chol 농도를 증가시킨다고 한다. LDL 증가는 팔미트산에 의한 영향보다는 더 적으나 이 트랜스 지방산들은 HDL-Chol 수준도 같이 감소시킨다. 이와 같은 결과에 의해 트랜스 지방산의 안정성에 대하여 중요한 문제를 제시함으로써 트랜스 지방산은 혈중 콜레스테롤 농도를 증가시키는 지방산에 속한다는 것을 보여준 것이다.

(5) Cis 단일불포화지방산

앞에서 예시된 바와 같이, 올레산은 혈중 지단백에 미치는 영향을 보아서는 중성으로 간주될 수 있다. 또한 탄수화물도 올레산의 효과와 비슷하게 총 콜레스테롤과 LDL-Chol 수준에 영향을 미치지만 식이의 올레산과 대조적으로 탄수화물은 중성지방 수준을 증가시키고 HDL-Chol 농도를 감소시킨다. 이런 차이에 대한 기전이 완전히 밝혀지지는 않았지만 고탄수화물 섭취는 간에서 중성지방 생성을 증가시켜 중성지방이 풍부한 VLDL 입자를 형성하여 혈액으로 중성지방 유출이 증가하기 때문일 것이다.

2. 혈장 지질조성과 건강상태

(1) 혈장 콜레스테롤과 LDL 농도

죽상경화의 주된 지단백은 LDL이며, 혈중 LDL 농도가 증가하였을 때 관상동맥심질환(coronary heart disease, CHD)의 발생 위험도가 증가된다. 대집단 조사에서도 LDL 수준은 총 콜레스테롤 농도와 밀접한 관계가 있으며, 역학조사에서도 총 콜레스테롤 농도와 관상동맥심질환 위험 인자는 양의 상관관계가 있어 LDL-Chol 농도가 관상동맥심질환 위험도에 미치는 영향을 잘 반영하고 있다. 또한 약물치료로 혈중 LDL-Chol 농도를 낮추어 준 임상실험에서도 관상동맥심질환에 대한 위험도가 유의성 있게 감소하였다.

높은 LDL 농도는 죽상경화를 촉진한다는 기전에 대한 가설로는 순환하는 LDL이 동맥의 내막을 통해 들어가고 내막 아래 공간으로 들어간 LDL은 그 안에서 변형되어 죽상경화를 시작하는 독성 인자로 작용하는데 중요한 변형이 산소라디칼(free radical)에 의한 LDL의 산화에 의하여 발생한다는 것이다. 즉 산화되어 변형된 LDL의 일부는 내막 아래 공간에서 대식세포(macrophages)에 의해 잡히고, 이 대식세포는 콜레스테롤로 가득 차서 거품세포(foam cell)로 전환된다. 또한 산화된 LDL은 상처를 주는 인자로서, 플라크(plaque) 형성의 세포반응을 촉진시키는 화학적 유발인자로도 작용한다. 만일 다른 위험인자가 없더라도 LDL-Chol 농도가 극심하게 증가된 경우(예 : 가족성 고콜레스테롤혈증)에는 죽상경화증이 발생할 수 있다. 역으로, LDL 수준이 경계치의 역치(threshold) 수준까지 증가되지 않은 경우에는 다른 위험인자(예 : 흡연, 고혈압, 당뇨)들이 존재하더라도 죽상경화증을 발생시키지 않는 것으로 알려져 있다.

(2) 혈장 중성지방과 VLDL 농도

금식 상태에서 중성지방은 주로 VLDL 형태로 운반되기 때문에 중성지방 수치는 VLDL 농도를 반영한다. 콜레스테롤과 마찬가지로 중성지방 수치는 관상동맥심질환의 위험도와 양의 상관관계를 가지고 있으나 LDL-Chol보다는 훨씬 더 복잡한 관계를 보인다. 이러한 혈중 중성지방 농도와 관상동맥질환과의 관련은 다른 인자를 통해 매개되므로 고농도의 중성지방을 죽상경화에 대한 독립적인 위험인자로 고려해야 할지에 대해서는 의문이 제기된다. 중성지방 자체는 콜레스테롤처럼 죽상경화 병변에는 나타나지 않으나 입자가 더 작고, 콜레스테롤이 풍부한 VLDL-잔유물(IDL)은 죽상경화를 유발시킬 잠재력이 있는 것으로 보이며, 입자가 크고 중성지방이 풍부한 VLDL은 죽상경화 가능성이 적다. 그렇지만 apo B-100을 가지고 있는 모든 지단백들, 즉 VLDL, IDL, LDL은 어느 정도 죽상경화를 유발시킬 잠재력을 가질 수 있다.

중성지방 수준이 높을 경우에는 콜레스테롤이 높은 경우와는 다른 방법으로 관상경화 과정을 촉진시킨다. 예를 들면, 중성지방은 다른 지단백에서 변화를 일으켜 죽상경화를 유발한다. 중성지방 수치가 높으면 작고 고밀도인 LDL 입자가 형성되도록 하며, 이런 입자들이 과잉으로 형성되면 관상동맥심질환에 대한 위험도가 증가된다. 또한 중성지방 수치가 높은 경우에 때로는 저농도의 HDL을 동반하게 되는데, 이 저농도의 HDL 역시 관상동맥질환의 위험인자가 된다. 마지막으로 고농도의 중성지방은 혈전형성의 상태를 유발하여 관상동맥의 혈전과 같은 상태를 증가시킬 수 있다. 이와 같이 관상동맥심질환에 대한 위험인자로서 고농도 중성지방의 중요성에 대한 의견이 과거 몇 년 동안 좀 더 긍정적인 방향으로 받아들여지고 있다.

(3) HDL 농도

낮은 혈중 HDL 농도는 관상동맥심질환의 위험인자이다. 중성지방과 마찬가지로 HDL과 죽상경화증의 관계는 다발적 요인들에 의한 것이다. 혈중 HDL 농도가 높으면 여러 가지 기전에 의해서 죽상경화증 발생을 예방해 줄 수 있다. HDL은 말초조직에서 콜레스테롤을 간으로 역이동해 제거해 주는 역할을 한다. 따라서 HDL 농도가 높을 때는 동맥벽 안에 콜레스테롤의 축적을 감소시킬 수 있으며, 반대로 HDL 농도가 낮은 경우는 더 많은 콜레스테롤을 축적할 수도 있다. 이 외에도 HDL은 동맥벽 안에서 LDL의 산화를 방해하거나 LDL 자체가 응집되는 것을 방지하여 죽상경화 과정을 지연시킬 수도 있다. 현재로서는 이런 기전에 대하여 다소 추정적이기는 하나 HDL은 항죽상경화 지단백으로 간주한다.

3. 혈중 지질을 저하시키려는 기타 접근 방법

이 외에도 질병관리 차원에서 식이의 지방흡수를 저해하여 지방에 의한 에너지 비율을 낮추어 체중 및 혈중 지질 농도를 줄이거나 콜레스테롤 흡수를 방해하여 혈중 콜레스테롤 수준을 낮추려는 다음과 같은 방법을 시도하고 있다.

(1) 지방 흡수 조절

최근 비만에 대항하는 주된 전략은 지방소화와 흡수 과정에 집중되어 왔다. 그 목표는 전형적인 매일의 식사에서 식품에 함유된 지방을 쉽게 소화되지 않는 물질로 바꾸어 주거나 또는 소화 자체의 과정을 방해하는 물질을 공급하여 에너지원으로서 흡수된 식이지방의 상대적 비율을 줄이는 것이다. 한 예로서 sucrose polyester가 있으며, 이 물질은 실제로 올레스트라(Olestra)로 판매된다. Sucrose polyester는 식품에 흔한 여러 가지 지방산을 함유하며, 각 지방산들은 서당(sucrose)의 OH기에 에스터 결합하였다. 이 물질은 보통의 지질과 마찬가지로 감각기 자극성을 가지고 있고 열에 안전하므로 용이하게 여러 가지 식품에 유입된다. 이와 같이 sucrose polyester는 맛이나 식감을 심하게 변화시키지 않고 식품의 지방 대신 교체될 수 있다. Sucrose polyester 결합은 소화효소인 lipase에 의해서 분해되지 않아 소화기관에서 흡수되지 않고 배설되어 식이지방산이나 에너지를 공급하지 못한다. 하지만 소화되지 않은 sucrose polyester가 소화기관을 통과하여 배설된 결과로 소화기 내에 있는 다른 지용성 물질 중 필수영양소인 지용성 비타민도 배설된다. 또 다른 부작용은 비교적 다량의 Olestra를 섭취하는 소수의 사람에서 가스, 부종, 설사 등이 동반된다는 것이다. 이와 같은 결과로 규칙적인 Olestra의 사용으로 영원히 체중감소가 될지는 아직 논란 중에 있다.

다른 지방대체 물질은 달걀과 우유의 미세입자로 만든 단백질로 구성된다. 이와 같은 생성물은(예 : Simplesse) 지방이 가지고 있는 것과 같은 식감과 맛의 특성을 갖는 지방대체 물질로 이용하기 위해 미크론(micron) 정도의 아주 작은 가루로 사용한다. 이 물질은 단백질 같은 성질이 있어 열에 안전하지 않으므로 아이스크림과 같이 낮은 온도 생산품에서 사용하도록 제한되었다. 미세입자로 만든 단백질은 지방 1g당 9kcal에 비해 1g당 4kcal를 함유하여 지방 대신 대체할 경우 에너지 밀도가 감소하여 에너지 균형에 영향을 미치므로 주의가 필요하다.

지방 흡수를 변화시키는 것에 관한 가장 최근의 접근 방법은 중성지방을 소화시키는 효소인 췌장의 리파아제(lipase) 활성도에 목표를 두고 있다. 올리스탯(Orlistat) 또는 제니칼(Xenical)은 사람들이 사용할 수 있는 최근 생산품이다. 이 생산품은 화학적으로 합성된 lipostatin의 유도체이며, Streptomyces toxytricini라는 생물체가 만들어 낸 산물 그 자체이다. 이 제니칼은 리파아제 효소의 활성을 직접 방해하고 중성지방의 소화를 약 30% 정도 억제한다. 그래서 변으로 지방을 제거하여 전체적으로 에너지 섭취를 줄인다. 제니칼은 무작위로 여러 센터의 식이조절 시도에서 적절한 식이와 함께 평가를 하였을 때 2년간 현저한 체중 감소 또는 과다체중에서 감소된 무게가 원상 복귀되는 결과를 주었다고 보고되었다. 일 년 넘게 총 콜레스테롤과 LDL 콜레스테롤 농도가 감소된 것은 제니칼 사용과 관계가 있었으나 혈액에 순환하고 있는 카로티노이드(carotenoid)를 포함한 지용성 비타민의 농도가 제니칼 사용으로 조금 감소되었다.

(2) 콜레스테롤 흡수 조절

고콜레스테롤혈증의 관리는 동맥경화증의 위험도를 줄이는 데 기본적인 요소이다. 최근, 특별히 콜레스테롤 흡수 과정에 목표를 둔 식이전략은 식물에서 유래된 스테롤에서 스타놀 에스터(stanol ester)를 식품에 첨가하는 것이다. 식물성 스테롤과 스타놀은 화학적으로 콜레스테롤과 밀접한 관계가 있다. 그러나 구조적인 차이 때문에 식이와 담즙 내 콜레스테롤과 경쟁하여 장내 흡수를 궁극적으로 막는다. 피토스테롤(phytosterols)과 피토스타놀(phytostanol)이라고 하는 물질들은 식품 생산품에 넣기 전에 지방의 용해도를 높이기 위해 흔히 에스터 결합시킨다. 식물성 스테롤을 가수소화(hydrogenation)하면 스타놀로 전환되는데, 스테롤과 스타놀 에스터를 같이 섭취하는 기본식이는 형태와 급원에 따라 LDL 콜레스테롤 수준을 5~15%

더 낮춘다고 보고되었다. 마가린에 혼합한 스타놀 에스터를 하루에 약 2g씩 1년 동안 사용하였을 때 순환하는 LDL 콜레스테롤 수준을 14% 낮추었다. 지방 흡수를 막는 물질과 같이 식물성 스테롤과 스타놀은 혈액에 있는 지용성 비타민의 수준을 조금 낮추었다.

이 외에도 앞서 언급한 담즙산 격리제(예 : cholestyramine)나 식이섬유소의 섭취를 통해 변으로 담즙산의 순손실을 유도하여 혈중 콜레스테롤을 낮추는 효과를 얻을 수 있다.

7

에너지 균형 및 체중관리

체중은 일반적으로 건강상태를 나타내는 지표로 사용된다. 최근 들어 과다한 체중으로 인한 비만을 염증성 질환으로 분류하기도 하며 심장병, 당뇨병, 고혈압, 암 등을 포함한 여러 가지 만성 질환의 위험 인자로 인식하고 있다. 반대로, 저체중은 영양 불량이나 식이 장애 지표로 이용되거나 골다공증의 위험 인자로 알려져 있다. 따라서 정상 체중을 유지하는 것은 건강을 유지하는 것과 직결된다고 할 수 있다.

7-1 에너지 균형

에너지의 섭취량과 소비량이 동일하여 일정한 체중을 유지하는 상태를 에너지 균형 상태로 간주하는데, 만일 에너지 섭취량이 소비량보다 많으면 양의 에너지 평형(positive energy balance) 상태를 의미하며 남는 에너지는 주로 중성지방으로 전환되어 지방조직에 저장된다. 예로, 임신부에서는 태아에 에너지 공급을 위해 축적되고 유아나 아동에서는 성장을 위해 축적되며, 성인에서는 서서히 체중이 증가된다. 그러나 에너지 섭취량이 소비량보다 적은 경우 음의 에너지 평형(negative energy balance) 상태를 뜻하며 이때는 체중이 감소된다. 에너지 섭취란 식품의 섭취를 뜻하고, 에너지 소비는 기초대사량, 음식물 섭취에 의한 열 생산, 육체적 활동에 사용된 에너지를 뜻한다. 성인에서 체중손실이란 근육질(lean body mass)과 지방조직의 손실을 의미한다. 성인에서는 나이가 들면서 식사패턴과 활동량이 변하고 기초대사량이 감소되면서 서서히 체중이 증가되어 조심하지 않으면 결국 비만으로 진전될 수도 있다.

1. 에너지 소비량 구성

에너지 소비량은 기초대사에 필요한 에너지, 활동에 필요한 에너지, 식품에 의한 열효과(thermic effect of food)로 소모되는 에너지로 구성되어 있다.

(1) 기초대사량(basal metabolic rate)

기초대사량은 호흡이나 심장박동, 체온 등의 자의에 의해 발생하는 행위가 아닌 생명유지에 필요한 최소한의 에너지 소비량이다. 즉, 쉬면서 깨어있는 동안 유지하는 데 소비하는 최소량의 에너지로서 체내에서 사용하는 총에너지의 약 60~70%에 해당된다. 이는 육체적 활동이나 식품을 소화하는 데 사용하는 에너지는 포함하지 않는다.

기초대사량은 12시간 공복 상태에서 누운 채로 긴장을 풀고 깨어 있는 상태로 측정한다. 측정하는 방의 온도는 가능한 한 대상자가 편안하게 느낄 수 있는 상태를 유지하도록 하여 체온조절을 위한 에너지 손실이 없도록 한다. 기초대사량을 측정할 수 있는 여러 가지 방법을 제시하지만 가장 편리하고 이론적으로 비슷한 근사치를 예측할 수 있는 방법으로 사용되는 것은 체중에 비례해 남자에서는 시간당 약 1.0 kcal/kg/hr, 여자에서는 0.9 kcal/kg/hr를 곱해 하루에 필요한 기초대사량을 계산한다. 예로, 체중 70 kg인 남자는 하루 1680 kcal(70 kg×1 kcal/kg/hr×24 hr)가 기초대사량으로 필요한 것이다. 같은 체중이라도 기초대사량에는 개인차이가 약 25~30%가 된다. 아래에 다시 설명을 하지만 기초대사에 필요한 에너지는 근육질량에 비례하므로 근육량이 높은 사람은 체지방량이 높은 사람보다 기초대사량이 높다. 따라서 같은 체중의 여성에 비해 남성의 기초대사량이 높고 연령이 증가할수록 근육질이 감소되어 기초대사량은 감소한다. 이 밖에도 기초대사량에 영향을 주는 요인은 다음과 같다.

기초대사량(BMR)에 영향을 미치는 요인

① 체표면적이 넓을수록 열손실이 더 크다. 실제로 신장이 큰 사람일수록 넓은 체표면적을 가지므로 기초대사량이 더 높다.

② 연령이 30세가 지나면 활발하게 대사하는 근육질량이 서서히 감소되어 매 10년마다 BMR이 약 2% 감소된다. 성인으로 나이가 들수록 기초대사율이 감소되어 연령이 체중유지를 어렵게 한다. 그러나 나이가 들면서 육체적 활동을 높이면 근육질량 유지가 가능하므로 기초대사율을 유지하여 체중조절을 가능케 한다.

③ 성장으로 인해 어린이와 임신부의 기초대사량은 높다.

④ 고열로 체온이 높아지면 기초대사량이 증가한다.

⑤ 갑상선 호르몬은 기초대사량과 직접적인 관계가 있어 티록신(thyroxine) 분비량이 높을수록 기초대사량이 증가한다.

⑥ 스트레스 호르몬은 기초대사량을 증가시킨다.

⑦ 저열량 섭취는 기초대사량을 약 10~20%(하루 약 150~300 kcal) 감소시키기 때문에 체중 감소가 어렵다.

⑧ 카페인과 담배의 니코틴은 교감신경계의 활동을 증가시켜 기초대사율을 증가시킨다.

⑨ 주위 온도가 낮을수록 기초대사량이 높아진다. 따라서 주위 온도가 낮은 겨울철이 여름철보다 기초대사량이 높다.

(2) 식품의 열 효과(thermic effect of food)

식이 섭취로 인한 소비는 체내에서 음식물의 소화, 흡수, 운반, 대사, 저장에 관련된 모든 작용을 통해 소비되는 열량을 포함한다. 음식물 섭취로 몸에서 열이 나는 현상이 이로 인한 효과이다. 일반적으로 혼합 식이를 했을 경우 24시간 동안 섭취한 식품의 총 열량가의 10% 정도가 이에 해당된다.

(3) 활동에너지

신체 활동이나 운동량은 전체 에너지 소비 중에 가장 변이가 큰 에너지 소비 근원이다. 신체 활동의 시간, 강도, 빈도가 에너지 소비에 큰 영향을 미치고 개인의 체격이나 활동 시의 효율 등도 영향을 미치는 요인이다.

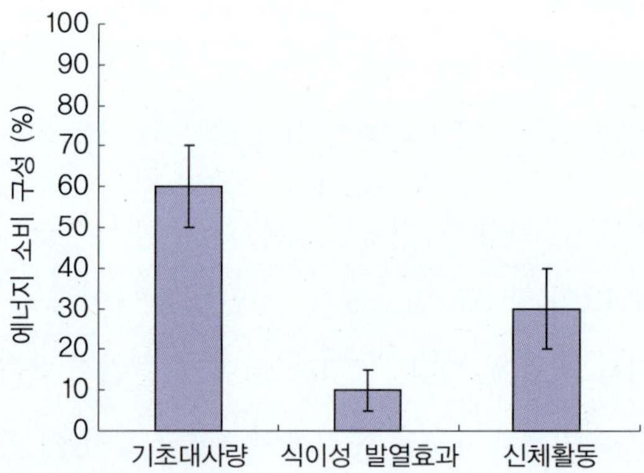

그림 7-1 에너지 소비의 구성요소와 비율

일반적으로 앉아서 생활하는 비활동적인 사람의 총 에너지 소비량의 60%가 기초대사량이고, 10% 정도가 식품 섭취에 의해 발생하는 열량이고, 나머지 30%가 신체 활동에서 기인하는 것으로 본다(그림 7-1). 하지만 기초대사량은 위에서 언급된 것처럼 여러 가지 요인에 의한 변이가 크고 개인 내에서도 신체 활동에 따른 차이가 크므로 활동량을 조절하여 전체적인 에너지 소비량을 조절할 수 있다.

2. 에너지 소비량 측정 방법

체내 에너지 소비량을 측정하는 방법은 직접 열량 측정법과 간접 열량 측정법, 동위 원소 수분 측정법으로 나눌 수 있다.

(1) 직접 열량 측정법

직접 열량 측정법은 단열 처리된 공간 안에 사람이 직접 들어가 방출한 열에 의해 공간을 둘러싸고 있는 물 온도의 상승 정도를 측정하여 계산한다. 인체의 에너지가 열로 발산되는 것으로 열량 필요량을 측정한다. 정확한 필요량을 측정할 수 있다는 장점이 있지만 특수 설비가 필요하여 비용이 많이 든다는 단점이 있다.

(2) 간접 열량 측정법

간접 열량 측정법은 대상자가 휴대 가능한 산소 탱크와 이산화탄소 집기통이 부착된 기구를 이용한다. 측정 대상자의 산소 소비량과 배출된 이산화탄소량을 가지고 호흡계수(respiratory quotient, RQ)를 계산하고 에너지 소모량과의 상관관계를 나타내는 공식을 이용하여 소비 열량을 계산한다. 또한 질소 1g당 약 6l의 산소를 소비하고 4.8l의 이산화탄소를 생성하므로 소변으로 배설되는 질소량도 같이 측정하여야 정확한 값을 산출할 수 있다. 탄수화물의 경우는 RQ 값이 1.0, 단백질은 0.8, 지방은 0.7 정도로 보통 혼합식이의 RQ 값은 약 0.85 정도이다.

7-2 에너지 균형의 조절

체중은 에너지 섭취와 소비 사이에 아주 민감한 생물학적 기전에 의해 조절된다. 흥미롭게도 3% 정도의 에너지 섭취와 소비 사이의 불균형이 10년 이상 지속되면 실제 체중에서는 45kg 정도의 큰 차이를 초래할 수도 있다고 한다. 개인마다 이러한 에너지 균형을 유지하기 위해 생화학적, 내분비적, 생리학적, 신경계적, 행동적 수준에서 복합적인 조절 기전이 작용한다. 상대적으로 마른 사람과 과체중인 사람들에게 음식물 섭취의 시작과 종료를 유도하는 확실한 기전은 아직까지 확실하게 알려져 있지 않지만 여러 동물과 인체 실험을 통한 연구 결과는 다음과 같다.

뇌상(cephalic phase)이라고 함은 음식을 보거나 냄새 맡거나 맛보거나 생각만 하여도 위산 분비가 증가하는 것을 말하는데, 음식에 대한 이와 같은 뇌상이 신경계를 통해 신호가 전달되면 침의 분비, 위산 분비, 위 운동, 인슐린 분비 등이 자극되어 포도당의 세포 내 유입이 유도될 수 있다.

장벽에 존재하는 화학 수용체(chemoreceptor)와 기계적 수용체는 음식물이 위로 유입된 정보를 뇌의 시상하부로 전달하여 포만감(satiety)을 느끼게 한다. 또한 위장관의 소화과정과 식사의 중단은 콜레시스토키닌(cholecystokinin), 글루카곤(glucagon), 소마토스타틴(somatostatin) 같은 호르몬이 미주 신경(vagus nerve)에 존재하는 수용체와 결합하여 뇌로 신호를 보내어 이루어진다. 식후 순환하는 포도당은 포만감과 배고픔 신호를 전달하는 중요한 기능을 수행한다. 또한 지방산과 지방산 대사 산물은 식이 섭취를 조절하는 신호를 보내는데, 지방산은 포도당과 함께 배고픔과 포만감 신호를 전달하여 위장을 비우는 시간을 지연시킨다. 특히 저혈당 지수 식품과 고지방 식이는 소화 흡수를 지연시켜 포만감을 더 오래 지속시킨다. 단백질 섭취도 포만감을 증가시켜 식이 섭취량을 감소시키는 효과를 보였다.

앞에서 언급된 것처럼 단기간 식이 조절을 하는 요인들 외에 신경전달 물질이나 다른 호르몬, 펩티드(peptide) 등은 장기간에 걸쳐 에너지 균형을 조절하는 것으로 알려져 있다.

렙틴(leptin)은 지방세포에서 생성되고 백색 지방량이 증가할수록 분비가 증가되어 식이 섭취를 저해하고 에너지 소비를 촉진시키는 것으로 알려져 있다. 렙틴은 지방분해를 증가시키고 신경전달 물질들과 함께 카테콜아민(catecholamine), 코르티코이드(corticoids), 성장호르몬(growth hormone) 등의 호르몬에 영향을 미쳐 식이 섭취와 체중 조절에 관여한다고 알려져 있다. 세로토닌(serotonin)도 렙틴과 같이 식이 섭취를 감소시키는데 탄수화물 섭취가 증가하면 뇌로 필수 아미노산인 트립토판(trp)의 유입이 증가하고 세로토닌의 합성이 증가함으로써 식이 섭취를 감소시키는 경향을 보인다.

또한, 위장관에서 음식을 먹기 직전에 분비되는 식욕촉진 호르몬인 그렐린(ghrelin)은 배고픔과 식욕을 조절하여 장기간의 체중을 조절하는 효과가 있다는 것이다. 혈중 그렐린은 식전 급속히 증가하여 식이 섭취를 촉진하며 식후 급속히 감소되어 렙틴과 인슐린의 작용에 길항제로 작용한다.

7-3 체조직 구성

1. 체구성(body composition)

체구성은 지방과 지방을 제외한 근육과 골격 등을 포함하는 제지방조직(fat-free body, FFB)으로 나누어 볼 수 있다. 실제로 직접적인 분석에 의하면 체구성 중 지방 함량은 변화가 가장 크지만 제지방조직량은 비교적 일정하다. 또한 이 제지방조직 중 가장 많은 부분을 차지하는 수분(water) 함량은 비교적 일정하며 전해질량과 관계가 있다. Behnke 정의에 의하면 제지방조직이란 근육질(lean body mass, LBM)이 필수지방을 2% 함유한 것이 다르기는 하지만 보통 이 두 용어를 크게 구분하지 않고 같은 의미로 사용한다.

체세포질량(body cell mass, BCM)이란 화학적으로 동질의 조직덩어리(homogeneous tissue)로서 활발한 신진대사를 하는 세포를 모두 포함하며, 세포막에 존재하는 고체물질이나 세포를 싸고 있는 어느 용액도 포함되지 않는다. 또한 체세포질량은 산소(O_2)를 사용하고 이산화탄소(CO_2)를 생성하며, 포도당을 대사하는 세포를 모두 포함한다. 그러나 제지방조직 또는 근육질은 화학적 조성과 개념에서 BCM과는 다르게 불균질(heterogenous)한 조직 덩어리인 셈이다. 즉, 신진대사를 하는 세포뿐 아니라 골격과 연골물질, 콜라겐, 또한 신진대사를 활발하게 하지 않는 세포들과 지방을 제외한 모든 것을 포함한다.

체세포질량은 2가지 종류의 조직으로 구분한다. 첫째로, 근육조직인 골격근과 평활근, 둘째로, 조직실질(parenchyma)인 심장, 뇌, 신장, 간, 횡격막(diaphragm), 내분비선 등의 장기로 나누어진다. 근육조직은 주기적인 근육 기능이 있고 수축 사이에 휴식기가 있으나 조직실질은 기초대사율과 관계된다. 총 에너지 소비량으로 말하면 근육조직은 주로 활동(소화기관 활동을 포함한 모든 활동)과 관계가 있는 에너지를 뜻하며 조직실질은 쉬지 않고 세포수명과 관계하여 산화와 합성과정에 관여하는 기초대사율과 관계가 있으므로 체세포질량 함량은 총 에너지 소비량과 관계가 있다.

2. 체구성의 변화

체구성은 연령과 성별, 인종, 유전 등의 다양한 요인에 의해 영향을 받을 수 있다. 특히 골밀도(bone density)와 체지방을 제외한 근육질(LBM)량은 유전적인 영향을 크게 받아 성별에 따라 사춘기 이후에 급격하게 차이가 나타난다. 남성의 근육질량은 10대에 급격히 증가하고 20세 이후 서서히 감소하는 반면, 체지방의 증가는 10대 초반에 나타나지만 굉장히 속도가 느리다가 중년기 이후 서서히 증가하는 경향을 보인다. 남자에서 근육질량이 빠르게 증가하고 지방량이 감소되는 것은 청년 후기에 근육이 증가하기 때문이다. 여성의 경우는 남성에 비해 근육질량 증가 속도가 느리고 최고에 도달하는 양도 적어 상대적으로 남성에 비해 체지방량의 비율이 높다고 할 수 있다. 특히 여성의 체지방 증가는 사춘기부터 유의적으로 증가하여 전 연령대에 걸쳐 지속적으로 증가한다. 성숙이 다 되어도 체구성의 변화는 중단되는 것이 아니라 성인기 동안에도 느린 속도이지만 절대적, 상대적인 체구성의 변화가 계속된다.

또한 남녀를 불문하고 노화에 따른 절대적인 체구성의 변화가 지속적으로 이루어지는데, 이러한 변화는 노화로 인한 체세포질량(BCM)의 감소로 기초대사량이 감소되고, 또 활동량 감소로 인한 근육질의 감소로 체수분량이 감소되어 자연 체지방량이 증가하는 것이다. 근육질량은 개인마다 다르고 같은 사람이라도 근육사용과 건강상태에 따라 다르다. 영양상태에 따라 근육질량은 비교적 일정하지만 체지방량은 변화가 크기 때문에 체지방량이 증가하면 근육질량의 상대적 비율이 변화한다.

실질적인 체구성 변화의 예를 들면, 운동선수가 운동을 중단하고 에너지 섭취도 양(+)의 평형상태를 이루고 있는데도 체중에는 변화가 없는 경우가 있다. 이런 경우 실제로 체구성에 변화가 오는 과도기라고 볼 수 있다. 이때 소비하고 남는 에너지는 지방으로 전환되어 체지방량은 증가하여도 운동이 중단됨으로써 지방보다 비중이 더 높은 근육량의 감소와 이에 따른 체내 수분의 감소를 동반하여 체중에는 전혀 영향이 없는 상태이다. 결과적으로 근육이 점차 지방으로 대체되고 있어 얼마 동안은 체중에 변화가 없는 것으로 나타난다. 하지만 지속적인 열량 섭취 증가와 운동량 감소는 체구성 중 근육질량의 감소와 체지방량의 증가로 인해 비만으로 이어질 가능성이 높다.

7-4 비만

정상적인 체중을 유지하지 못하고 체지방이 과다하게 축적된 경우 비만을 초래한다. 비만은 환경적, 유전적, 생리적, 대사적, 심리적인 요인들을 포함한 다양한 환경적 요인들이 관여하는 복잡한 만성질환으로 간주된다. 비만은 전 세계적으로 급증하는 당뇨병, 심장병, 동맥경화, 암 등 생명을 위협하는 만성질환의 위험요인으로 알려져 있다. 따라서 비만에 대한 정확한 진단과 평가가 비만을 예방하고 치료하는 데 중요한 요인으로 우선시되어야 한다.

1. 비만의 발병률

세계적으로 비만의 발병률이 급격히 증가하고 있는데, 이는 선진국의 문제일 뿐 아니라 인도와 같은 개발도상국인 나라에서도 공통되는 문제로 간주되고 있다. 특히 개발도상국에서의 비만은 기아나 영양불량과 함께 공존하는 영양문제로 떠오르고 있다. 각 나라마다 비만의 판정 기준이 다소 차이가 있지만 비만 환자의 증가율은 지속적으로 증가하고 있는 실정이다. 또한 각 나라마다 소아 비만도 함께 증가하고 있어 소아 비만이 성인 비만으로 이어져 전체 비만 인구 비율을 증가시키는 데 기여하고 있다.

2. 비만의 원인

에너지 불균형에 의해 초래된 비만은 다양한 요인으로 인해 소비된 에너지보다 축적된 에너지가 과도할 때 발생할 수 있다. 크게 비만의 요인을 유전적, 환경적, 에너지 대사 이상으로 나누어 볼 수 있다.

(1) 유전적 요인

개인의 유전자는 에너지의 소비량, 에너지가 저장되는 방법과 소비에 영향을 미치는 것으로 알려져 있다. 부모 모두가 정상 체중일 경우 아이가 비만이 될 확률은 10% 미만이며, 한쪽 부모가 비만인 경우 아이가 비만일 확률이 40%인 것에 반해 부모 모두가 비만일 경우에는 그 확률이 80% 정도로 매우 높다. 이와 같이 성인이 된 후 비만이 될 가능성은 유전적인 소인이 중요하다. 하지만 고지방 식사라든지 비활동성 등과 같이 가족끼리는 비슷한 생활습관을 가지고 있기 때문에 환경적인 요인도 작용한다. 즉 본성과 양육(Nature and Nurture)이 동시에 작용하여 비만이 될 수도 있다.

최근 연구에 의하면 지방조직에 지방을 저장하는 데 관여하는 효소인 리포프로테인 리파제(lipoprotein lipase)의 활성이 비만인은 마른 사람에 비해 높으며 이는 유전적인 영향을 받는 것으로 보고되었다. 또한 비만 유전자로 알려진 렙틴(leptin)도 체지방량에 비례하여 증가하여 지방세포에서 분비되는 호르몬으로서 neuropeptide Y 활성도를 감소시켜 식품섭취를 줄인다. 시상하부에는 식사로 포만감(satiety)을 느끼게 하는 센터가 있다. 만일 화학물질, 수술, 암 등에 의해 시상하부의 포만감 센터가 파괴되면 조절이 안 되어 계속 먹고 싶어진다. 그런데, 체지방이 증가하면 시상하부에서 렙틴을 분비하도록 자극하여 식욕을 감퇴시키고, 에너지 소비량과 지방소비 등을 증가시킨다. 이론적으로 체지방량이 증가하면 렙틴양이 증가하여 포만감을 느끼게 하여 적게 먹게 하며, 만일 렙틴양이 낮으면 더욱 먹고 싶어지게 한다. 하지만, 이러한 렙틴 유전자에 돌연변이가 있을 경우나 렙틴 수용체에 문제가 있어 렙틴과 결합이 되지 않을 경우 음식섭취 조절이 되지 않아 비만이 초래되는 것으로 알려져 있다. 대부분 비만 환자들의 경우 혈중 렙틴 농도가 증가한 것으로 나타났다. 이런 경우는 렙틴은 정상적으로 생성되지만 이를 인지하는 수용체의 민감도가 저하된 경우라 할 수 있다. 즉, 제2형 당뇨병에 인슐린 분비의 문제가 아니라 분비된 인슐린에 대한 민감도 저하와 같은 맥락이라 할 수 있다.

새로운 연구 결과 중 하나는 위장관에서 분비되는 공복감지 호르몬인 그렐린(ghrelin)이 배고픔과 식욕을 조절하여 장기간의 체중을 조절하는 효과가 있다는 것이다. 혈중 그렐린은 식전 급속히 증가하여 식욕을 촉진하고 식후 바로 감소한다. 혈중 그렐린의 양은 BMI와 상관관계가 있으며 비만인의 혈중 그렐린 농도는 정상인에 비해 감소된 상태이다. 그렐린의 분비는 식이조절에 의해 체중이 감소될 때 증가되는 것으로 보고되었다. 또한 그렐린이 렙틴의 길항제로 작용한다는 보고가 있어 이 두 호르몬의 상호 작용과 에너지 조절에 관한 연구의 필요성이 요구된다.

(2) 환경적 요인

비만 인구가 증가하는 것은 반드시 식품섭취가 많기 때문은 아니며, 여기에는 여러 가지 환경적인 원인이 있다. 비활동적인 생활습관(sedentary life style)으로 인한 에너지 소비의 감소, 패스트푸드를 포함한 고지방, 고열량 식품에의 접근성 증대, 열량을 포함한 다양한 음료들의 증가, 아침식사의 결식과 불규칙적인 식생활습관 등의 요인이 에너지 섭취량과 결합하여 비만 인구가 지속적으로 증가하고 있다.

다양한 연구 결과에 의하면 과체중인 사람들의 1/3 이상이 여가시간에 전혀 신체 활동을 하지 않는 편이다. 이는 비만한 사람들 중에는 마른 사람들에 비해 섭취량이 적음에도 불구하고 활동량 부족으로 인한 열량 소비의 감소로 남는 에너지가 몸에 축적되어 비만으로 이어진 경우도 있다는 것이다. 또한 고지방, 고열량 식품에 대한 접근이 용이해진 것과 더불어 방송 매체를 통한 식품 광고로 사람들의 식욕을 자극하는 것을 과식의 원인으로 볼 수 있다. 특히, 이러한 환경적인 요인들이 유전적인 요인과 결합하여 극대화될 때 비만이 더욱 심하게 유발된다고 할 수 있다.

(3) 에너지 대사 이상

갑상선 호르몬은 기초대사량을 조절하는 것으로 알려져 있다. 따라서 갑상선 호르몬의 분비가 증가하면 기초대사량 증가로 에너지 소모가 커져서 체중이 감소하지만 갑상선 호르몬의 분비가 저하될 경우는 기초대사량의 감소로 인해 에너지 소모가 낮아 체중이 증가한다. 이 외에도 여러 가지 질병상태는 에너지 대사에 영향을 주어 이차적으로 비만을 초래할 수 있다.

(4) 지방세포의 발달

다른 원인 중 하나는 아동기의 과도한 지방세포의 발달이다. 개인의 체지방량은 지방세포의 수효와 크기에 따라 좌우되는데 지방세포의 수효는 생후 2년까지의 제1성장기와 10~12세의 제2성장기에 급속히 증가한다. 특히 지방세포 수효는 비만 유전자를 가진 아동의 경우 더욱 급속히 증가한다. 지방세포는 지방의 축적에 따라 크기가 증가하지만 그 크기가 최대에 달하면 분열을 통해 그 수효가 증가하기 때문이다. 하지만 한번 양적, 수적으로 증가한 지방세포는 체중 감소를 통해 크기는 감소시킬 수 있지만 수효는 감소시킬 수 없다.

(5) 셋 포인트 이론(set-point theory)

셋 포인트 이론은 체온 조절처럼 대부분의 사람들이 체중이 항상성을 유지하려는 기전에 의해 체중의 변화를 감지하여 변화한 것을 재빨리 이전 체중으로 되돌리려 한다는 것이다. 즉, 인간의 몸은 일정한 체중을 유지하도록 정해져 있고 그 체중이 되도록 식행동과 호르몬 변화를 통해 조절한다는 것이다. 따라서, 체중이 증가하면 에너지 소비량을 증가시키고 체중이 감소하면 에너지 소비량을 감소시킨다는 것이며, 이 이론으로 왜 비만인 사람이 감소된 체중을 유지하는 것이 어려운지 설명할 수 있다.

3. 비만의 진단과 평가

체구성을 측정하는 방법은 직접적인 방법인 신체계측법과 체지방과 근육질(LBM)의 물리적, 화학적 특성의 차이에 근거한 간접적인 방법이 있는데 사용법의 용이성과 비용, 정확도 등에 차이가 있어 목적에 따라 적절한 방법을 사용하는 것이 좋다.

(1) 신체계측법(anthropometry)

신체계측법은 방법이 단순하여 간단한 도구들만으로 비만 정도를 계산할 수 있어 가장 널리 사용되는 방법이다. 사용되는 방법으로 신장, 체중, 피부두께(skinfold thickness) 측정, 가슴둘레, 허리둘레, 엉덩이둘레 등이 있으며, 신장과 체중을 이용한 체질량지수(body mass index)를 가장 많이 사용한다.

1) 체질량지수(body mass index, BMI)

체지방을 직접 측정하는 방법이 비용과 장비의 문제로 어렵기 때문에 가장 간편하게 사용할 수 있는 방법이 신장과 체중을 이용하여 계산하는 체질량지수(BMI)이다. BMI는 가장 단순한 비만 측정 방법으로 비교적 체지방량과 유의적인 상관관계를 보여 다양한 연구에서 흔히 쓰인다. BMI 계산 방법은 아래와 같다.

$$\text{Body mass index (BMI)} = \text{체중}_{(kg)} / [\text{신장}_{(m)}]^2 = kg/m^2$$

BMI를 이용한 비만 정도의 기준은 표 7-1과 같다. 한국인에서는 대한비만학회의 기준에 따르면 정상인 BMI가 23 미만, 과체중은 BMI 23~25인 경우이며, BMI가 25 이상일 때는 비만으로 분류한다. 서양인들의 경우 WHO 기준에 따르면 과체중은 BMI 25~30이며, BMI가 30 이상일 때는 비만으로 분류한다. BMI를 사용할 때 성장기의 어린이들이나 노인들에게 일반인의 비만 판정범위를 적용할 경우 부정확할 수 있음을 고려해야 한다. 따라서 어린이들의 경우는 표준 성장곡선과 병행하여 사용하고, 노인들의 경우 체중은 정상체중이지만 체지방의 증가를 동반하므로 다른 판정 방법과 병행하여 사용하는 것이 좋다.

표 7-1 체질량지수(BMI)에 따른 성인의 비만 판정기준

구 분	BMI[1]	BMI[2]
정상	18.5~22.9	18.5~24.9
과체중	23.0~24.9	25.0~29.9
경도 비만	25.0~29.9	30.0~34.9
중등도 비만	30.0~34.9	35.0~39.9
고도 비만	〉35	〉40.0

1) 대한비만학회, 2000
2) WHO, 1998

참고로 BMI가 25 이상으로 높아지면 건강을 위협하는 위험인자가 증가해 사망률이 높아지기 시작하고 BMI 30~40에서는 중정도의 사망률을 나타내며, 40 이상인 경우 고도의 사망률을 보인다고 한다.

2) 허리둘레

기존에는 허리둘레와 엉덩이둘레를 측정하여 비율(waist/hip ratio, WHR)을 계산해서 비만 정도를 판정하였지만 엉덩이둘레는 측정하는 위치에 따라 변수가 크므로 허리둘레가 좀 더 정확한 비만의 판단 기준으로 사용되고 있다. 대한비만학회 기준에 의하면 한국인에서 허리둘레가 남성은 90cm 이상, 여성은 80cm 이상일 때 비만으로 판정한다. 서양인의 경우 허리둘레가 남성은 40인치 이상, 여성은 35인치 이상일 때 복부비만으로 인한 건강문제를 가질 위험이 높은 것으로 간주하고 있다.

3) 피부두께 측정법(skinfold thickness method)

피하지방 측정법은 캘리퍼(caliper)를 사용하여 상완위, 어깨, 옆구리, 복부, 허벅지 등의 피부가 접히는 두께(skinfold thickness)를 측정한 후 기준치와 비교하여 체지방 정도를 판정하는 방법이다. 이 방법은 연령, 성별, 인종에 따라 차이가 있지만 체지방량을 잘 반영하며 체지방량 측정에 많이 이용되고 있는 실용적인 방법이다.

(2) 체지방의 간접 측정법

체중은 체지방과 제지방조직(FFB)으로 구성되어 있고 앞에서 언급된 것처럼 체구성 중 지방 함량은 가장 변화무쌍하지만 제지방조직(FFB) 또는 근육질(LBM)량은 비교적 일정하다. 또한 이 근육질 중 가장 많은 부분을 차지하는 수분 함량이 73.2%로 비교적 일정하며, 또 세포내액에는 다량의 칼륨(K)이 존재한다는 결과를 기본으로 하여 간접적으로 체지방량을 산출해 낸다. 이 외에도 지방은 절연체라는 점을 이용해 신체를 통과하는 전기 전도율을 측정해 체지방량을 추산하기도 하며, 또 지방의 비중이 물보다 낮아 신체구성 중 체지방량이 높을수록 신체의 비중이 가벼워진다는 이론에 근거하여 체지방량을 산출하기도 한다. 이와 같이 체지방량을 직접적인 방법으로 분석하기 어려워 다음과 같이 간접적인 측정 방법으로 총지방량을 산출하여 비만 정도를 진단한다.

1) 체내 총 수분량(total body water)

이중수소(deuterium), 삼중수소(tritium, ^{3}H) 또는 18-산소(^{18}O)의 방사선 동위원소 중 하나를 이용하여 체내 총수분량을 산출해 내는 방법이다. 이 세 가지 중 한 가지 방사선 원소로 꼬리표를 붙인 물을 일정량 마시거나 정맥 주사한 후 체내 수분에 어떻게 분포되는가를 관찰하는 방법이다. 섭취 후 평형을 이루는 일정 시간 후(2~6시간) 혈액이나 소변의 일정액을 다시 채취하여 방사선 동위원소의 희석된 정도와 호흡으로 배출된 ^{18}O 산소량을 측정하여 체내 총수분량을 산출해 낸다. 하지만 방사선 동위원소의 가격이 비싸고 분석을 위한 장비가 비싸다는 단점이 있다.

체내 수분은 근육질(LBM)에만 존재하고 무게의 73.2%를 차지하므로 총수분량이 산출되면 0.732로 나누어 근육질량을 계산한 후, 체중에서 이 근육질량을 제하여 체지방량(%)을 산출한다.

2) 전기저항 측정법(bioelectrical impedance analysis)

이 방법은 지방이 절연체이기 때문에 전기가 전도되지 않는다는 점을 이용하여 인체의 사지에 전극을 연결하여 전기 전도율을 측정하는 방법으로 근육질(LBM)량을 계산한 후 간접적인 방법으로 체지방량을 산출한다. 장비의 운반이 용이하고 비교적 비용이 적게 들어 간편하게 사용할 수 있지만 정확도가 떨어진다.

3) 체내 총 칼륨양 측정법(total body potassium)

칼륨(K)은 세포내액(ICF)에 다량 함유되어 있으나 세포외액(ECF)에는 극미량으로 존재하는 무기질 이온으로서 지방세포와는 무관하므로 체내 함유된 칼륨 함량을 측정하여 근육질(LBM)량을 추정할 수 있다. ^{40}K는 체내 자연적으로 존재하는 방사선 동위원소로 감마선(γ-rays)을 방출한다. 따라서 scintillation counter로 몸에서 나오는 감마선을 감지하여 체내에 존재하는 ^{40}K 함량을 측정한다. 이 ^{40}K 함량이란 체내 전체 칼륨(K)의 0.012%가 되므로 체내 총 K 함량을 계산할 수 있다. 연구결과에 의하면 근육질(LBM)은 단위 kg당 칼륨(K)을 68.1meq 함유하고 있어 ^{40}K 함량에서 얻은 체내 총 K 함량을 68.1meq로 나누어 체내 근육질(LBM) 총량을 계산한다. 사용공식은 LBM(kg) = 총 K 함량(meq) ÷ 68.1meq이다. 그러므로 체내 총지방량은 체중에서 근육질(LBM)량을 제하여 산출한다. 그러나 종종 ^{40}K의 정확한 양을 측정하는 것이 어려워 동위원소 희석법을 이용해서 다른 방사선 동위원소인 ^{42}K를 섭취한 후 ^{40}K와 ^{42}K를 함께 측정하여 계산하기도 한다.

4) 소변 크레아티닌 배설량

근육 내 크레아틴(creatine)이나 크레아틴 인산(creatine phosphate)은 우발적으로 비효소적, 비가역적으로 탈수반응에 의해 탈인산화되고 고리화되어 크레아티닌(creatinine)으로 전환되어 소변으로 배설된다(그림 5-13 참조). 이 크레아티닌은 근육에 결합되어 있지 않고 체내 총수분량(total body water)에 분포되어 있다가 신장에 의해 제거된다. 크레아티닌 배설량은 골격근육량과는 직선 함수관계가 있으며, 정상인에서는 비교적 일정하다. 그러므로 소변의 크레아티닌 함량은 정확하게 측정할 수 있으면 근육량 측정이 가능하므로 체지방량을 추정해서 산출할 수 있다. 하지만 이 방법은 근육운동이나 절식, 육류와 생선 같은 식품에서 크레아틴 섭취, 식이제한 등의 영향을 받을 수 있고, 또한 크레아티닌 배설량은 주간 패턴(diurnal pattern)에 의한 개인 변이성이 높아 정확히 24시간 소변을 사용하여 측정해야 한다는 단점이 있다.

5) 수중 인체 비중 측정법(hydrodensitometry)

체내 함유된 총체지방량을 계산하기 위해 특수 장치를 이용하여 수중에서 인체의 비중을 측정하고 다음과 같은 공식을 제안하여 체지방량을 산출한다.

순수지방의 비중은 0.9g/ml이지만 지방조직(adipose tissue)은 순수한 지방이 아니고 세포막이나 결체조직 등과 같은 다른 물질들이 함유되어 약 80~85%만이 순수지방이므로 비만조직(obesity tissue)의 비중은 37℃에서 0.9478g/ml이다.

체중은 표준체중과 비만조직으로 구성되어 있으며, 비만조직은 지방 62%, 세포외액(ECF) 14%, 세포잔유물(cell residues) 24%로 구성되며, 표준체중은 무게의 14%가 지방이다. 이 자료와 다음 공식을 이용하여 체중의 비만조직의 상대적 함량(%)을 구한 후 비만조직의 무게를 계산한다. 그리고 표준체중과 비만조직을 구성하는 지방량을 각각 산출하여 총합산하여 총체지방량으로 사용한다. 예로, 체지방량 계산 내용은 다음과 같다.

비만조직(%) = 〔(8.755/D) - 8.237〕× 100 (D=비중)
체중 = 표준체중 + 비만조직

예) 체중 = 75kg, 비중 = 1.05, 체지방량 = ?

비만조직 = (8.755/1.05-8.237) × 100 = 10.1%
비만조직 무게 = 75kg × 0.101 ≒ 7.58kg
표준체중 무게 = 75kg-7.58kg = 67.42kg
비만조직 내 지방량 = 7.58 × 62% = 4.70kg
표준체중 내 지방량 = 67.42 × 14% = 9.44kg
총체지방량 = 14.14kg, 체중의 체지방량 ≒ 18.9%

수중 인체의 비중에 따른 체지방량을 비교해 보면 사람의 비중이 1.06인 경우 체지방량이 15.1%, 비중이 1.05인 경우에는 체지방량이 18.9%, 1.04인 경우에는 22.7%가 된다. 만일 사람의 비중이 1.06보다 낮으면 비만인으로 취급하고, 비중이 1.06보다 더 높으면 체지방량은 적고 근육질이 높은 마른 사람으로 간주한다.

수중 인체의 비중을 측정하는 방법은 가장 정확한 체지방 측정법으로 알려져 있으나 장비 자체가 매우 비싸고 대상자가 많을 경우 상대적으로 비실용적인 방법이다. 또한 대상자의 적극적인 협조가 필요하므로 어린이나 노인, 환자들에게는 적합하지 않은 방법이다.

이 외에도 두 가지 다른 에너지 수준의 양성자를 이용하여 분석하는 양성자 흡광법(dual energy X-ray absorptimetry)이나 전산화 단층 촬영(computerized tomography, CT), 자기공명 영상(magnetic resonance imaging, MRI) 등이 사용되고 있다. 이러한 방법들은 결과가 정확하지만 검사 비용이 높아 일반적인 체지방 측정에는 사용되지 않는다.

4. 비만의 종류

체지방의 분포 형태에 따라 중심형 비만인 상체비만(upper-body obesity)과 하체비만(lower-body obesity)으로 나눌 수 있다. 상체비만은 전체 체지방이 체내 중심 복부에 밀집되어 있는 형태로 주로 남성이나 폐경기 이후의 여성에서 나타난다. 이러한 상체비만은 하체비만보다 제2형 당뇨병이나 고혈압, 심장질환 같은 만성질환의 위험인자로 알려져 있다. 혈중 테스토스테론(testosterone) 농도가 높을 경우 상체비만을 유도하여, 폐경 이후 혈중 에스트로겐(estrogen)과 황체호르몬(progesterone) 농도가 감소되어 상체에 지방분포를 유도하여 상체비만이 된다고 알려져 있다. 허리둘레/엉덩이둘레 비율이 남자에서는 1.0 이상, 여자에서는 0.8 이상이면 상체비만으로 분류한다.

5. 기본적인 체중 조절

비만과 비만과 관련된 질병으로 인해 사망률이 증가하고 있어 좀 더 효과적이고 안전한 체중감소 전략에 대한 요구도가 더욱 높아지고 있다. 일반적으로 미국 농무성(USDA)에서 발표한 식품구성표나 미국 당뇨병학회에서 발행한 식품교환표와 같은 저지방 또는 중지방 식사요법은 적절한 과일과 채소, 전곡류, 저지방 또는 무지방 유제품, 살코기, 가금류와 해산물, 단일불포화지방산을 체중 감소를 위해 추천한다. 이와 함께 미국심장학회, 당뇨병학회, 암학회 등에서도 섭취열량의 비율로 탄수화물 55%, 지방 30%(포화지방 10% 미만), 단백질 15%를 권장하고 있다.

지금까지 전 세계적으로 체중 감소를 향상시키는 다양한 다이어트 방법들이 제안되고 있지만 현재 행해지고 있는 방법 중 다량 영양소에 의한 방법은 다음과 같이 분류할 수 있다.

(1) 다양한 식사요법

체중을 감소시키기 위한 식이적 접근법의 공통점은 에너지 섭취량의 감소이다. 일반적으로 체중 감소를 위해 하루 500~1000kcal의 열량을 제한하여 일주일에 0.5~1.0kg을 감량하는 것을 이상적인 방법으로 제시하고 있다.

1) 저지방 식사

저지방 식사(high carbohydrate, low fat diets)는 고당질, 저지방 식사를 의미하는 것으로 지방의 섭취를 전체 섭취 열량의 5% 이내로 제한하고 있다. 이 방법은 오니쉬 박사의 다이어트(Dr. Dean Ornish's Life Choices Program)와 프리티킨 프로그램(The New Pritikin Program) 등으로 "Eat more, Weigh Less"를 슬로건으로 한다.

지방은 탄수화물과 단백질에 비해 열량이 높고 식감을 높여 식이 섭취량을 증가시켜 오랫동안 체지방 증가의 원인으로 간주되어 왔다. 따라서 저지방 식사는 지방의 섭취를 감소시키는 것이 체지방 감소를 위한 최선의 방법이라 제안하고 있다.

식사를 통한 적절한 양의 탄수화물 섭취는 소화흡수 과정을 통해 적절히 포도당을 공급하여 케톤체 생성을 예방하는 효과를 가진다. 저지방 식사는 식사를 통한 총 섭취 열량을 감소시키면서 뇌와 적혈구, 신경계와 같이 지속적으로 포도당을 에너지원으로 사용하는 조직에 충분한 포도당을 공급하고, 근육 등 에너지를 필요로 하는 다른 조직에서는 식사 내 탄수화물을 사용하고 부족한 에너지의 일부분은 식이 단백질을 에너지원으로 사용하며 나머지는 체지방 분해를 통한 지방산을 에너지원으로 사용하도록 하여 체지방 분해를 통한 체중 감소를 유도한다.

저지방 식사는 주로 채식을 위주로 하여 채소, 과일, 전곡류, 두류 등과 함께 무지방 유제품, 가공되지 않은 식품들이나 저지방 육류, 가금류 등을 주로 하는 식사로 심혈관 질환을 예방하는 것으로 알려져 있다. 육류도 콜레스테롤이나 포화 지방 함량이 높은 것은 피하고 견과류 등의 불포화지방산을 함유한 식품들도 저지방 식이를 유지하기 위해 섭취를 제한한다. 이 방법은 건강한 사람들에게 전혀 해가 되지는 않지만 선택할 수 있는 음식이 다양하지 않기 때문에 금방 질리게 되어 오랫동안 지속하기 어려운 단점이 있다. 저지방 식사는 1년 미만 지속할 경우 적절한 체중 감소가 있었고 고섬유식이를 동반할 경우 체중 감소 효과를 촉진하는 것으로 보고되었다. 하지만 장기간 지속할 경우 감소 효과가 미비한 것으로 나타났으며, 최근 20년 동안 에너지원으로 지방의 비율이 지속적으로 감소한 것에 반해 비만 인구는 전 세계적으로 지속적인 증가를 보이고 있어 저지방 식사의 효과에 의문점을 제시하고 있다.

또한 저지방 식사의 심혈관계 질환 예방효과는 미비한 것으로 보고되었다. 열량 제한을 동반한 저지방 식사는 혈중 LDL 콜레스테롤은 저하시키나 혈중 HDL 콜레스테롤, 중성지방, 혈당과 인슐린 농도에는 큰 영향을 미치지 않는 것으로 나타났다. 특히 저지방 식사에서 감소된 필수지방산 섭취와 지방을 정제된 당으로 대체했을 경우 오히려 체내에 유해한 효과를 나타냈으며 심혈관계 질환의 위험을 증가시키는 것으로 나타났다. 따라서 단기간의 고당질 식사를 통한 체중 감소에는 정제되지 않은 양질의 복합 당질 섭취가 중요하며 필수지방산의 섭취가 결핍되지 않도록 유의해야 할 것이다.

2) 고단백-고지방 식사 (저당질 식사)

고단백-고지방 식사는 현재 가장 많은 사람들이 애용하는 방법으로 황제 다이어트, 앳킨스 다이어트(Dr. Atkins' diet), 단백질 파워(protein power), 존 다이어트(the Zone) 등이 이에 해당한다. 고단백, 고지방 식사는 고당질 식사가 인슐린 저항성 등을 증가시켜 비만을 포함한 다양한 만성 질환을 발생시키는 데 기여한다는 주장에 바탕을 두고 전체 열량의 10~30% 정도만을 당질로 섭취하도록 권장한다.

그러나 고단백-고지방 식사(ketogenic diet라고도 함)는 저당질 식사를 의미하므로 일단 지방이나 단백질을 주된 에너지원으로 사용하게 되어 다음과 같은 생리적인 효과가 나타난다. 첫째, 미토콘드리아에서 지방산이 과다하게 산화되는데 당질 부족으로 인해 옥살산(oxaloacetate)이 충분하지 못해 acetyl CoA가 구연산(citrate)으로 전환되지 못하고 축합되어 케톤체가 다량 생성된다. 소변으로 케톤체가 하루 0.5~10g 배설되며 최고 20g까지도 배설되고, 호흡으로 최고 1g 정도의 아세톤을 배출한다. 과다한 지방산의 산화로 혈중 케톤체 농도가 증가하면 소변으로 케톤체를 배설하기 위해 다량의 물이 동시에 배설된다. 또한 케톤체 1g은 4.5kcal에 해당되므로 ketogenic diet를 함으로써 하루 약 100kcal에 해당되는 에너지가 소변으로 손실된다. 둘째, 고단백 식사로 인해 과다하게 흡수된 아미노산의 대사에 의해 요소 등의 질소를 함유한 산물이 다량 생성되어 소변으로 배설되기 위해 다량의 물이 동반 배설되며, 또한 요소 합성에도 ATP를 사용할 뿐 아니라 요소 자체도 에너지를 가지고 있어 고단백 식이는 소변을 통한 열량 손실이 높다고 본다. 그러므로 이론적으로 이와 같은 다이어트를 하면 고열량을 섭취하는 상태에서도 열량 손실이 크고 많은 물이 동반 배설되어 체중 감소의 효과를 극대화할 수 있다.

하지만 실제 임상실험 결과, 같은 열량의 저지방-고당질 식사와 비교했을 때 고단백-고지방 식사가 단기간으로는 더 효과적인 것으로 나타났지만 장기간에는 차이가 없는 것으로 보고하였다. 또한 이러한 단기간의 체중 감소 효과는 본래의 정상 식사 패턴으로 돌아가면 급속도로 제자리로 되돌아오게 된다.

이 외에도 고단백-고지방 식사에는 다음과 같은 문제점이 있다. 첫째, 고단백-고지방 식사를 지속하면 증가된 케톤체에 의한 식욕감퇴(anorexia)와 수분손실 때문에 구역질과 구토 및 병적인 피로감이 오고 체중 손실이 올 수 있다. 둘째, 아미노산 대사에서 나온 요소와 같은 질소를 함유한 용질의 농도가 높아 소변으로 배설될 때 신장에 부담(renal solute loading)을 주게 되어 신장에 문제가 있는 경우에는 권장하지 않는다. 셋째, 고단백 식사의 함황아미노산(methionine, cysteine, cystine 등)과 그 대사 산물에 의해 신장 세뇨관의 칼슘(Ca) 재흡수를 방해하여 소변으로 칼슘 배설이 증가되므로 칼슘 영양상태에 영향을 미친다. 넷째, 고지방 식사를 오래도록 지속하면 결국 고지혈증, 고콜레스테롤혈증, 고중성지방혈증, 죽상동맥경화증, 고요산혈증 등이 올 수 있다.

종합적으로, 많은 연구결과에 의하면 고단백-고지방 식사가 단기간의 체중 감소에 가장 효과적임을 보여주고 있지만 아직까지 장기간의 효과가 증명되지 않은 상태이다. 또한 고단백-고지방 식사는 자연히 동물성 식품의 섭취가 높아 결과적으로 포화 지방산 섭취가 높아질 수밖에 없어 심혈관계 질환의 위험을 높이는 것으로 알려져 있으므로 주의를 요한다. 실제로 이런 고단백-고지방 식사를 유지하면서 단순한 체중 감소가 심혈관계 증상을 완화시키는 효과가 있을지는 의문이다. 또 이와 같은 식사 요법은 단기간의 체중 감소 효과는 클 수 있지만, 장기간 반복해 실시할 경우 영양의 불균형을 초래할 뿐 아니라 고단백 식사는 칼슘의 배설을 증가시켜 골다공증이 발생할 위험을 증가시키는 것으로 알려져 있다.

3) 극심한 열량 제한 또는 절식요법

체중 조절을 위해 다이어트를 하는 많은 사람들이 선택하는 방법은 가능한 한 음식 섭취량을 최소화(하루 열량 섭취량이 800 kcal 미만인 경우)하거나 무조건 굶는 절식이다. 그러나 이와 같은 다이어트 방법에는 문제점이 있으며 궁극에는 건강을 해치는 결과를 초래하는데 이에 대한 과학적인 근거는 아래와 같다.

① 극심한 열량 제한

열량을 800 kcal 이하로 극심하게 제한하여 섭취하는 경우, 열량과 함께 흡수되어 들어오는 비타민과 미네랄 등의 영양소가 체내 신진대사에 필요한 만큼 충분하지 못하기 때문에 최소한 1200 kcal는 섭취할 것을 권장하고 있다. 이와 같은 경우 열량 섭취가 너무 낮아 배고픔을 견디기 힘들어 오래 지속하지 못하고 중간에 포기를 하게 된다. 문제는 이와 같은 방법을 주기적으로 반복해서 실시하면 다음에 설명할 제한급식의 경우와 같이 체구성의 변화 즉, 실제 체지방량은 오히려 증가하고 신진대사가 활발한 근육질을 소모하게 되어 궁극적으로 건강을 해치는 결과를 초래한다.

② 제한급식

섭취 열량을 줄이기 위해 식사횟수를 하루 한 끼 또는 두 끼니로 줄여서 식사하는 경우가 있다. 이와 같은 식사방법을 제한급식(meal eating 또는 meal feeding)이라고 하는데, 이에 관해 발표된 연구 결과는 다음과 같다.

식사횟수, 즉 하루에 얼마나 자주 식사를 하느냐에 따라 지방조직에 축적되는 지방량을 예측하기 위해, 자유롭게 조금씩 하루 종일 먹는(nibbling) 동물에게 제한급식(meal feeding, MF) 방법으로 하루 한 번(2~3시간 동안)으로 먹이를 제한해 주었을 때, 동물은 일주일 이내로 적응하여 사료 섭취량이 정상군의 약 75% 정도이었고 체중은 정상과 거의 비슷한 수준이었다. 하지만 실제로 체내 지방축적률이 유의적으로 더 높았으며 다음과 같은 적응이 일어났다. 하루 한 번만 급식하므로 한꺼번에 들어오는 많은 양의 음식을 받아들이기 위해 위와 소장의 크기와 흡수율이 각각 약 40% 정도씩 증가하여 식품효율이 더 높아졌다. 또 소화, 흡수 후 섭취에너지의 약 50%는 지방으로서 지방조직에 저장되고, 20%는 글리코겐으로 근육에 저장된다. 그리고 식사 사이 공복기간이 길어 이 기간에 에너지를 보급하기 위한 수단으로 지방합성에 관여하는 효소들(lipogenic enzymes)의 활성이 빠르게 증가하여 포도당의 지방산 전환이 촉진되어 지방이 축적된다. 이렇게 함으로써 체내에 많은 열량을 저장하였다가 공복 시에 에너지원으로 사용한다. 하지만, 정상적인 식사방법으로 되돌아갔을 때 증가된 지방합성 효소들에 의해 지방합성은 더욱 높아진다. 또 증가된 지방합성 효소들의 활성이 다시 정상 수준으로 되돌아가는 것이 4배 정도 아주 느리게 진행되므로 일단 지방으로 합성된 후에는 제거하기가 어렵다.

그러므로 그림 7-2에서처럼 사람이 다이어트 한다고 아침 식사는 안 하고, 점심은 가볍게 하고, 대신 저녁은 평소보다 많은 양을 먹는 식으로(전체적인 열량섭취는 더 적게 하지만), 식사 끼니를 줄이고 참았다가 식사를 한 번에 많이 먹는 제한급식(MF) 방법은 체내 지방량을 증가시킨다. 이와 같은 방법이 반복된다면 결국 다이어트의 본래 목적인 체지방량이 감소하기보다는 오히려 증가되고, 혈중 중성지방과 콜레스테롤 농도는 증가하며 HDL 콜레스테롤 농도는 감소되어 전체적인 건강과 체력 소모가 더 일어나게 된다.

그림 7-2 비만 사이클(obesity cycle)

실제로 체코의 60~64세 남자 우체부 440명을 대상으로 조사한 바에 의하면 하루 식사횟수가 5회 이상인 사람에 비해 3회 이하로 횟수를 줄여서 한 경우 과체중, 고콜레스테롤혈증, 당뇨병 등이 있는 사람의 빈도가 유의하게 더 높았다.

이와 같은 다이어트를 반복하는 식생활습관에 의해 과체중, 고지혈증, 당뇨병 등의 성인병 발병률이 높아진다. 다이어트란 계획없이 굶고 끼니 수를 줄이는 것이 아니며 전문가의 지도하에 정확하게 계획하고 시작해야 한다. 연구 결과에 의하면 원하는 대로 체중을 줄이고 나서 1년 내로 감소된 체중의 1/3 정도가 다시 증가하며, 3~5년 내로 다시 원래상태로 돌아가거나 더욱 악화될 수 있다고 한다. 그래서 체중이 감소된 후 5년간을 그대로 체중을 유지한다는 것은 암을 극복하는 것보다 더 어려운 것이라고 한다.

참고로, 요요현상(yo-yo effect)으로 체중이 줄 때는 주로 근육질과 지방이 감소되지만 다시 체중이 늘 때는 순수한 지방으로 채워지므로 장기간의 이와 같은 다이어트의 영향은 체중만 증가하는 것이 아니라 체지방량 자체가 더 증가하게 된다.

③ 완전 절식

아무리 다이어트를 하여도 체중에 변화가 없어 때로는 완전 절식(total starvation) 방법으로 체중을 줄이려는 경우도 있다. 이와 같은 절식으로 체중을 줄이려고 할 때 발생하는 생리적, 생화학적인 변화에 따라 각 조직에서 뇌 조직으로 보내는 영양소 보급의 과정을 단계별로 그림으로 설명한다(그림 7-3).

뇌에서 하루에 필요한 포도당은 100~145g이고, 적혈구에서 필요로 하는 포도당은 약 40g이다. 뇌 조직에서 사용하는 주된 에너지원은 포도당으로서 쉬는 상태에서 혈중 순환하는 포도당의 2/3를 사용한다. 그러나 기아상태가 장기간 지속될 때 뇌에서 에너지원을 공급받는 근원과 적응되는 과정은 아래와 같다.

그림 7-3에서 제1단계인 식사와 식사 간(interprandial) 상태에서는 췌장에서 인슐린 분비가 감소되고 글루카곤 분비가 증가하기 시작하여 간에 저장된 글리코겐이 분해되어 혈중 포도당 농도를 유지한다. 이때 근육에서는 지방산을 주된 에너지원으로 사용한다.

그러나 제2단계인 하룻밤 절식(overnight fast) 후에는 간에 저장된 글리코겐을 다 사용한 후 글루카곤/인슐린의 상대적 비율이 점차적으로 더욱 높아지기 시작하면서 근육 내 단백질 분해가 증가해 혈액으로 유출된 아미노산(표 5-2와 그림 5-5 참조)을 이용하여 간에서 당신생작용에 의해 포도당을 합성하여 뇌 조직으로 촉진 확산되도록 유도한다. 이때 근육에서는 에너지원으로 지방산만 사용하는 것이 아니라 간에서 합성하여 공급한 케톤체도 어느 정도 에너지원으로 사용한다. 저장된 지방이 분해되기 시작하여 유리된 지방산을 간에서 대사해서 케톤체를 생성하여 간 이외의 여러 조직에서 에너지로 사용할 수 있게 보급하기 때문이다.

제3단계인 절식초기(early starvation)에는 글루카곤 분비가 더욱 증가하여 주로 근육 내 단백질 분해가 더욱 증가하여 간조직의 당신생작용에 사용할 전구체를 보급하는 alanine-glucose cycle(그림 5-16 참조)이 활발하게 진행되어 간에서 포도당을 생합성하여 뇌 조직에 공급한다. 실제로 이때는 체단백질 분해로 인해 증가된 아미노산 대사에서 생성된 요소 등의 질소를 함유한 대사산물이 다량의 물을 동반해 배설할 때 미네랄(Ca, Mg, K)도 따라서 배설된다. 그러므로 이 시기의 체중 감소는 체내 근육질과 수분량의 감소와 더불어 중요한 미네랄의 손실을 의미한다. 이때 근육에서는 에너지원으로 지방산과 더 많은 케톤체를 사용하게 된다.

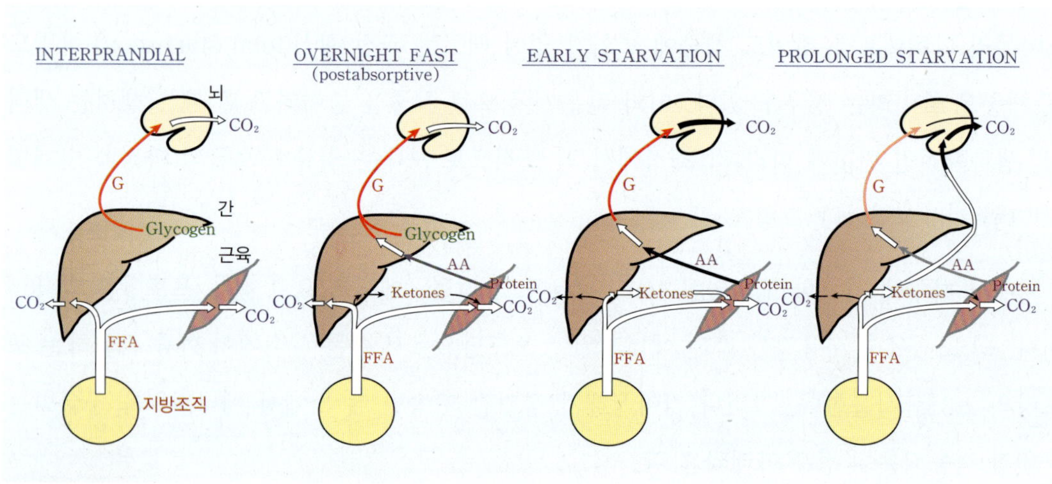

그림 7-3 **기아상태가 장기간 진행될 때 각 조직들(간, 근육, 지방조직)로부터 뇌 조직에 공급하는 에너지원**
interprandial : 식사와 식사 간, overnight fast : 하룻밤 절식, early starvation : 기아 초기, prolonged starvation : 장기간 기아상태, FFA : 유리지방산, AA : 아미노산, G : 포도당, glycogen : 글리코겐, protein : 단백질, ketones : 케톤체

그러나 실제로 제4단계인 장기간의 기아상태(prolonged starvation)로 들어가면 글루카곤 분비가 감소되기 시작하여 근육의 단백질 분해를 억제하고, 간에서는 당신생작용에 의한 포도당 합성이 감소되어 단백질 손실을 조절한다. 체내 총 단백질량의 50% 이상이 손실되면 치명적이므로 그 위험성을 예방하기 위한 것이다. 절식을 시작하고 5~6주 후에는 지방조직의 중성지방 분해에서 나온 글리세롤에서 포도당을 약 16g 정도 합성하여 뇌에 공급하며, 신장에서도 아미노산으로부터 포도당 합성이 증가하여 공급하지만 필요량보다 부족한 양이다. 또한 신진대사가 활발한 근육질(LBM)의 손실로 인해 기초대사량이 감소되어 에너지를 좀 더 효율적으로 사용하려고 적응하여 에너지 필요량이 감소하게 된다. 그러나 근육에서는 에너지원으로 주로 지방산을 사용하고 케톤체는 미량 사용하도록 적응해 혈중 케톤체 농도가 증가함으로 뇌 조직으로 케톤체의 촉진적 확산을 허용하게 된다. 만일 절식 후 혈중 케톤체

농도가 증가한다면 이는 체내 포도당 공급이 고갈되었다는 신호가 된다. 뇌는 기아 초기까지는 에너지원으로 포도당에만 의존하였지만 장기간의 기아상태에서 포도당이 필요량에 비해 절대적으로 부족하고, 더 이상의 근육분해가 생명에 위협을 가하게 되며, 근육의 케톤체 사용이 절감됨에 따라 증가된 혈중 케톤체는 뇌 조직으로 확산 촉진되어 들어가게 된다. 실제로 뇌에는 케톤체를 사용할 수 있는 효소 체계가 있으므로 케톤체를 대사하여 에너지를 얻을 수 있도록 적응하게 된다.

결론적으로, 생화학적 측면에서 본다면 완전 절식으로 뇌가 케톤체를 에너지원으로 사용하는 수준까지 장기간 절식을 할 수 있다면 체지방의 분해가 일어나 케톤체가 다량 형성되므로 많은 물을 동반해 소변으로 배설되어 다이어트의 기본 목적인 체지방 감소와 더불어 체중감소에 효과적인 방법이라고 사료된다.

하지만 일주일에 체중을 1kg 이상 줄이려고 욕심을 낸다면 반드시 의사의 지시가 필요하고, 단시간에 너무 다량의 체중이 갑자기 감소되면 심장에 무리를 줄 수 있으며, 다시 회복시에도 천천히 적응 식사를 하지 않으면 여러 가지 쇼크가 발생할 수도 있다. 또한 이와 같은 절식으로 체중 감소가 높았다고 하더라도 그 이후에 올바르게 계획된 식사요법으로 지속적인 식사 조절을 하지 않고 다이어트 하기 전과 같은 식생활습관으로 되돌아간다면 요요 현상이 빠르게 찾아와서 상황을 더욱 악화시킨다.

또한 완전 절식으로 인해 생성된 과량의 케톤체는 체내에 축적되어 케톤증(ketosis)을 유발하여 체내 산-염기 균형을 깨뜨리고 독성이 될 수도 있다. 또한 케톤체는 많은 물과 함께 소변으로 배설되며 이때 칼슘, 마그네슘, 칼륨, 아연과 같은 주요한 미네랄도 같이 배설된다. 그리고 이미 설명한 바와 같이 절식 초기의 체중 감소는 체지방이 감소된 것이 아니라 근육질의 체단백이 손실된 것이므로 이와 같은 단기간의 절식을 반복적으로 되풀이 한다면 결국 체구성 중 체지방량은 점차 높아지고 체력과 면역력이 감소될 뿐 아니라 골다공증 같은 질병도 젊어서 일찍 나타날 수 있으므로 체중 감소를 위한 무리한 절식은 금하는 것이 좋다.

4) 저혈당지수와 혈당부하 다이어트

최근 몇 년 사이 저혈당지수(glycemic index) 또는 저혈당부하(glycemic load) 식사는 체중 감소 식사방법 중 가장 주목받고 있는 방법으로 혈당지수나 혈당부하 지수가 낮은 식품들이 주가 되도록 섭취하는 식사 방법이다.

혈당지수란 탄수화물을 함유한 식품을 섭취했을 때 섭취 후 혈당이 얼마나 증가하는지를 포도당 섭취 후와 비교한 수치이다. 식품의 혈당지수는 일정량(약 50g)의 탄수화물을 섭취하고 2시간 후 혈당 반응으로 정의된다. 보통 흰 빵이나 포도당을 섭취하고 2시간 후 혈당 수준을 100으로 기준하고 이와 비교하여 나타낸다. 보통 혈당지수는 20~100 사이로 보고되고 있는데, 소화흡수가 빨라 포도당으로 전환이 쉬운 식품일수록 혈당지수가 높다. 정제된 곡류나 감자류는 보통 혈당지수가 높고 과일, 채소, 콩류는 혈당지수가 낮은 편이다. 보통 혈당지수가 55 미만일 경우 저혈당지수 식품, 56~69를 중혈당지수 식품, 70 이상을 고혈당지수 식품으로 구분한다. 하지만, 종종 가공 식품의 경우는 100을 초과하는 경우도 있다. 혈당부하는 혈당지수에 식품 내 탄수화물량을 곱하여 산출한 값으로 혈당지수보다 더 민감한 값으로 이용된다. 대표적인 식품의 혈당지수는 표 7-2와 같다.

표 7-2 식품의 혈당지수(glycemic index)

고 GI 식품(GI>70)		중 GI 식품(GI=56~69)		저 GI 식품(GI<55)	
포도당	100	파스타	65	바나나	55
식빵	91	아이스크림	65	포도	50
감자	90	파인애플	65	고구마	44
흰쌀밥	84	콜라	63	사과	36
도넛	83			검은콩	30
당근	80			우유	25
베이글	75			김	15
				식이섬유소	0

$$\text{혈당지수} = \frac{\text{일정량의 탄수화물(50g)이 포함된 식품 섭취 2시간 후 증가된 혈당}}{\text{일정량의 탄수화물(50g)이 포함된 표준식품 섭취 2시간 후 증가된 혈당}} \times 100$$

당부하 = 혈당지수 × 식품의 1회 분량에 포함된 탄수화물의 양/100

저혈당지수/저혈당부하 식사의 구성은 식후 혈당의 증가에 큰 영향을 주는 식품을 제외시켜 혈중 인슐린 농도가 급격히 증가하지 않도록 하는 데 있다.

혈당지수가 높은 식품은 혈당지수가 낮은 식품에 비해 탄수화물 소화가 빨리 이루어져 혈당이 빠르게 올라가고 혈중 인슐린 농도의 급격한 상승을 유도하여 인슐린/글루카곤 비율을 증가시킨다. 인슐린은 glycogen synthase 효소의 활성화를 촉진하여 글리코겐 합성을 증진하며, glycogen phosphorylase 효소를 억제하여 글리코겐 분해(glycogenolysis)를 억제한다. 따라서, 혈중 포도당 농도가 증가하면 간과 골격근육에서 글리코겐으로 합성되어 저장된다(그림 4-7 참조). 또한, 인슐린은 과잉의 에너지를 섭취했을 경우 간에서 지방산 합성을 촉진시킨다. 여러 조직 중 지방조직은 인슐린 작용의 중요한 기관으로 인슐린은 지방조직의 세포 표면의 수용체와 결합하여 혈중 유리지방산을 세포 안으로 유입시켜 지방축적이 일어나도록 한다. 이와 함께 인슐린은 lipoprotein lipase(LPL)의 활성을 증가시켜 식사로 섭취한 외인성 중성지방이나 간에서 합성된 내인성 중성지방을 운반하는 혈중 지단백(CM과 VLDL)의 중성지방 가수분해를 촉진해 유리된 지방산을 지방세포 내로 유입시켜 다시 중성지방으로 축적되도록 한다.

다시 말하면, 고혈당지수 식품에 의해 빠르게 증가한 인슐린은 혈중 포도당의 세포 내 유입을 촉진해 지방산 산화는 억제하고 지방산 합성을 유도하여 체지방을 증가시킨다. 더불어, 혈당을 급속도로 감소시켜 공복감을 빨리 느끼게 하고 이로 인해 식이 섭취를 유도하여 체중 조절에 부정적인 영향을 미친다. 반면, 저혈당지수 식품으로 구성된 저지방, 고당질 식사를 했을 경우 고혈당지수 식품으로 구성되었을 때보다 소화, 흡수되는 속도가 느려 공복감을 덜 느끼게 하므로 전체적인 식품 섭취량을 감소시키고, 혈중 인슐린 농도의 급속한 변화를 유도하지 않아 저장된 지방을 분해하고 이용하도록 유도하여 체중 감소에 효과적인 것으로 보고되었다.

저혈당지수/저혈당부하 식사는 꼭 저지방, 고당질 식사를 의미하는 것이 아니므로 불포화지방산과 양질의 단백질을 포함하도록 한다. 특히, 육류, 가금류, 유제품들이나 유지류처럼 고단백질이나 고지방으로 구성된 식품은 혈당지수나 당부하 지수에 거의 영향을 미치지 않는 것으로 알려져 있다. 하지만 저혈당지수 식품이라 하더라도 총 에너지 섭취량이 높으면 잉여 에너지가 지방으로 전환되어 저장될 수 있으므로 총 에너지 섭취량이 과잉이 되지 않도록 주의해야 한다. 아직까지 저혈당지수 식품으로 구성된 식사에 대한 연구 기간이 짧아 다양한 연구 결과가 보고되지는 않았지만, 저혈당지수나 저당부하 식품이 체중 감소 효과뿐 아니라 심혈관계 질환이나 당뇨병 등의 질병 위험을 낮추는 효과가 있음이 보고되고 있다.

5) 지중해식 다이어트(mediterranean diet)

지중해식 식사는 올리브유 같은 단일불포화지방산 형태의 지방산 섭취를(하루 열량의 40% 정도) 강조한 식사요법이다. 또한 과일과 채소, 전곡류, 어류, 견과류 등의 섭취를 동반하여 항산화 효과를 지닌 비타민, 무기질, 폴리페놀(polyphenol) 등과 식이 섬유소를 다량 함유하고 있으며 적당량의 알코올 섭취도 포함되어 있어 심혈관계 질환 예방에 더욱 효과적인 것으로 알려져 있다. 지중해식 식사는 고당질 식사에 비해 체중 감소가 크게 나타났으며 대사증후군 환자의 체중 감소에도 효과적인 것으로 알려져 있다. 또한, 지중해식 식사는 심혈관계 질환뿐 아니라 암의 발생률을 저하시키고 장수 효과도 가지고 있음이 잘 알려져 있다. 지중해식 식사의 경우 당질이 풍부한 식품 섭취 시에는 혈당지수가 낮은 과일이나 채소류 식품을 선택하도록 권장하고 있다. 이는 아마도 저혈당지수 식사에서 설명한 바와 같이 저혈당지수 식품의 섭취를 통해 급격한 인슐린 분비를 예방하기 위한 것으로 사료된다. 아직까지 지중해식 식사의 체중 감소 효과와 관련된 질병의 예방이나 치료에 대한 연구가 충분히 되어 있지는 않지만, 앞서 언급한 다른 체중 감소 식사 방법에 비해 건강하고 맛있는 식사를 다양하게 할 수 있어 순응도가 높아 지속적으로 실시할 수 있다는 장점이 있다. 하지만 이 방법도 체중 감소 효과를 보기 위해서는 반드시 식사량 조절을 통한 열량 섭취의 감소가 동반되어야 할 것이다. 아무리 단일불포화지방산이라고 해도 총열량의 40% 정도라면 지방 섭취로 인한 열량 섭취가 높아 자칫 에너지 섭취가 높아질 가능성이 더 높기 때문이다.

이 밖에도 저지방 고섬유질 식사(low fat, high fiber diet), 육류를 전혀 섭취하지 않는 채식주의 식사(vegetarian diet), 한 가지 음식만을 지속적으로 섭취하는 원푸드 다이어트(one food diet) 등이 있다. 이러한 식사법들은 일시적으로 효과가 있을지 모르지만 전문가의 도움 없이 실시할 경우 영양 불균형을 초래하거나, 과학적으로 검증되지 않은 방법들이 포함되어 있어 잘못 선택할 경우 오히려 건강을 해치고 요요 현상을 초래하여 더욱 살이 찌는 악순환을 초래할 수 있다. 따라서 체중조절을 위한 식사요법을 선택할 때는 어느 정도 기간에 얼마만큼의 체중 감소를 원하는지 계획을 세우고 경제성, 자신의 기호 등을 고려하여 지속적으로 실행하기 적합한 식사법을 선택하는 것이 바람직하다. 또한 빠른 체중 감소가 목적이 되기보다 점차적이고 지속적인 체중 감소를 위한 식사요법이 권장되어야 할 것이다.

(2) 효과적인 체중 조절

효과적인 체중 조절을 위한 다양한 식이요법이 제안되지만 어떤 종류의 식이요법을 선택하더라도 다음 사항들을 고려해야 한다.

1. 경제성이 있어야 한다.
2. 식사요법 하는 자의 입맛에 맞아야 한다.
3. 가족의 절대적인 협조가 필요하다.
4. 에너지 감량은 얼마나 하는지 계획을 세워야 한다.
   1) 본인의 신장에 맞는 이상체중은 얼마인지 계산을 한다.
   2) 이상체중을 유지하는 데 필요한 열량을 계산한다.
   3) 본인이 최종적으로 원하는 체중은 어느 정도인지 결정한다. 하지만 현재 체중과 이상체중 간에 차이가 너무 날 때는 단계적으로 다이어트 하도록 체중 감소량을 정해야 앞으로 다이어트 기간은 얼마 동안인지를 파악할 수 있다.

이와 같이 다이어트 계획을 하여 실제 체중 감량을 시작하였을 때 다음과 같은 식생활습관을 생활화하는 것이 성공률이 더 높다.

1) 현실적인 열량 섭취가 필요하다

BMI 35 이상의 비만한 사람의 경우 하루 500~1000 kcal를 줄이는 것이 이상적이라 할 수 있다. 이와 같은 경우 여성은 1000~1200 kcal, 남성은 1200~1600 kcal를 섭취하는 것을 권장한다. 하루 800 kcal 이하의 극심한 열량 제한은 성공률도 낮고 지속하기 어려우며 위험하다고 알려져 있다. BMI 27~35 사이는 하루 300~500 kcal를 제한하는 것이 일주일에 0.5~1.0 kg의 체중을 감소시킬 수 있다. 지나친 열량 감소나 절식은 오히려 폭식을 유발시킬 수 있으므로 피하는 것이 좋다. 이와 같은 자료를 참고하여 이상체중에 도달하려면 얼마나 시간을 요하는지 계산할 수 있다. 그러나 하루 1200 kcal 이하는 필요한 영양소 공급이 어렵기 때문에 반드시 이것보다는 높게 잡아야 한다. 사실 다이어트 자체를 생활화하여 체중이 장기간에 걸쳐서 서서히 감소될 경우 성공률이 더 높다.

2) 영양학적 적합성이 필요하다

너무 칼로리에만 집착하다 보면 식품섭취의 균형을 깨뜨릴 수 있으므로 반드시 식품구성안을 참고로 식품군별로 균형이 맞는 식사를 해야 한다.

3) 다양한 채소와 과일을 섭취한다

다양한 채소와 과일을 많이 섭취해서 포만감을 주면서 식사의 열량을 희석하는 것이 좋다. 신선한 과일과 채소는 저열량 식품으로 다양한 비타민과 무기질 이외에도 식이 섬유소와 건강 기능성 물질을 다량 함유하여 체중 감소 효과와 함께 질병 예방 효과까지 가지고 있어 섭취를 권장하는 식품군이다.

4) 고열량 식품의 섭취를 제한한다

기름기 또는 정제된 설탕이 다량 함유된 고열량 식품의 섭취는 제한하고 알코올도 다량 섭취하는 것을 제한하는 것이 좋다.

5) 심하게 배고픔을 느끼기 전에 소량씩 자주 먹는다

식사횟수는 한 끼니라도 거르지 않는 것이 더 효과적이다. 배고픔을 심하게 느끼기 전에 허락된 열량을 규칙적으로 소량씩 나누어 먹는 것이 체중 조절에 효과적이다.

6) 음식 섭취량을 소량으로 조절한다

과체중 또는 비만한 사람들은 각각의 끼니에서 소량의 음식을 먹도록 훈련하는 것이 필요하다. 식품을 천천히 완전하게 씹어 먹는 것이 양을 줄이는 데 도움이 된다. 열량, 영양소, 식사를 통한 기쁨 등도 모두 충족시키는 한도에서 섭취하도록 하며, 저지방 식품이라도 과량을 섭취하면 섭취 열량이 증가하므로 주의해야 한다.

7) 적당량의 수분 섭취가 필요하다

물은 식사 사이에 위를 채워주고 대사산물 등을 희석하고 운반하여 체외로 배설시키는 데 중요하므로 충분히 섭취하도록 한다.

8) 적절한 운동과 식생활습관의 행동수정 요법이 병행되어야 한다

효과적인 체중조절을 위해서는 식사요법 이외에도 적절한 운동을 병행하여 체중 감소로 인해 감소된 기초대사량에 대비해 에너지 소비량을 증가시키고, 식생활습관의 행동수정 요법이 병행되어야 한다. 이때 체지방 감소를 위해서는 격한 운동보다는 적절한 수준의 운동이 더 효과적이다.

8

골격대사와 관련 영양소

8-1 골격 구성

골격은 혈관과 마찬가지로 결합조직(connective tissue)으로 구성되지만 세포간 물질(intercellular substance)에 차이가 있다. 혈액에서는 세포간 물질이 액체이지만 골격에서는 거의 전부가 세포로 구성되어 있다. 이와 같은 결합조직의 차이점은 섬유소를 구성하는 세포간 재료와 그 사이의 무정형의 기초 물질의 변형에 의한 것이다. 골격을 구성하는 섬유 단백질인 collagen과 elastin 등이 있고, 이 단백질들은 기저물질인 proteoglycan (mucopolysaccarides)에 파묻혀 있다. 이 외에도 유기적 기질(matrix)로 osteonectin, osteocalcin, phosphoprotein 같은 단백질도 있다. 그리고 골격의 세포간이나 세포내 물질은 미네랄로 가득 차 있으며, 골격세포는 주변의 모세혈관으로부터 영양소 공급을 받아 신진대사를 하는 세포이다.

골격을 구성하는 세포에는 osteogenic cell(뼈생산 세포)이 있으며, osteogenic cell은 주변에 유기 세포간 물질을 분비하여 osteoblast(골아세포)로 발달되고 결국 osteocytes(골세포)로 변한다. 즉 osteoblast는 세포 밖으로 유기 세포간 물질을 분비하고 스스로는 골질에 묻혀서 osteocyte로 변한다. 세포가 osteoblast일 때 유기 세포간 물질의 석회화가 시작되어 기질에 무기질이 계속 들어와 단단한 고체가 될 때까지 지속된다.

1. 골격의 세포간 물질(intercellular substance)

발달과정 중인 골격에서 osteoblast(골아세포)는 다른 종류의 결합조직인 섬유아세포(fibroblast)와 마찬가지로 collagen과 proteoglycan과 같은 mucopolysaccharide를 합성하고 분비하는 능력이 있다는 점에서 유사하다. 골격의 세포간 물질의 종류와 구성 인자를 아래에 요약한다.

(1) 콜라겐(collagen)

세포간 물질 중 collagen은 결합조직 단백질 중 섬유 단백질이며, 체단백질의 1/3을 구성하고 있고, 체내 collagen 함량 중 57%는 골격 내에 함유되어 있다. 이 collagen을 구성하는 아미노산 중 1/3은 glycine으로 구성되어 있고 proline과 lysine은 풍부하게 존재하나

tryptophan과 cysteine은 함유되어 있지 않다.

Collagen 합성은 아미노산 중 proline과 lysine이 풍부한 polypeptide chain이 조립된 후 수산화 효소(hydroxylase)에 의해 이 두 아미노산이 각각 hydroxyproline과 hydroxylysine으로 전환된 후 3개의 chain이 helix 형태로 정렬을 한다. 이때 수산화 효소 작용에는 O_2, α-ketoglutarate(KG), nonheme Fe^{2+}, 비타민 C(ascorbic acid)를 필요로 한다. 그러므로 비타민 C가 결핍되면 polypeptide 사슬의 교차결합(cross-linkage)이 이루어지지 않아 collagen 형성이 부진해지며 결체조직 합성이 안정화되지 않아 골격의 석회질화가 잘 되지 않는다. 이 외에도 비타민 E가 결핍되어도 collagen 교차결합의 결함이 생기고 elastin의 교차 고리가 약해질 수 있다. 또한 구리(Cu)나 아연(Zn) 같은 미네랄이 결핍되어도 collagen의 polypeptide 사슬의 교차결합이 감소되어 구조의 안정성이 감소한다.

(2) Proteoglycan

Proteoglycan은 세포간 물질로서 collagen 섬유 단백질이 파묻혀 있도록 접합제 물질 역할을 하며, 이 세포간 물질의 합성은 collagen 합성과 마찬가지로 osteoblast가 관여한다. 이 기질의 화학적 특성은 glycosaminoglycan (mucopolysaccarides 라고도 명명함) 으로 구성되어 있다. Glycosaminoglycan은 uronic acid와 hexosamine이 교대로 직선 사슬로 구성되어 있고, proteoglycan은 glycosaminoglycan이 서로 연결되어 더 큰 집합체를 이룬다. 골격 내에 주요 glycosaminoglycan으로서 polymer 형태인 chondroitin 4-sulfate가 존재한다. 이때 osteoblast가 osteocyte로 성숙해 가고 무기질화된 기질로 세포간질이 채워짐에 따라 proteoglycan 합성 능력은 골격의 기질 유지에 기여한다.

(3) 무기질 축적(mineral deposition)

유기세포 간 기질이 osteoblast에 의해 형성된 후 곧 석회질화 과정이 시작되고, osteoblast는 골격의 기질로 둘러싸여서 osteocyte가 된다. 이때 골격무기질을 형성하는 이온은 혈액을 통해 공급받으며, 골격에 있는 무기질은 처음에는 무정형(amorphous) 물질로서 응결이 시작되고, 무정형 물질이 나중에 hydroxyapatite 형태의 결정체형으로 전환된다. 골격이 성숙되는 시기는 결정체 구조 내에서 여러 가지 이온의 교환과 대체가 일어나는 변환기 형태이기 때문에 이 결정체의 정확한 화학적 구조는 잘 알 수가 없지만, hydroxyapatite의 기본적인 형태는 $Ca_{10}(PO_4)_6(OH)_2$로 알려져 있다. 성숙된 골격에서도 총 무기질 중 약 40%는 nonapatite 성분의 형태로 존재하며, 어린 골격일수록 이 성분의 부분이 더 높다. 골격이 무정형 상태일 때 Ca/P 비율이 더 낮으며, Ca 첨가로 인해 골격이 성숙함에 따라 Ca/P 비율이 증가한다. 이때 비타민 D가 결핍된 동물에서는 Ca이 골격으로 유입되는 것이 저해되어 정상적인 골격보다 무정형 물질이 더 높게 함유된다.

체내 불소(fluoride, F)의 약 99%는 주로 석회화된 조직에 결합한다. 불소는 뼈나 에나멜층에 있는 수산화인회석(hydroxyapatite)의 수산화이온(OH^-)이나 중탄산이온(HCO_3^-)을 치환하여 안정화된 불소화인회석(fluoroapatite)을 형성하여 더욱 안정한 골격을 형성함으로써 뼈를 더욱 견고하게 만든다.

불소는 뼈와 친화력이 강하지만 비가역적이 아닌 가역적인 결합을 하여 쉽게 분리될 수 있어 풀(pool)을 형성하므로 뼈에 들어있는 불소는 세포 간질액과 이온교환에 의해 빠르게 재유출되거나 골격 재형성 과정에 다시 사용될 수 있다. 젊었을 때는 골격 재형성 과정이 매우 활발하기 때문에 뼈에 축적되는 불소량은 연령에 반비례하게 된다.

이 외에도 스트론튬(strontium, Sr), 라듐(radium, Ra), 납(lead, Pb)은 골격에 친화력을 가지고 골격의 결정격자(crystal lattice)에서 Ca을 대치할 수 있다. 카드뮴(cadmium, Cd) 같은 무기질도 신장에서 비타민 D가 가장 활성화된 호르몬인 calcitriol로 전환되는 것을 방해함으로써 골격의 석회화를 억제해 골격 형성에 영향을 미친다.

2. 골격 성장(bone growth)과 골격 손실(bone loss)

대부분의 골격은 배아(embryo) 시기에는 연골 형태로 존재하다가 점차적으로 골아세포(osteoblast)의 활성에 의해서 경골로 대체된다. 태아의 골격이 성인 골격의 면모를 갖추는 과정에서 새 골격(new bone)은 외부로부터 기존 골격에 무기질의 침착이 일어나면서 형성되고(bone formation), 기존 골격의 내부에서는 분해가 일어나는 골격 재흡수(bone resorption)에 의해서 무기질 공급을 하는 과정이 균형을 이루면서 발달한다.

파골세포(osteoclast)는 골격 재흡수 과정에 관여하는 세포로서 15~20개의 핵을 함유한 거대한 세포이다. 파골세포는 mucopolysaccharide를 단량체로 분해시키고, 콜라겐을 가수분해하여 결합되어 있던 칼슘과 인(P)을 용액상태로 유출시켜 골격의 내부 흡수표면에 지속적으로 무기질을 공급해 준다.

골격 형성과 골격 재흡수 간의 균형은 골격 외부의 칼슘 농도가 항상 일정 수준을 유지하도록 잘 조절되어 있기 때문에 칼슘 섭취와 칼슘 배설 간의 차이를 반영한다.

신체는 체내 총 칼슘 함량 중 1% 이상의 변화에 대응해 균형을 맞추려고 한다. 즉, 칼슘 섭취가 높아 혈중 칼슘 농도가 기준치보다 높으면 양의 칼슘 평형상태로 골격 형성이 일어나고, 칼슘 섭취가 부족하여 혈중 칼슘 농도가 기준치보다 더 낮아 음의 칼슘 평형상태일 때는 골격 재흡수에 의한 칼슘 용출이 일어나 결과적으로 골격 평형이 제로(0) 평형상태로 유지되도록 한다. 그러므로 혈중 칼슘 농도는 골격 형성과 골격 재흡수 간의 균형 상태를 나타내는 지표가 된다. 대사활성이 광범위하게 다른 조건하에서도 골격 형성과 골격 재흡수 과정은 같은 속도로 진행되므로 제로 평형상태의 골격 평형을 유지하도록 적응하게 된다. 그러므로 신체는 다양한 칼슘 섭취 수준에서도 칼슘 평형이 이루어질 수 있는 것이다.

성인에서 골격 손실은 일반적으로 50대 이후에 시작하며, 진행속도는 남자보다 여자에서 2배 더 빠르게 일어나고, 장신보다 단신인 사람에서 골격 손실이 더 촉진된다. 40대까지의 골질량이 높은 사람은 그 이후 골격 손실이 느리다. 그러나 이와 같은 골격 손실을 칼슘 섭취량의 증가로 막을 수 있다는 증거는 아직 없다.

한편, 불소(F) 섭취에 의해서 골격 손실을 예방할 수 있는 가능성이 있다는 보고가 있다. 여성의 경우 불소를 많이 섭취하면 골다공증이 감소되고 골격의 견고성을 증가시키며 칼슘대사에 의한 변동을 감소시킨다. 골세포 주위의 세포외액(ECF)에 집중된 불소는 골격 재흡수가 일어나지 않을 때는 그 농도가 낮지만 재흡수가 일어나는 동안은 높아진다. 불소 투여 후 2~3주 내로 세포외액의 불소 농도가 높아지면 골아세포(osteoblast)의 분화를 자극하여 골격 형성이 진행되지만 불소 농도가 독성 수준으로 증가하면 골격 재흡수는 방해를 받는다. 그러나 골격 재흡수를 억제하는 치료제로서 불소의 효능에 관해서는 아직 논의의 여지가 있으며, 실제로 불소와 칼슘의 섭취는 폐경 후 여성의 골다공증 치료에 효과가 없어 이에 관한 깊은 연구가 요구된다.

8-2 칼슘 항상성 조절(calcium homeostasis regulation)

체내 총 칼슘양의 99%는 골격 내에 함유되어 있으며, 나머지 1%는 혈액응고, 신경 자극전달 및 근육의 수축이완 작용에 관여한다. 혈중 칼슘 농도는 10 mg/dl (2.5 mmol/L) 정도로 유지되므로 정상적인 혈액응고, 근육의 수축이완, 신경세포 기능과 호르몬 기능 및 세포막 유지 등의 대사에 관여한다. 칼슘은 혈액과 체액에서 다음과 같은 형태, 즉 이온화된 Ca은 47.5%, 단백질 결합된 Ca은 46%, 복합된 Ca은 6.5%(Ca-citrate 1.7%, $CaHPO_4$ 1.6%, 미확인된 복합체 3.2%)로 구성되어 있다.

칼슘의 항상성(Ca homeostasis)은 세포외액(extracellular fluid, ECF)의 칼슘과 3개의 특수화된 세포외액, 즉 위장관액(gastrointestinal fluids), 신장 세뇨관액(renal tubular fluids)과 골세포외액(bone extracellular fluids) 사이 칼슘 교환을 조절함으로써 이루어진다(그림 8-1). 이 과정은 칼슘 농도 조절 호르몬인 parathyroid hormone(PTH), calcitonin, 1,25-$(OH)_2D_3$ (calcitriol)의 통합된 반응에 의해 빠르게 칼슘을 교환하여 혈중 칼슘 농도의 항상성을 유지한다. 그러므로 다양한 식이 섭취량과 성장, 임신, 수유기 동안 변화하는 칼슘 요구량에도 불구하고 세밀하게 조절된다.

골세포의 대사는 혈중 칼슘 농도의 항상성을 유지하도록 작용하는 PTH, calcitonin과 비타민 D의 상호작용에 의해서 유지되므로 이들의 상호관계를 알아보도록 한다.

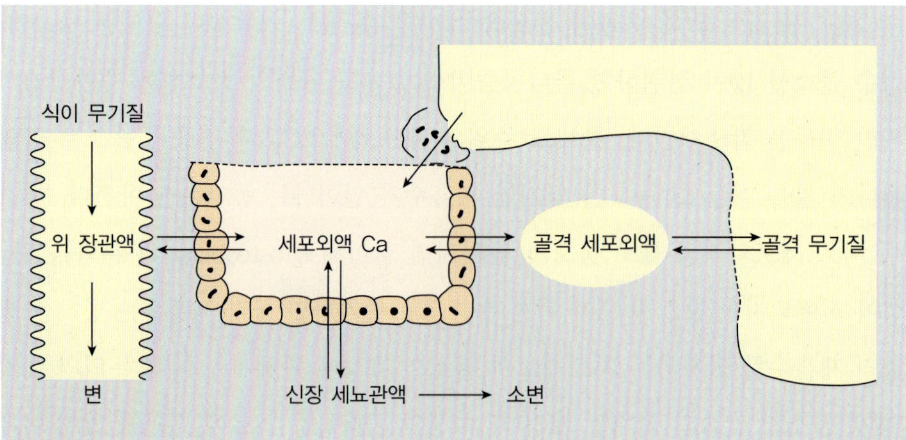

그림 8-1 혈액과 특수화된 세포외액(위장관액, 신세뇨관액, 골세포외액) 간의 칼슘 교환

1. Parathyroid hormone (PTH)

PTH는 부갑상선에서 분비되는 호르몬으로 단일 사슬 polypeptide로 구성되어 있다. PTH는 감소된 혈중 칼슘 농도가 가장 강한 자극원으로 작용하여 분비가 촉진되어, 골격 재흡수를 통한 칼슘의 용출과 신장 세뇨관의 칼슘 재흡수를 직접적으로 유도한다. 또한 PTH는 신장에서 25-(OH)D_3로부터 1,25-$(OH)_2D_3$ (calcitriol) 합성을 촉진하여 칼슘 결합 단백질(Ca-binding protein, CaBP)의 합성을 유도함으로써 소장에서 칼슘 흡수를 증가시켜 간접적으로 혈액의 칼슘 농도를 증가시킨다. 이때 증가된 혈중 칼슘 농도에 의해 부갑상선 세포 내 칼슘 농도가 증가되므로 음의 피드백 기전에 의해 PTH 분비가 즉시 감소된다. PTH 작용은 혈중 칼슘 농도와 직접적인 관련이 있으므로 PTH 분비 수준이 혈중 칼슘 농도의 항상성 조절에 결정적 역할을 한다. 이와 같은 조절 기전에 의해 칼슘 이온이 혈액으로 나가고 들어오는 과정이 매우 빠르게 진행되어 혈중 칼슘 농도를 10 mg/dl 정도로 일정하게 유지시킨다. 그러나 감소된 혈중 칼슘 농도의 수준에 따라 다음과 같은 이중조절 기전(dual mechanism)에 의해 칼슘 농도를 정상으로 유지하려고 한다(그림 8-2).

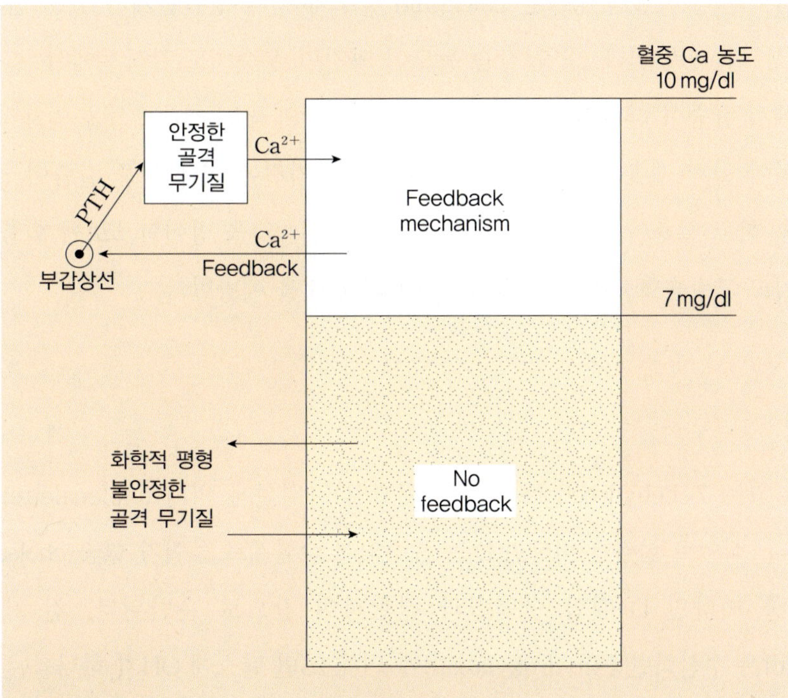

그림 8-2 이중기전(dual mechanism)에 의한 혈액의 칼슘 농도 조절
혈액과 골격 사이의 빠른 칼슘 회전 방법

첫째, 혈중 칼슘 농도가 10mg/dl 이하로 떨어지는 경우, 위에서 언급된 것과 같이 피드백 기전에 의해 부갑상선에서 PTH가 분비되고 비교적 느린 과정으로 안정한 골격(stable bone)에서 골격 재흡수에 의한 칼슘 유출로 혈중 칼슘 농도가 스스로 조절된다. 둘째, 만일 혈장 칼슘 농도가 7mg/dl 이하로 떨어지는 경우(예로 부갑상선이 제거된 경우와 같음), 부갑상선과는 독립적으로 피드백 기전 없이 화학적 변화를 일으키기 쉬운 불안정한 골격 무기질(labile bone mineral)과 주위의 골격 세포액(bone fluids) 사이에 빠른 화학적 평형(chemical equilibrium)에 의해 칼슘 농도가 조절된다.

2. Calcitonin

칼시토닌(calcitonin)은 갑상선에서 분비되는 polypeptide로 증가된 혈중 칼슘 농도가 가장 강한 자극원이 된다. Calcitonin은 골격에서 칼슘 용출 효과를 가지는 약물의 작용을 저해하여 혈중 칼슘 농도를 낮추어 주는 기능을 한다. 파골세포(osteoclasts)는 세포막에 calcitonin 수용체를 가지고 있어 호르몬의 작용을 매개한다. Calcitonin은 PTH에 대해 생리적으로 길항작용이 있다. 즉 혈중 칼슘 농도는 calcitonin 농도와 정의 상관관계가 있는 반면 PTH 농도와는 역의 상관관계가 있다. 혈중 칼슘 농도가 약간만 상승해도 갑상선에서는 calcitonin을 분비해 골격에서 칼슘이 더 이상 유출되지 않도록 신장의 calcitriol 합성을 억제하여 PTH의 상승작용을 막아 골격 재흡수를 억제한다. 이와 같은 기전에 의해 혈중 칼슘이 골격으로 더욱 축적되도록 하고 칼슘이 소변으로 과다하게 손실되는 것을 방어함으로써 혈중 칼슘 농도를 정상화시키고 고칼슘혈증(hypercalcemia)이 되는 것을 예방한다.

3. 비타민 D

피하조직에 있는 7-dehydrocholesterol은 햇볕의 자외선에 의해 cholecalciferol(vitamin D_3)로 전환된다. 식이로 섭취한 비타민 D는 흡수되어 순환계로 들어가 혈중 cholecalciferol과 혼합되어 혈중 비타민 D 결합 단백질과 결합하여 간으로 운반된다. 간 세포 내에서 cholecalciferol은 수산화반응(hydroxylation)에 의해 25번 탄소에 OH기 하나를 부착하여 25-hydroxycholecalciferol(25-(OH)D_3)을 형성한다. 이 25-(OH)D_3는 다시 혈액을 통해 신장으로 운반되어 PTH 호르몬에 의해 마지막 단계를 조절하는 신장 효소를 활성화시켜 25-(OH)D_3의 1번 탄소에 OH기를 부착시켜 1,25-$(OH)_2D_3$(1,25-dihydroxycholecalciferol 또는 calcitriol이라고 함)가 형성되는데, 이 calcitriol은 활성이 가장 강한 비타민 D 대사산물이다(그림 8-3).

이미 반복해서 설명하였지만 전체적인 것을 요약하면, 칼슘 결핍으로 혈중 칼슘 농도가 10mg/dL 이하인 저칼슘혈증(hypocalcemia)일 때는 부갑상선에서 PTH 분비가 증가하여 신장에서 calcitriol 합성이 촉진된다. 이 호르몬에 의해 소장에서는 칼슘 결합 단백질(CaBP) 합성이 유도되어 칼슘 흡수를 증가시키므로 혈장의 칼슘 농도가 간접적으로 증가한다. 또한 증가된 PTH 분비에 의해 골격 재흡수에 의한 칼슘 유출이 증가하고 신장에서는 칼슘 재흡수가 증가되어 궁극적으로 혈중 칼슘농도를 정상화시킨다. 그러나 혈중 칼슘 농도가 10mg/dL보다 높은 고칼슘혈증(hypercalcemia) 상태라면 갑상선에서 calcitonin 분비가 촉진되어 신장에서 24,25-$(OH)_2D_3$ 합성이 증가되고 calcitriol 합성이 억제됨으로 골격 재흡수를 감소시켜 소변으로 과다한 칼슘 손실을 막기 위해 혈중 칼슘이 골격으로 더욱 축적됨으로써 혈중 칼슘 농도가 정상화된다.

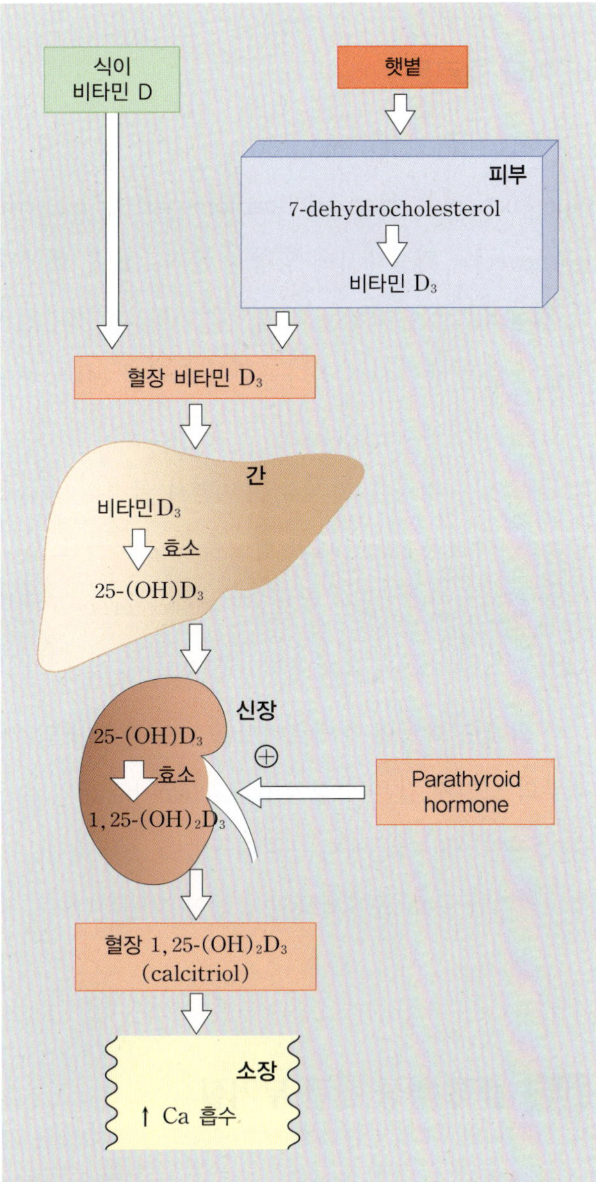

그림 8-3 비타민 D가 활성형인 1,25-$(OH)_2D_3$로 대사되는 과정

그러나 비타민 D를 과잉 섭취하면 오히려 골격에서 칼슘 용출이 증가하여 고칼슘혈증이 유도된다. 이것을 방치하면 골격이 파괴될 수 있으며, 심근, 간, 위, 콩팥 등 연조직에 칼슘이 더 침착하게 유도된다.

4. 기타 호르몬

PTH, 비타민 D, calcitonin이 칼슘 조절의 주요 호르몬이지만 몇몇 다른 호르몬인 glucocorticoids, thyroid hormone, growth hormone, insulin, estrogen도 골격 회전 주기(turnover)와 칼슘대사에 영향을 준다. 예로, 혈액의 정상적인 estrogen 수준은 골격의 균형을 정상적으로 유지하는 데 필수적이다. 폐경이 된 여성에서 estrogen 수준의 감소는 골격의 칼슘 용출을 증가시켜 골다공증의 요인이 된다. 뼈에서 estrogen 수용체가 확인되었으며, 폐경이 된 여성에게 단기간(몇 주)의 에스트로겐 공급은 혈액의 PTH, calcitonin 혹은 calcitriol의 농도에는 영향을 미치지 않으면서 골격의 용출을 감소시켰다. 그러나 장기간의 estrogen 공급은 PTH와 calcitriol의 합성을 증가시키고 소장에서 칼슘 흡수와 신장에서 칼슘의 재흡수를 증가시켰다. 남성 호르몬인 testosterone도 성선기능저하증(hypogonadism)이 있는 성인에서 일어나는 골격 용출과 골다공증을 억제한다.

이 외에도 과잉의 스테로이드를 다양한 질병의 치료에 사용하였을 경우 뼈의 손실 특히 뼈 내부의 스펀지 같은 수질골(trabecular bone)의 손실을 일으켜 어린이의 경우 성장과 골격성숙이 지연되고 어른에서는 골다공증을 초래한다. 이 경우, 스테로이드는 파골세포 활성도 손상시키지만 주로 골아세포의 활성이 저해된다.

8-3 골격 형성 관련 무기질

1. 칼슘(calcium, Ca)

칼슘은 인체 내에 가장 많이 존재하는 2가 양이온으로서 체중의 약 1.5%를 차지한다. 이 중 99% 칼슘은 골격과 치아 속에 존재하며, 나머지 1% 칼슘은 혈액, 림프와 다른 체액으로 구성된 칼슘 풀 내에 존재한다. 세포 내 칼슘은 제2 메신저(second messenger)로서 작용하고 세포가 호르몬이나 신경전달물질과 같은 자극에 반응하도록 한다. 성인에서 세포외액의 칼슘 풀은 하루에 20~30회 회전되지만 뼈의 칼슘은 평균 5~6년마다 회전한다.

(1) 칼슘 흡수

칼슘은 하루 섭취량의 약 25~50%가 흡수되어 교환할 수 있는 칼슘 풀로 들어간다. 칼슘은 흡수되기 위해 칼슘염에서 일단 이온화된 형으로 유리되어야 하는데 약간의 산성인 pH 상태에서 칼슘이 용해된다. 칼슘 흡수는 칼슘과 다른 식이성분과의 상호작용과, 칼슘 조절 호르몬, 생애주기 단계와 같은 생리적 요소에 따라 좌우된다. 칼슘염의 용해성은 산성인 위의 환경에서 증가하지만 pH가 중성에 가까운 공장과 회장에서는 용해된 이온이 어느 정도 재결합하여 침전된다. 장관 내에서 포도당, 지방산, 인, 수산과 같은 식품성분이 방출되어 용해된 칼슘과 결합할 수 있어 장내 루미날(luminal) 에서 상호작용을 일으킨다. 위액 산도는 식이 칼슘의 흡수율에 거의 영향을 주지 않는다. 그러나, 용해성이 낮은 칼슘 보충제는 식사와 같이 섭취할 경우 더 잘 흡수된다. 이것은 식사가 위산 분비를 자극하고 위를 비우는 것을 지연시켜 칼슘 급원이 더 잘 분산되고 용해되도록 하기 때문이다.

칼슘 흡수는 장에서 2가지 방법에 의해 흡수된다. 첫째로, 능동적 흡수로서, 포화상태에서 십이지장과 근위 공장(jejunum)에서 주로 비타민 D 의존적인 칼슘 결합 단백질(CaBP)에 의해서 조절된다. 능동적인 칼슘 흡수는 숙주의 신체 상태, 즉 칼슘과 비타민 D 영양상태, 나이, 임신, 수유에 따라 영향을 받는다. 둘째로, 수동적인 수단으로 비타민 D에 의한 조절과 무관하게 소장 전체에서 일어나며, 이 방법으로 흡수되는 칼슘 함량은 식사에 함유된 칼슘 함량과 생체 이용률에 좌우된다. 만일 한 끼니에 120mg 이상의 칼슘을 섭취하면 이 방법으로 흡수된다. 칼슘 흡수는 식품이 오랫동안 남아 있는 회장에서 일어난다. 예로, 수술에 의한 회장 제거는 공장을 제거하는 것보다 인체의 칼슘 흡수에 더 해로운 영향을 준다. 대장에서도 하루 8mg 정도의 칼슘이 흡수되는데, 소장의 상위부에서 칼슘 흡수가 적었던 사람에서 흡수량이 더 높다.

(2) 칼슘 배설

칼슘은 소변과 내인성 장분비(endogenous intestinal secretion)로 동량 배설된다. 내인성 배설로 하루 약 150mg의 칼슘이 소장 점액과 담즙과 같은 분비물로 들어가며, 이 중에서 약 30%는 재흡수되어 칼슘의 최소 내인성 손실량은 하루 45mg이다. 소변으로 배설되는 칼슘 배설량은 하루 100~240mg이지만 개인에 따라 크게 다르며, 신장에서 여과된 칼슘은 99.8%가 재흡수되기 때문에 0.2%만이 배설된다. 피부를 통한 칼슘의 손실은 하루 15mg 정도밖에 안 되지만 땀을 심하게 흘릴 경우 칼슘 손실이 증가한다.

칼슘 보유는 골격 성장 속도에 따라 변한다. 여성은 폐경 후 칼슘 배설이 증가하여 음의 칼슘평형을 보이는데, 이는 골격 재흡수가 증가하는 것과 관련이 있으며 estrogen 보충으로 치료 가능하다. 임신기에는 태아의 골격 형성을 위해 양의 칼슘 평형을 보이고 수유기에는 모유 수유를 통해 배출량이 증가하여 음의 평형을 보인다. 남성은 여성과 달리 65세 정도에서 음의 평형이 나타난다.

식이 칼슘 섭취량이 높으면 칼슘 흡수량은 증가하지만 소변 칼슘 배설량과는 비교적 무관하다. 그러나 단백질은 대사되는 동안 칼슘 배설 효과(calciuretic effect)가 있어 단백질 섭취량은 소변 칼슘 배설량과 직선 관계를 보인다. 예로, 식이 단백질 섭취량을 50g 증가시키면 소변으로 칼슘 배설량이 60mg 증가한다. 단백질의 칼슘 배설 효과는 장에서 칼슘 흡수가 증가되어도 신장에서는 칼슘 재흡수가 감소된다. 따라서 고단백 식이를 하면 특히 유황을 함유한 아미노산 같은 물질에 의해 세뇨관의 칼슘 재흡수가 감소되어 칼슘 배설량이 증가하므로 음의 칼슘 평형을 초래한다. 식이 인 섭취량과 소변 칼슘 배설량의 상관관계는 인의 섭취량이 칼슘 섭취량의 2배를 초과하면 칼슘 배설량이 증가하는 것으로 알려져 있지만 최근 연구결과에 의하면 섭취한 칼슘과 인의 비율이 영유아나 아동에 국한되어 있고 어른들에게는 의미가 없는 것으로 보고되었다.

(3) 생체 이용률(bioavailability)

칼슘의 흡수율은 주로 여러 가지 식품의 구성성분과 생리적 혹은 영양 상태에 의해 결정된다. 유당(lactose)은 칼슘의 흡수를 증가시킨다. 모유와 조제 분유의 유당은 유아의 칼슘 흡수를 증진시킨다. 유당이 들어있는 조제 분유의 칼슘은 60%가 흡수되었는데 유당이 들어있지 않은 조제 분유는 36%이었다.

1) 생체 이용률 감소시키는 식품성분

식이 섬유소는 칼슘 흡수를 방해하는 인자 중의 하나이다. 식사에서 흰 밀가루(22g fiber/day) 대신 밀기울(wheat bran)을 빼지 않은 밀가루(53g fiber/day)로 대치하였을 때 칼슘 섭취량은 권장량 이상임에도 불구하고 음의 칼슘 평형을 나타냈다. 과일과 채소의 섬유소에 의해서도 비슷한 효과가 있다.

시험관 연구에서 우론산(uronic acid)은 칼슘과 강하게 결합하므로 사람에서 hemicellulose는 칼슘 흡수를 방해한다. 하지만 수용성 섬유소인 pectin은 pectin 중 uronic acid의 80%가 메틸화되어 있어 칼슘과 결합하지 않기 때문에 칼슘 흡수에 영향을 주지 않는다. 밀기울 속에 다량 함유된 피틴산(phytate)은 칼슘과 결합하는 성질이 있어 칼슘 흡수를 방해하므로 밀기울은 칼슘의 흡수를 저해시켜 고칼슘뇨증(hypercalciuria)의 치료에 사용되기도 한다. 그러나 밀반죽에 칼슘을 첨가하여 발효시키고 굽는 동안 피틴산이 분해되어 부작용이 감소한다.

짙은 녹색 채소에는 칼슘이 비교적 많은 편이지만 수산(oxalate) 함량이 낮은 채소에서만 칼슘의 흡수가 잘 된다. 그러므로 케일, 브로콜리, 순무, 갓 등에 포함된 칼슘은 흡수가 좋은 편이며, 케일에 함유된 칼슘 흡수율은 우유만큼 높다. 한편, 시금치는 수산 함량이 높아서 칼슘과 결합하여 흡수를 저해하므로 흡수율이 낮다.

2) 지방, 단백질과 인

식이 지방은 건강한 성인의 칼슘 평형에 영향을 주지 않는다. 지방의 흡수 불량이 있을 때 칼슘은 지방산과 함께 장의 루멘(lumen)에서 불용성의 비누를 만든다. 지방산과 결합된 칼슘비누의 형성은 췌장의 lipase, 이온화된 지방산의 양, 지방산의 사슬길이와 포화도, 칼슘 농도와 monoglycerides(MG)와 같은 요인에 의해 영향을 받는다. 유아들은 우유로 만들어진 조제 분유에 들어있는 칼슘의 50%를 흡수하는 반면 모유에서는 칼슘의 65%를 흡수한다.

고단백식이로 유발된 칼슘뇨증(calciuria)은 최소한 2개월간 지속되는 음의 칼슘 평형을 일으키는데 이것은 칼슘 흡수 효율을 증가시켜도 보상되지 않는다. 성인이나 저체중아에서는 식이 내 인(P)의 수준이나 Ca/P 비율이 칼슘 흡수에 영향을 주지 않는다. 반대로 인의 수준이 높은 식사를 장기간 계속하면 부갑상선 기능항진증(hyperparathyroidism)을 일으키고 2차적으로 골격 재흡수에 의한 칼슘 유출이 일어난다.

3) 영양소 상호작용

칼슘과 철분의 보충은 일반적으로 여성에게 권장되고 있는데 이 두 무기질을 같이 사용하면 상호작용이 있다. 우유의 칼슘은 철분 흡수를 30%나 저해한다. 식품과 같이 탄산(carbonate), 구연산(citrate), 인산(phosphate) 등의 복합된 형태로 보충된 칼슘은 황산 제1철(ferrous sulfate) 보충제와 heme 철의 철분 흡수를 방해한다. 또한 Ca citrate 또는 Ca phosphate에 의해 철분 흡수가 약 50% 방해를 받는다. 따라서 식사와 함께 칼슘 보충제를 복용하는 것은 철분 흡수에 영향을 준다.

(4) 칼슘의 기타 기능

혈액과 세포 내 존재하는 칼슘의 다양한 역할을 간략하게 요약한다.

1) 혈액응고에 중요한 단백질인 피브린(fibrin) 형성에 관여한다. 혈중 프로트롬빈(prothrombin)이 트롬빈(thrombin)으로 전환될 때 칼슘을 필요로 하며, 이때 생성된 트롬빈은 피브리노겐(fibrinogen)을 섬유 단백질인 용해성의 피브린으로 전환시키고 다시 칼슘 이온이 존재하면 안전한 불용성인 피브린으로 전화시켜 혈액이 응고된다. 그러므로 옥살산(oxalate)이나 구연산으로 만든 항응고제를 사용하여 혈중 칼슘을 제거하면 혈액이 응고되지 않는다. 이 외에도 헤파린(heparin)을 사용하여 트롬빈 형성을 방어하여 피브린 형성을 봉쇄하는 방법도 있다.

2) 신경자극 전달에 칼슘이 필요하다. 세포나 신경에 자극이 도착하면 세포외액의 칼슘이 세포 안으로 들어가서 신경전달물질(neurotransmitters)이 분비되도록 한다. 특수한 예로, 만일 세포외액의 칼슘이 불충분하면 신경자극이 우발적으로 생겨 저칼슘혈증의 테타니(hypocalcemic tetany)를 초래하여 신경근육의 흥분도를 증가시킨다. 테타니는 PTH 분비 저하증이나 인(phosphate)의 과다한 섭취 또는 저마그네슘혈증 등의 경우에 발생한다.

3) 근육 수축에 칼슘이 필요하다. 골격 근육은 뇌에서부터 신경자극을 받으면 근육 세포 내 저장된 곳에서 칼슘 이온이 쏟아져 나와 칼슘 이온에 의해 근육 수축 단백질인 actin과

myosin이 결합하여 근육 수축을 유도한다. 그러나 ATP를 사용해서 칼슘 이온이 다시 저장된 곳으로 되돌아가면 수축된 근육의 actin과 myosin이 분리되어 근육은 다시 이완상태로 회복되어 쉬게 된다.

4) 이 외에도 칼슘은 세포 내에서 여러 가지 효소 반응에 관여하여 대사를 조절한다.

(5) 칼슘 영양 상태와 건강

칼슘 섭취량이 적을 때 칼슘의 흡수 효율이 증가하지만 신체의 칼슘 손실을 상쇄하기에 역부족인 경우, 또는 식사로 섭취된 칼슘이 불가피하게 변과 소변으로 손실량이 증가되는 경우 칼슘이 음의 평형 상태를 보인다. 이와 같은 음의 평형 상태일 경우는 골격 재흡수에 의해 칼슘 유출이 증가되어 혈액의 칼슘 농도를 유지함으로써 세포 내 칼슘과 신경 근육 시스템을 방어한다. 일반적으로 칼슘 부족으로 성장이 제한되지는 않는다. 이와 같은 결론을 지지하는 강력한 증거로 칼슘과 인이 결핍된 저체중아나 미숙아에게 칼슘과 인의 보충이 성장률에 영향을 준다는 것을 증명하지는 못하였다.

장기간 동안의 칼슘 섭취는 성숙기에 최고점 골격 무기질 밀도(peak bone mineral density)에 중요한 영향을 미친다. 칼슘 섭취가 적은 지역과 충분한 지역을 비교하였을 때 최소 30세 된 남녀의 골질량은 평상시의 칼슘 섭취와 관련이 있다는 연구를 통해 골격의 무기질 함량은 장기간 동안의 칼슘 평형을 반영하는 것임을 알 수 있다.

1) 연령에 따른 뼈 손실

골다공증의 원인과 치료에서 식이 칼슘의 역할은 아직도 논쟁의 초점이 되고 있다. 그 이유로 골다공증의 복합적 성질과 최근까지도 골밀도 측정의 감도가 낮다는 것이다. 폐경 시 일어나는 골격과 칼슘 대사의 갑작스런 변화는 칼슘 섭취와 흡수의 감소 때문만은 아니다. 또한 폐경 전과 후에 다량의 칼슘 섭취량이 최고점 골질량을 증가시키는지, 또 노화에 따른 칼슘 손실 속도를 늦출 수 있는지는 의문이다. 보고된 바에 의하면 개인이 일생 동안 섭취한 칼슘 양과 최고점 골 무기질 함량 사이에 유의적인 관계가 관찰되었다. 골격의 무기질 함량이 높으면 골격 손실이 전개되는 시기를 지연시킬 수 있지만 손실 속도를 변화시키지는 못한다.

식이 칼슘이나 보충제가 골격 손실에 미치는 효과를 알아보기 위한 임상적인 시도를 계획할 때는 연령, 폐경 상태, 혈청의 estrogen 수준, 비타민 D의 상태, 흡연, 수유 경력, 경구피임약 복용력, 평상시 칼슘 섭취량, 참가자의 평상시 활동수준 등의 요인들을 반드시 고려해야 한다. 이러한 문제가 있음에도 불구하고 수많은 임상적 연구에 의하면 칼슘 보충이 폐경 여성의 사지골격(appendicular skeleton)에서 골격 손실을 지연시켰다. 위치에 따라 골격을 구분하면 두개골과 척주를 뜻하는 중축 골격(axial skeleton)과 사지 골격으로 나눌 수 있는데, 에스트로겐만 처리하였을 때는 더 효과적이었다. 최근에 Ca carbonate 형태로 하루 2000 mg의 칼슘 보충은 수질골(trabecular bone)보다는 사지골격의 피질골(cortical bone)의 손실 속도를 늦추었다. 그러나 불행하게도 대부분의 골절은 수질골에서 일어난다.

칼슘 보충은 평상시 식사로 적은 양의 칼슘을 섭취하고 있는 여성 또는 폐경이 된 지 6년 이상이 지나고 에스트로겐 공급을 받지 않은 여성의 골격 칼슘을 유지하는 데 효과적이었다.

2) 골 질량 감소

골연화증(osteomalacia)과 골다공증(osteoporosis)은 골질량(bone mass)이 감소된 골감소증(osteopenia)의 한 형태이다. 이때 골감소증이란 골 무기질 밀도(bone mineral density)가 정상보다 낮은 경우를 뜻하며, 증세가 더 심해지면 골다공증으로 발전된다. 골연화증은 일종의 성인 구루병인데, 비타민 D 부족으로 어린 연령에 생길 때는 구루병(rickets)이라고 하며 혈액의 칼슘과 인 농도가 낮고 뼈에 칼슘 축적이 부족하여 석회화가 잘 이루어지지 않아 뼈가 물러 골절이 잘 생기고 골 통증이 증가한다. 그러나 골다공증은 골연화증과 달리 석회화가 정상적으로 일어나고 혈중 칼슘과 인 농도는 정상이지만 여러 가지 이유로 뼈에서 칼슘 용출이 높아져(예: 임신 수유기 또는 폐경기 여성) 골밀도가 낮아지고 뼈에 구멍이 있어 골절이 잘 일어난다.

3) 칼슘과 고혈압

역학조사에 의하면 일상적인 칼슘 섭취량은 혈압과 역의 상관관계가 있으며, 또한 칼슘 보충은 정상 혈압과 고혈압인 사람에서 혈압을 낮추는 효과를 보였다. 한국인을 대상으로 과거의 식생활 습관을 조사한 바에 의하면 중풍이나 고혈압 환자는 정상 혈압인 환자에 비해 총 칼슘 섭취량이 더 낮았으며 특히 유제품 섭취가 더 낮았다. 이와 같은 환자의 혈중 이온화된 칼슘 수준은 정상보다 더 낮았다. 본태성 고혈압이 있고 renin 수준이 낮은 환자들은 다른 고혈압인 사람과 정상인에 비해 칼슘 대사가 비정상이었으며, 칼슘 보충 시 혈압이 낮아졌다.

4) 칼슘과 대장암

역학조사에 의하면 권장량 또는 약간 초과하는 수준의 칼슘을 섭취하여도 대장암에 대한 방어 효과가 있었다. 임상 연구에 의하면 대장암 발생 위험이 높은 사람에게 칼슘을 보충하였을 때 대장 점막의 세포증식이 감소되었다. 이 칼슘 보충의 효과에 관한 기전으로 장관 강내(intraluminal) 칼슘 이온과 Ca phosphate 농도의 증가는 대장 상피세포막의 세포증식을 자극하는 제2차 담즙산이나 지방산과 결합하여 배설을 증가시켰기 때문이다.

5) 독성

하루 2400 mg의 칼슘 보충제의 복용은 다른 무기질에 비해 부작용은 나타나지 않았다. 그러나 과량의 칼슘 보충은 철분 흡수를 저해하므로 관심을 가져야 하며, 하루 2400 mg 이상의 섭취는 신장 기능을 해칠 수 있다. 다량의 칼슘 섭취는 흡수효율이 비교적 낮으며, 정상 성인에서는 결석 형성에 대한 위험을 증가시키지는 않는다.

2. 인(phosphorus, P)

(1) 화학적 성질 및 기능

인(P)은 모든 세포에서 발견되고 체내의 가장 풍부한 6개 원소 중의 하나이다. 인은 화학적으로 다양한 산화상태로 존재하고, 다양한 종류의 원소와 안정한 화학적 결합을 한다. 그러나 생화학적 관점에서 물에서 인(P) 화합물은 열역학적으로 가장 안정하기 때문에 인 자체보다는 인산(phosphoric acid, H_3PO_4)으로 강산 역할을 함으로써 영양생화학에서 주목을 받는다. 인산은 나트륨(Na), 칼륨(K), 암모늄(NH_4)과 같은 1가 양이온과 결합하여 용해성인 인산염을 형성할 수 있는 반면에 칼슘이나 마그네슘과 같은 2가 양이온과는 비교적 불용성인 인산화합물을 형성한다.

신체의 총 인의 함량은 남자는 500 g이고 여자는 400 g 정도이며, 체내 함유된 전체 인(P) 함량의 85%가 뼈의 수산화인회석(hydroxyapatite)에 존재하고 14%는 골격근육에 존재한다. 나머지 1%만 세포외액에 존재하며 이 중 약 70%는 사람 혈액에서 인지질(phospholipid)의 구성성분으로 존재한다. 또한 순환하는 무기 인(inorganic phosphorus)의 10%는 단백질과 결합되어 있고, 5%는 칼슘이나 마그네슘과 복합체를 이루고 있다. 혈액 내 대부분의 무기 인은 $H_2PO_4^-$와 HPO_4^{2-}로서 생리적 pH 7.4에서 1:4의 비율로 존재한다.

인은 주요 기질의 대사 과정에서 여러 효소의 보조인자(cofactor)로서 작용하고, ATP, creatinine phosphate와 같은 높은 에너지 함유 물질 형성에 주요 역할을 한다. 또한 생물의 주요 기본구조의 벽돌 역할을 하는 핵산, 당, 단백질, 세포막, 골격 미네랄 형성에 중요하다. 세포막은 대개 인지질로 구성되어 있고, 뼈에서는 칼슘과 결합하여 뼈의 주요 무기화합물인 수산화인석을 형성한다.

(2) 흡수 및 생체 이용률

인(P)은 높은 pH에서는 불용성 인산염을 형성한다. 위와 소장상부의 산성상태(pH 2~5)는 무기 인의 용해도와 생체 이용률을 유지하는 데 중요한 역할을 한다.

채식 식사 중 인은 대부분 피틴산(phytate) 형태로 존재하며, 효소 phytase에 의해 인이 유리된다. 사람과 동물은 phytase 효소를 가지고 있지 않지만 이스트와 박테리아와 같은 원핵생물(prokaryotes)은 phytase를 가지고 있다. 그러므로 빵을 굽기 전에 이스트를 사용하면 이스트 내 phytase의 가수분해 작용에 의해 phytate 분자에서 인을 유리시킬 수 있어 밀가루에 함유된 철분이나 칼슘 같은 주요한 무기질의 흡수를 증진시킬 수 있다. 또한 대장에 있는 박테리아도 식이 중 phytate의 일부를 분해할 수 있다. 이 외에도 곡식을 물에 담가 놓으면 곡식 종류에 따라 phytate가 제거된다. 예로, 콩에 함유된 phytate의 99.6%는 물에 담금으로써 추출될 수 있다. 그리고 곡식을 도정함으로써 겨 층에 존재하는 상당한 양의 phytate를 제거할 수도 있다. 이러한 처리에 의해서 식품의 인과 무기질 함량은 같이 감소되지만 고피틴산 식사(high phytate diet)에 의해 phytate가 철분 흡수를 저해하는 것을 막을 수 있다.

식이를 구성하는 성분과 여러 가지 다른 무기질의 상대적인 양은 무기질의 생체 이용률을 저해하거나 증가시킬 수 있다. 일반적으로 인의 생체 이용률은 식물성 식품보다는 동물성 식품이 더 우수하다. 육류에 함유된 인의 흡수율은 70% 이상으로 높으며, 혼합 식이의 인 흡수율은 60~70%가 된다.

미성숙한 신생아에서 뼈의 성장을 유지하기 위해 조제분유에 다량 첨가한 인(P)은 마그네슘의 흡수를 감소시킬 수 있다. 사람에서 인은 납의 흡수를 감소시킨다. 사람과 동물에서 칼슘 함량이 높은 식사는 인의 흡수를 저해하고 만성 신부전인 환자에서 고인산혈증(hyperphosphatemia)을 경감시키는 데 유용하다. 예로, Mg을 함유한 제산제 섭취 시에 Mg은 장관 내에서 인과 결합하여 인의 흡수를 감소시키며, 또 3g의 수산화알루미늄(aluminium hydroxide)을 섭취하면 인의 흡수율이 70%에서 35%로 감소된다.

(3) 인 항상성 조절(phosphorus homeostasis regulation)

혈중 인(P)의 농도는 소장, 신장, 골격과 연조직 사이의 인(P) 유동의 마지막 결과를 반영한다. 신장은 여과되는 인의 재흡수를 변화시켜 혈중 인(P)의 농도를 조절하는 조절자이다. 신장의 인 부하량(load)이 낮으면 사구체에서 여과된 인은 모두 재흡수되어 소변으로 배설되지 않는다. 그러나 사구체 여과액 중 인의 양이 높아 신장의 재흡수 능력을 초과하면 소변으로 인 배설량이 증가하게 된다.

장기간 신체 내 인의 총함량은 신장과 소장에서 동등하게 조절 작용한다. 만일 식사로 인의 섭취가 낮은 경우 소장에서는 흡수효율을 증가시켜 인(P)이 최대로 흡수되도록 하고, 신장에서는 인의 재흡수를 증가시켜 소변으로 인(P)의 손실을 최소로 조절한다. 이때 혈중 calcitriol과 PTH 호르몬 분비를 조절하여 적응하도록 한다. 이와 같이 정상 조건하에서 소변으로 배설되는 인의 수준은 식이로 섭취한 인의 함량을 반영한다.

(4) 인의 결핍과 과잉

식이로 섭취한 인의 생체 이용률은 폭이 넓기 때문에 정상인에서는 인의 결핍이 일어나지 않는다. 그러나 미성숙한 유아에서는 인과 칼슘의 공급이 불충분할 경우 구루병이 발생할 수 있다. 인이 결핍되면 소변으로 인 배설량이 감소되고 Ca, Mg, K의 배설량은 동시에 증가한다. 동물 연구에 의하면 인과 칼슘 비율이 2:1 이상인 식이를 장기간 공급한 경우 저칼슘혈증(hypocalcemia)이 나타났으며, 유아에서 모유 대신 인 함량이 높은 식품으로 대체해 먹였을 때 저칼슘혈증과 근육 강직성 경련(tetany) 증세를 보였다. 그러나 전형적인 미국인 식사의 인과 칼슘 비율은 2:1 이상이지만 아직 건강상의 문제점을 발견하지는 못했다.

3. 마그네슘(magnesium, Mg)

마그네슘은 세포 내에서 300개 이상 효소의 보조인자로 작용하며 ATP 생성에 중요한 영양소이다. 체내 마그네슘의 약 60%가 골격 형성에 사용되고 나머지는 혈액에서 순환하면서 특히 신경과 심장 기능 및 효소 작용에 중요한 필수 영양소로 작용한다.

(1) 체구성 성분

체중이 70kg인 성인은 약 20~28g의 마그네슘을 함유하고 있다. 전체 마그네슘의 약 60~65%는 골격에 존재하고, 27%는 근육 내에 있으며 6~7%가 다른 세포에 존재하고 1%가 세포외액에 존재한다. 근육, 간, 심장 그리고 다른 연조직은 대략 비슷한 양을 갖고 있으며 세포가 노화함에 따라 마그네슘 함량도 감소된다. 혈액의 마그네슘 함량 중 약 55%는 유리형으로 존재하며 약 13%는 구연산, 인산 및 다른 이온들과 결합되어 있고, 32% 정도는 단백질과 결합되어 있다. 척수액 중 마그네슘 농도는 혈액 마그네슘 농도의 1.4~1.8배 정도가 된다. 세포 내에 있는 대부분의 마그네슘은 ATP 같은 유기 물질과 결합되어 있다.

(2) 생화학적 생리적 작용

마그네슘은 광범위한 세포반응에 필수적이므로 만일 마그네슘 결핍이 오면 생화학적인 변화와 임상적인 증상이 발생한다. 마그네슘은 대사과정에서 300개 이상의 효소 반응에 관여하고 있다. 예를 들어 포도당이 당분해작용(glycolysis)에 의해 2분자의 피루브산(pyruvate)을 생성할 때 Mg^{2+}와 ATP를 필요로 하는 7개의 효소가 관여한다. 또한 thiamin의 조효소인 TPP(thiamin pyrophosphate)는 Mg^{2+} 의존적 효소에 의해 형성되어 트랜스케톨라제(transketolase) 효소의 조효소로서 작용하여 α-keto acid의 산화적 탈카르복실(oxidative decarboxylation) 반응에 참여한다. 또 피루브산 탈수소화 효소 복합체(pyruvate dehydrogenase complex) 작용에 의해 pyruvate가 acetyl CoA로 전환되어 citric acid cycle로 들어가 ATP를 생성하게 된다. 이 과정에서 succinyl CoA를 succinic acid으로 전화시키는 효소도 Mg^{2+}과 GMP(guanosine 5'-monophosphate)를 필요로 한다.

지방산의 β-산화과정에서 acyl CoA synthase가 작용하는 첫 과정은 ATP와 Mg^{2+}을 필요로 하며, 또 지방산 합성과정에서 carboxylase 효소에 의해 acetyl CoA가 malonyl CoA로 전환되는 과정에서 ATP, Mg^{2+}, 중탄산염(bicarbonate)을 필요로 한다. 이 외에도 단백질 합성 뿐 아니라 100가지도 넘는 protein kinase 효소들에 의한 촉매 과정에도 Mg·ATP를 필요로 하며, adenylate cyclase에 의해 cAMP(cyclic AMP)를 형성하는 데도 Mg^{2+}을 필요로 한다.

(3) 마그네슘 항상성 조절(magnesium homeostasis regulation)

체내 마그네슘(Mg) 균형은 섭취량, 소장의 흡수와 신장에서 재흡수 및 배설량에 의해 영향을 받으므로 이 과정에 영향을 미치는 요인들에 의해 좌우된다. 식이 마그네슘 섭취량은 항상성을 유지하는 데 결정적인 역할을 한다. 정상인에서 식이 마그네슘의 흡수 비율은 식이 내 마그네슘 함량과 마그네슘 흡수에 영향을 미치는 인자가 얼마나 같이 존재하느냐에 따라 다양한 영향을 받는다. 마그네슘 흡수율은 보통 30~40%이지만 섭취가 낮으면 80%까지도 증가된다. 마그네슘의 흡수는 공장과 회장에서 이루어지지만 대장에서의 마그네슘 흡수도 배제할 수는 없다.

혈중 마그네슘의 약 70%는 사구체에서 여과되며, 이 여과된 마그네슘 함량의 약 95%가 세뇨관에서 재흡수되기 때문에 신장은 마그네슘의 항상성에 중요한 역할을 한다. 신장은 마그네슘 섭취량이 다양하더라도 소장의 흡수와 신장의 재흡수 및 배설량을 조절하는 기전에 의해 마그네슘의 항상성을 유지한다.

(4) 마그네슘 식품급원 및 결핍

마그네슘은 식물과 동물에 널리 분포되어 있지만 함량은 매우 다르다. 마그네슘의 가장 좋은 급원으로는 전곡류(예: 밀겨), 브로콜리, 호박, 두류, 너트, 씨 등이 있으며 조금 낮은 급원으로는 동물성 식품(우유, 육류)과 초콜릿 등이 있고, 경수인 수돗물에 높게 함유되어 있다. 마그네슘은 식물색소인 엽록소(chlorophyll)를 구성하는 무기질이며, 동물의 근육 조직에도 결합되어 있다.

마그네슘은 보통 엽록소가 있는 채소 같은 식물성 식품이나 동물성 식품의 근육 같은 곳에 널리 분포되어 있어 특수한 경우 외에 결핍되는 경우가 드물다. 그러나 실험상 마그네슘 결핍을 유도했을 때 저마그네슘혈증(hypomagnesaemia)이 관찰되었다. 대개 마그네슘 결핍증은 마그네슘 섭취를 방해하고 소장과 신장에서의 흡수 및 재흡수를 각각 감소시켜 배설이 증가된 경우 발생된다. 예를 들어, 이뇨제 사용에 의해 소변으로 마그네슘 배설이 증가하거나 몇 주 계속 땀을 과잉으로 흘리거나 지속적인 설사 또는 심한 구토로 마그네슘 손실이 클 경우에는 마그네슘 결핍이 초래될 수 있다. 이 외에도 알코올 중독자에서는 식이로 마그네슘 섭취가 부족한 동시에 알코올로 인해 소변으로 마그네슘 배설이 높아 마그네슘 결핍이 발생할 수 있다.

사람에서 마그네슘 결핍증은 서서히 나타나며, 저마그네슘혈증, 저마그네슘뇨증, 저칼슘혈증, 저칼륨혈증 그리고 경련을 자주 동반하는 테타니(tetany)가 일어나지만 마그네슘 보충으로 치유된다. 그러나 비타민 D 보충으로 인한 혈중 정상 칼슘 농도를 유지하는 효과는 없었다. 마그네슘 결핍증은 그대로 방치하면 허약해지고, 불규칙적인 심장박동과 근육통증이 발생하고, 손발 동작이 안 맞으며 발작 등을 일으킨다. 예로 심한 알코올 중독자에서 손발 동작이 안 맞고 허약하게 되는 것을 볼 수 있다.

(5) 마그네슘 독성

Mg^{2+}은 독립적이며 흔히 Ca^{2+}과 경쟁적으로 작용한다. 보통 식사를 통해서 마그네슘 독성이 나타나기는 어렵다. 신장 기능이 부진한 환자가 마그네슘이 함유된 제산제나 설사제를 만성적으로 복용할 경우 혈중 마그네슘 수준이 높아질 수 있다. 이와 같은 마그네슘 과다 섭취에 따른 독성 효과는 정도에 따라 혈중 마그네슘 농도가 상승하면서 점차 치명적인 증세가 나타난다. 마그네슘 농도가 36~109 mg/L일 때 메스꺼움, 구토, 저혈압이 있고, 서맥(bradycardia)과 소변보유가 일어날 수 있다. 마그네슘 농도가 49~122 mg/L일 때는 심전도의 변화, 저반사증(hyporeflexia), 2차성 중추신경 억제가 일어나고, 더 높은 농도에서는 호흡작용 억제, 혼수, 심장마비가 발생하게 된다. 칼슘의 투여는 마그네슘 독성을 완화할 수 있지만 심각한 신장병을 가진 환자의 경우 마그네슘을 함유한 약제는 피하는 것이 좋다.

4. 불소(fluoride, F)

불소는 어린이와 성인의 충치 발생과 충치로 인한 치아 손상을 줄여주는 유일한 영양소이다. 치아건강에 좋다는 장점 때문에 National Research Council(NRC)의 식품영양분과에서는 불소를 인체에 유익한 원소로 간주하고 있다. 한때 불소가 필수영양소로 인정되었으나,

필수적인 역할이 확인되지 않아 지금은 필수영양소로 인정하고 있지는 않다. 불소가 인체의 성장발달에 필요한 인자로 더 이상 간주되지는 않지만 많은 사람들이 충치 예방에 최대한 효과를 내기 위해 필요한 최적량이 있다고 판단하고 있다. 경험을 근거로 한 보고에 의하면 불소의 하루 필요한 최적량을 체중 kg당 0.05~0.07mg으로 보고 있다.

(1) 불소의 생리와 대사

섭취한 불소의 75~90%가 위장관 내에서 빠르게 흡수되어 섭취 후 30~60분 이내 혈중 농도는 최고에 도달하며, 나머지 10~25%는 변을 통해 배설된다. 체내의 불소는 주로 신장을 통해 배설되는데, 1일 섭취량의 약 50%가 신장에서 제거된다. 흡수된 불소는 혈액을 통해 체내에 골고루 분포되며, 연조직의 세포 외 또는 세포 내의 공간에 분포되거나 배설된다. 불소는 뼈나 에나멜 층의 수산화인회석의 수산화이온이나 중탄산이온을 치환하여 불화인회석(fluoroapatite)을 형성하여 석회화된 조직에 결합되므로 더욱 안정된 골 결정체를 구성한다. 불소는 뼈와 친화력이 강하지만 위에서 언급된 바와 같이 가역적인 결합을 하여 쉽게 분리될 수 있으므로 세포간질액과 이온교환에 의해 빠르게 재유출되거나 골격 재형성 과정에 다시 사용될 수 있다.

(2) 불소의 식품급원

불소는 미량이기는 하나 모든 식품류와 물에 흔히 존재하는 원소이다. 그러나 불소의 총섭취량에 영향을 미치는 주요인자는 음용수에 들어 있는 불소 함량이다. 불소의 총섭취량을 파악하기 위해서는 물 이외에 우유, 영아용 조제유, 음료, 식품 및 다른 불소 함유물도 고려해야 한다.

가공음료의 불소 함량은 가공에 사용된 물에 들어있는 불소량과 거의 일치하며, 실제로, 가공음료에 들어있는 불소량은 1L당 0.03에서 6.8mg으로 다양하다. 가공하지 않은 찻잎의 불소 함량은 1kg당 400mg이고, 이온 제거수로 우려낸 홍차의 불소 함량은 1L당 0.1~4.2mg이다. 닭고기, 생선, 해산물을 뼈와 껍질도 함께 가공하였을 경우 불소의 함량이 높다. 생선통조림은 1kg당 40mg이고, 건조된 해산물은 1kg당 290mg, 닭 가공품에는 1kg당 0.6~10.6mg이 들어 있다.

모유에 들어 있는 불소량은 1L당 0.01mg 이하이다. 생후 6주 된 영아를 모유로만 양육하면 평균 불소 섭취량은 하루에 체중 1kg당 0.01mg 이하가 되고, 완전 조제유를 먹는 영아는 체중 1kg당 0.01~0.07mg, 물 1L에 불소 1.0mg을 첨가한 물로 조유한 조제유를 먹는 영아는 체중 1kg당 0.10~0.23mg을 섭취하게 된다.

어린이가 섭취하는 불소는 식품과 음료수뿐만 아니라 불소 함유 치약과 불소 보충제와 같은 치료용 제품으로부터 얻게 된다. 치약에 들어 있는 불소의 함량은 1kg당 1000~1500mg이다. 2~3세 유아들은 양치질할 때 사용하는 치약의 28~65%를 먹기 때문에 이를 통해 불소를 섭취하게 된다. 불소 보충제는 어린이의 불소 섭취량에 중요한 영향을 준다. 그러므로 1994년 미국 치과협의회와 소아치과학회에서 음용수에 첨가하는 불소량을 새로 개정하고, 유치가 나기 전인 생후 6개월까지는 불소 첨가를 권장하지 않는다.

(3) 불소의 유익한 점

1) 충치 예방

역학조사에 의하면 1900년경 미국에서 물에 함유된 불소 함량이 높은 지역의 충치 발생률이 더 낮았으며, 불소가 축적되어 치아에 작은 반점이 생기는 반상치(mottle teeth)가 있는 사람에서 치아의 색은 퇴색되었지만 충치 발생은 더 낮았다.

불소의 충치 예방 효과는 잘 규명되어 있는데, 불소가 충치를 감소시키는 기전에 관하여 최근 다음과 같이 제안되었다. 첫째, 구강 내로 적은 양의 불소를 지속적으로 투여하면 부식되기 시작한 치아에서 탈무기질화(demineralization)와 재무기질화(remineralization)가 반복되는 동안 재무기질화를 촉진시킨다. 둘째, 불소는 플라크(plaque)에서 박테리아에 의해 당이 산으로 분해되는 해당작용을 억제한다. 그러므로 치아의 불화인회석(fluoroapatite) 결정체는 산에 강하게 저항하여 충치를 예방하게 된다. 셋째, 불소가 새로이 형성되는 에나멜 층의 수산화인회석(hydroxyapatite)에 침투되어 에나멜 층의 용해도를 감소시킴으로써 예방 효과를 나타낸다. 만일 마시는 물에 불소 함량이 적으면 1ppm(1mg/liter) 정도 첨가를 권장한다.

2) 골다공증

1960년대 초반에 골다공증 치료제로서 불소의 이용 가능성에 대한 연구가 시작되었는데 아직까지 치료제로서 불소의 효능은 논의의 여지가 있다. 초기의 연구에서 불소 치료를 받은 환자의 골격 형성은 증가되었으나, 새로 형성된 뼈의 무기질화가 제대로 일어나지 않았다. 그러나 불소 복용량을 감소시키고 대신 칼슘 섭취를 증가시킨 결과 새로 형성된 뼈가 정상적으로 석회화가 되었다. 다른 연구에 의하면 불소와 칼슘의 섭취는 폐경된 여성의 골다공증 치료에 효과가 없었으며, 지속적인 복용으로 요추의 골밀도는 증가시켰으나, 1인당 척추 골절발생률을 감소시키지는 않았다. 문헌조사에 의하면 1L당 0.7~1.2mg의 불소가 함유된 물을 먹는 것과 골다공증 또는 골절과는 상관관계가 없었다. 그러므로 불소는 현재 미국 FDA로부터 골다공증 치료제로 승인받지 못하고 있다.

(4) 불소의 위험요인

1) 급성독성

불소가 건강에 유익한지 또는 유해한지 그 효과를 완전히 이해하기 위해서는 섭취량에 따른 반응이 중요하다. 섭취량과 반응과의 관계는 섭취량, 강도, 또는 섭취 기간의 변화와 어느 특정한 결과의 위험도를 증가 또는 감소시키는지 그 효과와의 관련성을 보는 것이다. 일반적으로 불소 섭취로 인한 건강상 위험도는 급성과 만성으로 나눈다.

불소의 급성독성을 나타낼 수 있다고 제시된 양은 다양하다. 사람에서 체중 kg당 32~64mg의 불소를 섭취하는 경우 독성을 보인다. 불소의 독성 가능량은 체중 kg당 5mg이며, 안전 허용량은 체중 kg당 3~5mg으로 추정되고 있다. 독성 가능량이란 사망을 포함한 중독 전조 징후와 증세를 나타내고 즉각적인 치료 실시와 병원치료를 필요로 하는 최소량을 의미한다.

2) 만성독성

상대적으로 적은 양(음용수 1L당 1~2mg)의 불소를 지속적으로 섭취할 경우 유해효과는 치아 불소 침착증이 유일하다. 이 증세는 치아 발달 단계에서 과잉의 불소가 치아에 많이 침착되어 에나멜 층이 저무기질화(hypomineralization)되는 증세이다. 치아 불소 침착증의 증세는 전문가가 보기에도 거의 구별이 될 듯 말 듯한 수준에서부터 눈에 뜨일 정도로 에나멜층에 염색이 되거나 구멍이 날 정도로 심각한 증세까지 나타난다. 장기간에 걸쳐 불소 침착증에 대해 고찰한 결과 음용수에 불소를 첨가하지 않은 지역의 불소 침착증 발생률은 3~26%인데 비해 최적농도의 불소를 첨가한 지역의 발생률은 8~51%이었다. 이에 대응해 치아 연구자들은 치아 불소 침착증의 발생률과 증세의 심각성을 안정화시킬 수 있는 가장 좋은 방법으로 음용수에 첨가하도록 권장한 불소의 농도를 감소시키기보다 식품류, 가공음료 및 치아용품을 통한 불소의 섭취를 통제하는 것이라고 한다.

다량의 불소를 장기간 섭취하면 골불소증을 유발할 수 있다. 골불소증이 진행됨에 따라 관절이 가끔 뻣뻣해지거나 통증이 나타나기 시작해서 만성관절통, 장골의 골다공증과 심한 경우에는 근육 소모증과 신경 손상이 나타난다.

8-4 골격 형성 관련 비타민

1. 비타민 D

골격대사에서 비타민 D의 중요한 역할을 이미 언급하였으므로 이 지면에서는 생략한다.

2. 비타민 C

이미 언급된 바와 같이 비타민 C는 결체조직의 중요한 섬유 단백질인 콜라겐 합성에 필수이므로 비타민 C가 결핍일 때는 골격의 석회화가 되지 않을 뿐 아니라 혈관의 결체조직도 약하여 괴혈병이 발생하고 상처 치유가 지연된다. 예로, 비타민 C 결핍인 아동에서 콜라겐 합성이 저조함으로 인해 골격에 칼슘 축적이 부진하여 뼈대가 약해서 체중 무게를 이기지 못하고 비둘기 가슴처럼 나오게 된다. 또한 늑연골(costal cartilage) 접합부에서 연골조직은 더 커지고 석회화가 잘 되지 않는다. 이 외에도 비타민 C의 항산화 작용과 기타 기능에 관하여 제10장에서 언급되었으므로 본 장에서는 생략하기로 한다.

3. 비타민 K

(1) 화학 구조

비타민 K는 1939년에 자주개자리(alfalfa)라는 동물사료로 사용하는 풀에서 추출하였는데 자연에 존재하는 비타민 K형은 필로퀴논(phylloquinone, K_1)과 메나퀴논(menaquinone, K_2) 계열이 있다. 합성화합물인 비타민 K_3에는 메나디온(menadione)이 있으며, 이는 비타민 K_1과 K_2보다 활성이 2배나 강하다. 비타민 K_1은 보통 녹색식물에 존재하고, 비타민 K_2는 많은 미생물(예 : 소장 내 박테리아)에서 분리할 수 있다. 구조는 아래와 같으며, 사람의 간에 존재하는 비타민 K의 주된 형은 비타민 K_1과 menaquinone-7이다(그림 8-4).

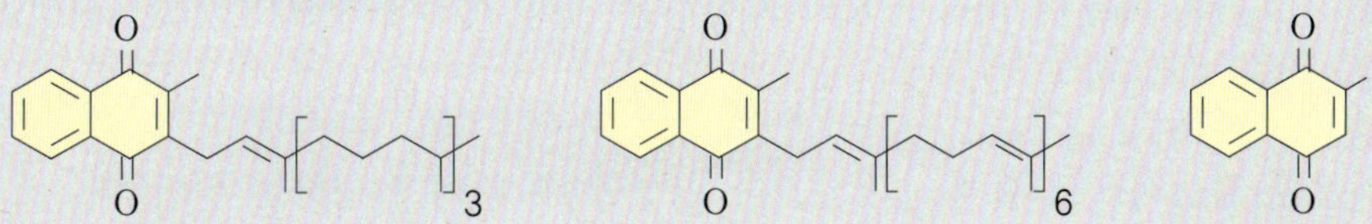

Phylloquinone (비타민 K_1) Menaquinone-7 (비타민 K_2) Menadione (비타민 K_3)

그림 8-4 비타민 K의 생물학적 활성형의 구조

(2) 생화학적 기능

골격을 구성하는 유기적 기질 중의 하나인 오스테오칼신(osteocalcin) 같은 콜라겐이 아닌 단백질도 비타민 K 의존적 γ-카르복시화반응에 의해 γ-carboxyglutamic acid인 잔기를 가지고 있어 골격을 더욱 단단하게 결속시켜주는 역할을 한다.

비타민 K는 간에서 불활성 프로트롬빈(prothrombin)을 활성화된 프로트롬빈으로 바꾸는 데 관여하여 혈액응고에 작용을 한다. 비타민 K는 프로트롬빈을 구성하는 아미노산 중 glutamic acid를 γ-카르복시화(carboxylation) 하는데 관여하여 더욱 칼슘 결합력을 가진 잔기인 γ-carboxyglutamic acid로 전환시키는 역할을 한다. 또한 비타민 K는 혈장의 다른 혈액 응고인자인 factor IX, VII, X 합성에도 필요하다.

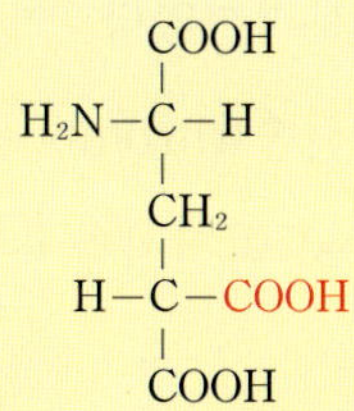

γ-carboxyglutamic acid

(3) 비타민 K 결핍증

일반적으로 식사 중 비타민 K_1의 중요한 공급원이 되는 것은 녹색 채소이다. 예로, 시금치, 브로콜리, 싹눈 양배추(brussels sprouts), 케일, 터닙그린(turnip green) 등에 비타민 K가 많이 함유되어 있다. 그러므로 일차적인 비타민 K 결핍증은 건강인에서는 흔하지 않다. 이것은 비타민 K_1인 필로퀴논이 식물에 널리 분포되어 있으며, 또한 정상인의 장내 세균총은 비타민 필요량에 거의 맞먹는 양의 메나퀴논(비타민 K_2)을 합성할 수 있기 때문이다. 따라서 성인에 있어 비타민 K 의존적인 혈액 응고인자의 결핍 원인은 주로 질병 또는 약물에 의한 이차적인 것이다.

신생아에서 출혈성 질환의 일부는 비타민 K 결핍이 원인이다. 이는 태반을 통한 비타민 K의 운반이 저조하기 때문에 비타민 K의 저장량은 출생 직후에 낮으며, 또한 신생아의 장관은 무균 상태이므로 얼마 동안은 메나퀴논을 합성할 수 없기 때문이다. 또한, 유아는 간이 미숙하기 때문에 정상적으로 혈액 응고인자를 합성할 수 없어 발생하는 일반적인 저프로트롬빈혈증(hypoprothrombinemia)에 의해 조금 더 복잡한 문제가 생길 수 있다. 그리고 모유에는 비타민 K 함량이 낮을 뿐 아니라 신생아가 섭취하는 모유의 양도 적기 때문에 신생아는 비타민 K 결핍증이 발생하기 쉬운 대상이 된다.

성인에서 비타민 K-반응성 출혈증세로 알려진 결핍상태는 식이로 인한 비타민 K 섭취가 낮으면서 항생제를 복용하는 환자에서 많이 발생한다.

(4) 비타민 K 길항제

비타민 K의 효과와 반대로 작용하는 물질인 dicoumarol을 부패된 전동싸리(sweet clover)에서 분리하였다. 이 dicoumarol과 합성한 항응고제인 warfarin(쥐약으로도 사용) 등은 혈전 색전증(thromboembolism)에 사용하기도 한다. 이와 같은 항응고제 효과는 비타민 K_1과 K_2로 역전시킬 수 있으나 menadione에 의해서는 불가능하다.

9

적혈구 형성 및 관련 영양소

9-1 적혈구 형성과 조절인자

적혈구(erythrocyte, RBC)는 성숙된 후에 핵이 없어지면서 가운데가 오목하게 들어간 원반(biconcave disc) 형태이며, 직경은 7㎛ 정도이고 두께는 2.2㎛이다. 적혈구 세포 내에는 헤모글로빈이 있어 산소와 이산화탄소의 운반과 교환에 관여하는데 이때 적혈구의 독특한 오목한 형태가 세포 표면적을 넓혀주어 더 많은 가스를 운반할 수 있게 해준다. 적혈구가 성숙된 후에는 핵과 미토콘드리아 및 모든 세포소기관(organelle)이 없어지기 때문에 스스로 재생할 능력이 없고 장기간 정상적 구조를 유지할 수 없다. 따라서, 적혈구의 수명은 120일 정도로 비교적 짧은 편이며 매일 체내 적혈구의 약 1%가 파괴되고 다시 재생되어야 한다. 적혈구가 노후해지면 간과 비장의 식세포에 의해 순환에서 제거된다.

각 적혈구는 2~3억 개의 헤모글로빈 분자를 함유하고 적혈구 총 무게의 약 1/3을 차지하여 혈액이 적색을 띤다. 각 헤모글로빈 분자는 4개 사슬의 polypeptide로 구성된 글로빈(globin) 단백질을 함유하며 각 헤모글로빈 분자는 4개의 기본단위로 구성되어 있다. 즉, 각 기본단위는 철을 함유한 헴(heme)과 글로빈 1개 사슬의 polypeptide와 결합되어 있으며 각각 헤모글로빈 분자는 4개의 heme을 가지고 있어 4분자의 산소와 결합할 수 있다.

적혈구가 형성되는 곳은 골수(bone marrow)이며, 세포분화가 일어나면서 이 세포들은 헤모글로빈 생성을 시작하지만 적혈구가 성숙되면서 궁극적으로 핵과 모든 세포 소기관들을 잃어버린다. 이 과정에서 골수에서 약간의 리보솜(ribosomes)이 남아있는 망상구조를 한 유약한 망상적혈구(reticulocyte) 과정을 지나서, 모든 리보솜을 잃어버리고 성숙된 적혈구(erythrocytes)로서 골수를 떠나 일반 순환계로 들어온다.

적혈구를 생성할 때도 모든 세포 합성에 필요한 아미노산, 지방 및 탄수화물을 필요로 하며, 그 외 철분과 엽산, 비타민 B_{12}를 포함해서 적혈구 형성을 촉진하는 조절인자인 호르몬이 기본적으로 필요하다.

정상인에서 순환하는 적혈구의 총 부피는 골수의 세포 생성을 조절하는 반사작용 때문에 놀라울 정도로 일정하게 유지된다. 영양소 중 특별히 철분, 엽산, 비타민 B_{12}는 정상적인 적혈구 생성에 반드시 있어야 하지만 이 영양소들은 적혈구가 생성되는 속도를 조절하는 신호를 주지는 못한다.

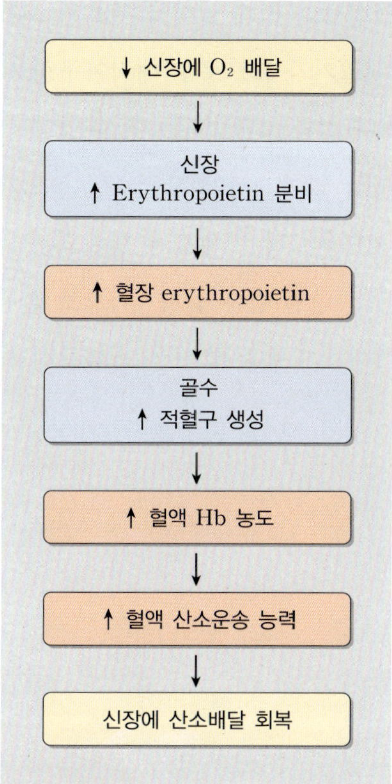

그림 9-1 신장의 erythropoietin 분비에 의한 적혈구 생성 과정

에리스로포이에틴(erythropoietin)은 신장의 모세혈관 내피세포에서 분비되는 당단백질(glycoprotein)로 구성된 호르몬으로서 적혈구 생성(erythropoiesis)을 직접적으로 조절하는 촉진인자(erythropoiesis stimulating factor, ESF)이다. Erythropoietin은 골수에 작용하여 적혈구의 미숙한 선조세포(progenitor cells)의 분열을 촉진하여 적혈구로 분화시킨다. 보통 erythropoietin은 비교적 적은 양이 분비되어 손실된 적혈구를 대체할 수 있는 수준으로 유지되도록 골수에서 적혈구 생성을 촉진한다. 하지만 erythropoietin이 분비되는 속도가 기초 수준보다 현저하게 증가되는 경우가 있다. 이때 erythropoietin 분비에 영향을 미치는 근본적인 자극원은 신장을 통과하는 혈중 산소량이다. 그림 9-1에서 보여주는 바와 같이 신장을 통과하는 혈액 중 산소량이 감소된 경우(예: 저산소증), 신장에서 erythropoietin 분비가 증가되어 혈중 erythropoietin 농도가 증가되고 이에 따라 골수에서 적혈구 생성이 증가해 혈중 헤모글로빈(hemoglobin, Hb) 농도가 증가한다. 이로 인해 혈액의 산소 운반 능력이 증가하여 저산소증(hypoxia)을 해소시켜 줌으로써 피드백 기전에 의한 적혈구 생성 촉진 인자(ESF) 생성에 대한 자극이 제거된다.

적혈구 생성 촉진 인자(ESF)는 줄기세포(stem cell)에 작용하여 핵 수준에서 Hb 합성을 시작하여 적혈구 합성속도를 조절한다. 적혈구 세포 내 헤모글로빈 농도는 음의 피드백 기전(negative feedback mechanism)에 의해 적혈구 합성을 정지시키는 결정적인 인자가 된다. 적혈구 세포가 형성될 때 세포분열 하는 시간의 간격은 일정하게 정해져 있으며, 적혈구 세포 내 헤모글로빈 농도는 약 20% 수준까지만 축적되고 이 농도에 도달하면 그 이상 세포가 분열하지 않고 정지된다. 그러므로 헤모글로빈 농도가 약 20% 수준에 도달할 때까지만 적혈구 세포의 분열이 지속되기 때문에 만일 철분의 영양 상태가 양호하여 헤모글로빈 합성속도는 촉진되는데 비타민 B_{12} 또는 엽산이 결핍되어 핵산 합성이 저하되면 세포 내 헤모글로빈 농도가 20% 수준에 도달하였을 때 세포분열 횟수가 정상보다 적게 일어나 세포의 크기가 큰 상태로 남아 있을 것이다. 이 경우 적혈구는 정상보다 크기가 크므로 거대적아구성 세포(megaloblastics 또는 macrocytic cells)라고 한다. 그러나 비타민 B_{12} 또는 엽산 영양 상태는 정상이지만 철분이 결핍되면 헤모글로빈 합성이 서서히 일어나서 헤모글로빈 농도가 20%까지 도달하는 동안 세포분열이 더 많이 일어나 정상보다 더 작은 세포가 형성되는데, 이와 같은 적혈구를 소적혈구 세포(microcytic cells)라고 한다. 만일 철분이 지속적으로 결핍되면 헤모글로빈 합성이 더욱 제한되어 소적혈구 세포는 혈색소가 동시에 낮은 소혈구성 저혈색소성 세포(microcytic hypochromic cells)가 된다.

9-2 적혈구 형성과 영양소 역할

1. 적혈구 형성과 철의 역할

체내 철(iron, Fe) 함유물질은 대사와 효소기능을 하는 기능성 철과, 운반과 저장에 사용되는 저장성 철로 분류한다. 체내 총 철의 2/3는 기능성 철이며 이들 대부분은 적혈구의 헤모글로빈 형태로 존재하며, 철 함유효소와 미오글로빈(myoglobin)은 기능성 철의 약 15%를 차지한다. 남자는 체내 총 철의 약 1/3을, 여자는 약 1/8을 저장성 철의 형태로 가지고 있다. 영양성 철 결핍증은 체내 저장성 철이 고갈된 후 철 공급이 부족하여 기능성 철의 요구량을 충족시키지 못할 때 발생한다. 그러나 만성질병에서 나타나는 빈혈과 같이 섭취량과 저장량이 충분함에도 불구하고 저장된 상태에서 철이 잘 방출되지 못하면 철결핍성 빈혈이 생기는 경우도 있다. 철을 과잉으로 섭취할 경우 철 저장량이 심하게 불균형적으로 일어나 기능성 철의 10배 이상이 될 수도 있다.

대부분의 기능성 철은 철-포르피린 보결분자단(iron-porphyrin prosthetic group)을 가진 헴 단백질(heme protein)의 형태로 존재한다. 헴(heme)의 기본구조는 프로토포피린(protoporphyrin) 분자의 중앙에 하나의 철이 결합된 Fe-protoporphyrin이다(그림 9-2). Heme은 산소와 쉽게 결합하거나 분리되는 독특한 화학적 성질을 가지는데 가장 잘 알려진 heme 함유물질은 헤모글로빈이다. 헤모글로빈은 적혈구의 중요한 혈색소로서 분자량이

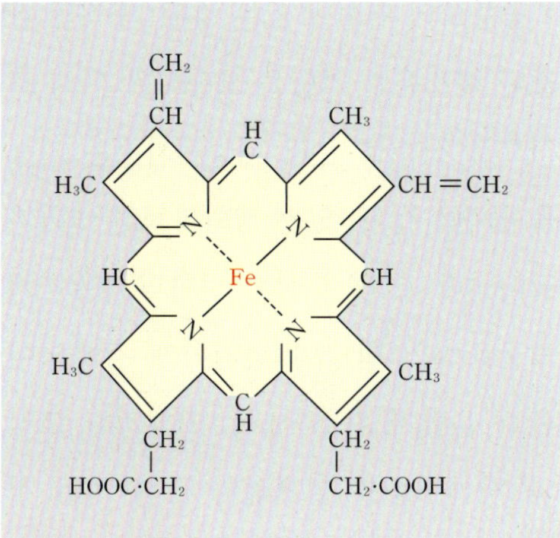

그림 9-2 철 결합된 Fe-protoporphyrin (heme)의 화학구조
(Protoporphyrin은 중앙에 철을 함유하지 않은 구조임)

68,000이며, 각 헤모글로빈 분자는 4개 사슬의 polypeptide로 구성된 글로빈(globin) 단백질과 4개의 heme이 연결되어 있어 4분자의 산소와 결합 및 분리가 용이한 구조를 이룬다. 근육 내에 존재하는 heme을 가진 물질인 미오글로빈(myoglobin)은 헤모글로빈과 유사한 구조를 가지나 단 한 분자의 heme과 글로빈 polypeptide의 한 개 사슬이 결합된 물질이다. 체내 다양한 효소들도 또한 철을 가지고 있으나 이들은 체내 총 철의 3% 미만에 불과하다.

(1) Protoporphyrin, heme, hemoglobin 형성

헤모글로빈의 구성요소인 protoporphyrin이 합성되기 위해 처음 시작하는 반응으로 아미노산인 glycine과 succinyl CoA가 aminolevulinic acid(ALA) synthetase라는 효소의 작용에 의해서 δ-aminolevulinic acid를 형성하는데 이때 철분과 비타민 B_6를 보조인자로 필요로 한다(그림 9-3). 그 이후 여러 단계를 거친 후 마지막 단계에서 protoporphyrin이 형성된 후에 ferrochelatase 또는 heme synthetase라는 효소의 작용에 의해 철(Fe)이 protoporphyrin 중앙에 유입되어 heme이 형성된다(그림 9-2 참조). 이때 만일 납(Pb) 같은 유해 미네랄 함량이 높다면 ferrochelatase 효소의 활성이 억제되어 철의 유입이 방해를 받아 heme 형성이 어려워진다. 일단 heme이 형성된 후에는 앞서 언급된 것과 같이 globin의 polypeptide 사슬과 결합하여 헤모글로빈이 형성된다.

헤모글로빈은 구조적으로 산화되지 않으면서도 산소와 결합할 수 있는 효율적인 기전을 가지고 있어 적혈구가 폐순환을 거치는 짧은 기간 동안 거의 완전히 산소와 결합할 수 있으며 적혈구가 조직에 퍼져있는 모세혈관을 통과할 때 대부분의 산소가 분리되어 조직에 공급된다. 헤모글로빈의 산소 친화도는 산소분압, pH, 온도, 유기 인산염의 함량 등의 영향을 받는다.

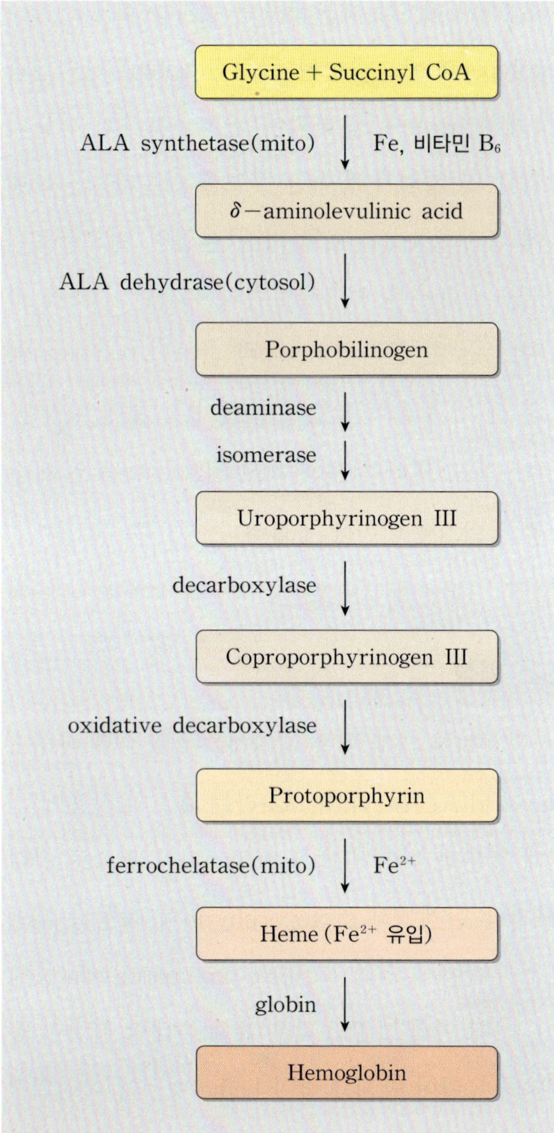

그림 9-3 Protoporphyrin, heme, hemoglobin 형성 과정

중등도의 빈혈이 있는 경우, 혈액의 감소된 산소운반 기능을 보충하기 위해 조직으로 산소를 분리 이동시켜주는 기능을 증진시킬 수 있는 생화학적인 변화가 일어난다. 그러나 심한 빈혈의 경우, 헤모글로빈의 함량이 현저하게 감소되어 산소 운반이 감소되므로 만성적인 조직의 저산소증을 일으킨다. 빈혈에는 철결핍이 가장 흔한 원인이긴 하지만 다른 여러 병리학적인 상태도 헤모글로빈과 적혈구 생성에 영향을 주어 빈혈을 야기하고 혈액의 산소 운반능력을 감소시킬 수 있다.

(2) 철의 화학적 성질

철은 수용액 상태로는 환원철(Fe^{2+}, ferrous iron)과 산화철(Fe^{3+}, ferric iron) 두 가지로 존재하며, 이 두 형태의 철은 전자를 주고받음으로써 쉽게 상호 전환되어 산화환원 반응에서 촉매 역할을 할 수 있다. 산소와 에너지 대사에 관련하는 철 함유물질의 중요한 생물학적인 활성은 이와 같은 철의 높은 산화환원력과 반응력에 의존하고 있다. 철은 과산화수소를 반응성이 매우 높은 라디칼(free radicals)로 전환시키는 과정의 하나로 가장 잘 알려진 펜톤(Fenton) 반응을 촉매한다(10장 항산화방어체계 참고). 생물체 내에서 이와 같은 철의 잠재적인 해로운 반응성과 산화력이 적절하게 조절되지 않는다면 철의 산화환원 반응이 지방산이나 단백질, 핵산과 같은 세포 내 물질들에 심한 손상을 입힐 수도 있다.

수산기(hydroxyl, OH)와 같은 라디칼은 막 지질과 DNA를 포함한 세포 내 물질의 과산화물을 형성하여 세포를 노화시키거나 파괴할 수 있다. 이는 세포의 정상적인 노화과정의 일부이긴 하지만, 산화적 스트레스가 증가될 때는 미숙한 세포의 노화도 일으키는 것으로 보고된다.

(3) 철의 대사

철의 섭취, 저장, 손실, 이 세 가지 요인은 철의 체내 평형과 대사에 영향을 미친다. 철 섭취에서 중요한 인자는 식이의 철 함량과 생체 이용률, 그리고 철의 흡수 능력이다. 철의 대사는 다른 영양소와는 다르게 소장에서 철 흡수에 관한 철 평형 조절기전이 있다. 식이 중 철 흡수율은 1% 이하에서 50% 이상까지 다양하다. 철 흡수율은 섭취한 식품의 종류와 영양소 간의 상호작용, 그리고 체내 철 필요성을 반영하는 장 점막 내의 흡수, 운반 기전 등에 의해 조절된다.

1) 철의 흡수

식이 철에는 크게 헴철(heme iron)과 비헴철(non-heme iron)이 있다. 철의 흡수율은 식이의 철 함량, 식이 철의 생체 이용률, 철 저장량 그리고 적혈구 합성 정도에 의해 영향을 받는다. 대부분 비헴철은 주로 식물성 식품과 유제품에 존재하며 섭취하는 철의 총 함량 중 85% 이상을 차지한다. 보통 비헴철의 흡수는 같은 끼니의 식사로 섭취한 용해성 증진인자나 방해인자들에 의해 영향을 받는다. 이는 결국 식사 전체의 조성이 철의 용해성에 어떻게 영향을 주느냐에 달려있다. 이 외에도 비헴철의 흡수는 소장 상부의 산도에 따라 철의 용해성이 영향을 받으므로 위의 건강상태도 흡수에 영향을 미치는 인자 중 하나이다.

헴철 급원은 주로 육류, 가금류, 생선류의 헤모글로빈과 미오글로빈에서 얻게 된다. 헴철은 비헴철에 비해 섭취량은 더 적지만 흡수율이 약 2~3배 높으며 다른 식이인자의 영향도 더 적게 받는다.

식품에는 비헴철의 흡수를 증진시키거나 방해하는 인자들이 많이 있다. 이 중 가장 잘 알려진 비헴철 흡수 증진제로는 비타민 C(ascorbic acid)가 있다. 육류 속에 존재하는 인자들은 비헴철 흡수를 증진시키지만, 전곡류와 두류로 주로 구성된 식사의 철 흡수율은 낮은 편이다. 육류나 생선, 닭고기 등으로 구성된 식사의 비헴철 흡수율은 동량의 우유나 치즈, 계란 등으로 구성된 경우보다 약 4배 이상이나 우수하다. 식사 성분 중 비헴철 흡수를 방해하는 물질은 인산칼슘(Ca phosphate), 곡류 껍질이나 전곡류에 존재하는 피틴산(phytate) 그리고 차나 채소류에 존재하는 폴리페놀류(polyphenol) 및 식이 섬유소 등이다.

체내로 철이 흡수되는 과정은 소장 점막세포에 의해 조절되지만 아직 그 흡수기전은 불확실하다. 철 저장량이 낮거나 결핍인 경우 또는 빈혈이 있는 사람은 저장량이 많고 빈혈이 없는 사람보다 훨씬 많은 양의 비헴철을 흡수한다. 심한 철 결핍으로 빈혈인 사람의 비헴철 흡수율은 50%까지 높아질 수 있으며, 헴철과 비헴철의 흡수가 모두 높아질 수 있지만 증가되는 비율은 비헴철의 경우가 훨씬 크다. 남성에 비해서 여성과 어린이는 철 저장량이 낮고 여성은 월경혈로 손실되는 철의 양을 보충해야 하기 때문에 철 흡수율이 더 높다. 특히 임신 시에는 전 임신 기간을 통해 모체의 철 저장량이 계속 감소하기 때문에 철은 꾸준하게 효율적으로 흡수된다. 반면 남성과 폐경 이후 여성은 전형적으로 철 저장량이 높아 철 흡수율이 낮으므로 철 과잉에 대해 약간의 보호 작용도 있다.

2) 철의 운반

파괴된 헤모글로빈에서 나온 철이나 장을 통해 흡수된 환원형 철(Fe^{2+})은 바로 혈액으로 유출되거나 산화되어 소장 점막 내 저장 단백질인 아포페리틴(apoferritin)과 결합하여 페리틴(ferritin-Fe^{3+}) 형태로 저장되어 있다가 필요시에 혈장으로 유출되는데 이때 소장 점막에 존재하는 ferroportin이라는 단백질에 의해 혈액으로 유출된다(그림 9-4). 이때 철은 필요한 조직으로 운반되기 위해 다시 환원형 철(Fe^{2+})로 전환되어 혈액으로 나온다. 그러나 이 환원형 철(Fe^{2+})은 혈장에서 세룰로플라스민(ceruloplasmin)이라는 효소에 의해서 다시 산화형 철(Fe^{3+})로 산화되어 운반단백질인 아포트랜스페린(apotransferrin)과 결합하여 철을 함유한 트랜스페린(transferrin–Fe^{3+})으로서 필요한 조직으로 운반된다. 이 트랜스페린(transferrin–Fe^{3+})은 세포 표면의 수용체와 결합하여 복합체를 형성하여 세포 내로 운반되고 세포 내에서 철은 복합체에서 유리된다. 체내 총 철의 1% 미만이 운반상태로서 장점막이나 망상내피계(reticuloendothelial system)로부터 골수와 같이 철을 많이 요구하는 조직으로 운반된다.

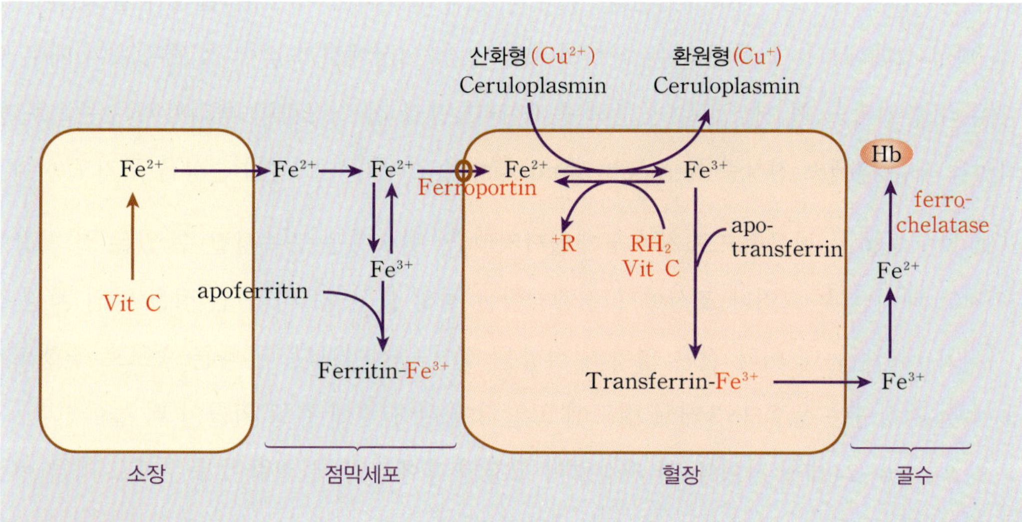

그림 9-4 **철의 흡수와 운반**

철 공급의 정도는 트랜스페린의 철 포화도(transferrin iron saturation)에 의해 반영된다. 즉 트랜스페린 철 포화도가 낮으면 철 공급이 부족하거나 결핍됐음을 뜻하며 포화도가 높다는 것은 철 공급의 과잉을 뜻한다. 세포의 수용체 수효는 매우 잘 조절되고 있다. 만일 세포가 철이 충분한 환경에 있으면 세포 표면의 트랜스페린 수용체(transferrin receptor) 수효는 감소하는 반면, 철 결핍 또는 세포의 대사율이 높아 철 요구량이 증가되어 세포에 철 공급이 부족하면 트랜스페린 수용체 수효는 증가된다. 혈액 내 트랜스페린 수용체의 농도는 세포표면 위에 있는 트랜스페린 수용체 함량에 비례하기 때문에 혈액 트랜스페린 수용체 농도는 철 영양 상태 판정에 사용될 수 있는 또 다른 생화학적 지표가 된다.

3) 철의 저장

철은 페리틴(ferritin)과 헤모시데린(hemosiderin) 형태로 주로 간과 망상내피세포(reticuloendothelial cell) 및 골수에 저장된다. 페리틴에 결합된 철은 헤모시데린에 결합된 철보다 더 쉽게 유출되어 사용된다. 철 저장량은 철 결핍성 빈혈이 나타나기 전 거의 전부 고갈되는 반면 정상 철 저장량의 20배 이상이 된 후에야 과잉 축적으로 인한 조직손상이 일어난다. 철은 간에서 주로 조직실질세포(parenchymal cells)나 간세포에 축적되어 저장되고 골수와 비장(spleen)에서는 주로 망상내피세포 내에 저장된다.

장기간의 음의 철 평형 상태에서는 저장 철이 먼저 고갈되고 나서 철 결핍이 발생한다. 양의 철 평형 상태에서는 노화해 가는 남성과 폐경 이후 여성에서와 같이 철 흡수율이 매우 낮은 경우라 할지라도 철 저장량은 꾸준히 증가한다. 만일 철 저장량이 병리학적 수준으로 증가되었을 때는 혈색소 침착증(hemochromatosis)이 일어나서 조직에 손상을 주기도 한다.

신생아는 출생 시 평균적으로 생후 6개월까지의 철 필요량을 충족시킬 수 있는 철 저장량을 가지고 태어난다. 그러나 조산아나 저체중아는 정상 출산아보다 훨씬 적은 양의 저장 철을 가지고 태어나는데 이와 같은 영아의 성장은 정상 출산아보다 더 빠른 속도로 진행되기 때문에 철 저장량은 생후 2~3개월 정도에 고갈되어 철 결핍에 걸릴 확률이 더 높아진다. 그리고 생후 약 6~24개월 사이에 철 저장량이 고갈된 후에는 철 섭취량이 충분해도 빠른 성장으로 인한 철 필요량이 증가하기 때문에 상당량의 철이 다시 체내에 축적되는 것은 쉽지 않다. 두 살 이후에 성장 속도가 느려짐에 따라 철은 다시 저장되기 시작하며 철 결핍의 위험도 감소된다. 전체적으로 성인기를 통하여 남성의 철 저장량은 꾸준히 증가하며, 여성의 경우 폐경 시까지는 철 저장량이 계속 낮으며 폐경 이후 증가한다.

(4) 철 영양 상태 판정

혈액학적 검사와 생화학 검사들이 철 영양 상태를 판정하는 데 사용된다. 혈청 페리틴은 철 저장량을 측정하는 검사로 사용된다. 골수 추출물 중의 염색성(stainable) 철 측정도 저장 철의 측정에 사용되며 좀 더 정교하기는 하지만 다소 고통스러운 방법이므로 거의 사용하지 않는다. 혈청 철농도(Fe), TIBC(total iron binding capacity), 그리고 트랜스페린 포화도(Fe/TIBC)는 조직에 공급되는 철의 양을 나타낸다. Heme 합성에 필요한 철 공급이 충분하지 못할 때는 헤모글로빈 합성이 원활하게 이루어지지 않고 heme의 전구체인 프로토포피린(protoporphyrin) 형태로 수준이 증가한다. 이와 비슷하게 철 공급이 불충분할 때는 가능한 많은 철을 세포 안으로 받아들이기 위해 트랜스페린 수용체가 세포 표면에서나 혈액 내에서 증가된다. 적혈구의 평균 용적(MCV, mean corpuscular volume)으로 표현하는 적혈구의 크기와 헤모글로빈 농도는 철 결핍이 심할 때 감소된다.

빈혈과 철 결핍성 빈혈은 구별되어야 한다. 빈혈은 헤모글로빈 생성이 매우 낮아져 헤모글로빈 또는 헤마토크릿(hematocrit) 수치가 같은 연령, 같은 성별의 정상 수치의 95% 이하가 되는 것을 말한다. 그러나 철 결핍 이외에도 빈혈의 원인은 많이 있으며 특히 감염이나 경미한 염증성 질환들도 그 원인이 될 수 있다. 그러므로 생화학적 검사 결과 혈청 페리틴 수준이 낮거나, 철을 보충시켰을 때 헤모글로빈(Hb)양이 증가되는 경우 철 결핍성 빈혈로 진단된다.

철의 영양 상태는 과잉 상태로부터 심한 결핍 상태 사이의 5단계 중 하나의 단계로 표시될 수 있다. 표 9-1은 중요한 검사들에 의해 평가된 5단계의 철 영양 상태를 도표화한 것이다. 철 영양 상태를 알기 위해 하나 또는 몇 가지 철과 관련된 검사 방법을 실시하여 평가한다. 예를 들면 혈청 페리틴이나 트랜스페린 포화도는 철 저장량이 과잉되었을 때 상승되므로 철 과잉 섭취의 지표로 유용하다.

이론적으로 철 결핍 상태는 3단계로 경미한 것에서 심한 경우까지 다음과 같이 세분화된다.

제1단계는 혈청 페리틴 농도의 감소로 나타나는 정도의 철 저장량 감소를 말한다. 이 상태에서는 생리적으로 좋지 않은 증상은 나타나지 않으나 자칫 생리적 기능 장애를 초래하는 좀 더 심한 결핍 상태로 진전될 수도 있는 단계로 장기간 최저 한계의 철 평형(marginal iron balances) 상태로 될 가능성이 높다. 하지만 철 저장량이 낮으므로 철 흡수율이 증가되는 보상 작용이 생겨 더 심한 결핍 상태로 되는 것을 예방하기도 한다.

표 9-1 혈액학적 생화학적 검사에 의한 단계별 철 영양상태

	철 과잉	정상	철 결핍상태		
			철저장고갈	철 결핍	철결핍성빈혈
Serum ferritin	↑	정상	↓	↓	↓↓
Transferrin 포화도	↑↑	정상	정상	↓	↓
적혈구 protoporphyrin	정상	정상	정상	↑	↑↑
MCV	정상	정상	정상	정상	↓
Hemoglobin	정상	정상	정상	정상	↓

(1) 철 과잉상태일 때 serum ferritin과 transferrin 포화도 상승
(2) 철 결핍상태를 3단계로 구별함 :
1) 철 저장 고갈상태 2) 빈혈은 아닌 철 결핍상태 3) 철 결핍에 의한 빈혈

제2단계의 철 고갈 상태에서는 헤모글로빈과 다른 철 화합물의 정상적인 생성에 필요한 철이 부족하게 되어 생화학적인 변화가 일어난다. 그러나 아직 빈혈 상태는 아니다. 이때 보통 트랜스페린 포화도는 감소되고 적혈구의 프로토포피린과 혈청 트랜스페린 수용체는 증가된다. 헤모글로빈 농도는 빈혈 기준치 이하로 떨어지지는 않기 때문에 이 단계는 빈혈은 아닌 철 결핍 상태로 간주된다.

제3단계의 철 고갈 상태는 철 결핍성 빈혈 상태이며 헤모글로빈의 양에 따라 그 정도는 여러 가지로 구분된다. 자료에 의하면 한국의 3~6세 아동 1083명 중에서 미국 NHANES III (National Health and Nutrition Examination Survey III)에서 제시한 헤모글로빈 기준치 11.1g/dl를 적용하여 철 결핍성 빈혈 수준인 아동이 약 7.3%, 적혈구 용적이 79fL 이하인 빈혈 아동이 12.8%로 판정되는 반면, 아직 빈혈은 아니지만 저장 철이 고갈되는 상태의 지표로 사용되는 페리틴이 기준치 20ng/ml 이하로 낮은 아동은 약 30%이고 트랜스페린 철 포화도가 15% 이하인 아동은 16.7%이다. 이와 같이 어떤 혈액학적 인자(hematologic factor)를 사용하는가에 따라 철 영양 상태의 판정이 다를 수 있다.

(5) 철 결핍 평가

한 인구집단의 철분 영양 상태를 판정하는 방법 중의 하나로 미국의 제2차 NHANES 연구에서 실시된 페리틴 모델로 혈청 페리틴과 트랜스페린 포화도 및 적혈구의 프로토포피린 함량 등의 세 가지 검사를 실시하여 2개 이상의 검사결과가 비정상으로 나왔을 때 철 결핍으로 간주한다. 또 다른 검사 방법인 MCV 모델은 평균 적혈구용적(MCV)과 트랜스페린 포화도 및 적혈구의 프로토포피린 등 3가지 검사가 복합된 것이다. 복합적인 검사법은 2개 이상의 검사 결과를 참고하면 철 결핍 판정이 훨씬 정확하다는 장점이 있지만 검사비용이 높고 여러 개 검사의 질을 계속 좋게 유지하기가 어렵다는 단점이 있다. 빈혈이 철 결핍 시에만 일어나는 것은 아니지만 영양 불량이 많이 존재하는 개발도상국에서는 철 결핍을 빈혈의 지표로 사용한다.

(6) 철의 기타 주요한 사항

1) 연령별 철 결핍 원인

생후 9~18개월은 빠른 성장과 철 저장량의 고갈 그리고 식사 중의 낮은 철 함량들이 복합적으로 작용하여 철 결핍이 가장 심하게 나타나는 시기이다. 생후 1년간 소비하는 에너지의 대부분은 우유가 주된 식사이므로 여러 가지 유제품의 철 함량과 철의 이용률이 유아의 철 영양 상태를 추정하는 데 중요한 인자가 된다. 철이 강화되지 않은 조제분유나 전유를 먹는 영아는 9개월이 될 때까지 30~40%가 철 결핍의 위험성을 가지게 되며 12개월까지는 결핍의 위험정도가 더 커진다. 그리고 식품으로 적절한 양의 철을 섭취하지 않고 모유만 먹는 영아도 9~12개월까지는 철 결핍의 위험이 있다.

선진국의 학동기 아동의 경우 식사 중의 철 함량도 충분하고 성장속도도 느리기 때문에 철 결핍의 위험성은 낮은 편이다. 그러나 한국 아동은 편식으로 인한 낮은 철 섭취로 인해 빈혈 빈도가 비교적 높은 편이다. 또한 많은 개발도상국에서는 식사를 통한 철 섭취량이 낮고 기생충 감염으로 인한 장내 혈액 손실이 겹쳐 학동기 아동의 철 결핍성 빈혈율이 높은 편이다.

급성장하는 청소년기에는 남녀 모두 체중이 9~10kg 정도 증가되며 헤모글로빈 농도도 성인 남녀의 수치로 상승한다. 성장이 최고치에 달하는 이 시기에 신체 성장과 헤모글로빈 양 증가가 동시에 일어나 체내 철의 총 함량이 1년에 약 25% 증가하므로 철 필요량이 더욱 증가한다.

임신기에는 모체의 혈액량 증가와 태아의 빠른 성장 및 태반 형성 등에 철 요구량이 증가하여 철 결핍성 빈혈이 생길 수 있다. 특히 임신 말기로 갈수록 요구되는 철의 양은 식사만으로는 충분하지 않으므로 철 결핍의 위험이 높아진다. 임신 중에 요구되는 철의 총 함량은 평균 1g 정도이므로 대부분 여성의 철 저장량을 훨씬 초과한다. 그러므로 임신이 지속됨에 따라 철 저장량이 감소되고 저장량을 보충하기 위해 철의 흡수율은 증가하지만 지속적으로 철 저장량이 감소되어 빈혈이 되는 여성도 있다. 임신 중에는 철 결핍성 빈혈을 예방하기 위해서 일시적으로 철을 보충해야 한다.

남성과 폐경 후 여성의 철 저장량은 전 성인기를 통하여 증가되므로 영양성 철 결핍증은 잘 나타나지 않는다. 노인에 있어서 빈혈은 철 결핍보다는 만성 염증성 질환과 관련이 있거나 아스피린 같은 약의 만성적인 복용이나 질병, 종양에 의한 장의 혈액 손실 때문에 일어난다.

2) 철 결핍과 행동 및 지적능력

철 결핍성 빈혈이 있는 6개월에서 2세 사이의 영아에서 반응성과 활동성이 유의하게 감소되고 신체 긴장감, 공포심, 피로감을 느끼는 경향이 더 높았다. 영아기에는 뇌세포가 빠르게 분화하고 성장하는 중요한 시기이므로 영양공급의 부족에 특히 민감하여 행동이상의 가능성이 있다.

3) 면역과 감염에 대한 저항력

사람과 실험동물 연구에 의하면 철 결핍의 특징으로 감염에 대한 저항성이 감소되었다. 하지만 철 결핍 아동에서 비정상적인 임파구와 호중구(neutrophil)의 기능을 보였지만 철 결핍 그 자체 때문에 감염률이 증가하는 것은 아니었다. 철 결핍성 빈혈과 감염증은 모두 빈곤층에서 흔하지만 상호관계는 아직 확립되지 않았다.

4) 철 결핍과 납중독

사람과 동물의 연구에 의하면 철 결핍 시 납의 흡수가 증가된다. 미국에서는 철 결핍 아동의 경우 철이 결핍되지 않은 아동보다 납중독 발생률이 3~4배 높게 나타난다. 이는 철이 결핍된 사람에서 철의 흡수 효율이 증가되는데 불행하게도 이와 같은 흡수력의 증가는 철에만 국한된 것이 아니고 납(Pb)이나 카드뮴(Cd)과 같이 유해한 2가 중금속의 흡수도 촉진되기 때문이다.

5) 철 결핍 예방

철 결핍은 식사 중 철 함량과 철의 생체 이용률을 높임으로써 예방될 수 있다. 식사에 육류, 생선류, 가금류와 비타민 C가 풍부한 식품을 포함시키고 또한 식사와 함께 차나 우유를 같이 섭취하지 않음으로써 철의 흡수는 증진될 수 있다. 철을 강화시킨 곡류 제품은 식사의 철 함량을 늘리며 비타민 C를 첨가한 제품들도 또한 철 흡수를 증가시킨다. 철 영양은 모유수유를 하거나 모유수유가 아닌 경우 생후 첫 1년간 철이 강화된 조제분유를 먹임으로써 개선될 수 있다. 고형식을 먹기 시작한 후에는 철이 강화된 영아용 곡류가 철의 급원이 되며,

붉은 살코기 같은 육류가 좋은 급원이 된다.

6) 철의 식품급원

철의 급원식품은 그 종류에 따라 철 흡수율에 큰 영향을 주어 그 범위가 1% 미만에서 20% 이상에 이른다. 식물성 식품 중의 비헴철의 흡수율은 낮은 편이며, 유제품은 중간 정도, 육류는 높은 편이다. 모유의 철 함량은 우유의 철 함량과 비슷하지만 모유 속의 철은 약 50%가 흡수되므로 강화되지 않은 조제분유나 우유보다는 모유가 더 좋은 철의 급원이다. 그러나 흡수율이 더 좋더라도 모유의 낮은 철 함량을 전적으로 보상해 줄 수 있는 것은 아니므로 생후 6개월 후에는 모유 수유를 하는 영아도 철 요구량을 충족시키기 위해서 철을 공급할 수 있는 다른 식품급원을 필요로 한다.

육류에 들어있는 대부분의 철은 헴철(heme iron)로서 비헴철보다 2~3배 더 잘 흡수되므로 철의 좋은 급원이다. 특히 육류 속에 들어있는 인자들과 비타민 C는 식사로 섭취하는 전체 비헴철의 흡수를 증가시킨다.

7) 철의 과잉과 독성

철은 환원형(Fe^{2+})과 산화형(Fe^{3+})의 두 가지 상태로 존재할 수 있는 생물학적 특성이 있어 독성이 있다. 철은 전자를 공급하거나 수용함으로써 산화환원 반응에서 촉매 역할을 하는데 철의 화학적 성질에서 언급된 바와 같이 항산화제나 철 결합단백질에 의해 산화환원 반응이 적절하게 조절되지 않는다면 라디칼을 생성하여 지방산이나 단백질, 핵산과 같은 세포 구성 물질에 손상을 줄 수도 있다. 체내 생리적 능력 이상으로 철을 보유하게 되면 건강장애가 일어나는데 이와 같은 병리적 상태는 급성 또는 만성적인 철 과잉에 의한 기관 손상 때문이다. 최근 건강한 사람들에서도 철 섭취 과잉에 의해서 만성질환의 위험이 증가할 수도 있다는 것에 관심이 모아지고 있다.

① 급성 철 독성과 중독

급성 철 중독은 치료용 철을 부적절하게 많은 양 복용한 뒤에 일어나는 단기성 장애이다. 철 독성은 가장 극적인 형태의 철 과잉증이며 수 시간 또는 며칠 이내에 심한 기관 손상을 일으키고 심한 경우 사망에 이를 수도 있다. 이런 문제는 주로 가정에서 성인 여성용 철 보충제를 잘못 삼킨 어린 아동에게서 흔히 일어난다. 철 독성은 복용해서 흡수된 철 양이 혈액 내에서 트랜스페린에 결합될 수 있는 양을 초과했거나 트랜스페린 철포화도가 100%에 접근할 때 심각해진다. 철 중독의 가장 뚜렷한 국소적 영향은 위장 내에서 염산과 철의 상호작용에 의해 생성된 강산 때문에 소화관의 출혈성 괴저로 구토와 혈변, 설사증상이 나타난다. 신체 전체에 주는 영향은 혈액응고 부진, 대사성 산과다증, 쇼크 등이다.

② 만성 철 독성과 철 과잉

장기간에 걸친 체내 철의 과잉 축적은 철 저장량의 과잉에 그치지 않고 여러 기관에 손상을 입힌다. 혈철증(철분과다증 또는 hemosiderosis)은 헤모시데린(hemosiderin) 형태로 철 저장이 증가된 것을 말하며, 혈색소증은 섬유증과 같은 기관 손상을 일으키는 철의 과잉저장을 말한다. 철 과잉은 기관 손상과 무관하게 체내 총 철 함량 증가를 말하는 비특정 용어이다. 과량의 철을 취하게 되는 주요 경로는 경구 섭취와 수혈이다. 경구로 철이 과잉되는 것은 흡수율이 증가했거나 과잉 섭취한 경우이다. 철 흡수장애 없이 과량의 철을 경구로 섭취한 경우 나타나는 가장 잘 알려진 철 과잉 증세는 남아프리카 반투(Bantu)족에서 볼 수 있는 반투형 혈색소증이다. 원인은 이들이 철로 된 용기를 사용하여 옥수수 맥주를 양조하여 다량 마시기 때문인데 맥주의 철 함량이 높은 것은 산성인 맥주가 철의 용해도를 높이기 때문이다.

8) 선천적 혈색소증(hereditary hemochromatosis)

가장 잘 알려져 있고 가장 흔한 형태의 만성 철 과잉은 철 흡수 조절에 유전적 결함을 보이는 선천적 혈색소증이다. 동형접합의(homozygous) 선천성 혈색소증을 가지는 사람은 정상인보다 더 많은 철 흡수를 보이며, 이형접합의(heterozygous) 경우는 철 흡수는 증가되지만 그 정도가 덜하기 때문에 철 과잉이나 조직 손상은 일어나지 않는다. 철 과잉에 의한 임상적 증상은 체내 철의 총 축적량이 정상의 10배 정도에 달할 때 나타나며, 보통 남성은 30~50대 사이에, 여성은 폐경 이후에 분명해진다. 영향을 가장 많이 받는 곳은 간, 췌장, 심장, 관절과 뇌하수체이다. 철은 실질세포에 축적되어 간경화, 당뇨, 심장마비, 관절염, 성기능장애 등을 일으킨다. 트랜스페린 포화도는 선천적 혈색소증을 선별하고 진단하는 데 가장 도움을 주는 검사이다. 포화도 60% 이상 수준이면 철 과잉의 임상증상이 없음에도 영향을 받은 사람을 찾아낼 수 있는 민감도를 보인다. 가장 중요한 치료는 철 과잉 축적에 의한 심한 기관 손상을 피하기 위해 혈액을 빼내는 정맥 절개법이다.

9) 철 상태와 암의 위험성

체내 철 함량이 높은 경우 발암을 촉진하거나 종양의 성장 속도를 더 빨리 하는 것으로 보고되고 있다. 10년 동안 동일한 미국인 집단을 대상으로 한 역학 연구에서 트랜스페린 포화도가 높은 남성일수록 암 사망률이 더 높고, 혈청 페리틴 수준이 높은 타이완 남성에서 간암 발생이 증가되었다. 만성 간염은 간암의 잘 알려진 원인 중 하나인데, 간염 자체는 혈청 페리틴을 상승시킨다. 혈색소증을 가진 사람들에서 간염 위험성이 증가한다는 것은 철 과잉과 암을 관련지을 수 있는 강력한 증거라고 할 수 있다. 이것은 간 세포 내 극도로 높은 철 함량 때문에 간세포가 만성적인 손상을 받는다는 사실에 기인한다.

2. 적혈구 형성과 비타민의 역할

비타민 B_{12}와 엽산 두 비타민의 대사는 서로 상호관련성이 있으며, 거대적아구성 빈혈과 관련이 있다. 비타민 B_{12}는 조혈시스템과 신경계를 포함한 모든 DNA 합성 세포에 필요한데, 비타민 B_{12}는 엽산의 순환대사에 관여하여 세포가 thymidine을 합성하게 한다. 따라서 엽산이 정상적으로 DNA를 합성하기 위해서는 극미량의 비타민 B_{12}가 필수적으로 필요하다. 만일에 비타민 B_{12} 또는 엽산이 결핍되면 정상적 세포분열에 필요한 핵산이 부족하므로 체내 모든 세포의 분열이 손상을 받으며, 특히 빠르게 증식하는 세포에서 두드러지게 결핍증세가 나타난다. 예로, 적혈구 성숙과정에서 이 두 영양소 중 어느 하나라도 결핍이 되면 세포분열이 잘 일어나지 않아서 미숙한 거대적아구성 세포가 되는 것이다. 핵산 합성 및 대사에서 비타민 B_{12}와 엽산의 상호관계와 기타 주요한 사항에 관하여 간략하게 기술한다.

(1) 비타민 B_{12}와 엽산의 구조

1) 비타민 B_{12} 구조

비타민 B_{12}는 4개의 환원형 pyrrole이 모여 큰 고리를 이루는데, 이 고리를 corrin 핵이라고 하며, 이 corrin 구조를 가진 모든 화합물을 corrinoids라고 한다(그림 9-5). Corrin은 헤모글로빈의 heme과 유사하나, 철(Fe) 대신 코발트(Co)가 중심에 위치한다. 관용명인

'cobalamin(또는 비타민 B_{12})'은 cynide(CN, 사이나이드) 그룹을 제외한 비타민 B_{12} 분자를 지칭한다. 코발트에 결합된 음이온 R 그룹의 명칭을 cobalamin 앞에 접두사로 사용한다. 현재까지 인체 내 대사 작용에서 조효소 활성을 가진 것으로 알려진 주된 cobalamins는 메틸코발라민(methylcobalamin : methyl B_{12})과 5'-디옥시아데노실코발라민(5'-deoxyadenosyl-cobalamin : coenzyme B_{12})이다.

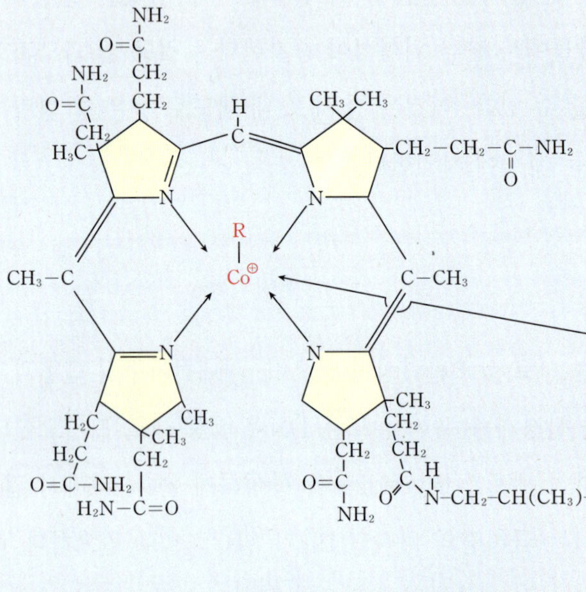

−R	
−CN	cyanocobolamin(vitamin B_{12})
$-CH_3$	methylcobalamin(methyl B_{12})
5'-deoxyadenosyl	5'-deoxyadenosylcobalamin (coenzyme B_{12})

그림 9-5 비타민 B_{12}의 구조식

2) 엽산의 구조

엽산은 folic acid, folate 또는 folacin으로 명명하며, 엽산을 구성하는 주요 인자로는 프테리딘 핵(pteridine nucleus)과 파라아미노벤조산(ρ-aminobenzoic acid)이 결합된 프테로산(pteroic acid), 그리고 이 pteroic acid에 글루탐산(glutamic acid)이 결합된 구조를 한다(그림 9-6). 엽산 구조 중 프테리딘 핵의 고리 부분의 치환기에 따라, 또 ρ-aminobenzoic acid와 결합한 글루탐산의 수효(1~7 개)에 따라 엽산의 구조가 달라진다.

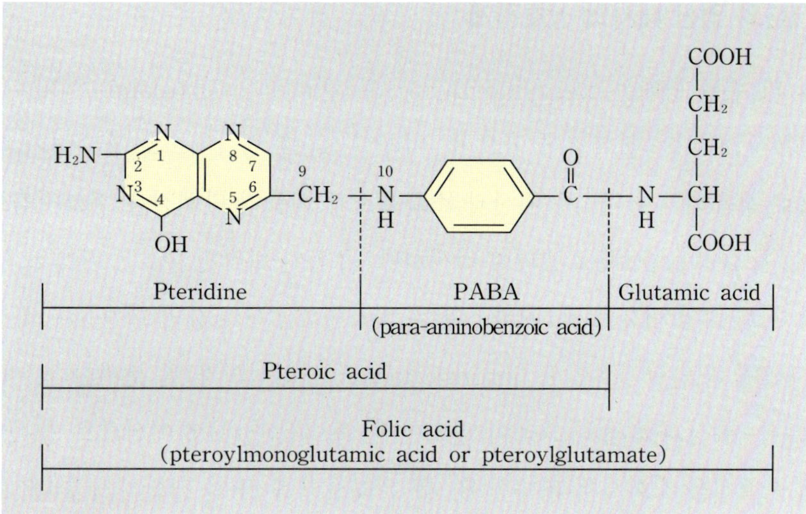

그림 9-6 Folic acid (pteroylmonoglutamic acid) 구조

엽산은 장에서 흡수되려면 반드시 하나의 글루탐산이 결합된 monoglutamyl 유도체로 가수분해되어야 한다. 엽산은 세포 내에서 완전 환원되어 5,6,7,8번 위치에 수소가 결합하여 활성화된 5,6,7,8-tetrahydrofolic acid(THF) 형태로서 단일 탄소기 운반체 역할을 한다(그림 9-7). 세포 내에서 엽산 조효소의 상호 전환이 가능한 특별한 성향 때문에 THF는 단일 탄소기의 수용체 및 공여체(methyl donor)로서 작용할 수 있으므로 퓨린(purine)과 티민(thymine), 메티오닌(methionine) 합성 및 세린-글리신(serine-glycine) 상호 전환에 관여할 수 있는 것이다.

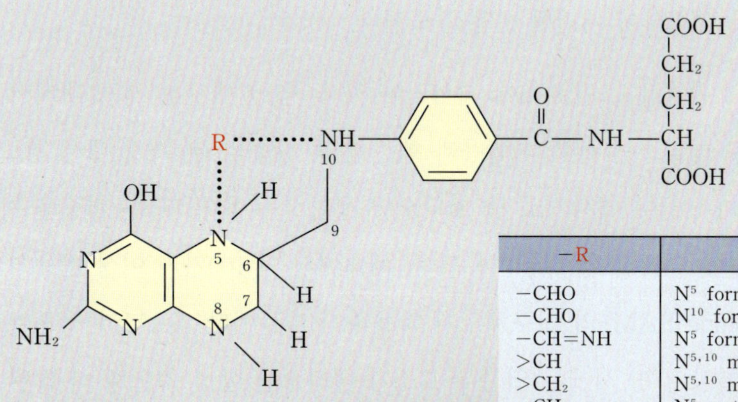

−R	
−CHO	N^5 formyl THF
−CHO	N^{10} formyl THF
−CH=NH	N^5 formimino THF
>CH	$N^{5,10}$ methenyl THF
>CH_2	$N^{5,10}$ methylene THF
−CH_3	N^5 methyl THF

그림 9-7 5,6,7,8-tetrahydrofolic acid (THF) 구조

N^5과 N^{10}을 연결하는 점선은 THF가 운반하는 여러 가지 단일 탄소단위(R-)가 결합하는 부위를 뜻한다.

(2) 비타민 B_{12}와 엽산 대사의 상호관계

비타민 B_{12}의 주된 형태는 coenzyme B_{12}(5'-deoxyadenosylcobalamin)이다. 식품의 비타민 B_{12}는 polypeptide와 결합되어 있으며, 비타민 B_{12}를 정상적으로 흡수하기 위해서는 위가 정상적으로 작용해야 한다. 즉 위산과 소화효소가 식품의 단백질을 소화시킴으로써 식품의 비타민 B_{12}를 polypeptide로부터 유리시킨다. 유리된 비타민 B_{12}는 위에 도착한 타액 단백질과 결합하고, 위의 벽세포(parietal cell)는 비타민 B_{12}가 소장의 회장(ileum)에서 흡수되는 데 반드시 필요한 당단백질인 IF(intrinsic factor, 내인성인자)를 분비한다. 비타민 B_{12}의 정상적인 흡수는 췌장과 회장의 도움이 필요한데, 트립신과 pH 8 이상으로 증가시키는 중탄산염은 타액 단백질을 소화시켜 비타민 B_{12}를 유리시킨 후 IF와 결합하게 한다. B_{12}-IF 복합체는 소장의 회장으로 운반되어 회장 점막의 상피세포 표면 수용체를 통해 비타민 B_{12}가 복합체에서 분리되어 흡수된다.

혈청 내 비타민 B_{12}는 두 종류의 단백질, 즉 운반단백질인 transcobalamin(TCII)과 저장단백질인 haptocorrin과 결합되어 있는데, 보통 혈청의 총 비타민 B_{12} 중 20%는 운반단백질 TCII와 결합하여 있고, 80% 정도는 저장단백질 haptocorrin과 결합되어 있다. 혈액에 존재하는 비타민 B_{12} 운반단백질인 TCII는 비타민 B_{12} 대사에 있어서 가장 중요한 역할을 한다. 만일 비타민 B_{12}의 흡수가 중단되면 수일 이내에 운반단백질인 TCII에 결합한 비타민 B_{12}(holoTCII) 농도가 고갈된다. 혈청 비타민 B_{12} 농도의 약 80% 정도는 haptocorrin(저장단백질)에 결합되어 있기 때문에 holoTCII는 혈청의 총 비타민 B_{12} 농도가 감소되기 훨씬 전에 정상 수준의 하한치 이하로 감소하여 예민한 반응을 보인다.

비타민 B_{12}와 엽산의 상호관계는 그림 9-8에 제시되어 있다. 엽산 대사는 세포 내에서 이용 가능한 엽산을 대상으로 메티오닌 생합성 반응과 핵산 합성 반응의 두 가지 대사 경로가 서로 경쟁한다고 볼 수 있다. 이 두 대사경로 중 메티오닌 생합성 반응이 더 큰 비중을 차지하는데 그 이유는 메티오닌이 단백질 합성에 이용되며, 체내에서 약 100가지 이상 반응의 공여체인 S-adenosylmethionine(SAM)의 전구체로서 작용하기 때문이다. SAM이 필요한 반응이 일어나는 상황에서, 엽산 결핍 시에는 엽산 조효소가 메티오닌 합성 쪽으로 더 많이 이용되므로 핵산 합성이 지장을 받을 수 있다.

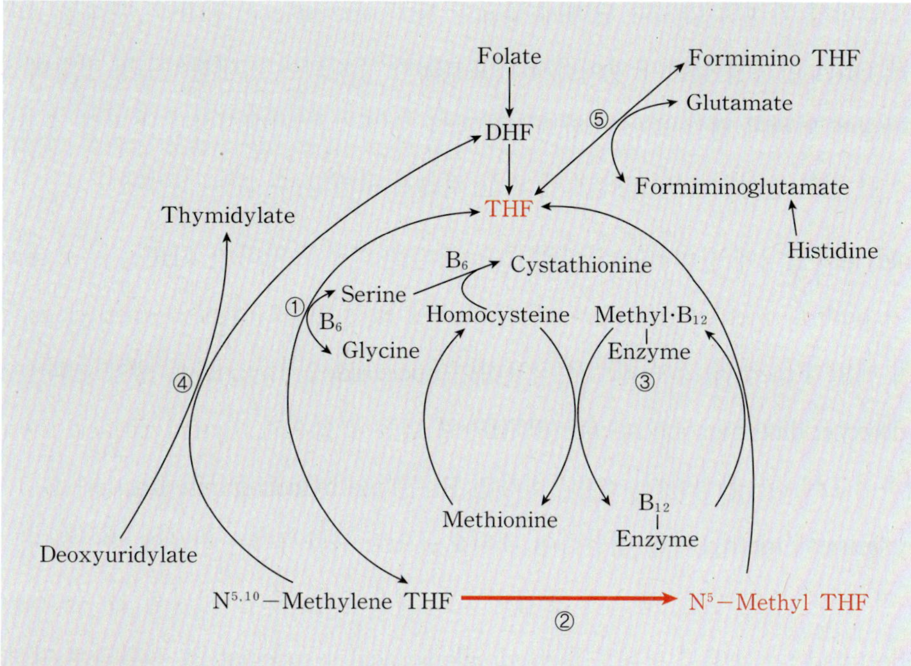

그림 9-8 **인체에 있어서 비타민 B_{12}와 엽산의 상호 관계**

숫자는 효소를 나타냄 : ① serine hydroxymethyl-transferase, ② methylene tetrahydrofolate(THF) reductase, ③ homocysteine transmethylase(methyltransferase), ④ thymidylate synthetase, ⑤ formiminotransferase, methyl-B_{12} : methyl cobalamin, B_{12} : cobalamin, DHF : dihydrofolate, THF : tetrahydrofolate

혈액과 간의 엽산은 주로 N^5-methyl THF 형태로서 5번 N에 메틸(methyl, $-CH_3$)기가 결합되어 메틸기 운반체 역할을 한다. 세포 내에 있는 엽산에는 여러 개의 글루탐산이 결합되는데, 이렇게 되면 다시 한 개의 글루탐산 유도체로 전환되지 않는 이상 세포를 빠져나올 수 없다. 그러므로 혈중 N^5-methyl THF는 비타민 B_{12}가 관여하는 탈메틸반응(demethylation)을 거쳐 methyl기를 제거하여 THF를 재생산하여 세포 내 엽산 풀로 되돌아갈 수 있고, 이 THF는 thymidylate 합성에 사용되는 $N^{5,10}$-methylene THF로 전환될 수 있다(그림 9-8). 만일 비타민 B_{12}가 결핍되면 엽산을 N^5-methyl THF 형태로만 축적하여 조효소 기능을 못하게 한다. 이때 N^5-methyl THF의 탈메틸반응은 B_{12}-의존성 메틸전이효소에 의해 촉매되는 호모시스틴(homocysteine)의 메틸화반응(methylation)을 통해서만 메티오닌이 형성되면서 THF가 재생산되므로 비타민 B_{12}가 결핍되면 세포 내 엽산이 충분하여도 사용 가능한 엽산 수준이 낮을 수 있다. 이와 같은 엽산 간힘설(folate-trap theory)은 비타민 B_{12} 결핍증으로 인해 thymine이나 purine과 같은 엽산 의존 합성과정이 손상되므로 두 비타민의 결핍증은 DNA 합성 과정의 마지막 단계에 필요한 $N^{5,10}$-methylene THF의 부족을 초래한다. 이로 인해 DNA 합성에 장애가 일어나서 세포분화가 중지되어 거대적아구성 빈혈이 생긴다. 이러한 가설에 의해서 엽산 또는 비타민 B_{12} 결핍 시 똑같은 거대적아구성 빈혈 증세가 나타나므로 이런 빈혈 증상이 어느 영양소에 의한 것인지 구별할 수 없는 것이다.

Thymidylate 합성에 관여하는 엽산의 주요 역할을 다시 요약하면 THF는 주로 serine의 3번 탄소가 hydroxymethyl transferase라는 효소에 의해 이동되어 $N^{5,10}$-methylene THF를 형성하여 메틸기(methyl) 운반체로서 작용하여 nucleotide인 thymidine 생합성 과정에서 메틸기를 deoxyuridine monophosphate(dUMP)로 이동 결합시켜 thymidylic acid(thymidine)를 생성하여 DNA를 합성한다. 한편, 비타민 B_{12}는 methylcobalamin (methyl B_{12}) 형태로 homocysteine에 methyl기를 전달하여 메티오닌으로 전환시키는 반응에 관여하며, 메티오닌은 우리 몸의 주된 단일 탄소기 공급원으로 작용한다. 또한 비타민 B_{12}는 coenzyme B_{12}(5'-deoxyadenosyl B_{12}) 형태로 methylmalonic acid가 succinate로 전환되는 이성화반응(isomerization)에 관여하기도 한다.

하지만 비타민 B_{12} 결핍에 의한 빈혈 환자에게 과량의 엽산을 공급한다면 빈혈 증세는 호전시킬 수 있지만 비타민 B_{12} 결핍에 의한 신경학적 증세는 치료가 불가능하여 증세를 더욱 악화시킨다.

이는 세포 내 메티오닌이 부족한 경우, 적혈구 세포와는 다르게 뇌 세포의 미엘린(myelin) 같은 물질을 메틸화시키는 과정에는 반드시 메티오닌을 필요로 하는데, 엽산을 충분히 먹으면 핵산합성과 세포 증식을 위한 조효소는 비타민 B_{12}를 최대한 잘 활용하여 빈혈 증세는 치료되지만, 전체적으로 세포증식에 필요한 메티오닌 요구량이 증가하여 이미 부족한 메티오닌은 새로 형성된 세포 단백질을 만드는 데 우선적으로 이용되므로 뇌세포의 미엘린은 점차 비메틸화(unmethylated)된다. 이와 같이 비타민 B_{12}가 결핍되면 세포는 메티오닌이 결핍되었을 때와 같은 반응을 나타내므로 거대적아구성 빈혈 치료로 엽산을 단일 비타민으로 다량 투여하는 것을 금하고 있다.

(3) 비타민 B_{12} 와 엽산 영양 상태 판정

1) 비타민 B_{12} 영양 상태 판정

표 9-2는 적합한 판정법에 근거하여 정상 상태에서부터 비타민 B_{12} 고갈 상태(depletion)를 거쳐 결핍 상태까지의 단계별 비타민 B_{12} 영양 상태의 진행과 생화학적 변화와 혈액학적 변화 및 임상적 증세를 보여준 것이다.

비타민 B_{12} 영양 상태가 음의 평형 상태를 보인다는 것은 매일 흡수되는 비타민 B_{12}의 양이 체내에서 손실되는 양보다 적은 상태를 뜻한다. 음의 평형 상태에서는 빠른 속도로 비타민 B_{12} 고갈 상태로 진행되며, 이때 저장량은 감소하나 생화학적 기능은 정상적인 상태를 보인다. 그러나 만약 치료하지 않으면 정상적인 생화학적 기능을 유지할 정도의 영양소가 공급되지 않아 결국 결핍증을 초래하게 된다.

비타민 B_{12} 영양 상태가 음의 평형 상태가 되면 초기 제1단계에서는 혈청 holoTCII 농도가 감소한다. 혈청 비타민 B_{12}의 농도는 비교적 결핍증 후기에 감소하게 되는데, 이는 혈청 비타민 B_{12} 중 20%만 결핍증 초기 지표인 TCII 단백질에 결합되어 있고 약 80%가 결핍증 후기 지표인 haptocorrin 단백질에 결합되어 있기 때문이다. 그러므로 초기 지표인 혈청 holoTCII(비타민 B_{12} 운반단백질에 결합한 B_{12}) 함량을 측정하여 DNA를 합성하는 세포로 운반되는 비타민 B_{12}의 양이 감소되는 것을 예측할 수 있다. 비타민 B_{12}의 흡수가 감소되면 holoTCII 함량이 감소되어 조혈 세포, 뇌, 신경교 세포(neuroglia cell)와 이외 세포로 운반되는 비타민 B_{12} 양이 감소된다. 음의 평형 상태가 제2단계로 들어가면 간에 저장된 비타민 B_{12}의 고갈 상태가 오는데 이때 혈중 저장단백질인 haptocorrin과 결합한 B_{12}인 holohaptocorrin 수준이 감소된다. 혈청 holohaptocorrin 수준은 간의 비타민 B_{12} 저장량과 평형 상태를 이루고 있기 때문에 음의 평형 상태가 진행됨에 따라 체내 저장량은 서서히 감소된다.

건강한 신경교 세포는 뇌의 손상을 막는 데 중요한 역할을 한다. 조혈 세포와 신경교 세포 자체는 비타민 B_{12} 저장량이 적으므로 뇌 신경교 세포로 운반되는 비타민 B_{12}가 감소되면 신경교 세포에 소량 저장된 비타민 B_{12}가 빠른 속도로 감소하게 되어, 간세포의 비타민 B_{12} 저장량이 정상일 때도 신경교 세포에서는 간세포보다 먼저 비타민 B_{12}가 고갈될 수 있다. 그러므로 간세포는 비타민 B_{12} 영양 상태가 음의 평형 상태 중 2단계의 고갈 상태에 있으나 조혈 세포와 신경교 세포는 제3단계 또는 제4단계로 더 진행되어 세포는 비타민 B_{12}가 결핍되어 homocysteine이 축적된다. Homocysteine은 보통 체내에 일정 농도로 존재하는 함황 아미노산인데, 농도가 증가하면 신경과 혈관에 독성을 나타낸다.

음의 비타민 B_{12} 평형 상태가 제3단계로 진입하면 정상적인 대사가 이루어지는 데 필요한 비타민 B_{12}가 부족하기 때문에 생화학적인 대사에 변화가 와서 혈청의 methylmalonic acid와 homocysteine 수준이 증가하고 소변으로 이와 같은 물질의 배설량도 증가한다. 제4단계로 더 진행되면 임상적인 결핍증세(빈혈)가 나타나면서 조혈 세포가 커지거나 신경 세포의 미엘린에 손상이 올 수도 있다.

하지만 초기 결핍증 지표인 holoTCII 수준이 감소되었다고 반드시 2단계로 악화되는 것은 아니며 매달 비타민 B_{12}를 주사함으로써 음의 비타민 B_{12} 평형 상태를 초기에 치료하여

표 9-2 단계별 비타민 B_{12} 영양상태에 따른 생화학적 혈액 변화

				음(−)의 평형			
	양(+)의 평형		정상	고갈상태		결핍상태	
	Stage II	Stage I	정상	Stage I	Stage II	Stage III	Stage IV
	과잉상태	초기 B_{12} (+)평형		초기 B_{12} (−)평형	B_{12} 고갈	대사 이상 B_{12} 결핍 적혈구생성	임상 손상 B_{12} 결핍 빈혈
Liver B_{12}							
HoloTCII(pg/mL)	>100	>100	>50	↓	↓	↓	↓
Holohap*(pg/mL)	>500	>400	>180	>180	<150	<100	<100
RBC folate(ng/mL)	>160	>160	>160	>160	>160	<140	<100
RBC	정상	정상	정상	정상	정상	정상	거대적혈구
MCV	정상	정상	정상	정상	정상	정상	↑
Hb	정상	정상	정상	정상	정상	정상	↓
Methylmalonate	정상	정상	정상	정상	정상	상승	↑
Homocysteine	정상	정상	정상	정상	정상	상승	↑
Myelin damage	없음	없음	없음	없음	없음	?	자주발생

* Holohaptocorrin의 감소는 간세포의 비타민 B_{12} 고갈과 관련 있음. 조혈세포와 신경교세포는 간세포 보다 먼저 비타민 B_{12}가 고갈될 수 있다. 즉 간세포는 음의 비타민 B_{12} 영양상태 중 2단계에 있으나 조혈세포와 신경교세포는 3단계 또는 4단계로 진행될 수 있음.

결핍증의 임상 증세로 진행되는 것을 방지할 수 있는 좋은 지표이다. 예로, 노년층의 비타민 B_{12} 영양 상태를 조사하기 위해서 holoTCII를 측정한 결과 노년층의 절반이 비타민 B_{12} 결핍증 이전 단계인 비타민 B_{12} 고갈 상태임을 나타내어 결핍증을 예방할 수 있었다.

비타민 B_{12}의 장간순환은 체내 비타민 B_{12} 절약 작용과 항상성 유지에 중요하다. 그러므로 엄격한 채식인 성인이 비타민 B_{12}를 거의 섭취하지 않더라도 비타민 B_{12}가 효율적으로 장간순환하여 20~30년이 지나야 비타민 B_{12} 결핍증에 걸리게 된다. 체내 비타민 B_{12} 저장량이 감소되면 담즙으로 분비되는 비타민 B_{12} 양도 감소되는데, 만일 담즙으로 분비되는 비타민 B_{12} 양이 1μg으로 감소되면, 비타민 B_{12}는 100%에 가깝도록 모두 재흡수된다. 혈청 총 비타민 B_{12} 농도가 비교적 낮은 채식인들도 생화학적 또는 임상적인 결핍증 증세가 없는데, 이 경우 holoTCII 수준이 정상이기 때문이다. 이들은 10대나 성인 초기에 채식인이 된 사람들이기 때문에 이미 상당량의 비타민 B_{12}를 간에 저장하고 있어 비타민 B_{12}의 장간순환을 통해 수년간 결핍증에서 보호받았기 때문이다.

2) 엽산의 영양 상태 판정

엽산 결핍은 알코올 중독증, 엽산 섭취 부족, 흡수 불량 등 다양한 경우에 일어날 수 있으며, 임신, 암, 용혈성 빈혈과 같이 세포의 교체율이 증가하는 상태에서 쉽게 나타난다. 설파제 같은 여러 약물에 의해서도 엽산 흡수나 엽산 이용이 방해받는다. 엽산이 결핍될 때 나타나는 임상 증후는 비타민 B_{12} 결핍 시 나타나는 혈액 특성과 유사하기 때문에 이 두 영양소의 영양 상태를 모두 판정할 필요가 있다.

엽산 상태를 판정하는 데 가장 널리 사용되는 방법은 혈청의 엽산 함량을 분석하는 것이다. 그러나 혈청 엽산은 엽산 대사에 나타나는 일시적 변화나 섭취량에 민감하기 때문에 혈청 엽산 수준이 낮다고 해서 반드시 체내 엽산 저장이 고갈되었다는 것은 아니다. 또 다른 방법으로는 적혈구 내 함유된 엽산량을 측정하는데 혈청 엽산 농도의 10배가 되므로 전체 혈액의 엽산 함량을 측정하는 것이 엽산 상태를 판정하는 데 더 좋은 방법이다.

엽산이 결핍되면 체내 생화학적 반응에 많은 변화를 일으킨다. 그러므로 기능적 분석 방법을 사용하기도 한다. 엽산이 결핍되면 히스티딘(histidine) 대사에 이상이 발생하여 소변으로 formiminoglutamate(그림 9-8) 배설량이 증가되는 현상이 나타난다. 혈중 엽산과 호모시스틴 농도 사이에는 역의 상관관계가 있으며, 혈중 호모시스틴 수준이 증가하면 폐쇄성 혈관 질환과 발작의 위험이 증가한다는 것이 알려지면서 혈중 호모시스틴이 엽산 영양 상태의 지표로 인식되고 있다. 혈중 호모시스틴과 혈중 비타민 B_{12}, 비타민 B_6 농도 간에는 엽산과 호모시스틴 관계보다는 약하지만 유사한 상관관계가 있다.

3) 비타민 B_{12}와 엽산 결핍의 차이점

비타민 B_{12}와 엽산의 결핍증은 똑같이 거대적아구성 빈혈을 보이므로 어느 영양소에 의한 결핍인지 판정하기가 어렵다. 그러나 빈혈이 있는 환자를 대상으로 비타민 B_{12}와 엽산을 투여하는 함량에 따른 반응에 의해서 구별이 가능하다. 예를 들어, 비타민 B_{12} 결핍으로 생긴 빈혈의 경우, 다량의 엽산을 투여하면 빈혈 증세가 향상되지만 비타민 B_{12}는 미량만 공급하여도 빈혈 증세가 호전된다. 반대로 엽산 결핍에 의한 빈혈은 엽산은 미량만 공급하여도 치료가 되지만 비타민 B_{12}는 다량 공급하여야 치료 효과를 보인다는 것이다.

엽산 결핍에 의해서는 임산부의 경우 신생아의 신경관 손상(neural tube defects)이 발생할 수 있고 장기간의 비타민 B_{12} 결핍에 의해서는 비가역적으로 신경 조직의 수초 탈락에 의해 신경 조직에 손상을 준다. 그러므로 비타민 B_{12} 결핍에 다량의 엽산 사용으로 조혈 증세는 호전시킬 수 있지만 신경 조직의 손상은 더욱 악화시킬 뿐이다.

(4) 비타민 B_{12}와 엽산의 기타 주요 사항

1) 엽산과 비타민 B_{12} 식품급원

엽산은 주로 신선한 녹색 채소나 과일, 이스트, 전곡류 등에 많이 함유되어 있다. 반면 천연적으로 발견되는 모든 비타민 B_{12}는 박테리아에 의해 합성되고 대개 모든 동물성 식품에 존재하며 식물이 미생물에 오염되는 경우 이외에는 식물성 식품에는 거의 존재하지 않는다. 일부 두류의 뿌리혹은 미생물에 의해 합성된 비타민 B_{12}를 소량 함유하고, 발효식품도 소량의 비타민 B_{12}를 함유한다. 과일류, 채소류, 곡류 및 곡류 가공품은 비료로 사용된 분변에 오염된 경우 외에는 비타민 B_{12}를 함유하지 않는다. 장내 세균에 의해 비타민 B_{12}가 합성되지만 대장에서 흡수되지 않는다.

일상 식생활에서 비타민 B_{12}의 주된 급원은 육류 및 그 제품(패류, 생선, 조류와 난류를 포함)이고, 그 다음 주요한 급원은 우유 및 유제품이다. 비타민 B_{12}의 가장 좋은 급원(>10μg/습량 100g)은 양간, 소간, 콩팥, 심장 등의 내장 기관과 조개, 굴 등의 쌍각 조개류이다.

2) 비타민 B_{12} 필요량

FAO/WHO에서는 정상 성인의 생리적인 비타민 B_{12} 필요량에 약간 여유분을 추가하여 하루에 1μg의 비타민 B_{12} 섭취를 권장하고 있다. 채식인이 아닌 사람의 경우 비타민 B_{12}는 식이에 충분히 포함되어 있으며(3~9μg/d), 체내 비타민 B_{12} 저장량은 일생 동안 서서히 증가되는데, 이 현상은 유전과 관련된 위 위축증이 일어나면 멈추게 된다.

유전적 요인은 우리가 비타민 B_{12}를 소화, 흡수, 이용하는 능력에 영향을 준다. 유전자는 어느 연령 때 위세포가 위산 분비능을 상실할 것인지, 그리고 더 노화하여 언제 내인성인자(IF) 분비능을 상실할 것인지를 결정한다. 그러므로 유전자는 비타민 B_{12} 결핍증에 걸릴 소인이 언제 발현되는지를 결정한다.

3) 신경 조직의 비타민 B_{12} 결핍

장기간의 비타민 B_{12} 결핍증은 진행성 수초 탈락(demyelination)을 유발하여 신경병을 초래한다. 비타민 B_{12} 결핍으로 인한 신경 조직의 손상은 methionine 또는 S-adenosylmethionine(SAM)을 합성할 수 없어 methyl 그룹이 부족하며, 또한 호모시스테인이 축적되어 뇌에 독성물질로 작용하기 때문이라고 한다.

비타민 B_{12}(또는 엽산)가 결핍되면 혈청 호모시스테인 농도가 증가하는데, 고갈 상태에서는 이 현상이 일어나지 않는다. 비타민 B_{12} 또는 엽산이 결핍되어(또는 다른 원인으로) 호모시스테인이 축적되면 신경과 혈관에 독성물질로 작용하여 심장마비, 혈전 발작, 말초혈관 폐쇄 등의 심혈관계 질환을 유발한다. 비타민 B_{12}, 엽산 또는 비타민 B_6의 결핍 때문에 혈청 호모시스테인의 증가가 일어난 경우, 이 세 비타민 중 하나를 권장량 수준으로 공급하면 혈청 농도가 정상치에 가깝게 내려갈 수 있다. 만약 혈청 호모시스테인의 증가가 이 세 비타민의 결핍과 무관하더라도, 엽산을 과량(권장량보다 아주 많은 양) 공급하면 혈청 농도가 정상치에 가깝게 내려갈 수 있다.

4) 비타민 B_{12} 요법 및 다량요법

현재 비타민 B_{12}를 치료제로 사용하는 경우는 비타민 B_{12} 결핍증의 치료에만 국한된다. 엄격한 채식인과 같이 비타민 B_{12} 결핍증이 섭취량 부족으로 인해 유발된 경우 매일 1μg의 비타민 B_{12}를 강화 식품(곡류와 콩제품 등)으로 섭취하면 적당하다.

비타민 B_{12} 결핍증이 흡수 장애로 인해 유발된 경우 매일 1μg의 비타민 B_{12}를 정맥으로 주사하면 적당하다. 비타민 B_{12} 결핍증 환자가 복합적인 증세를 가지지 않으면, 100μg 이상의 비타민 B_{12}를 1회 주사하면 완전히 회복된다. 이러한 회복 상태를 일생 동안 유지하기 위해서는 매달 100μg 이상의 비타민 B_{12}를 주사하면 된다. 다량의 비타민 B_{12}를 사용하는 치료법이 필요한 유일한 경우는 아주 드물게 발생하는 선천적 비타민 B_{12} 대사 장애인 경우이다. 위위축증이 있는 노인이 매일 25μg~1mg의 비타민 B_{12} 정제를 복용하면 비타민 B_{12} 결핍증을 예방할 수 있다.

5) 다량의 비타민 C가 비타민 B_{12}에 미치는 영향

비타민 C는 엽산을 환원 상태로 유지시키는 데 도움을 주어 필요하지만 다량의 비타민 C(500mg) 섭취는 식이 내 비타민 B_{12}의 이용률을 저해할 수 있고, 더 많은 양(1g 이상)의 비타민 C를 복용하는 경우에는 비타민 B_{12} 결핍증을 초래할 수 있다. 그러므로 다량의 비타민 C를 섭취하는 사람들은 정기적으로 혈액검사를 실시하여 비타민 B_{12} 결핍증 여부를 검사할 것을 권장한다. 그러나 더 좋은 방법은 다량의 비타민 C 섭취를 중단하는 것이다. 만일 다량의 비타민 C를 섭취할 경우 비타민 B_{12} 섭취량을 증가시켜도 비타민 B_{12} 결핍증을 예방하기 어렵기 때문이다. 보고된 바에 의하면 종합비타민 보충제에 함유된 비타민 B_{12}의 10~30%가 종합비타민 보충제에 함유된 비타민 C, 철분, 그리고 그 외 항산화 영양소의 산화환원 작용에 의해 인체에 이롭지 못한 비타민 B_{12} 유사물질로 바뀌며, 이 유사물질 중 일부는 비타민 B_{12}의 기능을 방해한다. 그러므로 다량의 비타민 C가 철분과 함께 존재하면 철분을 촉매로 사용하여 엄청난 양의 라디칼을 생산하여, 비타민 B_{12}를 손상시킬 뿐만 아니라 위벽에서 생성되는 내인성인자(IF)도 파괴할 수 있다.

6) 엽산의 생체 이용률

현재 가지고 있는 엽산의 흡수에 관한 지식은 엽산 결정체를 이용한 연구 결과이다. 장에서 흡수되는 엽산은 1개의 글루탐산이 결합한 monoglutamyl folate 형태이며, 장 운반은 매우 pH 의존적이며, 최적의 pH는 5.0~6.0이고, pH가 증가하면 운반체 매개 과정에 의한 엽산 운반이 급격히 감소하고, 단순 확산에 의한 운반 기전으로 이루어지며 장내 pH가 높거나 엽산이 아주 많을 때 활성이 커진다. 엽산의 흡수에 대한 지식은 어느 정도 정립되어 있으나 식품 엽산의 생체 이용률에 관해서는 매우 단편적인 지식만 있다.

7) 엽산과 질병

엽산과 질병의 관계는 주로 거대적아구성 빈혈을 예방하고 치료하는 조혈효과에 국한된다. 임신부의 엽산 결핍과 거대적아구성 빈혈은 세계적으로 중요한 영양문제이다. 알코올중독이 엽산의 섭취, 흡수, 대사, 이용에 미치는 영향을 연구한 결과들은 엽산과 조혈작용의 병인학적 관계를 잘 보여준다. 이 외에도 엽산 대사의 유전적 이상과 신경관 결함, 암, 심장질환과의 관계가 밝혀지고 있다.

① 엽산과 암

동물연구에 의하면 엽산 결핍 시 발암성 물질은 매우 심각하게 결장암을 보다 빨리 유발시킨다. 25,000명 이상을 대상으로 한 연구에 의하면 엽산 섭취량이 높을 때 결장의 말단 부분의 용정이 감소되는 역의 상관관계를 보였는데 이것은 엽산 상태와 결장의 암세포의 새로운 합성과의 관계를 잘 나타내고 있다. 엽산의 영양 상태가 DNA 합성 및 수선, 발암유전자(oncogene) 발현과 관계있다는 점이 암과의 상관관계를 제시해 준다.

② 엽산과 신경관 결함

엽산과 질병에 관한 임상 연구결과로 수정 전에 엽산을 보충시켰을 때 놀랍게도 아기의 신경관 결함의 발생을 감소시켜 신경관 결함이 복잡한 유전과 영양의 상호작용에 의해 발생할 수 있다는 것이 알려졌다. 또 다른 임상연구에 의하면 신경관 결함을 가진 아이를 출산한 모체에게 임신 전에 하루 4mg의 엽산을 투여하여 신경관 결함을 가진 아이의 출산을 예방할 수 있었다. 이와 같은 연구 결과에 의해 가임 여성은 매일 엽산 400μg씩 섭취할 것을 권장하였다. 그러나 다량의 엽산을 섭취했을 때 신경관 결함을 예방하게 된 기전에 대해서는 아직 정확하게 밝혀지지 않았다.

③ 엽산과 호모시스틴, 심혈관질환, 뇌졸중

역학조사에 의하면 폐쇄성 혈관질환과 뇌졸중 환자에서 혈장 호모시스틴 수준이 상승된 고호모시스테인혈증(hyperhomocysteinemia) 비율이 높았다. 혈장 호모시스틴 농도가 정상 범위의 상한선 수준보다 12%밖에 높지 않음에도 급성 심근경색의 위험은 3.4배 증가되었다. 또한, Framingham의 혈관질환 연구에 의하면 비타민 B_{12}, B_6, 특히 엽산이 혈장 호모시스틴 수준의 결정 인자로 보고되었다.

정상적으로 호모시스테인은 S-nitrosohomocysteine으로 전환되어 혈관확장과 혈소판 기능 억제제로서 작용한다. 그러나 혈중에 높아진 호모시스테인이 S-nitrosohomocysteine으로 전환될 때 라디칼이 생성되어 혈관의 내피상처를 유발시킴으로서 S-nitrosohomocysteine의 역할을 방해하여 동맥경화를 유발시킨다.

10

항산화 방어 체계와 관련 영양소

10-1. 활성산소종의 생성과 산화적 스트레스
- 1. 산화적 스트레스란 무엇인가?
- 2. 활성산소종의 생성
  - (1) Superoxide 라디칼
  - (2) 과산화수소
  - (3) Hydroxyl 라디칼
  - (4) 탄소중심의 과산화수소 라디칼, 지질과 산화 라디칼, 지질과산화물
  - (5) 일중항산소(Singlet oxygen)
  - (6) 활성질소종
- 3. 산화적 스트레스에 의한 손상

10-2. 항산화 방어 기전과 관련 영양소
- 1. 활성산소종의 제거 기전
  - (1) Singlet oxygen
  - (2) Superoxide 라디칼
    - 1) 비타민 C 역할
    - 2) Superoxide dismutase 역할
  - (3) 과산화수소
    - 1) 비타민 C 역할
    - 2) Glutathione peroxidase 역할
    - 3) Glutathione reductase 역할
    - 4) Catalase 역할
    - 5) Myeloperoxidase 역할
  - (4) Hydroxyl 라디칼
    - 1) 비타민 C 역할
    - 2) Glutathione 역할
    - 3) Uric acid 역할
    - 4) Metallothionein 역할
  - (5) 지질 탄소중심 hydroxyl, 지질 peroxyl 라디칼, 지질과산화물
    - 1) 비타민 E 역할
    - 2) 비타민 C 역할
    - 3) 기타
- 2. 항산화 영양소의 재생 및 상호작용
  - (1) 항산화 비타민의 역할 비교와 재생 과정
  - (2) 항산화 비타민의 상승효과
- 3. 항산화 영양소
  - (1) 비타민 A와 카로티노이드
    - 1) 구조
    - 2) 소화, 흡수와 대사
    - 3) 비타민 A의 기능
    - 4) 카로티노이드의 기능
    - 5) 다른 영양소와의 상호작용
    - 6) 권장량
    - 7) 결핍증과 과잉증
    - 8) 영양상태 평가
  - (2) 비타민 E
    - 1) 구조
    - 2) 소화, 흡수와 대사
    - 3) 기능
    - 4) 권장량
    - 5) 결핍증과 과잉증
    - 6) 영양상태 평가
  - (3) 비타민 C
    - 1) 구조
    - 2) 소화, 흡수와 대사
    - 3) 기능
    - 4) 권장량
    - 5) 결핍증과 과잉증
    - 6) 영양상태 평가
  - (4) 셀레늄
    - 1) 구조
    - 2) 소화, 흡수와 대사
    - 3) 기능
    - 4) 권장량
    - 5) 결핍증과 과잉증
    - 6) 영양상태 평가
  - (5) 철분
  - (6) 구리
    - 1) 소화, 흡수와 대사
    - 2) 기능
    - 3) 권장량
    - 4) 결핍증과 독성
    - 5) 영양상태 평가
  - (7) 아연
    - 1) 소화, 흡수와 대사
    - 2) 기능
    - 3) 권장량
    - 4) 결핍증과 독성
    - 5) 영양상태 평가

10-1 활성산소종의 생성과 산화적 스트레스

1. 산화적 스트레스란 무엇인가?

체내에는 생명을 유지하기 위한 에너지 발생을 목적으로 끊임없이 산소를 필요로 한다. 체내에서 산소를 이용한 다양한 대사 과정의 원자나 분자는 본래 안정화된 상태로 전자가 쌍을 이루고 있지만 친전자체(electrophile)에 의해 전자 하나를 잃어 쌍을 이루지 못하고 불안정해지면, 자신이 안정화된 상태를 이루려고 주변 물질을 공격해 전자 하나를 뺏어오는 연쇄반응이 시작되어 끊임없이 다양한 라디칼(free radicals)이 발생하게 된다. 체내의 정상적인 대사과정 동안에도 이와 같은 라디칼과 활성 산소화합물은 계속 생성된다. 예로, 미토콘드리아는 세포 내 산소 사용의 주된 곳으로 전자전달계를 통해 대부분의 ATP를 생성하지만 하루 사용되는 산소 소비량의 약 2%가 superoxide 라디칼과 과산화수소로 전환된다.

라디칼은 그 자체로 화학적 친화력이 크기 때문에 거의 모든 세포 성분과 반응하여 세포의 구조적, 기능적 변화를 가져 온다. 사실상 라디칼의 이러한 반응성은 생리학적으로 면역 반응에 이용되어 인체를 보호하는 데 중요한 역할을 한다. 예로, 박테리아, 바이러스, 곰팡이 같은 외부 침입자가 있을 경우, 체내 식세포 작용을 하는 호중구(neutrophils), 단핵구(monocytes), 호산구(eosinophils), 호염구(basophils), 대식세포(macrophages) 등의 면역세포들은 라디칼 또는 활성 산소화합물의 생성을 통해 외부물질을 파괴하여 감염에 대한 방어를 한다. 하지만 그 외 인체의 정상 호흡과정과 대사과정에서도 라디칼들이 끊임없이 생성되므로 우리 몸은 항상 라디칼에 노출되어 있다.

인체는 이와 같은 라디칼에 대항할 수 있는 항산화 영양소와 항산화 효소체계를 가지고 있어 생성된 라디칼들을 적절하게 제거하여 산화-항산화 간의 균형을 유지하려고 한다. 그러나 라디칼 생성이 증가하거나 체내 항산화력이 저하되면 과량으로 라디칼이 축적되어 산화적 스트레스가 증가하게 된다.

이와 같이 증가된 산화적 스트레스는 DNA 또는 생체 분자나 조직을 손상시켜 다양한 만성 질환을 초래하는 원인으로 작용한다. 예로, DNA 구성 중 전자가 풍부한 염기는 친전자체에 의해 전자 하나를 쉽게 잃어 돌연변이가 일어나기 쉽기 때문에 산화적 스트레스에 의한 돌연변이가 축적되면 발암원이 될 수가 있다. 또 류마티스성 관절염이나 감염성 소장염 같은 질병의 경우 과량의 식세포가 활성화되어 과다하게 생성된 산소 라디칼들에 의해 조직에 손상을 초래하게 된다. 따라서 만성 질환의 예방을 위해서 체내에 필연적으로 발생되는 활성산소가 과잉 축적되는 것을 방지하는 체계를 강화하는 것이 중요하다. 그러므로 제10장에서는 산화적 스트레스는 어떤 상황에서 증가되며, 라디칼 종류로는 어떤 물질들이 존재하는지 설명하고, 산화적 스트레스에 대처하는 항산화적 방어체계에 관하여 알아보고자 한다.

2. 활성산소종의 생성

체내의 다양한 생리적, 생화학적 작용을 통해 여러 가지의 활성산소종(ROS)과 활성질소종(RNS)들이 생성된다(표 10-1 참조). 라디칼들은 산소를 포함한 활성산소종(reactive oxygen species, ROS)과 질소와 산소를 함께 포함한 활성질소종(reactive nitrogen species, RNS)으로 나누어지며 라디칼 상태가 아니더라도 활성이 커 세포나 조직의 손상을 야기하는 산소나 질소종들도 포함하여 함께 활성산소종이라 부르기도 한다. 일반적으로 활성산소/질소종은 미생물이나 이물질 등의 방어 과정과 같은 정상적인 생리적 과정 중에 발생되고 스모그, 오존, 화학물질, 약물, 방사선 등에 노출되었을 때 생성된다. 한번 만들어진 라디칼들은 여러 가지 반응들을 통한 연쇄반응에 의해 더욱 다양한 라디칼을 생성한다. 이런 라디칼들에는 superoxide 라디칼(O_2^-), 수산기 라디칼(hydroxy, $OH^{\cdot}$), 과산화수소(H_2O_2), 과산화수소 라디칼(hydroperoxy, $HO_2^{\cdot}$), 일중항산소(singlet oxygen, $^1O_2$)를 포함한 활성산소가 주요 내인성 산화제(endogenous oxidant)이며, 탄소중심의 지질 라디칼($L^{\cdot}$)과 지질과산화 라디

표 10-1 다양한 활성산소종과 활성질소종

	산소 포함한 라디칼	산소 포함한 비라디칼
활성산소종(ROS)	Superoxide(O_2^-) Hydroxyl($OH^{\cdot}$) Hydroperoxyl($HOO^{\cdot}$) Alkoxyl($LO^{\cdot}$ or $RO^{\cdot}$) Peroxyl($LOO^{\cdot}$ or $ROO^{\cdot}$)	Ozone(O_3) Singlet oxygen($^1O_2$) Hydrogen peroxide(H_2O_2) Hypochlorous acid(HOCl)
	질소 포함한 라디칼	**질소 포함한 비라디칼**
활성질소종(RNS)	Nitric oxide($NO^{\cdot}$) Nitrogen dioxide($NOO^{\cdot}$)	Nitrous acid(HNO_2) Peroxynitrite($ONOO^{\cdot}$) Alkyl peroxynitrite($LOONO^{\cdot}$)

칼(LOO˙), 지질 과산화물(lipid peroxides) 등이 포함된다. 다음은 각각의 라디칼들이 어떤 경우 발생되며 또 어떻게 다른 라디칼들의 생성을 유도하는지 설명하고자 한다.

(1) Superoxide radicals

Superoxide 라디칼($O_2^{\cdot}$ 또는 O_2^-)은 산소중심 라디칼로서 산소(O_2)에 쌍을 이루지 못한 전자가 있어 불안정한 상태이다. 산소 분자는 각 다른 궤도에 쌍을 이루지 못한 전자를 2개 가지고 있다. 산소 분자에 전자 하나를 추가하면 짝이 없는 한 개의 전자만이 남는다. 예로, superoxide 라디칼은 산소가 카테콜아민(catecholamine)인 에피네프린(epinephrine), 도파민(dopamine) 같은 신경전달물질이나 비타민 엽산의 tetrahydrofolate와 반응할 때 우연히 생성된다. 또 미토콘드리아 전자전달계에서 NADH가 ATP를 생성하기 위해 최후로 산소(O_2)로 전자를 운반하고 있다. 이때 coenzyme Q(CoQ)의 환원형인 $CoQH_2$는 미토콘드리아의 전자전달 체인에서 전자를 운반하고 최후로 ATP를 생성하는 기능을 하는 작은 분자이다.

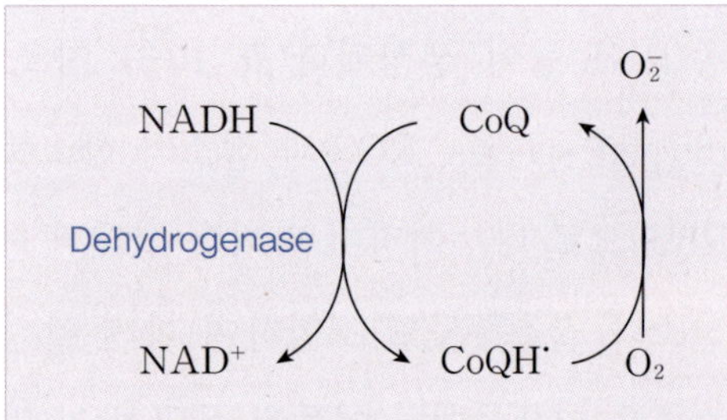

하지만 전자전달계의 자동산화 반응과정에서 발생하는 현상으로 NADH에서 수소를 받아 형성된 CoQ의 라디칼인 CoQH˙에서 위에서와 같이 산소 분자로 전자를 운반하는 과정에서 산소의 전자 하나가 새어 나가 superoxide 라디칼(O_2^-)이 생성된다.

이 외에도 약물이나 독소의 해독 작용에 관여하는 cytochrome P450도 superoxide 라디칼을 생성하는 주요한 효소이다. 소포체(endoplasmic reticulum)막에 존재하는 이런 헴(heme) 효소들은 NADPH에서 전자를 운반하는 cytochrome P450 환원효소(reductase)와 산소 분자와 결합한 제2의 cytochrome P450로 구성되어 기질이 수산화된다. 지방산, 스테로이드 그리고 치료제 등의 다양한 약물들이 이 시스템에 의해 수산화된다.

또한, superoxide 라디칼은 박테리아와 바이러스 등의 이물질을 제거하기 위해 식세포 활동(phagocytosis)을 수행하는 대식세포(macrophages), 단핵구(monocytes) 및 호중구(neutrophils)와 같은 활성화된 백혈구에서 상당량 생성된다. 이들 세포 내 superoxide 라디칼은 외부 박테리아나 다른 미생물을 제거하기 위해 과산화수소와 같은 독성이 있는 활성산소종을 연이어 생성하는 데 필요하다. 또한 호중구에 의해 생성된 superoxide 라디칼은 다른 호중구의 화학적 유인제로 작용함으로써 염증반응을 강화시킨다.

비록 superoxide 라디칼은 박테리아, 바이러스, 곰팡이 그리고 다른 이물질을 파괴하는 데 도움이 된다고는 하지만 이와 같은 라디칼은 해를 줄 수도 있으며, 강한 연쇄반응의 개시제로서 과산화수소와 hydroperoxyl 라디칼과 같은 다른 활성산소종 생성을 유도할 수 있다.

(2) 과산화수소

과산화수소는 쌍을 이루지 못한 전자가 없기 때문에 라디칼은 아니지만 조직으로 쉽게 확산돼 손상을 야기하여 활성산소종으로 간주된다. 과산화수소는 다음과 같은 여러 가지 기전에 의해 생성된다(그림 10-1 참조).

1) 과산화수소는 superoxide 라디칼이 superoxide dismutase(수퍼옥사이드 디스무타아제, SOD)의 촉매작용에 의해 생성된다. SOD는 세포 내 세포질과 미토콘드리아에 존재하는데, 세포질에 있는 SOD는 아연(Zn)과 구리(Cu)를 보조인자로 필요로 하지만 미토콘드리아의 SOD는 망간(Mn) 의존적이다. Superoxide 라디칼(O_2^-)이 세포에 손상을 주기 전에 빠르게 SOD에 의해 다음과 같이 과산화수소로 전환된다.

$$O_2^- + O_2^- + 2H^+ \xrightarrow{\text{SOD}} H_2O_2 + O_2$$

2) 과산화수소는 환원형 비타민 C(hydroascorbic acid, AH_2)에 의해 superoxide 라디칼이 제거되는 동안에 생성된다.

$$AH_2 + O_2^- + H^+ \longrightarrow AH^- + H_2O_2$$

3) 이 밖에도 20개 이상의 탄소를 가진 지방산 등과 같은 분자의 분해를 담당하는 세포질 내 소기관인 peroxisome(페록시솜) 내의 산화과정 동안에도 상당량의 과산화수소가 생성된다. Peroxisome 내 catalase 효소에 의해 과산화수소가 제거되는 동안 적은 양의 과산화수소가 분해를 피해 peroxisome 밖으로 유출되어 세포에 손상을 줄 수도 있다.

4) 체내 다른 반응에서도 과산화수소가 생성된다. 예로, 외상(trauma) 또는 소장이나 심장

의 국소빈혈(ischemia)로 인한 혈액 흐름과 산소공급이 부적절한 경우 활성산소, 특히 과산화수소가 많이 생성된다. 이와 같은 국소빈혈이 온 조직에서 라디칼과 비라디칼 생성이 가능한 이유는 다음과 같다. 첫째, 손상을 입은 조직에서 유리된 물질에 의한 호중구의 활성화로 과산화수소와 superoxide 라디칼이 생성되고, 둘째, 상처로 인해 superoxide 라디칼 형성을 위해 산소(O_2)로 더 많은 전자가 빠져나가 전자전달의 호흡사슬이 붕괴되고, 셋째, 소장 또는 혈관 내피세포와 같은 조직에 존재한 xanthine oxidase 효소의 촉매작용에 의해 다음과 같이 hypoxanthine과 xanthine이 요산으로 대사될 때 과산화수소와 superoxide 라디칼이 형성된다.

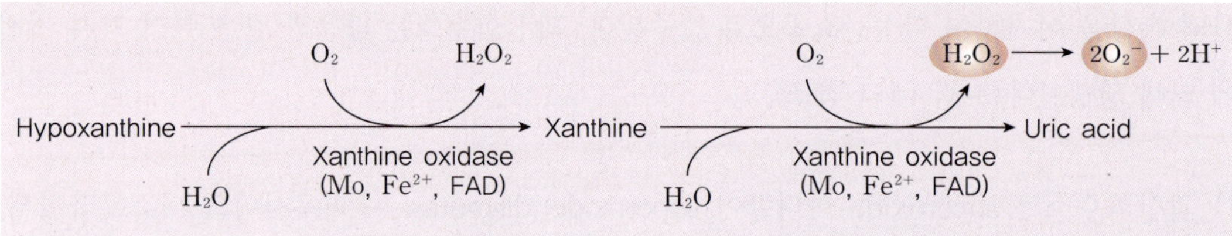

저산소성(hypoxic) 조직에서 ADP는 ATP 생성에 산소부족으로 분해되어 다량의 hypoxanthine을 생성한다. 허혈증 치료 시 기관의 괴사를 방어하기 위해 환자에게 산소를 주입시킨다. 산소가 기관손상을 방어해 주는 동안 다량의 산소는 xanthine oxidase 효소가 hypoxanthine과 xanthine을 산화하는 데 필요한 산소를 공급하지만 위의 식에서 보여준 바와 같이 과산화수소도 같이 생성된다. 그러므로 xanthine oxidase에 의한 활성산소 생성에 의해 이미 손상된 조직에 더욱 피해를 줄 수도 있다.

5) 이 외에도 amine oxidase 같은 세포 내 산화효소(oxidase)들은 촉매과정 중 과산화수소를 생성한다.

세포 파괴를 막기 위해서는 체세포 내 superoxide 라디칼과 과산화수소의 농도를 조절할 필요가 있다. 과산화수소는 세포 내에서 물과 지질구성 속에서 쉽게 확산되어 조직의 손상을 주고, superoxide 라디칼과 반응하여 반응성이 크고 파괴적인 hydroxyl 라디칼($OH^{\cdot}$), alkyl 라디칼($R^{\cdot}$), hydroperoxyl 라디칼($HO_2^{\cdot}$)과 같은 활성산소를 생성하며, 과산화수소는 헤모글로빈(Hb) 또는 다른 기질과도 작용해 hydroxyl 라디칼을 생성할 수 있어 신속하게 제거되어야 한다.

(3) Hydroxyl radicals

Hydroxyl 라디칼(OH˙)은 산소 중심의 라디칼로서 여러 가지 기전에 의해 다음과 같이 형성된다.

1) Hydroxyl 라디칼(OH˙)은 인체가 감마선, 저파장 전자기 방사선(low-wavelength electromagnetic radiation)에 노출되었을 때 생성될 수 있다. 이런 전자파는 체내에서 물(H_2O)을 H˙과 OH˙로 분리시켜 hydroxyl 라디칼을 생성한다.

2) Hydroxyl 라디칼은 과산화수소와 superoxide 라디칼이 반응할 때 생성되고, 또 과산화수소에 다른 전자(e^-)와 H^+가 더 첨가되어도 생성된다. 그러나 일반적으로 과산화수소는 hydroxyl 라디칼 생성을 하기 전에 빠르게 제거된다.

$$H_2O_2 + O_2^- \xrightarrow{H^+} H_2O + O_2 + OH^-$$

$$H_2O_2 \xrightarrow{e^-,\ H^+} H_2O + OH^-$$

3) 비록 세포 내 철(Fe)은 정상적으로 단백질에 결합되어 있고 유리된 형태로는 존재하지 않지만, 만일 이온화 철이 유리된다면 (예로, ferritin-Fe^{3+} + $O_2^{\cdot}$ ⟶ free Fe^{3+} + $O_2^{\cdot}$ ⟶ O_2 + Fe^{2+}), 환원형 철(Fe^{2+})이나 구리(Cu^{1+})와 접촉한 과산화수소는 다음과 같은 펜톤 반응(Fenton reaction)에 의해 독성이 매우 강한 hydroxyl 라디칼로 전환될 수 있고 superoxide 라디칼은 이때 생성된 산화형 철(Fe^{3+})을 다시 환원형 철(Fe^{2+})로 재순환시킬 수 있다. 이 반응에서, 과산화수소는 철과 구리의 산화제로서 작용한다.

$$Fe^{2+} + H_2O_2 \longrightarrow Fe^{3+} + OH^- + OH^{\cdot}\ \text{(Fenton reaction)}$$

예로, 비정상적인 대사에 의해 철분이나 구리가 배설되지 않는 혈색소침착증(hemochromatosis)이나 윌슨 병(Wilson's disease)에서와 같이 철분이나 구리가 혈액 내 이온상태로 과량 존재하면 펜톤 반응에 의해 hydroxyl 라디칼을 발생시킬 수 있다.

(4) 탄소중심의 과산화수소 라디칼, 지질과산화 라디칼, 지질과산화물

탄소중심의 지질과산화 라디칼 및 지질과산화물에 관해 자주 언급되는 용어로, LOOH = lipid peroxides (지질과산화물), LOO˙ = peroxy radical (지질과산화 라디칼), LH = 불포화지방산, L˙ = carbon centered lipid radical (탄소중심 지질 라디칼), HO_2^- = hydroperoxy radical(과산화수소 라디칼) 등이 있다(그림 10-1 참조).

다음은 탄소중심의 지질 라디칼(L˙)을 생성하는 요인과 과정을 보여준 것이다. 탄소중심의 지질 라디칼(L˙)은 hydroxyl 라디칼(OH˙)이나 비지질 peroxyl 라디칼(ROO˙)이 세포막 인지질의 불포화지방산(LH)을 공격할 때 다음과 같이 생성되며(1)(2), 산소가 불포화지방산(LH)과 반응할 때도 지질 라디칼(L˙)이 hydroperoxyl 라디칼(HO_2˙)과 함께 생성된다(3).

$$LH + OH^{\cdot} \longrightarrow L^{\cdot} + H_2O \text{ (initiation)} \quad \cdots\cdots (1)$$

$$LH + ROO^{\cdot} \longrightarrow L^{\cdot} + ROOH \quad \cdots\cdots (2)$$

$$LH + O_2 \longrightarrow L^{\cdot} + HO_2^{\cdot} \quad \cdots\cdots (3)$$

이와 같이 생성된 지질 라디칼(L˙)에 의해 연쇄반응이 시작되는데, 이 지질라디칼은 산소와 빠르게 반응하여 연쇄반응의 전파력이 더 강한 지질 peroxyl 라디칼(LOO˙ 또는 LO_2˙)로 전환된다(4). 이렇게 연쇄반응에서 생성된 하나의 생성물은 다음 반응의 반응물로서 작용하여 지질과산화물 형성이 더욱 증가하게 된다.

$$L^{\cdot} + O_2 \longrightarrow LOO^{\cdot} \text{ (propagation)} \quad \cdots\cdots (4)$$

이 외에도 과산화 라디칼(peroxy, O_2^{2-})은 다음과 같이 superoxide 라디칼에 전자(e^-)가 첨가되어 생성된 후 수소(H^+)가 더 첨가되어 과산화수소 라디칼(HO_2^-)로 전환될 수 있다.

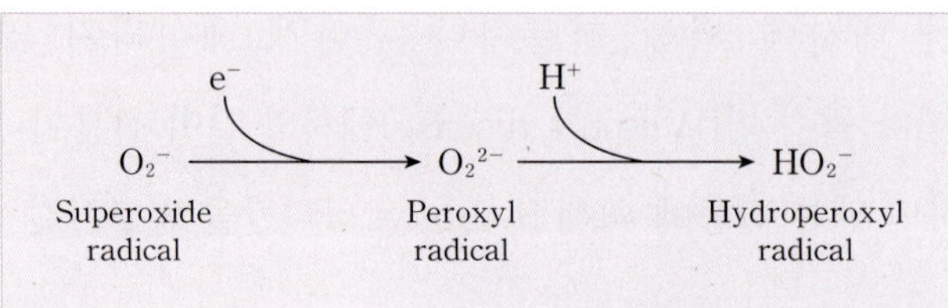

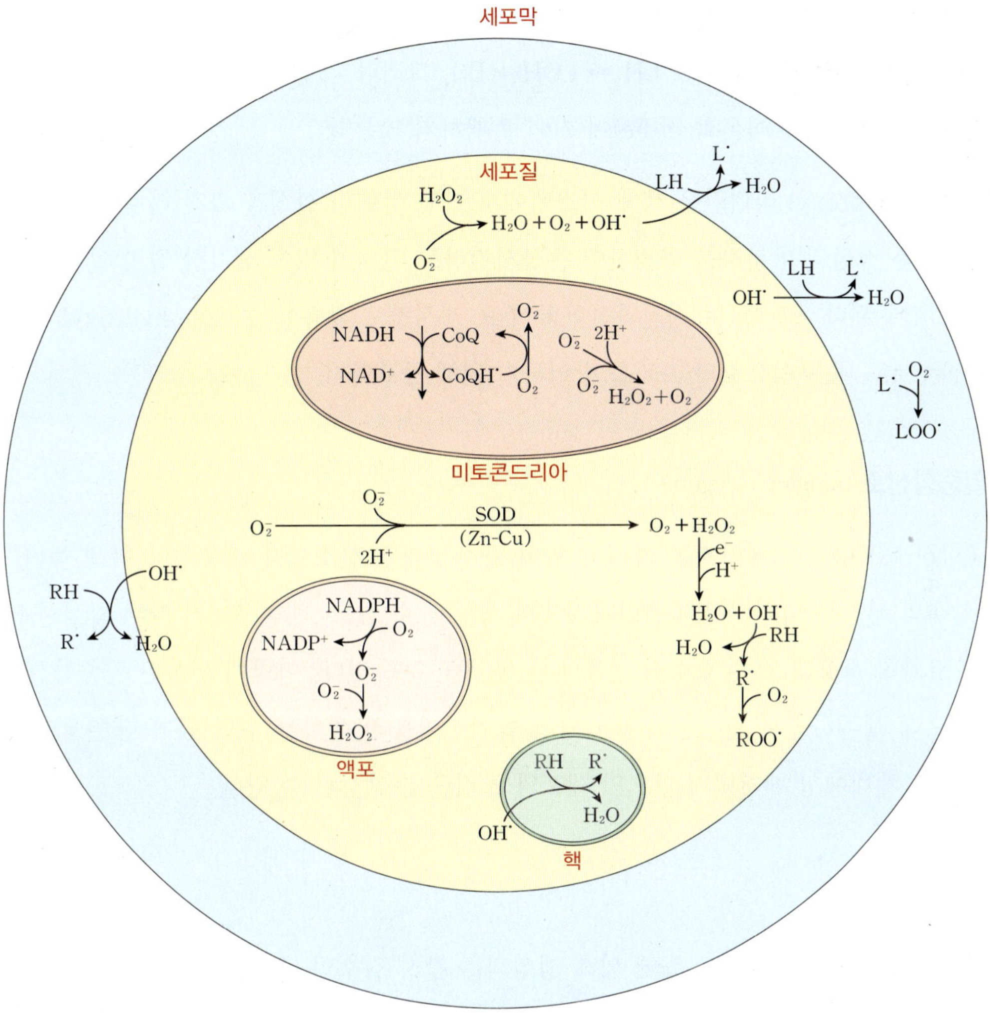

그림 10-1 다양한 활성산소종의 생성

LH=불포화지방산, L˙=탄소중심 지질 라디칼, RH=유기화합물(예 : 아미노산, 핵산), O_2^-=superoxide 라디칼, OH˙=hydroxy 라디칼, R˙=탄소중심 비지질 라디칼, H_2O_2=과산화수소, ROO˙=nonlipid peroxy radical(비지질 과산화 라디칼), LOO˙=peroxy radical(과산화 라디칼).

이렇게 생성된 라디칼들은 비타민 E와 C 같은 항산화 영양소에 의해 지질과산화물(LOOH)로 전환되어 연쇄반응이 종결되지만 이는 이온화 철(Fe)과 접했을 때 다음과 같은 지질 alkoxyl 라디칼(LO˙)과 peroxyl 라디칼(LOO˙)로 다시 전환될 수도 있다.

$$LOOH + Fe^{2+} \longrightarrow LO^{\cdot} + OH^- + Fe^{3+}$$

$$LOOH + Fe^{3+} \longrightarrow LOO^{\cdot} + OH^- + Fe^{2+}$$

그리고 이 지질 alkoxyl 라디칼(LO˙)은 세포막의 다른 불포화지방산(LH)을 공격하여 연쇄반응을 시작할 수 있다(LO˙ + LH → LOH + L˙). 그러나 다행히도 세포 내에는 이와 같은 반응을 시작할 수 있는 이온화 철(Fe)이 거의 존재하지 않는다.

이와 같이 hydroxyl 라디칼은 생체 시스템에서 가장 강력한 활성을 가진 라디칼 중 하나로 생체 내 모든 정상적인 분자를 공격하여 손상시킨다고 알려져 있어 심각한 질병 발생의 위험 요인으로 간주된다. 그러므로 지질과산화의 주요 개시자로 작용할 수 있는 hydroxyl 라디칼의 제거는 세포 내 구성요소의 파괴를 방어하기 위해 중요하다.

(5) 일중항산소 (singlet oxygen)

일중항산소($^1O_2$)는 고에너지를 가지고 있어 표준상태의 산소보다 반응성이 더욱 높다. 흥분된 상태의 산소는 막의 지질과산화과정에서 생성될 수 있고, 백혈구에서 빠른 활성산소 유출이나 광화학 작용과 같은 효소적 반응에서 생성될 수도 있다. 이렇게 생성된 일중항산소는 비교적 오래 생존하면서 활성산소종이 되어 돌연변이를 발생시킬 수도 있어 다른 라디칼과 마찬가지로 체내에서 제거되지 않으면 세포와 조직을 손상시킬 수 있다.

(6) 활성질소종

체내 대식세포(macrophage) 등에 의해 생성되는 활성 질소인 NO는 체내 이물질을 제거하는 기능이 있지만 과량 발생했을 경우 superoxide 라디칼과 결합하여 반응성이 큰 peroxynitrite(ONOO˙)라는 라디칼을 형성하여 체내 분자들을 공격하거나 정상적인 세포와 조직을 파괴시켜 문제를 일으킨다.

3. 산화적 스트레스에 의한 손상

라디칼은 주로 세포나 기관의 막을 공격하여 정상적인 세포의 기능을 손상시킨다. 즉 세포의 동질성이 파괴되며, 세포 간의 교류나 신호전달 체계에 이상이 오고, 핵막, 미토콘드리아, 골지체, 소포체 등의 막에 존재하는 다불포화지방산, 핵산, 단백질 등의 구성 성분들을 공격한다. 활성산소에 의한 DNA 구성 중 염기의 변화는 돌연변이를 유도하거나 조직 내 상처 발생 등의 원인이 되고, 정상적으로 회복되지 않는 경우 암 발생으로 진전될 수 있다. 활성산소에 의해 단백질 내 아미노산이 공격을 받으면 단백질의 펩타이드 결합이 깨지고 단백질 구조가 붕괴되어 단백질 분해가 촉진될 수 있다. 예를 들어, 산화적 스트레스에 의해 적혈구막 인지질의 불포화지방산이 파괴되어 용혈현상을 일으키며, 또 혈중 지단백 중 LDL이 peroxyl 또는 peroxynitrite 라디칼 등에 의해 산화되어 혈관 벽에 침착되면 동맥경화를 유발할 수 있다.

산화적 스트레스의 가장 심각한 결과는 면역계의 손상이다. 즉 대식세포와 식세포는 보통 표면에 나타나는 항원의 전형적인 특성에 의해 박테리아와 같은 외부 침입자 등을 인지하는데, 라디칼은 우리 자신의 항원결정인자를 변화시킬 수 있다. 만약 내인성 세포들의 항원결정인자가 라디칼에 의해 변형되면, 그들은 자신의 변형된 항원결정인자로 인해 자신의 것도 외부의 적으로 취급하게 되어, 인체의 면역계는 자기 자신과 싸우게 되는 것이다. 현재로서는 이러한 반응이 자가면역질환의 중요한 단계이므로 이러한 산화적 스트레스가 체내 항산화 시스템에 의해 중단되지 않으면 더욱 많은 라디칼을 생성하고 극심한 산화적 스트레스를 유발하여 체내 조직의 파괴를 초래할 수 있어 당뇨병, 암, 다발성 경화증, 또는 류마티스성 관절염 등의 발달에 중요한 일면을 제시한다고 사료된다.

10-2 항산화 방어 기전과 관련 영양소

산화적 스트레스에 의한 DNA, 단백질, 그리고 다불포화지방산의 손상은 암, 심장질환, 백내장 및 당뇨병 합병증 등과 같은 다양한 질병의 위험 인자로 알려져 있다. 몇몇 다른 항산화 물질과 함께 비타민도 자유 라디칼의 제거를 도와주는 기능을 한다. 체내에서 정상호흡 과정이나 대사과정에서도 필연적으로 생성되는 라디칼의 과다한 축적을 막기 위해 체내의 항산화 기능을 하는 효소와 영양소들이 직접 또는 간접적으로 작용하여 산화와 항산화의 균형을 유지하여 과도한 산화적 스트레스를 방어하려고 한다. 이러한 항산화 시스템에 관여하는 항산화 효소들과 항산화 기능이 있는 영양소와 주요 물질들이 표 10-2에 구분되어 있다.

다음은 체내의 항산화 방어 기전으로서 일단 생성된 라디칼을 제거하는 과정에 관여하는 항산화 효소와 영양소의 기능에 관하여 설명하고자 한다.

표 10-2 인체의 항산화 방어 시스템

항산화효소	Chelate 형성 (금속결합단백질)	비효소적 (수용성)	비효소적 (지용성)
Superoxide dismutase Catalase Glutathione peroxidase	Ceruloplasmin Transferrin Albumin	비타민 C Uric acid Bilirubin α-Lipoic acid GSH	비타민 E β-Carotene Carotenoid Ubiquinone (CoQ$_{10}$)

1. 활성산소종의 제거 기전

(1) Singlet oxygen

비타민 C는 물론 카로티노이드(caroteinoid)는 일중항산소(singlet oxygen)를 소멸시킬 수 있다. β-carotene과 lycopene 같은 카로티노이드는 용액이나 세포막에 존재하는 수백 가지의 일중항산소를 직접 제거하는 능력을 가지고 있다. 이와 같이 일중항산소를 소멸시키는 카로티노이드 능력은 구조 중 탄소의 복합된 이중결합 시스템에 의한 것이다. 카로티노이드는 화학적 변화 없이 흥분된 $^1O_2$가 기저상태(ground state)로 되돌아가도록 일중항산소에서 에너지를 흡수할 수 있고, 열(heat) 형태로 다시 에너지를 내놓으며 자신은 변화하지 않는다. Lycopene은 일중항산소를 소멸하는데 β-carotene보다 더욱 효과적이다.

$$^1O_2 + \beta\text{-carotene} \longrightarrow {}^3O_2 + \text{excited } \beta\text{-carotene} \longrightarrow \beta\text{-carotene} + \text{heat}$$

(2) Superoxide 라디칼

1) 비타민 C 역할

비타민 C는 수용성이고 친수성이라서 체내의 혈액 또는 세포 내 세포질과 같은 수용성 부분에 존재하는 비효소적 수용성 항산화제이다(표 10-2). 환원형의 비타민 C (AH$_2$)는 다음과 같이 superoxide 라디칼을 환원하기 위해 전자를 제공하여 과산화수소와 산화형 비타민 C (dehydroascorbate, DHAA)를 형성한다.

$$AH_2 + O_2^- \longrightarrow H_2O_2 + DHAA$$

2) Superoxide dismutase 역할

Superoxide dismutase(SOD) 효소의 촉매작용에 의해 아래와 같이 superoxide 라디칼을 제거하고 과산화수소(H_2O_2)를 생성한다. 앞에서 설명한 바와 같이 SOD는 세포질에서 아연(Zn)과 구리(Cu) 이온 의존적 효소로서 구리 이온이 결핍일 때는 SOD 활성도가 손상된다. 미토콘드리아 내 SOD 활성은 유사하게 망간(Mn) 의존적 효소이다. 이와 같이 Zn, Cu, Mn은 체내 항산화 방어 시스템에 관여하는 중요한 미네랄이다.

$$O_2^- + O_2^- + 2H^+ \xrightarrow[\text{SOD}]{} H_2O_2 + O_2$$

(3) 과산화수소

앞에서 superoxide 라디칼 제거에 의해 생성된 과산화수소는 세포와 조직 내에서 여러 가지 기전에 의해 제거된다. 비타민 C는 쉽게 과산화수소와 반응한다. 또한 과산화수소 제거에 관여하는 효소에는 glutathione peroxidase와 catalase가 있으며, 제3의 또 다른 효소인 myeloperoxidase(MPO)가 있는 것으로 알려져 있다. 다음은 비타민 C와 각 효소의 역할 및 항산화영양소 보조인자들에 관하여 설명하고자 한다.

1) 비타민 C 역할

비타민 C는 효과적으로 과산화수소를 제거한다. 환원형 비타민 C(AH_2)는 다음과 같이 과산화수소와 반응하여 물(H_2O)과 산화형 비타민 C(dehydroascorbate, DHAA)를 생성한다.

$$AH_2 + H_2O_2 \longrightarrow 2H_2O + DHAA$$

2) Glutathione peroxidase 역할

Glutathione peroxidase(GSH-Px)는 세포 내 세포질과 미토콘드리아 및 혈장에 존재하여 과산화수소 제거뿐 아니라 지질과 비지질 과산화물(peroxide)을 환원할 때 필요한 중요한 항산화효소이다. GSH-Px 효소는 보조인자로 셀레늄(Se)을 필요로 하며, 만일 Se이나 Fe 영양 상태가 불량하다면 활성도가 낮아진다. 이와 같이 GSH-Px의 활성을 좌우하는 Se 역할 때문에 이 미네랄을 항산화영양소로 취급한다.

$$2GSH + H_2O_2 \xrightarrow[\text{GSH-Px}]{} GSSG + 2H_2O$$

GSH-Px 효소의 촉매작용에 의해 과산화수소를 물로 전환시키는데 기질로 환원형 glutathione(GSH : glycine, cysteine, glutamate로 구성됨)을 필요로 한다. 이 반응에서 GSH는 수소 제공자로서 환원제 역할을 하고 자신은 산화형 glutathione(GSSG)으로 전환되지만 아래와 같이 glutathione reductase(GSH-R) 효소의 촉매작용에 의해 환원형 GSH로 다시 재생된다.

3) Glutathione reductase 역할

Glutathione reductase(GSH-R)는 GSH-Px 효소 작용에 의해 생성된 산화형인 GSSG을 다시 GSH로 환원시켜 재사용할 수 있도록 도와주는 효소이다. 이 GSH-R 효소는 hexose monophosphate(HMP) shunt에 의해 생성된 NADPH를 기질로 사용하고 또 비타민 B_2의 조효소형인 FAD를 필요로 한다. 때로는 비타민 B_2가 결핍되어도 GSH 재생이 어려워 GSH-Px 효소의 활성에 영향을 미칠 수도 있다.

$$GSSG + NADPH \xrightarrow[\text{GSH-R}]{} 2GSH + NADP^+$$

4) Catalase 역할

Catalase는 과산화수소를 제거하는 또 다른 주요 효소이며, heme-Fe 의존적이고 대부분 세포 내 peroxisome에 존재한다. 이 세포질 소기관(peroxisome)은 다른 분자 내 장쇄지방산이 산화되는 동안 다량의 과산화수소가 생성되는 곳이다. 이 catalase는 그 외 세포질, 미토콘드리아, 마이크로솜(microsome)에도 소량 함유되어 있다. 호중구(neutrophil)와 다른 백혈구 세포들은 외부 박테리아, 바이러스, 곰팡이를 식세포(phagocytosis)하는 과정에 필요한 과산화수소 양보다 더 많은 과산화수소를 제거할 수 있도록 적절하게 다량의 catalase를 가지고 있다. Catalase에 의한 촉매반응은 다음과 같다.

$$2H_2O_2 \xrightarrow[\text{Catalase}]{} 2H_2O + O_2$$

이와 같이 과산화수소 축적은 대개 2개의 효소(catalase와 GSH-Px)에 의해 방어된다.

GSH-Px는 세포 내 두 곳(미토콘드리아와 세포질)에 있기 때문에 catalase보다 활성이 더욱 높은 것으로 알려져 있다. 그러나 전체적인 항산화 방어 기능은 그림 10-2에서와 같이 효소인 catalase, GSH-Px, SOD, GSH-R를 포함해서 항산화 방어 시스템 구성 요소 간의 복합적인 상호작용에 달려 있다.

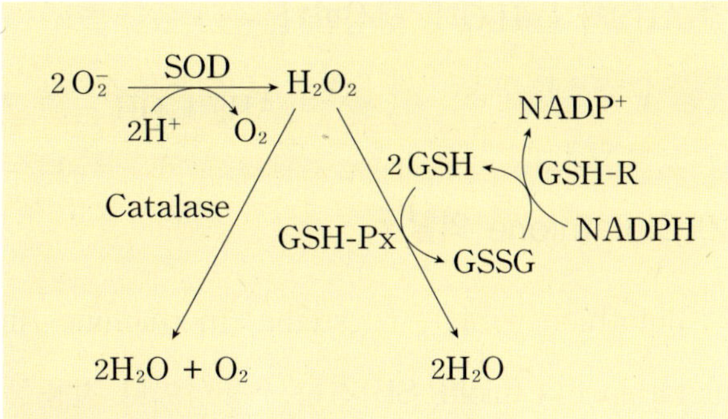

그림 10-2 항산화효소의 상호작용

5) Myeloperoxidase 역할

Myeloperoxidase(MPO)는 superoxide 라디칼에서 생성된 과산화수소를 체내 염소(Cl^-)와 반응시켜 독성이 강한 라디칼인 차아염소산(hypochlorous acid, HOCl)으로 전환시키는 heme-Fe 의존적인 효소이다. 이 효소는 체세포 내 침투한 박테리아와 바이러스와 싸우기 위해 차아염소산(HOCl)을 생성하여 박테리아 세포막을 파괴하고 외부 이물질을 용해시켜 살균작용을 돕는다.

$$O_2^{\cdot} + 2H^+ \xrightarrow[\text{SOD}]{} H_2O_2 + Cl^- \xrightarrow[\text{MPO}]{} HOCl$$

(4) Hydroxyl 라디칼

비타민 C와 glutathione과 요산과 같은 수용성 화합물, 그리고 metallothionein과 같은 다른 물질도 hydroxyl 라디칼을 방어하는 역할을 한다. 이에 반해 비타민 E는 hydroxyl 라디칼 제거하는 데 그렇게 효과적이지는 않다.

1) 비타민 C 역할

비타민 C는 지단백이나 세포막 안에서 라디칼이 지질에 산화적 손상을 개시하기 전에 혈액과 같은 수용액에서 빠르고 효과적으로 활성산소와 반응한다. 환원형 비타민 C(AH_2)는 hydroxyl 라디칼과 반응해서 다음과 같이 사실상 반응이 없는 semidehydroascorbate 라디칼(AH^-)과 물(H_2O)을 생성한다.

$$AH_2 + OH^\cdot \longrightarrow AH^- + H_2O$$

2) Glutathione 역할

Glutathione(GSH)은 cysteine, methionine, lipoic acid가 가지고 있는 thiol(-SH)처럼, glutathione의 thiol(R-SH)기는 수용성이나 지용성 환경에서 다음과 같이 hydroxyl 라디칼과 직접 반응하여 물과 glutathiyl 라디칼($GS^\cdot$)을 생성한다.

$$GSH + OH^\cdot \longrightarrow GS^\cdot + H_2O$$

Glutathiyl 라디칼($GS^\cdot$)은 hydroxyl 라디칼보다 산화력이 상당히 약하여 보통 서로 반응하여 GS-SG를 생성한다.

3) Uric acid 역할

Uric acid(요산)도 수용액에서는 환원제로서 작용한다. 요산은 hydroxyl 라디칼을 포함해서 다양한 라디칼들을 잡을 수 있다.

4) Metallothionein 역할

Metallothionein(Zn와 Cu를 저장하는 cysteine 잔기가 많은 단백질)도 Cu와 결합한 상태로 이온화를 방지하므로 펜톤 반응에 의한 hydroxyl 라디칼 생성을 저해할 수 있다.

(5) 지질 탄소중심 hydroxyl, 지질 peroxyl 라디칼, 지질과산화물

비타민 E와 C, 망간(Mn), glutathione, ubiquinol 그리고 Se 의존적 glutathione peroxidase 효소를 포함한 영양소와 화합물들은 세포손상을 방어하기 위해 서로 상호작용하여 탄소중심의 라디칼과 peroxyl 라디칼 제거하는 데 관여한다(그림 10-3 참조).

1) 비타민 E 역할

지용성이고 세포막 내 또는 근처에 존재하는 비타민 E는 세포막 손상이 시작되기 전에 비지질 과산화라디칼($ROO^\cdot$)과 같은 과산화작용을 개시하는 라디칼과 반응하여 방정식 1번에

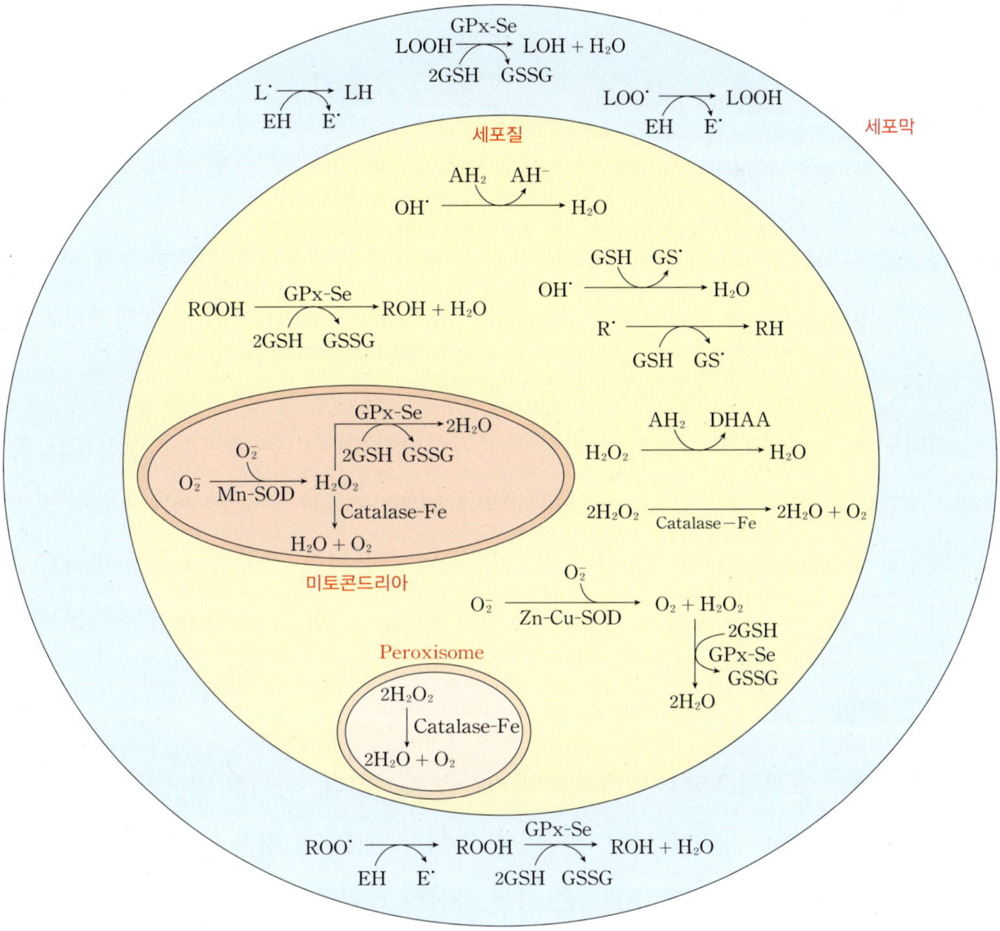

그림 10-3 세포 손상을 방어하는 항산화체계와 항산화 영양소의 상호작용

EH = 비타민 E, AH_2 = 비타민 C, SOD = superoxide dismutase, GSH = 환원형 glutathione, GSSG = 산화형 glutathione, O_2^- = superoxide 라디칼, $LOO^{\cdot}$ = peroxy radical(과산화 라디칼), LH = 불포화지방산, $L^{\cdot}$ = carbon centered lipid radical(탄소중심 지질 라디칼), RH = organic nonlipid compound(비지질 유기화합물), $R^{\cdot}$ = 탄소중심 비지질 라디칼, H_2O_2 = 과산화수소, $ROO^{\cdot}$ = nonlipid peroxy radical(비지질 과산화 라디칼), ROOH = nonlipid peroxides(비지질 과산화물), LOOH = lipid peroxides(지질 과산화물)

서처럼 비지질 과산화물(ROOH)을 생성하고, 또 비타민 E(EH)는 지질 탄소중심 라디칼($L^{\cdot}$)을 환원하기 위해 수소 하나를 제공하여 방정식 2번에서처럼 불포화지방산(LH)을 생성하며, 이와 같은 방법으로 지질 peroxyl 라디칼($LOO^{\cdot}$)을 환원하기 위해 수소 하나를 제공하여 방정식 3번에서처럼 지질과산화물(LOOH)을 생성하여 비타민 E는 연쇄반응을 종결시킨다.

$$ROO^{\cdot} + EH \longrightarrow ROOH + E^{\cdot} \quad \cdots (1)$$

$$L^{\cdot} + EH \longrightarrow LH + E^{\cdot} \quad \cdots (2)$$

$$LOO^{\cdot} + EH \longrightarrow LOOH + E^{\cdot} \quad \cdots (3)$$

이때 생성된 비타민 E 라디칼($E^{\cdot}$)은 비타민 C 같은 보조항산화제가 존재한다면 전자 하나를 제공받아 비타민 E로 재생될 수도 있다. 예로, 빌리루빈(bilirubin)은 지질과산화물 형성을 억제하는 데 비타민 E를 도와준다.

만일 비타민 E가 존재하지 않으면 비지질 과산화라디칼($ROO^{\cdot}$)은 불포화지방산(LH)과 반응하여 지질 탄소중심 라디칼($L^{\cdot}$)을 생성할 것이다($ROO^{\cdot} + LH \longrightarrow ROOH + L^{\cdot}$). 또 망간(Mn) 같은 전이금속(transition-metal)도 비타민 E의 작용처럼 지질 탄소중심 라디칼 형성을 방어하기 위해 peroxyl 라디칼을 잡을 수도 있다($ROO^{\cdot} + Mn^{2+} \longrightarrow ROOH + Mn^{3+}$).

2) 비타민 C 역할

비타민 C는 역시 효과적으로 지질과산화 라디칼을 제거한다. 환원형 비타민 C(AH_2)는 지질 과산화 라디칼($LOO^{\cdot}$)과 반응해서 비타민 C 라디칼(AH^{-})과 지질과산화물(LOOH)을 생성하고, 연이어 비타민 C 라디칼(AH^{-})은 지질 과산화 라디칼($LOO^{\cdot}$)과 반응해서 결과적으로 지질과산화물(LOOH)과 산화형 DHAA를 아래와 같이 생성한다.

$$AH_2 + LOO^{\cdot} \longrightarrow AH^{-} + LOOH$$

$$LOO^{\cdot} + AH^{-} \longrightarrow LOOH + DHAA$$

비타민 C는 다른 수용성 항산화제와 비타민 E보다 지질 과산화 라디칼 제거에 더 효과적일지도 모른다.

3) 기타

① 비타민 E 또는 비타민 C의 작용을 통해 과산화지방산(LOOH)으로 간주되는 지질 과산화물 재생은 세포막 내에서 문제를 야기할 수 있다. 비타민 E에 의해 세포막의 소수성부분

(hydrophobic region)에서 재생된 과산화지방산은 극성을 띤 화합물이다. 이 극성의 과산화지방산이 phospholipase A_2(PLA_2) 효소에 의해 세포막의 인지질에서 유리되어 비극성부분에서 이동하면 세포의 정상적인 구조가 파괴될 수도 있다. 그러므로 세포막에서는 지질과산화물(LOOH)과 비지질 과산화물(ROOH)을 제거하기 위해 환원형 glutathione(GSH)과 GSH-Px 효소의 역할이 필요하다. 이때 환원된 GSH는 과산화지방산으로 수소 원자를 제공하여 항산화제로서 작용할 수 있고 Se 의존적 효소인 GSH-Px의 촉매작용에 의해 hydroxy 지방산(LOH)을 형성한다.

$$2\ GSH + LOOH \xrightarrow[GSH-Px]{} GSSG + LOH + H_2O$$

마찬가지로 비지질 과산화물(ROOH)도 GSH와 GSH-Px 효소의 촉매작용에 의해 유기 hydroxy acid(ROH)으로 전환된다.

$$2\ GSH + ROOH \xrightarrow[GSH-Px]{} GSSG + ROH + H_2O$$

② β-카로틴 같은 카로티노이드는 지질과산화작용에 관여하는 peroxyl 라디칼과 직접 반응할 수 있다. 그러나 이 역할을 수행하는 데 β-카로틴은 비타민 E보다 더 적은 범위 내에서 하며, 비타민 E는 세포막에 대해 기능을 하지만 β-카로틴은 세포 안에서 더 기능을 한다.

③ Ubiquinol-10($CoQH_2$)은 coenzyme Q_{10}(CoQ_{10})의 환원형이며 미토콘드리아의 전자전달 체인에서 최후로 ATP를 생성하는 기능을 하는 작은 분자이다. Ubiquinol-10은 지질 과산화 라디칼을 종결시키기 위해 수소를 공급해 주어 강한 항산화제로 여겨진다. 이때 생성된 $CoQH^{\cdot}$는 미토콘드리아의 전자전달 체인을 통해 $CoQH_2$으로 재생된다.

$$CoQH_2 + LOO^{\cdot} \longrightarrow CoQH^{\cdot} + LOOH$$

Ubiquinol은 지단백에 적은 양 존재하지만 비타민 E가 지질 과산화 라디칼을 종결시키기 전에 사용된다. Ubiquinol의 산화형인 ubiquinone-10(CoQ)을 100~200 mg 보충한 사람에서 혈액과 LDL의 ubiquinol 농도를 증가시켰고 지질과산화에 대한 LDL 저항도 증가시켰다.

2. 항산화 영양소의 재생 및 상호작용

위에서 언급된 바와 같이 세포막 인지질의 다불포화지방산이 탄소중심의 과산화 라디칼에 의한 손상이 시작되기 전에 비타민 E가 먼저 과산화 라디칼에 수소를 제공하여 라디칼의 연쇄적인 공격을 차단하여 라디칼 형성을 종결시키고 자신은 비타민 E 라디칼(E˙) 형태로 전환된다. 만일 다른 항산화 영양소에 의한 비타민 E의 재생이 불가능하다면 궁극에 가서는 비타민 E가 고갈되어 세포막이 파괴될 것이다. 그러나 다음과 같은 항산화 영양소 간의 상호 재생 기능이 있어 체내의 항산화체계를 정상으로 유지하게 된다.

(1) 항산화 비타민의 역할 비교와 재생 과정

1) 비타민 E

앞에서 설명한 바와 같이 비타민 E는 과산화(peroxyl) 라디칼의 공격에 대비한 가장 강력한 항산화제로서 혈액과 조직의 지질을 가장 잘 보호한다. 각종 라디칼에 대항해 비타민 E는 반응 속도가 일정하면서도 매우 빠르게 작용하며, 아주 소량으로도 생체막에서 엄청난 양의 peroxyl 라디칼 생성에 대항할 수 있다. 생체 내 지질 분자는 peroxyl 라디칼의 공격을 받아 매우 안정한 지질과산화물을 형성하지만, 이는 세포 구조를 손상시킬 수 있는데, 비타민 E는 우선적으로 peroxyl 라디칼과 반응하여 tocopheroxyl 라디칼을 형성하지만 이는 곧 비타민 C에 의해 활성형 비타민 E로 재생산된다. 비타민 E의 재생과정에는 비타민 C, 환원형 glutathione, ubiquinol 등이 다음과 같이 관여한다.

① 환원형 비타민 C(AH_2)는 비타민 E가 라디칼 형태(E˙)에서 α-tocopherol(EH)로 재생되는 데 사용되고 자신은 비타민 C의 라디칼 형태(AH^-)로 전환된다.

$$AH_2 + E^{\cdot} \longrightarrow AH^- + EH$$

② 환원형 glutathione(GSH)도 비타민 E가 라디칼 형태(E˙)에서 α-tocopherol(EH)로 재순환되는 데 사용되고 자신은 glutathiyl 라디칼(GS˙)로 전환되지만 다시 두 분자가 결합하여 산화형 glutathione(GSSG)을 형성한다.

$$GSH + E^{\cdot} \longrightarrow GS^{\cdot} + EH \text{ 또는 } 2GSH + 2E^{\cdot} \longrightarrow GSSG + 2EH$$

③ Ubiquinol($CoQH_2$)은 미토콘드리아의 전자전달에 관여하는 작은 분자로서 비타민 E 재생에 관여한다. 생성된 $CoQH^{\cdot}$ 라디칼은 미토콘드리아 전자전달 체인을 통해 $CoQH_2$로 다시 재생된다.

$$CoQH_2 + E^{\cdot} \longrightarrow CoQH^{\cdot} + EH$$

2) 비타민 C

비타민 C는 수용성이기 때문에 세포외액으로 차있는 세포 밖에서 가장 중요한 항산화제라고 할 수 있으며, superoxide 라디칼, 과산화수소, 차아염소산염(HOCl), hydroxyl 라디칼 ($HO^{\cdot}$), peroxyl 라디칼($ROO^{\cdot}$), 일중항산소를 차단하는 데 특히 효과적이다. 또한 과산화물 형성을 차단함으로써 막의 보호에 중요한 역할을 하지만 비타민 C의 가장 큰 중요성은 비타민 E cycle에서 비타민 E를 재생해 내는 데 있다(그림 10-4). 비타민 C의 재생과정에는 환원형 glutathione과 niacin의 조효소인 NADH 등이 관여한다.

① Glutathione(GSH)은 비타민 C를 재생시킬 수 있다. 환원형 GSH는 비타민 C의 라디칼 (AH^-)에 수소를 제공하여 환원형 비타민 C(AH_2)로 재생시키고 GSH는 아래와 같이 산화형 glutathione(GSSG)으로 전환된다.

$$2AH^- + 2GSH \longrightarrow 2AH_2 + 2GSSG$$

환원형 GSH는 또 산화형 비타민 C인 dehydroascorbate(DHAA)에도 수소를 제공하여 환원형 비타민 C(AH_2)로 재생시키고 자신은 아래와 같이 산화형 GSSG로 전환된다.

$$DHAA + 2GSH \longrightarrow AH_2 + GSSG$$

② Niacin의 조효소 형태인 NADH도 비타민 C 라디칼(AH^-)에 수소를 제공하여 환원형 비타민 C(AH_2)를 재생시킨다.

$$2AH^- + NADH + H^+ \longrightarrow 2AH_2 + NAD^+$$

③ 두 분자의 비타민 C 라디칼(AH^-)은 상호작용에 의해 아래와 같이 환원형 비타민 C(AH_2)와 산화형 비타민 C인 DHAA가 생성된다.

$$2AH^- \longrightarrow AH_2 + DHAA$$

3) Glutathione

산화형 glutathione(GSSG)이 NADPH에 의해 수소를 제공받아 환원형 GSH로 재생되고 동시에 $NADP^+$가 생성된다.

$$GSSG + NADPH \longrightarrow 2GSH + NADP^+$$

지금까지 설명한 항산화 영양소의 상호재생 과정을 아래에 그림으로 정돈하여 제시한다. 비타민 E와 C는 물론 환원형 glutathione의 재생은 라디칼 형성에 대항하기 위해 중요하다. 비타민 E의 재생은 처음에는 막 표면으로 비타민의 이동이 필요하고 그 후에 환원형 비타민 C(AH_2)와 환원된 GSH와 NADPH의 작용이 따른다고 알려져 있다(그림 10-4).

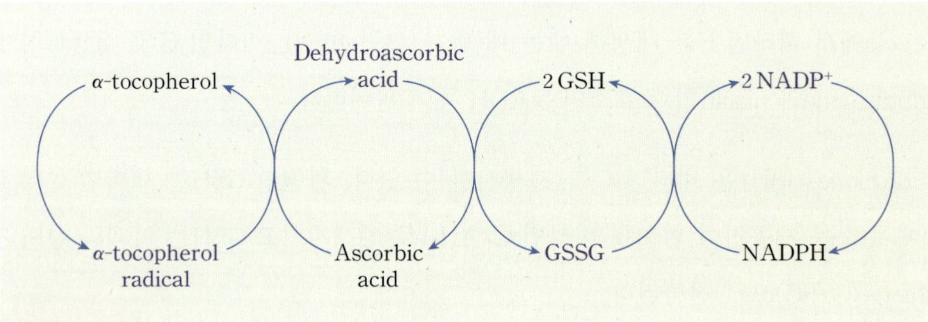

그림 10-4 항산화 영양소의 상호 재생작용

4) β-Carotene

β-carotene(카로틴)은 일중항산소를 물리적, 화학적으로 불활성화시킬 수 있다. β-카로틴은 물리적 반응으로 일중항산소의 높은 에너지를 흡수하여 열로서 방출하기 때문에 이 반응에 의해서 β-카로틴 자체는 변화를 받지 않는다. 반대로 항산화제로서 β-카로틴이 라디칼이나 활성 산소화합물과 반응할 때에는 β-카로틴 자체도 산화적으로 변형된다. 그럼에도 불구하고 β-카로틴은 낮은 산소 분압에서도 분자의 공명구조가 매우 안정된 라디칼을 형성하므로 지질의 과산화 반응에서 연쇄반응을 매우 효율적으로 차단시키는 강력한 항산화제이다. 따라서 β-카로틴은 비타민 C와 비타민 E의 작용을 보충해 주면서 그 자체의 독특한 제거력으로 인해 매우 중요한 의미를 지니는 항산화제라고 할 수 있다.

비타민 C와 thiol cycle의 산화-환원 기전에 의해 비타민 E가 세포의 보호 및 세포 기능을 유지하는 데 가장 중요한 항산화제 역할을 할 수 있는 것이다. 또한 비타민 C와 비타민 E는

표 10-3 항산화 비타민의 항산화력 비교-bimolecular 반응($M^{-1}s^{-1}$)

	과산화물 환원력	$^1O_2$ 소거능
비타민 E	5×10^8	8×10^7
비타민 C	2×10^8	1×10^7
β-카로틴	1.5×10^9	5×10^9

β-카로틴이나 다른 카로티노이드만큼 우수하지는 못하지만, 일중항산소의 우수한 제거제이다. 일중항산소의 제거 능력을 평가할 때, 실험상으로는 리코펜(lycopene)이 가장 우수한 제거능력을 지녔으나, lycopene은 체내 흡수율이 낮고 β-카로틴과 비교될 만큼의 많은 양이 체내에 존재하지 않는다. β-카로틴의 항산화작용은 주로 방사선과 광감작(photochemical) 작용에 의해 형성된 라디칼에 대하여 나타나므로 생체 내에서는 peroxyl 라디칼에 대한 β-카로틴의 효율은 본질적으로 비타민 E가 더 빠른 반응성을 나타내는 것으로 알려져 있다. 표 10-3에서 항산화 영양소의 항산화력에 관한 비교자료를 참고로 제시한다.

(2) 항산화 비타민의 상승효과

앞에서 설명한 바와 같이 비타민 E, 비타민 C, β-카로틴은 서로 다른 약리학적 성질을 가지고 있으며, 기능 면에서도 차이가 있다. 즉 각각의 비타민은 특정 장소에서 항산화제 또는 라디칼 제거제로서 역할을 한다. 그러나 다양한 원인과 영향을 미치는 산화스트레스의 독성을 가장 적절하게 중화시키기 위해서는 항산화 비타민 각각의 효능들을 잘 결합시켜 서로의 결점을 보완해야 할 것이다. 예로, 동맥경화와 관상동맥질환을 예방하는 데 비타민 E와 비타민 C가 함께 작용할 때 완벽한 효과를 보였다. 항산화 비타민의 질병 예방효과를 적절히 보기 위해서는 각 비타민의 농도가 일부만 충족되어서는 안 되며, 모든 성분이 동시에 권장 범위 내에 있어야 한다. 항산화 비타민이 치료약으로 응용되기에는 아직 미흡한 점이 많이 있으나, 예방 차원에서 3가지의 항산화 비타민은 함께 사용됨으로써 그 효과가 상승된다는 것이다.

3. 항산화 영양소

(1) 비타민 A와 카로티노이드(retinoids와 carotenoid)

1) 구조

일반적으로 비타민 A는 시각, 유전자 발현, 생식, 태아 발달, 성장, 면역 기능 등 다양한 체내 작용을 가진 지용성 비타민이다. 비타민 A는 레티놀(retinol)과 레티닐 에스터(retinyl ester) 형태로 주로 동물성 식품에 존재한다.

카로티노이드(carotenoid)는 프로비타민(provitamin) A로서 비타민 A의 전구체로 알려져 있다. 식물의 지용성 색소 성분으로 600개 이상의 카로티노이드 중 단 10%만이 비타민 A로 전환될 수 있다(그림 10-5).

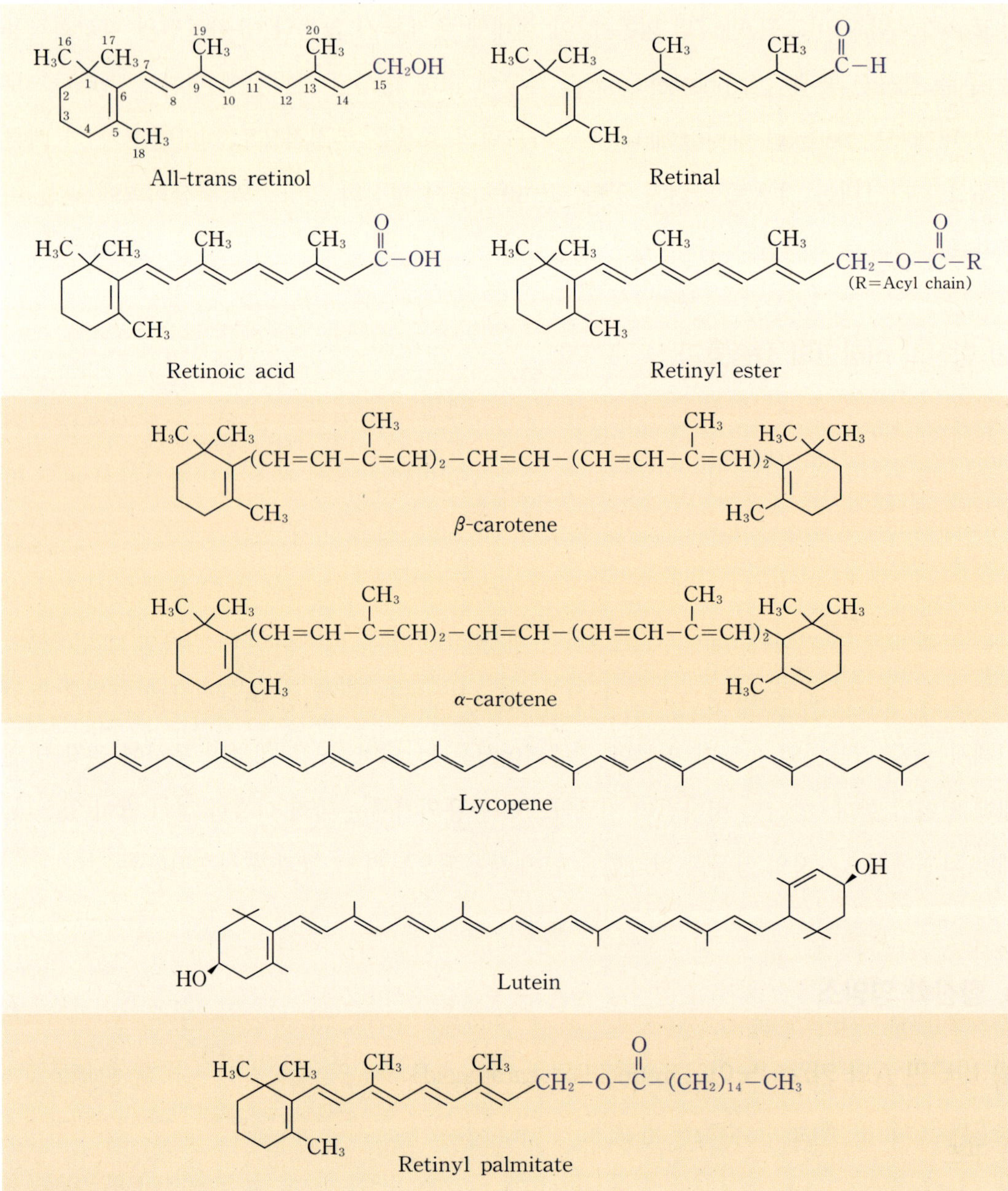

그림 10-5 다양한 비타민 A와 카로티노이드의 구조

카로티노이드 중 비타민 A의 전구체로 활성이 가장 높은 것은 β-카로틴(carotene)으로 레티날(retinal)이나 레티노산(retinoic acid)으로 전환되어 이용된다. 하지만, 루테인(lutein)이나 지아잔틴(zeaxanthin), 리코펜(lycopene)은 retinol로 전환되지 않는다. Retinol이 저장될 때는 palmitate와 ester 결합한 retinyl palmitate로 간에 저장된다(그림 10-5와 그림 10-6).

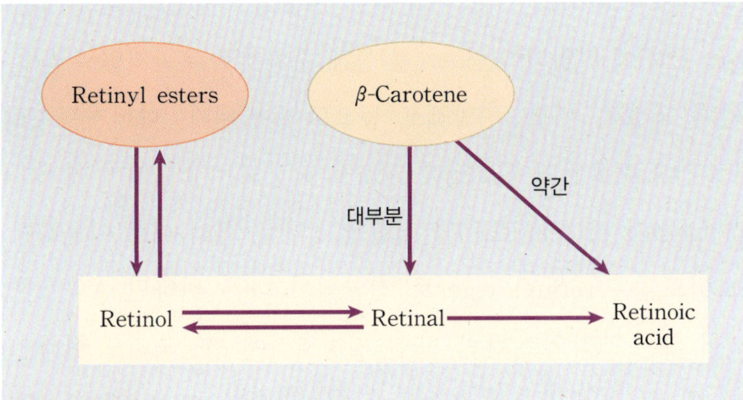

그림 10-6 β-carotene의 비타민 A로 전환되는 과정

2) 소화, 흡수와 대사

담즙산과 췌장 리파아제(pancreatic lipase) 작용에 의해 레티닐 에스터(retinyl ester)는 지방산과 레티놀(retinol)로 가수분해된 후 카로티노이드(carotenoid)들과 함께 미셀(micelle) 형태로 소장세포 내로 흡수되며, 이 retinol은 다시 retinyl ester로 전환된다. 그리고 카로티노이드 중 β-카로틴의 일부는 소장세포 내에서 15,15'-monooxygenase의 작용에 의해 2개의 레티날(retinal)로 전환된 후 이는 다시 retinol로 전환되고 이어서 retinyl ester로 전환된다. 이때 레티놀 에스테르화(retinol esterification) 효소인 acyl coenzyme A : retinol acyltransferase(ARAT)와 lecithin : retinol acyltransferase(LRAT) 등의 두 효소가 관여하여 retinyl ester를 생성한다.

비타민 A나 provitamin A의 흡수는 여러 가지 인자에 의해 조절된다. 비타민 A와 카로티노이드의 흡수율은 지방이 포함된 식이의 경우 70~90% 정도로 높을 수 있다. 식이 내 지방 함량은 이들의 흡수에 영향을 미치는 인자이며, 식이 내 지방 함량이 높을 경우 흡수가 증가될 뿐 아니라 프로비타민 A의 비타민 A로의 전환율도 증가한다. 한편, 식이 내 펙틴(pectin)

은 카로틴의 이용을 저해하며 지방 흡수를 저해하는 orlistat과 olestra 등도 비타민 A와 카로티노이드의 흡수를 저해한다. 이 외에 비타민 A의 필요량이 증가하면 흡수율이 증가하지만 노화에 의해 프로비타민 A의 비타민 A로의 전환이 감소하여 생리적인 나이도 흡수율에 영향을 미치는 중요한 내적 요인이 된다.

Retinyl ester와 카로티노이드는 지방이나 다른 지용성 비타민과 같이 지단백인 킬로마이크론(chylomicron, CM)에 편입되어 림프계를 통해 순환계로 운반되면서 골수, 적혈구, 백혈구, 혈소판 등의 혈액세포, 비장, 지방세포 등으로 운반된다. 나머지는 CM-잔여물(CM remnants) 형태로 간으로 운반되어 retinyl ester로 저장되는데 나머지 에스테르화되지 않은 레티놀은 retinol binding protein(RBP)과 결합한 상태로 혈액 내로 이동하게 된다. 간으로 운반된 카로티노이드들은 retinyl ester로 전환되어 다른 비타민 A와 간에 저장되거나 VLDL로 편입되어 다른 조직으로 운반, 또는 지방조직에 저장되기도 한다. 그리하여 서로 다른 조직과 세포 내에서 비타민 A의 흡수와 유리는 지속적인 retinyl ester의 재형성-가수분해의 연속이라 할 수 있다. 한편, 간에서 유리된 retinol은 RBP과 결합한 형태로 혈액을 통해 필요한 조직으로 운반된다. 세포 내 retinol은 간, 신장, 소장 등에 존재하는 세포 내 레티놀 결합 단백질(cellular retinol binding protein, CRBP)과 결합되어 있는데 이 단백질은 세포질에서 retinol의 농도를 조절하거나 다른 효소들의 기능을 돕는 역할을 한다.

비타민 A의 60%는 소변으로 배설되는데 대부분 retinal형이 산화되어 retinoic acid로 전환되고 이 retinoic acid는 더욱 산화되어 4-OH-retinoic acid로 전환된 후 마지막 대사산물인 4-oxoretinoic acid(4-옥소레티노익산)로서 배설된다. 나머지 40% 정도의 비타민 A 대사산물은 담즙에 포함되어 대변으로 배설된다. 흡수된 카로티노이드 중 레티날(retinal)이나 레티놀(retinol)로 전환되지 않은 것들은 다양한 물질들과 함께 대사되어 담즙에 섞여 대변으로 배설된다.

3) 비타민 A의 기능

① 시각

비타민 A의 가장 대표적인 작용은 시각에서의 기능이다. 망막에서 11-cis retinal은 단백질인 옵신(opsin)과 결합하여 로돕신(rhodopsin, 시홍소)을 형성하고 빛을 감지하면 11-cis retinal이 트랜스 레티날(all-trans retinal)로 전환되어 opsin이 분리되면서 신경자극을 뇌로 전달한다. 분리된 트랜스 레티날은 어둠에서 다시 효소 작용에 의해 11-cis retinal로 전환되어 opsin과 재결합하여 rhodopsin 합성에 재사용된다(그림 10-7).

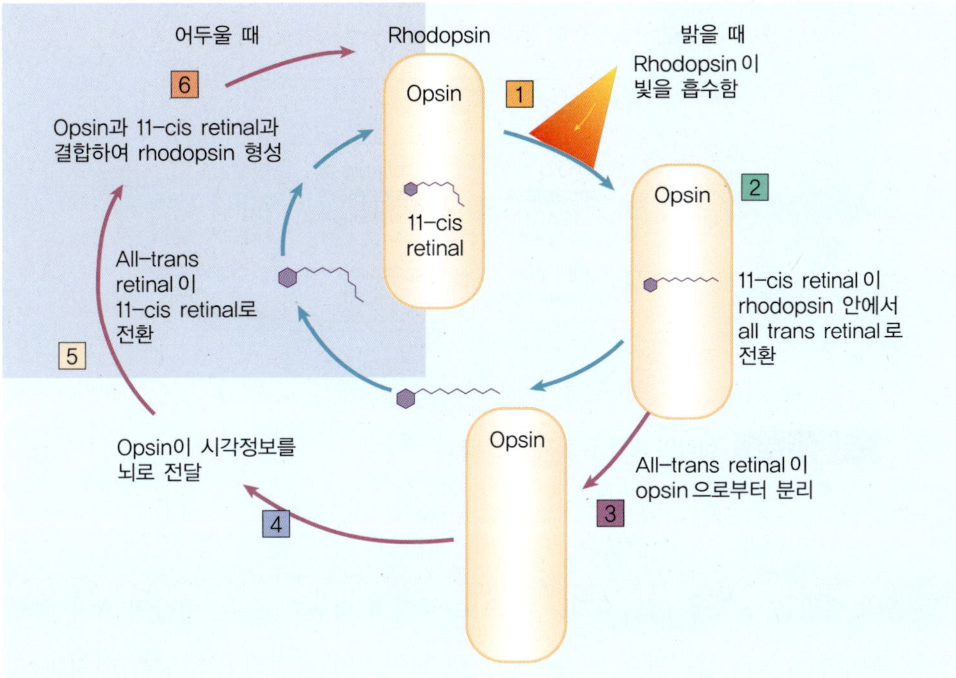

그림 10-7 비타민 A와 시각회로

② 세포증식 및 분화 조절

비타민 A, 특히 대사산물인 retinoic acid는 호흡기, 위장관, 피부 등을 구성하는 상피세포의 세포분화에 관여한다. 또한 상피세포의 정상적인 구조와 기능을 유지하는데 중요한 기능을 한다. 이러한 비타민 A의 기능은 유전자 발현 조절을 통하여 이루어진다.

③ 유전자 발현 조절

트랜스 레티노산(all trans retinoic acid)이나 9-시스 레티노산(9-cis retinoic acid)은 핵 안에 있는 레티노산 수용체(retinoic acid receptor, RAR)나 레티노이드 X 수용체(retinoid X receptor, RXR) 등과 결합하여 핵 내에서 다른 수용체나 전사인자들(transcription factors)과의 상호작용을 통해 DNA 염기의 특정 부분에 결합함으로써 다양한 단백질의 유전자 발현을 조절한다(그림 10-8).

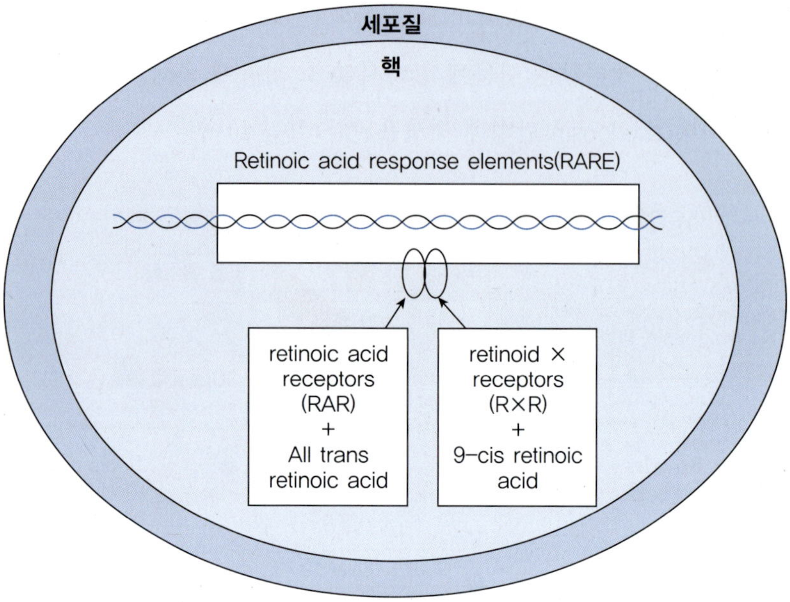

그림 10-8 비타민 A의 유전자 발현 조절

④ 기타

비타민 A의 결핍은 성장을 지연시키는 것으로 알려져 있는데 이는 비타민 A가 상피세포의 성장을 촉진하는 것과 상관관계가 있는 것으로 보이지만 직접적인 영향을 미치는 요인에 대해서는 분명하지 않다.

이 외에도 비타민 A, 특히 레티놀은 생식기능에 관여하고 뼈의 성장과 유지에 필수적이다. 비타민 A의 결핍은 조골세포(osteoblast)의 기능을 활성화시켜 뼈가 과다하게 침착되게 하고 파골세포(osteoclast)에 의한 뼈의 용출을 감소시키지만 과잉의 비타민 A는 조골세포의 기능은 저해시키고 파골세포의 기능을 활성화시키는 반대 효과를 가지는 것으로 알려져 있다. 이 밖에도 비타민 A는 식작용이나 사이토카인(cytokine) 분비 등의 선천성, 후천성 면역기능에 필수적인 것으로 보고되었다.

4) 카로티노이드의 기능

① 항산화 기능

β-카로틴과 같은 카로티노이드들은 지단백과 함께 세포막에 존재한다. 구조적으로 카로티노이드는 9개 이상의 이중 결합을 가져 지질 용해도를 증가시키고 용액이나 막 조직에서 발

생하는 수백 개의 일중항산소나 활성산소를 제거하여 라디칼에 의해 활성화된 분자를 안정화시킨다. 또한 비타민 E와 같이 지질과산화를 유도하는 peroxyl 라디칼을 직접 제거하는 기능을 가지고 있다. β-카로틴은 비타민 E보다 더 적은 범위에서 그 역할을 수행하고 비타민 E가 세포막에서 작용하는 동안 β-카로틴은 세포 내에서 작용하는 것으로 알려져 있다.

② 세포증식, 성장, 분화

카로티노이드도 비타민 A와 같이 성장에 영향을 미치지만 세포증식은 저해시키고 분화는 촉진하는 것으로 알려져 있다. 특히 리코펜(lycopene)은 다양한 암세포의 성장과 증식을 저해시키고 세포의 분화를 유도하는 것으로 알려져 있다. 예로, 리코펜은 Health Professional Follw-up Study를 통해 전립선암의 위험요인을 감소시켜 예방효과가 있음이 보고되었으며, 전립선암 수술환자들을 대상으로 한 임상연구에서도 리코펜이나 토마토소스의 섭취가 전립선암의 예후를 향상시키는 효과가 있음이 보고되었다.

이 외에도 카로티노이드는 강력한 항산화 능력과 세포증식 저해효과 등을 가지고 있어 폐암, 전립선암, 심혈관계 질환 등 다양한 질병의 예방과 치료에 관련된 연구에 사용되고 있다.

5) 다른 영양소와의 상호작용

비타민 A와 카로티노이드는 비타민 E, 비타민 K와 상호작용을 하는 것으로 알려져 있다. 특히, 과다한 비타민 A 섭취는 비타민 K의 흡수를 저해하고 과량의 β-카로틴은 혈액 내 비타민 E의 농도를 저하시킨다. 단백질과 아연의 영양 상태도 비타민 A의 영양 상태와 운반에 영향을 미친다. 단백질 섭취 부족은 β-카로틴의 카로티노이드 디옥시제네이즈(carotenoids deoxygenase)의 효소 활성을 낮춰 비타민 A로의 전환을 저해한다.

이 외에도 최근 연구에 의하면 비타민 A의 보충식이 헤모글로빈(Hb)이나 헤마토크릿(hematocrit) 상태를 향상시켜 조혈 작용에 영향을 미치는 것으로 보고되었다. 이는 비타민 A가 적혈구의 분화과정에 영향을 미치기 때문인 것으로 추정된다.

6) 권장량

비타민 A의 권장량은 레티놀을 기준으로 레티놀 활성 당량(retinol activity equivalents, RAE)으로 표시한다. 1RAE는 1μg retinol = 12μg β-카로틴 = 24μg 알파(α)-카로틴 또는 β-크립

토잔틴(cryptoxanthin)과 같다. 한국인 비타민 A 일일 권장량은 남자 700 RAE, 여자 650 RAE로 설정하고 과량 섭취로 인한 독성을 예방하기 위한 상한 섭취량은 하루 3000 RAE로 설정하였다.

7) 결핍증과 과잉증

비타민 A의 결핍은 선진국에서는 흔치 않은 질환이나 저개발 국가의 어린이들에게 종종 나타나는데 안구 건조증(xerophthalmia), 비토 반점(Bitot's spot), 성장 지연, 면역기능 저하로 인한 감염 증가, 피부 상피세포의 각질화 등이 대표적인 비타민 A의 결핍 증상이다.

비타민 A의 과잉증은 과량의 비타민 A 보충제를 섭취했을 경우 발생하게 되는데 임산부의 경우 과량 섭취 시 태아에게 선천성 결손이 발생할 수 있다. 이 외에도 과량의 비타민 A 보충은 과다한 세포증식을 야기하고 유전자 발현을 조절하여 세포의 분화와 성장을 통한 독성효과를 초래하는 것으로 알려져 있다. 그러나, 비타민 A와 달리 카로티노이드는 과량을 섭취해도 부작용이 거의 없는 것으로 보고되고 있다.

8) 영양 상태 평가

비타민 A의 영양 상태는 기능적, 생화학적, 조직학적 방법으로 알아볼 수 있다. 기능적 방법으로는 암순응(dark adaptation) 검사를 통해 알아볼 수 있고, 생화학적 방법으로는 혈중 레티놀(retinol) 농도를 측정하지만 염증이 있을 경우에는 좋은 지표로 사용될 수 없고 다른 영양소, 단백질, 아연 등의 영양 상태에 의해서도 영향을 받으므로 좋은 지표라고 볼 수 없다.

(2) 비타민 E

1) 구조

자연계에는 8가지의 비타민 E 이성질체(4개 tocopherol + 4개 tocotrienol)가 존재한다. 구조적으로 비타민 E는 기본 골격으로 chromanol(크로마놀) ring에 파이틸(phytyl tail)을 가지고 있다. 크로마놀 링에 메틸기가 어느 위치에 몇 개이냐에 따라 α-(알파), β-(베타), γ-(감마), δ-(델타)로 구분되고 phytyl 그룹에 이중 결합의 유무에 따라 토코페놀(tocopherol)과 토코트리에놀(tocotrienol)로 구분된다(그림 10-9). 이 8가지 중 체내에 가장 많은 양이 존재하는 것은 α-토코페롤이지만 식이 중에 가장 많이 함유되어 있는 것은 γ-토코페롤이다. 비타민 E를 포함하고 있는 대표 식품들로 대두, 옥수수, 견과류 등이 있다.

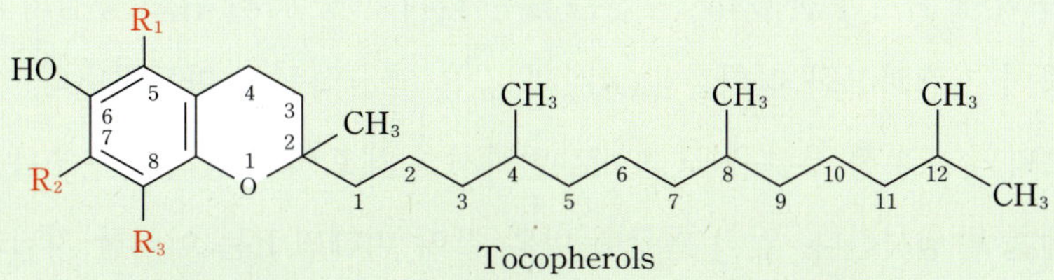

Tocopherols

	R_1	R_2	R_3
α-tocopherol	CH_3	CH_3	CH_3
β-tocopherol	CH_3	H	CH_3
γ-tocopherol	H	CH_3	CH_3
δ-tocopherol	H	H	CH_3

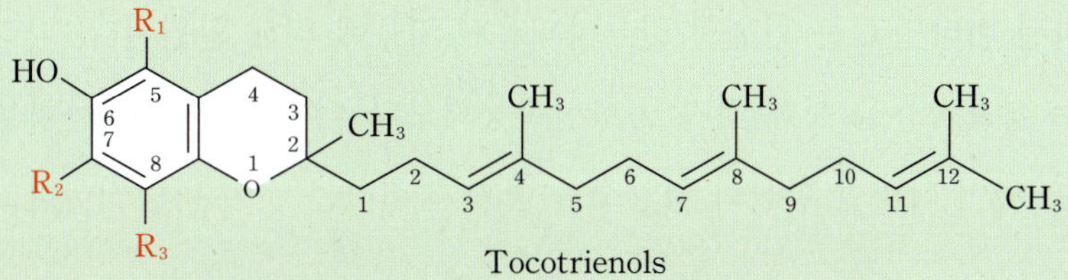

Tocotrienols

	R_1	R_2	R_3
α-tocotrienol	CH_3	CH_3	CH_3
β-tocotrienol	CH_3	H	CH_3
γ-tocotrienol	H	CH_3	CH_3
δ-tocotrienol	H	H	CH_3

그림 10-9 비타민 E의 구조

2) 소화, 흡수와 대사

섭취한 비타민 E는 공장 부분에서 수동적 확산에 의해 흡수된다. 비타민 E는 다른 지용성 비타민과 같이 담즙에 의해 유화되어 식이지방과 함께 미셀(micelle)을 형성하여 소장 막을 통과한다. 흡수된 비타민 E는 킬로마이크론(CM)에 유입되어 림프계를 통해 순환계로 이동한다. CM-잔여물에 의해 간으로 운반된 비타민 E는 간에 존재하는 α-토코페롤 운반 단백질(α-tocopherol transfer protein)에 의해 α-토코페롤만 선택적으로 VLDL에 옮겨져 필요한 조직으로 운반된다. VLDL로 옮겨지지 않은 토코페롤이나 과량의 토코페롤은 간에서 대사되어 수용성 대사산물로 전환되어 변으로 배설된다. 비타민 E는 주로 지방조직에 축적되며 일부분은 간, 폐, 심장 등에 저장된다.

3) 기능

① 항산화 기능

비타민 E는 세포막에 존재하며 산화적 공격으로부터 세포막의 지질을 보호하는 것이 주요 기능이다. 세포막에 위치한 불포화지방산은 많은 라디칼 중 특히 탄소 중심의 라디칼과 효과적으로 반응하여 지질과산화 라디칼(LOO˙)과 같은 과산화물을 만들어낸다. 이러한 지질과산화물은 세포막의 소수성 부분을 극성으로 변화시켜 세포의 정상적인 구조를 변화시키거나 파괴시켜 문제를 발생시킨다. 앞서 언급한 바와 같이 비타민 E는 이러한 지질과산화물에 수소를 제공하여 지질과산화물에 의한 지속적인 라디칼 형성을 종결시킨다. 이 과정에서 크로마놀 링은 짝이 없는 전자를 안정화시키는 데 중요한 기능을 한다. 지질 과산화물을 안정화시키고 산화된 비타민 E는 그림 10-4에서 설명한 것과 같이 비타민 C에 의해 환원되어 재사용되고 산화된 비타민 C는 환원형 글루타티온(GSH)에 의해 환원된다. 따라서 항산화 영양소들은 서로 상호작용을 통해 각자의 항산화능력보다 더욱 큰 항산화능력을 보이는 상승효과를 가질 수 있어 다양한 항산화 영양소를 함께 섭취하는 것이 바람직하다고 볼 수 있다.

② 기 타

비타민 E, 특히 토코트리에놀(tocotrienol)은 콜레스테롤 대사에 영향을 미쳐 혈중 콜레스테롤을 낮추는 기능을 한다. 또한 종양의 성장과 세포분화를 억제하는 것으로 알려져 있지만 과량의 비타민 E 보충은 암 발생을 저하시키지 못하는 것으로 알려져 있다. 비타민 E는 선천성, 후천성 면역작용에도 중요한 기능을 하고 이 밖에도 세포 내 신호전달에 관여하여 세포의 성장과 분화에 중요한 protein kinase C를 저해하는 것으로 보고되었다.

비타민 E의 결핍에 대한 보충 효과는 다양한 비타민 E의 기능을 정상화시키는 효과가 있었으며 비타민 E 보충 연구는 단독이 아닌 다른 항산화 영양소와 함께 많이 사용되었다. 비타민 E가 부족 되기 쉬운 노인들에게 비타민 E를 보충하였을 경우 노화에 의해 저하된 면역기능을 향상시켜주었으며 노화와 관련된 안구질환에 유익한 효과를 나타내었다. 또한 비타민 E를 비타민 C와 함께 보충한 경우 동맥경화 진행을 지연시켰으며 비타민 E 단독으로도 운동에 의해 증가한 산화적 스트레스를 감소시키는 효과가 있었다.

4) 권장량

비타민 E의 필요량은 각각의 이성질체의 활성이 다르므로 α-tocopherol을 100%로 하였을 때 베타, 감마, 델타를 각각 40%, 10%, 1%로 간주하고 토코트리에놀(tocotrienol)은 25%의 활성을 가지므로 이에 따라 필요량을 알파 토코페롤 당량(α-tocopherol equivalent, α-TE)으로 계산한다. 비타민 E의 필요량은 자료의 부족으로 충분 섭취량을 남녀 모두 α-TE 10mg으로 설정하였다. 특히 비타민 E의 필요량은 불포화지방산의 섭취가 증가할수록 지방산 산화를 예방하기 위해 증가한다.

5) 결핍증과 과잉증

비타민 E의 결핍증은 흔히 일어나지 않지만 지방 흡수에 장애를 가진 환자들이나 지단백 또는 토코페롤 운반 단백질에 유전적 결함을 가진 사람들에게 발생한다. 증상은 근육 통증이나 약화, 퇴행성 뇌질환 등을 들 수 있다.

비타민 E는 다른 지용성 비타민에 비해 가장 독성이 적은 것으로 알려져 있다. 하지만 일부 특수 상황에서 문제가 발생할 수 있으므로 과량을 장기간 복용할 경우 반드시 의사와 상담 후 결정해야 한다.

6) 영양 상태 평가

체내에서 비타민 E의 영양 상태를 정확하게 측정하는 것은 어려운 것으로 알려져 있다. 일반적으로 혈액 내 α-tocopherol의 함량을 측정하여 최근 비타민 E 섭취 상태를 알아보거나 적혈구 용혈 정도에 따라 결핍 정도를 판정한다.

(3) 비타민 C

비타민 C의 다양한 기능들을 앞서 다른 장에서 언급하여 본 장에서는 항산화 기능을 중심으로 언급하기로 한다.

1) 구조

대부분의 포유동물은 포도당을 이용하여 비타민 C를 체내에서 합성할 수 있지만 인간을 포함한 영장류와 기니피그(guinea pig), 쥐, 몇몇 새들은 글루코노락톤 옥시다제(gluconolactone oxidase)의 결핍으로 합성이 일어나지 않는다. 자세한 비타민 C 합성과정은 부록 10-1에 있다.

2) 소화, 흡수와 대사

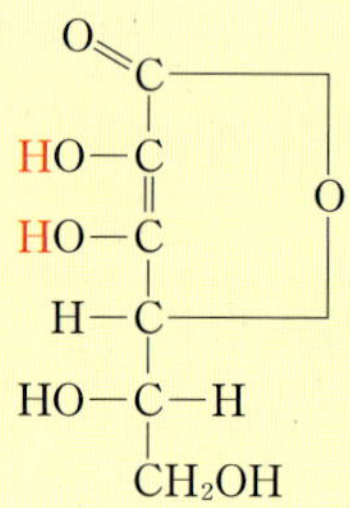

L-ascorbate

소장 점막을 통한 비타민 C의 운반은 Na 의존적 능동수송(active transport)에 의해 이루어지지만 과량의 비타민 C의 섭취는 단순확산에 의해 이루어진다. 흡수된 비타민 C는 혈액을 통해 운반되고 나트륨(Na)과 운반체, 에너지를 이용한 능동수송을 통해 세포 내로 유입된다. 보통 조직 내 비타민 C 농도는 혈장 농도보다 높은데 특히 부신과 뇌하수체가 다량의 비타민 C를 함유하고 있으며 중량을 고려하면 간이 가장 많은 비타민 C를 함유하고 있다. 과량의 비타민 C를 섭취한 경우 비타민 C는 산화되어 dehydroascorbate로 전환되어 자일로스(xylose), 자일론산(xylonic acid), 옥살산(oxalic acid), 트레온산(threonic acid) 등으로 분해되어 배설된다.

3) 기능

① 항산화 기능

수용성인 비타민 C는 혈액이나 세포질의 수용성 부분에 존재한다. 이미 앞에서 설명한 것처럼 항산화제로서 비타민 C는 전자를 제공하여 hydroxy 라디칼($OH^{\cdot}$), hydroperoxy 라디칼(HO_2^-), superoxide 라디칼(O_2^-), peroxy 라디칼($LOO^{\cdot}$) 등을 환원시키는 역할을 한다. 산화된 비타민 C는 환원형 글루타티온(GSH)에 의해 다시 환원되어 재생된다(그림 10-4 참조).

하지만, 비타민 C는 환원제로서 구리(Cu^{2+})나 철분(Fe^{3+}) 이온에 전자를 제공하여 Cu^{1+}, Fe^{2+}로 환원시키는 물질로 작용한다. 이 경우 생성된 Cu^{1+}, Fe^{2+} 이온은 과산화수소와 반응하여 Fenton 반응을 통해 hydroxyl 라디칼을 발생시키는 등 산화적 스트레스를 유도하여 세포손상을 일으킨다. 따라서, 구리나 철분의 대사 이상이 동반되는 경우 비타민 C의 과량 섭취는 주의해야 한다.

② 효소적 기능

비타민 C는 포유동물에서 8개 효소에 전자공여체(electron donor)로 작용한다. 이 중 3개는 콜라겐 수산화(collagen hydroxylation)에 관여하고, 2개는 카르니틴(carnitine) 생합성에 관여하며, 나머지 3개 중 하나는 catecholamine 생합성에, 또 하나는 펩티드(peptide) 호르몬의 아미드화(amidation)에 필요하며 나머지 하나는 타이로신(tyrosine) 대사에 관여한다.

첫째, 비타민 C는 콜라겐 합성에 필요한 프롤린(Pro)과 라이신(Lys) 수산화효소(hydroxylase)의 작용을 활성화시켜 아미노산을 수산화시키는데 이는 콜라겐 합성에 필수적이다. 비타민 C는 다음 식과 같이 수산화 효소의 촉매로 작용하는 철분을 환원형(Fe^{2+})으로 유지하여 활성을 유지시키는 기능을 한다. 따라서, 비타민 C가 결핍될 경우 콜라겐 합성이 저하되어 상처회복이 지연되는 등의 결과를 초래한다.

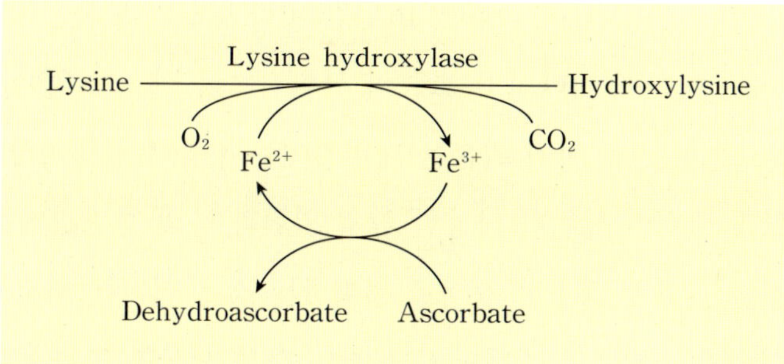

둘째, 카르니틴(carnitine)은 장쇄 지방산이 에너지원으로 사용되기 위해 세포질에서 미토콘드리아 안으로 운반될 때 이 운반체 역할을 한다. 비타민 C는 카르니틴(carnitine)이 트리메틸 라이신(trimethyllysine)에서 합성될 때 철분을 함유한 수산화효소의 활성을 유지시키는 기능을 한다. 비타민 C가 결핍이라면 지방산 산화에 의한 에너지 생성에도 문제가 발생할 수 있다.

셋째, 페닐알라닌(phenylalanine)으로부터 합성되는 타이로신(tyrosine)은 페닐알라닌 수산화효소(phenylalanine hydroxylase)에 의해 합성된다. 이 과정에서 비타민 C는 이수소바이오테린(dihydrobiopterin)의 환원제로 사용된다. 자세한 합성과정은 부록 10-2에 첨부되어 있다.

넷째, 비타민 C는 타이로신(Tyr)으로부터 합성되는 신경전달 물질인 노르에피네프린

(norepinephrine)의 합성에 필요한 구리 의존적 효소인 도파민 수산화효소(dopamine hydroxylase 또는 monooxygenase)의 활성을 유지하는 데 필요하다(그림 5-8, 부록 10-2). 또한 트립토판(Trp)에서 세로토닌(serotonin) 합성 시에도 tryptophan monooxygenase(또는 hydroxylase)의 활성을 유지하는 데 중요한 기능을 한다(그림 5-10).

비타민 C는 상피세포를 이용한 연구에서 NO(nitric oxide) 합성을 촉진하여 동맥경화나 고혈압 등에서 혈관을 이완시키는 효과를 보이고, LDL 산화를 감소시키는 효과를 가지는 것으로 보고되었으며, 관상동맥질환을 가진 환자들에게 보충하였을 경우 혈관 상피세포의 기능을 향상시켰다. 또한, 역학조사에서도 비타민 C는 심혈관계 질환의 위험을 감소시키는 것으로 보고되었다.

비타민 C는 항동맥경화 효과뿐 아니라 항암 효과를 가지는 것으로 알려져 있다. Cancer Prevention Study II의 연구 결과에 의하면 16년간 비타민 C의 보충은 위암, 대장암의 사망률을 감소시켰다. 이는 아마도 비타민 C 보충이 산화적 스트레스에 의한 DNA 손상을 감소시키기 때문이라고 보고 있지만 아직 결론을 내리기에는 부족한 실정이다. 그러나 많은 역학조사에 의하면 과일과 채소의 섭취가 다양한 암의 위험과 음의 상관관계를 나타내어 보충제의 형태보다는 신선한 과일과 채소의 형태로 섭취하는 것을 더 권장하고 있다. 특히 과일과 채소에 함유된 자연적인 형태로의 비타민 C 섭취는 다른 항산화 영양소와 함께 상호작용을 통해 상승효과를 가지며, 유익한 기능을 하는 phytochemicals(피토케미칼)을 함께 섭취할 수 있어 더 권장되고 있다.

4) 권장량

2000년 미국에서 책정된 비타민 C의 필요량은 조직의 농도를 최대화하고 소변 배설을 최소화할 수 있는 양을 고려하여 남자 90mg, 여자 75mg으로 책정되었으며 임신 시 120mg으로 권장하고 있다. 또한 흡연 유무에 따라 흡연자는 35mg을 추가 섭취하도록 권장하고 있다. 우리나라에서는 남녀 모두 100mg으로 권장하고 임신 시에는 10mg을, 흡연자들에게는 30mg을 추가로 섭취하도록 권장하고 있다.

5) 결핍증과 과잉증

가장 흔히 발생하는 비타민 C의 결핍증은 괴혈병(scurvy)으로 콜라겐 합성의 문제로 보통 잇몸에서 피가 나는 현상이 대표적이다. 이 외에도 상처 치유가 지연되거나 관절통증, 팔다리 주변의 모낭에 나타나는 허약 증상이나 점막출혈 등이 있다. 이러한 괴혈병은 선진국에서는 흔히 발생하지는 않지만 알코올 중독이나 노인층 또는 수술 환자, 당뇨, 암환자 등의 경우 발생 빈도가 증가한다.

비타민 C는 하루 2g까지는 나쁜 효과를 나타내지 않는 것으로 보고되고 있다. 하지만 2g을 초과할 경우 위장관에 문제를 발생시킬 수 있으므로 2g 이상을 섭취하지 않도록 권장하고 있다. 또한 제한된 그룹 내에서 결석의 위험을 높이거나 철분이나 구리 대사에 이상이 있는 경우 독성을 촉진할 수 있어 이러한 대상들은 비타민 C를 과량으로 섭취하지 않도록 주의해야 한다.

6) 영양 상태 평가

혈액 내 비타민 C 농도는 식이 비타민 C 섭취량의 영향을 받으므로 최근 비타민 C 섭취량을 측정할 때 유용하게 사용된다. 백혈구 내 비타민 C 섭취량은 체내 저장량을 반영하는 좋은 지표이기는 하지만 측정하는 데 어려움이 따른다. 최근에는 잇몸의 건강상태나 근육 카르니틴(carnitine) 농도, 라이신(lysine)이나 프롤린 수산화효소(proline hydroxylase)의 활성이나 소변 중 배설되는 하이드록시프롤린(hydroxyproline)의 양을 측정하여 비타민 C의 영양 상태를 평가하는 방법을 개발하고 있다.

(4) 셀레늄

셀레늄(selenium)은 비금속 무기질로 산화과정에 Se^{2-}, Se^{4+}, Se^{6+}의 3가지 형태로 존재한다. 채소 내 셀레늄의 함량은 식물이 성장한 토양의 셀레늄 농도에 따라 차이가 많이 난다. 동물성 식품, 특히 내장부위는 식물성 식품보다 더 많은 양의 셀레늄(0.4~1.5μg/g)을 함유한다. 하지만, 생선에 함유된 셀레늄은 수은과 결합하여 흡수가 안 되기 때문에 생선 내 셀레늄의 생리활성도는 낮다.

1) 구조

식품 내에서 함황아미노산(메티오닌, 시스틴, 시스테인) 중 황(S) 대신 셀레늄(Se)이 분자 내 유입 결합하여 셀레노메티오닌(selenomethionine), 셀레노시스틴(selenocystine), 셀레노시스테인(selenocysteine)의 형태로 존재한다. 이 중 셀레노메티오닌은 80% 이상이 체내로 흡수된다. 일부 채소에는 셀레늄이 무기질과 결합한 셀레나이트(selenite, H_2SeO_3)와 셀레네이트(selenate, H_2SeO_4)의 형태로 존재하는데, 셀레네이트는 셀레나이트보다 흡수율이 더 높다.

2) 소화, 흡수와 대사

셀레늄의 주된 소화기관은 십이지장이지만 소량은 공장과 회장에서도 일어난다. 소장에서 흡수된 대부분의 셀레늄은 셀레노프로테인 P(selenoprotein P)이라는 운반단백질에 의해 혈액으로 운반된다. 셀레늄은 동일한 양이 소변과 대변으로 배설된다. 하지만, 셀레늄의 섭취가 증가하면 소변 배설량도 증가하여 체내 셀레늄 수준은 소변을 통한 배설로 조절된다.

3) 기능

① 항산화 기능

세포의 세포질과 미토콘드리아 및 혈장에 존재하는 glutathione peroxidase 효소는 과산화수소의 제거뿐만 아니라 다른 과산화물의 환원에 필요한 중요한 효소이다. 이 효소는 보조인자로 셀레늄(4 원자)을 필요로 하여 셀레늄이나 철분의 영양 상태가 좋지 못하면 활성은 저하된다. Glutathione peroxidase 효소에서 셀레늄의 역할 때문에, 이 Se은 항산화 영양소로 간주된다. 이미 앞서 Se 의존적 효소인 glutathione peroxidase(GSH-Px)의 기능과 역할에 관하여 설명을 하여 셀레늄의 항산화 기능에 관한 설명은 생략하기로 한다.

오래전부터 셀레늄은 암을 예방하는 효과를 가지고 있는 것으로 알려져 있었다. 셀레늄 보충의 암 예방효과는 GSH-Px 효능의 증가와 관련이 있을 것으로 추정되고 있다. 하지만 동물 모델의 경우 만성적으로 셀레늄의 섭취는 암 발생을 저하시키기는 했지만 독성을 일으킬 수 있는 양(2~5μg/g diet)이므로 고려할 여지가 있다. 셀레늄의 항암 효과는 Nutritional Prevention of Cancer(NPC) Trial을 통해 폐암, 대장암, 전립선암 등을 포함한 전체 암 발생률과 암 사망률을 감소시키는 것으로 보고되었다.

② 비타민 E 절약 작용

셀레늄은 비타민 E와 마찬가지로 유리라디칼의 작용을 억제한다. 셀레늄은 세포질에서 과산화물을 파괴하는 작용을 하지만, 비타민 E는 세포막에서 이미 생성된 유리라디칼이 더 이상 작용하지 못하게 한다. 그래서 셀레늄이 충분할 경우 비타민 E가 절약된다.

③ 요오드 대사와 관련

셀레늄은 요오드 대사에 매우 중요한 무기질이다. Iodothyronine deiodinase는 selenocysteine을 함유한 단백질로, 이 효소는 갑상선 호르몬의 대사와 탈요오드작용(deiodination)에 관여한다. 예를 들면 5'-deiodinase는 tetra-iodothyrodine (T_4)를 체내에서 활성형태인 three-iodothyrodine (T_3)으로 전환시켜 대사조절과 성장발달에 관여하도록 한다.

④ Thioredoxin reductase

Thioredoxin reductase는 활성형태의 selenocysteine을 함유하고 있다. 이 효소는 티올(thiol) 그룹을 가진 산화형의 thioredoxin을 환원형으로 전환시키며, 환원형의 thioredoxin은 산화된 물질에 수소를 제공한다.

⑤ Selenophosphate synthetase

Selenophosphate synthetase는 selenocysteine을 함유하고, selenide로부터 selenophosphate의 합성을 촉진시킨다. 이 효소에 의해 합성된 selenophosphate는 selenophosphate를 함유한 효소들(glutathione peroxidase, 5'-deiodinase, thioredoxin reductase)의 합성에 중요 인자로 작용한다.

4) 권장량

우리나라 20세 이상 성인의 셀레늄 필요량은 일일 42㎍이며, 권장 섭취량은 50㎍이다.

5) 결핍증과 과잉증

셀레늄 결핍은 근육 손실, 성장 저하나 심근 장애가 일어날 수 있다. 반면 셀레늄을 과잉 섭취하면 구토, 설사, 손톱과 발톱의 손상, 피로, 황(sulfur) 대사 이상, 단백질 합성 저해 등의 증상이 발생한다.

6) 영양 상태 평가

셀레늄(Se)의 영양 상태 판정은 혈장 또는 혈청 내 셀레늄 함량, 적혈구의 glutathione peroxidase의 활성을 측정한다. 혈장이나 혈청 내 셀레늄 함량은 최근 섭취한 식품 내 셀레늄 양을 반영하므로 단기간의 셀레늄 영양 상태 판정에 이용되며 적혈구의 glutathione peroxidase의 활성은 장기간의 셀레늄 영양 상태를 알아보는 데 적합하다.

(5) 철분

철분의 대사와 다른 기능들은 앞서 혈액과 관련된 영양소에서 언급하였으므로 본 장에서는 항산화 기능에 대해서만 중점적으로 다루기로 한다.

헤모글로빈의 주성분으로 알려진 철분은 항산화효소인 카탈라아제(catalase)의 구성요소로 과산화수소를 제거하는 중요한 효소이다. 이 효소는 heme 철에 의존적이고 대부분 세포내의 페록시솜(peroxisome)에 존재한다. 호중구와 백혈구는 외부 박테리아, 바이러스 및 균류의 식균 작용에 필요한 과산화수소를 제거하기 위해 고농도의 catalase를 가지고 있다.

앞서 설명된 것처럼 호중구가 가지는 마이엘로퍼옥시데이즈(myeloperoxidase)도 heme-Fe 의존적 효소이다. 이 효소는 박테리아, 바이러스 및 다른 유해한 물질들을 파괴하기 위해 과산화수소를 체내 염소(Cl^-)와 반응시켜 강력한 독성 라디칼인 차아염소산(HOCl)으로 전환시켜 유해물질을 제거하는 역할을 한다.

(6) 구리

일반적으로 구리는 체내에 50~150 mg 정도 존재하고 여러 효소의 구성성분으로 중요한 기능을 한다.

1) 소화, 흡수와 대사

구리는 대부분 2가 형태로 존재하고 식품 내 유기물과 결합한 형태로 존재한다. 식품 내 구리는 위장의 염산과 펩신(pepsin)에 의해 유리되어 소장 내로 흡수된다. 섭취량이 많은 경우는 단순 확산에 의해 흡수되고 낮은 경우는 능동수송(active transport)에 의해 흡수된다.

소장 내 흡수를 촉진시키는 인자들로는 아미노산 중 메티오닌이나 시스틴과 같은 함황아미노산과 젖산, 구연산, 아세트산 같은 유기산 등이 있다. 피틴산(phytate)이나 철분, 아연, 칼슘 같은 무기질들은 구리의 흡수를 저해하는 인자들이다. 소장 벽을 통과한 구리는 metallothionein과 결합하여 소장세포를 통과하고 흡수된 구리는 주로 알부민에 의해 혈액으로 운반되거나 히스티딘이나 시스틴 같은 아미노산들과 결합하여 운반된다. 대부분의 구리는 간에서 metallothionein과 함께 저장되거나 ceruloplasmin과 결합하여 혈액을 통해 필요한 조직으로 이동한다. 사용되고 남은 구리는 간으로 되돌아와 담즙을 통해 대변으로 배설되고 소량은 소변과 땀으로 배설된다.

2) 기능

① 항산화 기능

구리는 세포질이나 세포 밖에 존재하는 SOD의 구성요소로 superoxide 라디칼을 물과 과산화수소로 전환시키는 기능을 한다.

② Ceruloplasmin의 구성요소

Ceruloplasmin(또는 ferroxidase)은 Cu 의존적 산화효소로서 특히 철분을 2가(Fe^{2+})에서 3가(Fe^{3+})로 산화시켜 트랜스페린(transferrin)과 결합하기 쉬운 상태로 만들어 철분을 필요로 하는 조직으로 운반되도록 한다. 따라서, 구리 결핍 시 철분 결핍이 아님에도 불구하고 철분 운반이 부진해 빈혈이 발생할 수 있다.

이 외에도 ceruloplasmin은 혈액 내에서 구리이온과 결합함으로써 구리 1가 이온(Cu^{1+})이 유리된 상태로 존재하여 과산화수소와 반응하는 것을 저해하여 활성산소 발생을 예방하는 항산화 기능을 가지고 있다.

또한 다양한 염증반응 시 백혈구의 작용으로 인해 생성되는 라디칼을 제거하는 항산화효소 SOD에 구리 이온을 제공해 증가하는 급성반응 단백질(acute phase protein)로 작용하여 염증반응을 조절하는 기능도 가지고 있다.

③ 다양한 효소의 구성요소

구리는 cytochrome C oxidase의 구성요소로 미토콘드리아의 전자전달계에서 ATP를 생성하는 데 관여하고 신경전달 물질인 노르에피네프린(norepinephrine)과 도파민(dopamine) 생성에 필요한 효소의 보조인자로 작용한다. 또한 결합조직을 구성하는 콜라겐과 엘라스틴(elastin)이 교차 결합하는 데 필요한 라이신 옥시데이즈(lysine oxidase)의 구성요소로 작용한다.

이 외에도 구리는 면역 체계를 유지하는 기능과 형액응고 작용, 콜레스테롤 대사에도 관여한다.

3) 권장량

구리의 필요량은 미국에서는 성인 남녀 900μg이고 우리나라에서는 권장 섭취량을 800μg으로 정하였다. 구리의 상한 섭취량은 미국과 동일하게 10mg으로 설정하였다.

4) 결핍증과 독성

구리 결핍은 흔히 발생하지 않지만 위장 질환을 않고 있어 제산제를 복용하여 흡수가 저해되거나 체내 구리 손실이 증가 또는 흡수가 감소한 경우 발생할 수 있다. 증상으로는 심장질환, 빈혈, 백혈구의 감소, 면역기능 저하 등이 발생한다. 특히 과량의 아연과 같이 섭취할 경우 구리의 흡수를 저하시켜 구리 결핍증이 초래될 수 있다.

구리의 독성도 흔하지 않지만 오염이나 사고에 의해 과량의 보충제를 섭취했을 경우 발생한다. 증상으로는 오심, 구토, 복통, 설사 등이 있지만 심한 경우 혼수, 결뇨, 간세포 손상이나 사망까지 도달할 수 있다. 특히 유전적 결함으로 담즙을 통한 구리의 배설이 이루어지지 않는 윌슨씨 병의 경우 간이나 뇌 등의 장기에 축적되어 치명적 손상이 발생할 수 있어 구리의 섭취량에 주의해야 한다.

5) 영양 상태 평가

구리의 영양 상태는 흔히 혈액이나 적혈구의 구리 농도를 측정하여 평가한다. 이 외에도 정확한 판정을 위해 혈액 내 ceruloplasmin의 농도나 활성을 측정한다. 기능적인 면을 고려하여 적혈구의 SOD 활성을 측정하기도 한다.

(7) 아연

아연은 체내 1.5~2.5g 정도로 소량 존재하고 있지만 다양한 조직에 분포하여 다양한 기능을 수행하고 있다.

1) 소화, 흡수와 대사

식이 단백질과 결합한 상태로 섭취된 아연은 위장관에서 위산과 단백질 분해효소에 의해 유리되어 소장으로 흡수된다. 섭취량이 소량일 경우 촉진 확산으로, 다량일 경우 단순 확산으로 운반된다. 소장 세포 내에서는 구리와 같이 metallothionein과 결합하여 흡수되어 소장에서 이용되거나 혈액으로 운반된다. 아연도 구리와 같이 알부민, 알파 2-거대글로빈(2-macroglobin), 또는 함황아미노산과 결합하여 혈액으로 운반되어 간으로 이동되거나 필요한 조직으로 운반된다.

아연의 생체 이용률은 식이 구성요소나 건강상태에 따라 차이가 있다. 구리처럼 함황아미노산과 같이 섭취하면 아연의 흡수가 촉진되고 피틴산(phytate)이나 철분, 구리, 칼슘 등과 섭취한 경우는 흡수가 저해된다. 아연의 90% 이상은 대변으로 배설되고 이 외에도 소변이나 피부를 통해 소량 배설된다.

2) 기능

① 다양한 효소의 구성요소

아연은 carbonic anhydrase, alkaline phosphotase, alcohol dehydrogenase, collagenase, carboxypeptidase, aminopeptidase, superoxide dismutase 등의 구성 요소로 다양한 생체반응에 관여한다.

② 면역기능

전반적인 면역기능에 관여하여 선천적 면역과 후천적 면역세포의 기능 유지에 관여한다. 특히 림프구의 분화와 발달, 사이토카인(cytokine)의 분비 등에 관여한다. 따라서 아연 결핍 시 질병에 대한 저항성이 떨어져 감염성 질환에 노출되는 경우가 증가한다.

③ 생체막의 구조와 기능 유지

아연은 생체막의 인지질과 티올(thiol) 그룹을 안정화시키고 산화제 역할을 하는 철분이나 구리에 의해 발생되는 산화적 스트레스에 의한 손상을 예방하는 기능을 가지고 있다. 또한 세포막의 골격과 세포골격(cytoskeleton) 단백질 사이를 단단히 하여 세포막을 안정화시킨다.

④ 기 타

아연은 DNA, RNA, 단백질 합성에 중요한 인자로 작용한다. 전사 인자들(transcription factors)은 아연 핑거(zinc finger)를 가지고 있어 전사 인자와 DNA가 결합할 수 있도록 해 주어 유전자 발현을 조절하는 중요한 기능을 한다.

아연은 에너지 대사 중 탄수화물 대사에도 관여하는데 특히 아연 결핍 시 인슐린의 반응을 감소시켜 포도당 내성을 손상시킨다. 또한 아연 결핍은 갑상선 호르몬의 감소와 기초대사량을 저하시키는 것으로 알려져 있다. 이 밖에도 미각에 중요한 기능을 하는 것으로 알려져 있다.

3) 권장량

미국의 아연 권장량은 성인 남자의 경우 11mg, 여자의 경우 8mg이고 우리나라의 경우는 남자 10mg, 여자 8mg이다. 임신부와 수유부의 경우 필요량의 증가로 각각 2mg, 5mg을 추가로 권장하고 있다.

4) 결핍증과 독성

아연의 경우는 과량을 저장하고 있는 조직이 없기 때문에 부족할 경우 쉽게 결핍증이 발생할 수 있다. 따라서, 결핍 시 다양한 금속 효소들로부터 아연이 제거되기 때문에 이런 효소들의 기능이 떨어진다고 할 수 있다. 주로 아연 결핍은 노인들이나 채식주의자들에게서 흔히 발생하고 알코올 중독이나 만성질환 환자, 수술이나 극심한 스트레스에 노출된 대상자들에게 발견되기 쉽다.

대표적인 결핍 증상은 성장기 어린이의 경우 성장 지연이나 근육 발달이 지연되고 생식능력이 저하된다. 또한, 면역기능의 저하로 인해 상처 치유가 지연되거나 병에 대한 저항력이 감소하며 미각이 저하되어 식욕부진을 동반한다.

아연의 과잉 섭취는 구리나 철분의 흡수를 저해하여 빈혈을 유발시키고 구리 결핍으로 인한 면역기능 저하로 백혈구 수를 감소시킨다.

5) 영양 상태 평가

혈액 내 아연 농도는 가장 흔히 사용되는 영양판정 방법이지만 스트레스 정도 등에 따라 변화할 수 있기 때문에 민감한 지표는 아니다. 모발의 아연 농도는 장기간의 아연 영양 상태를 측정하는 데 이용된다. 소변으로 배설되는 아연은 아주 일정하기 때문에 극심한 아연 결핍이 아닌 경우 알아내기 쉬운 방법은 아니다. 아연에 의존적인 여러 가지 효소의 활성을 측정하는 방법들도 사용하기도 한다. 이 외에도 적혈구 metallothionein 농도가 판정 지표로 사용되기도 하지만 식이에 의해 영향을 많이 받는 것으로 알려져 있다.

참고문헌

제1장

1. The digestion and absorption of food. In : Widmaier EP and others. Vander's Human physiology : The mechanisms of body function. 10th ed. New York : McGrow-Hill, 2005.

2. Digestive system. In : Seeley RR, Stephens TD, Tate P. eds. Anatomy and physiology. 8th ed. New York : McGraw-Hill, 2008.

3. The digestive system. In : Fox SI. ed. Human physiology. 10th ed. New York : McGrow-Hill, 2008

제2장

4. Hormonal control mechanisms. In : Vander AJ, Sherman JH, Luciano DS. eds. Human physiology : The mechanism of body function. 6th ed. New York : McGraw-Hill, 1994.

5. Eisenstein AB, Singh SP. Hormonal control of nutrient metabolism. In : Goodhart RS & Shils ME, eds. Modern nutrition in health and disease. 6th ed. Philadelphia : Lee & Febiger, 1980.

6. Endocrine glands : secretion and action of hormones. In : Fox SI. ed. Human physiology 10th ed. New York : McGrow-Hill, 2008

제3장

7. The kidneys and regulation of water and inorganic ions. In : Vander AJ, Sherman JH, Luciano DS, eds. Human physiology : The mechanism of body function. 6th ed. New York : McGraw-Hill, 1994.

8. The kidneys. In : Silverthorn DU and others. eds. Human physiology-An integrated approach. New Jersey : Prentice Hall, 1998.

9. Randall HT. Water, electrolytes and acid-base balance. In : Goodhart RS & Shils ME, eds. Modern nutrition in health and disease. 6th ed. Philadelphia : Lee & Febiger, 1980.

10. Water, electrolytes, and acid-base balance. In : Seeley, RR, Stephens, TD. Tate P, eds. Anatomy and physiology. 8th ed. McGraw-Hill, 2008.

11. Ayers P, Warrington L. Diagnosis and treatment of simple acid-base disorders. Nutr Clin Pract 23(2) : 122-127, 2008.

제4장

12. Intermediary metabolism. In : Champe PC, Harvey RA, Ferrier DR, eds. Biochemistry. 3rd ed. Baltimore : Lippincott Williams & Wilkins, 2005.

13. The water-soluble vitamins (Thiamin, Riboflavin, Niacin). In : Groff JL, Gropper SS, eds. Advanced nutrition and Human metabolism. 3rd ed. Belmont, CA : Wadsworth/ Thomson Learning, 2000.

14. Vitamins. In : Champe PC, Harvey RA, Ferrier DR, eds. Biochemistry. 3rd ed. Baltimore : Lippincott Williams & Wilkins, 2005.

15. Kritchevsky D. Dietary fiber. Ann Rev Nutr 8 : 301-328, 1988.

16. Weickert MO, Pfeiffer AF. Metabolic effects of dietary fiber consumption and prevention of diabetes. J Nutr 138(3) : 439-442, 2008.

17. Anderson JW and others. Health benefits of dietary fiber. Nutr Rev 67(4) : 188-205, 2009.

18. Watson RR, Preedy VR, eds. Nutrition and alcohol : Linking nutrient interactions and dietary intake. Boca Raton : CRC Press, 2004.

19. Boffetta P, Hashibe M. Alcohol and cancer. Lancet Oncol 7(2) : 149-156, 2006.

20. Klatsky AL. Alcohol, cardiovascular diseases and diabetes mellitus. Pharmacol Res 55(3) : 237-247, 2007.

제5장

21. Nitrogen metabolism. In : Champe PC, Harvey RA, Ferrier DR, eds. Biochemistry. 3rd ed. Baltimore : Lippincott Williams & Wilkins, 2005.

22. Protein. In : Groff JL, Gropper SS, eds. Advanced nutrition and human metabolism, 3rd ed. Belmont : Wadsworth/Thomson Learning, 2000.

23. Matthews DE. Proteins and amino acids. In : Shils ME & others, eds. Modern nutrition in health and disease, 10th ed. Baltimore : Lippincott Williams & Wilkins, 2006.

24. Harper AE, Miller RH, Block KP. Branched-chain amino acid metabolism. Ann Rev Nutr 4 : 409-454, 1984.

25. Vitamin B_6. In : Groff JL, Gropper SS. eds. Advanced nutrition and human metabolism, 3rd ed. Belmont : Wadsworth/Thomson Learning, 2000.

26. Leklem JE. Vitamin B_6. In : Shils ME & others, eds. Modern nutrition in health and disease, 9th ed. Baltimore : Lippincott Williams & Wilkins, 1996.

27. Stipanuk MH. ed. Biochemical and physiological aspects of human nutrition, Saunders, 2000.

제6장

28. Lipid metabolism. In : Champe PC, Harvey RA, Ferrier DR. eds. Biochemistry, 3rd ed. Baltimore : Lippincott Williams & Wilkins, 2005.

29. Fatty acids in oilseeds (Vegetable oils). In : Chow CK, ed. Fatty acids in foods and their health implications. New York : Dekker, 1992.

30. Lipids-Integrated metabolism in tissues. In : Groff JL, Gropper SS, eds. Advanced nutrition and human metabolism. 3rd ed. Belmont : Wadsworth/Thomson Learning, 2000.

31. Grundy SM. Dietary fat. In : Ziegler EE, Filer LJ, eds. Present knowledge in nutrition. 7th ed. Washington : ILSI Press, 1996.

32. Lichtenstein AH, Jones JH. Fat absorption and transport. In : Bowman BA, Russell RM, eds. Present knowledge in nutrition. 8th ed. Washington : ILSI Press, 2001.

33. Grundy SM. Absorption and metabolism of dietary cholesterol. Ann Rev Nutr 3 : 71-96, 1983.

34. Ostlund RE. Phytosterols in human nutrition. Ann Rev Nutr 22 : 533-549, 2002.

35. Havel, RJ. Approach to the patient with hyperlipidemia. In : Havel RJ. ed. The Medical Clinics of North America 66(2) : Symposium on lipid disorders, Philadelphia : Saunders Co. 1982.

36. Emken EA. Nutrition and biochemistry of trans and positional fatty acid isomers in hydrogenated oils. Ann Rev Nutr 4 : 339-376, 1984.

37. Wijendran V, Hayes KC. Dietary n6 and n3 fatty acid balance and cardiovascular health. Ann Rev Nutr 24 : 597-615, 2004.

38. Innis SM. Essential dietary lipids. In : Ziegler EE, Filer LJ, eds. Present knowledge in nutrition. 7th ed. Washington : ILSI Press, 1996.

제7장

39. Integration and regulation of metabolism. In : Groff JL and others. eds. Advanced nutrition and human metabolism. 2th ed. West Pub Co. 1995.

40. Grande F, Keys A. Body weight, body compotion and calorie status. In : Goodhart RS, Shils ME. eds. Modern nutrition in health and disease. 6th ed. Lee & Febiger, Philadelphia, 1980.

41. Steven BH, Richard NB. Body composition and anthropometry. In : Shills ME & others. eds. Modern nutrition in health and disease. 10th ed. Baltimore : Lippincott Williams & Wilkins, 2006

42. Energy physiology. In : Bowman BA, Russell RM. eds. Present knowledge in nutrition. 9th ed. Washington DC, ILSI Press, 2006

43. Pathophysiology of obesity. In : Bsgchi D, Preuss HG. eds. Obesity : epidemiology, pathophysiology, and prevention. Boca Raton : CRC Press, 2007

44. Hill JO, Victoria AC, Holly RW. Obesity : Etiology. In : Shills ME & others. eds. Modern nutrition in health and disease. 10th ed. Baltimore : Lippincott Williams & Wilkins, 2006

45. Energy balance and healthy body weight. In : Siezer F, Witney E. eds. Nutrition : Concepts and controversies. 10th ed. Belmont : Thomson / Wadsworth, 2008

46. Energy balance and weight control. In : Wardlaw GM, Hampel JS. eds. Perspectives in nutrition. 7th ed. New York : McGraw-Hill, 2007.

47. Overweight, underweight, and weight control. In : Catald AB and others. eds. Nutrition and diet therapy. 6th ed. Belmont : Thomson/Wadsworth, 2003

48. Homeostatic maintenance. In : Gropper SS and others eds. Advanced nutrition and human metabolism. 4th ed. Belmont : Wadsworth/Thomson, 2005

49. Natural, nutritional, and physical approaches to weight management. In : Bsgchi D, Preuss HG. eds. Obesity : Epidemiology, pathophysiology, and prevention. Boca Raton : CRC Press, 2007

50. Integration and regulation of metabolism and the impact of exercise and sport. In : Gropper SS, Smith JL, Groff JL. eds. Advanced nutrition and human metabolism. 5th ed. Wadsworth, 2009.

51. A critique of low-carbohydrates ketogenic weight reduction regimens. A review of Dr. Atkins'diet revolution. JAMA 224(10) : 1415-1419, 1973.

52. Ornish D. Was Dr Atkins right? J Am Diet Assoc 104(4) : 537-542, 2004.

53. Last AR, Wilson SA. Low-carbohydrate diets, Am Fam Physician 73 : 1942-1948, 2006

54. Leveille GA, Romsos DR. Meal eating and obesity. Nutr Today Nov/Dec 4-9, 1974.

55. Noble CA and Kuhner RF. An update on low-carbohydrate, high protein diets, Curr Opin Gastroenterol 22 : 153-159, 2006

56. Malik VS, Hu FB. Popular weight loss diets : from evidence to practice, Nat Clin Pract Cardiovasc Med 4(1) : 34-41, 2007

57. Apovian CM, Lenders CM. A clinical guide for management of overweight and obese children and adults. In : Dietary Therapy. Boca Raton : CRC Press, 2007

58. Willett WC and others. Mediterranean diet pyramid : a cultural model for healthy eating. Am J Clin Nutr 61(6 Suppl) : 1402S-1406S, 1995.

제8장

59. Bone cells. In : Nutrition. An integrated approach. 3rd ed. Editors : Pike RL, Brown ML. John Wiley & Sons, 1984

60. Suda T, Shinki T, Takahashi N. The role of vitamin D in bone and intestinal cell differentiation. Ann Rev Nutr 10 : 195-211, 1990.

61. Qin L, Raggatt LJ, Partridge NC. Parathyroid hormone : a double-edged sword for bone metabolism. Trends Endocrinol Metab 15(2) : 60-65, 2004

62. Linder MC. Nutrition and metabolism of vitamins. In : Nutritional biochemistry and metabolism with clinical applications. 1st ed. Elsevier. 1985.

63. The water-soluble vitamins (Vitamin C). In : Groff JL, Gropper SS, eds. Advanced nutrition and human metabolism, 3rd ed. Belmont : Wadsworth/Thomson Learning, 2000.

64. Vitamin K. In : Champe PC, Harvey RA, Ferrier DR. eds. Biochemistry, 3rd ed. Baltimore : Lippincott Williams & Wilkins, 2005.

65. Bronner F, Farach-Carson MC, Rubin J. Bone Resorption. Pringer-Verlag London Limited. 2005.

66. Arnaud CD, Sanchez SD. The role of calcium in osteoporosis. Ann Rev Nutr 10 : 397-414, 1990.

67. Renkema KY, Alexander RT, Bindels RJ, Hoenderop JG. Calcium and phosphate homeostasis : concerted interplay of new regulators. Ann Med 40(2) : 82-91, 2008.

68. Macrominerals (Calcium, Phosphorus, Magnesium). In : Groff JL, Gropper SS, eds. Advanced nutrition and human metabolism, 3rd ed. Belmont : Wadsworth/Thomson Learning, 2000.

69. Kleerekoper M, Balena R. Fluorides and osteoporosis. Ann Rev Nutr 11 : 309-324, 1991.

70. DePaola DP and others. Nutrition and dental medicine. In : Shills ME and others. eds. Modern nutrition in health and disease. 10th ed. Baltimore : Lippincott Williams & Wilkins, 2006.

71. Rodan GA, Martin TJ. Therapeutic approaches to bone diseases. Science 289(5484) : 1508-1514. 2000.

제9장

72. Erythrocytes. In : Pike RL, Brown ML. eds. Nutrition. An integrated approach. 3rd ed. John Wiley & Sons, 1984

73. Koury MJ, Ponka P. New insights into erythropoiesis : The roles of folate, vitamin B_{12}, and iron. Ann Rev Nutr 24 : 105-131, 2004.

74. Wessling-Resnick M. Iron transport. Ann Rev Nutr 20 : 129-151, 2000.

75. Wood RJ, Ronnenberg AG. Iron. In : Shills ME, and others. eds. Modern nutrition in health and disease. 10th ed. Baltimore : Lippincott Williams & Wilkins, 2006.

76. Yip R, Dallman PR. Iron. In : Ziegler EE, Filer LJ. eds. Present knowledge in nutrition. 7th ed. Washington : ILSI Press, 1996.

77. Carmel R. Cobalamin (Vitamin B_{12}). In : Shills ME, and others. eds. Modern nutrition in health and disease. 10th ed. Baltimore : Lippincott Williams & Wilkins, 2006.

78. Linder MC. Nutrition and metabolism of vitamins. In : Nutritional biochemistry and metabolism with clinical applications. 1st ed. Elsevier. 1985.

79. Herbert V. Vitamin B_{12}. In : Ziegler EE, Filer LJ. eds. Present knowledge in nutrition. 7th ed. Washington : ILSI Press, 1996.

80. Selvub J, Rosenberg IH. Folic acid. In : Ziegler EE, Filer LJ. eds. Present knowledge in nutrition. 7th ed. Washington : ILSI Press, 1996.

81. The water-soluble vitamins (Folic acid, vitamin B_{12}). In : Groff JL, Gropper SS. eds. Advanced nutrition and human metabolism. 3rd ed. Belmont : Wadsworth/Thomson Learning, 2000.

제10장

82. The antioxidant nutrients, reactive species, and disease. In : Groff JL, Gropper SS. eds. Advanced nutrition and human metabolism. 3rd ed. Belmont : Wadsworth/ Thomson Learning, 2000.

83. Burk RF. Biological activity of selenium. Ann Rev Nutr 3 : 53-70, 1983.

84. Vitamin C (Ascorbic acid). In : Groff JL, Gropper SS. eds. Advanced nutrition and human metabolism. 3rd ed. Belmont : Wadsworth/Thomson Learning, 2000.

85. The fat-soluble vitamins. In : Gropper SS and others. eds. Advanced nutrition and human metabolism. 5th ed. Belmont : Thomson/Wadsworth, 2005.

86. The vitamins and minerals. In : Siezer F, Witney E. eds. Nutrition : Concepts and controversies. 10th ed. Belmont : Thomson/Wadsworth, 2008.

87. The Vitamins. In : Siezer F, Witney E. eds. Nutrition : Concepts and controversies. 10th ed. Belmont : Wadsworth/Thomson, 2008.

88. The Regulatory nutrients. In : Gropper SS and others. eds. Advanced nutrition and human metabolism. 5th ed. Belmont : Thomson/Wadsworth, 2005.

89. Fat soluble and water soluble vitamins and minerals. In : Bowman BA, Russell RM. eds. Present knowledge in nutrition. 9th ed. Washington : ILSI Press, 2006.

90. Burton GW, Traber MG. Vitamin E : Antioxidant activity, biokinetics, and bioavailability. Ann Rev Nutr 10 : 357-382, 1990.

91. Packer L and others. eds. Carotenoids and Retinoids. Champaign : AOCS Press, 2004.

92. Packer L and others. eds. The antioxidant vitamins C and E. Champaign : AOCS Press, 2002.

93. The vitamins and minerals. In : Wardlaw GM, Hampel JS. eds. Perspectives in nutrition. 7th ed. New York : McGraw-Hill, 2007.

94. Specific dietary components. In : Shills ME and others. eds. Modern nutrition in health and disease. 10th ed. Baltimore : Lippincott Williams & Wilkins, 2006.

부 록

부록 4-1 아미노산과 지방산 대사의 주요 중간물질과 연계한 탄수화물 대사 개요

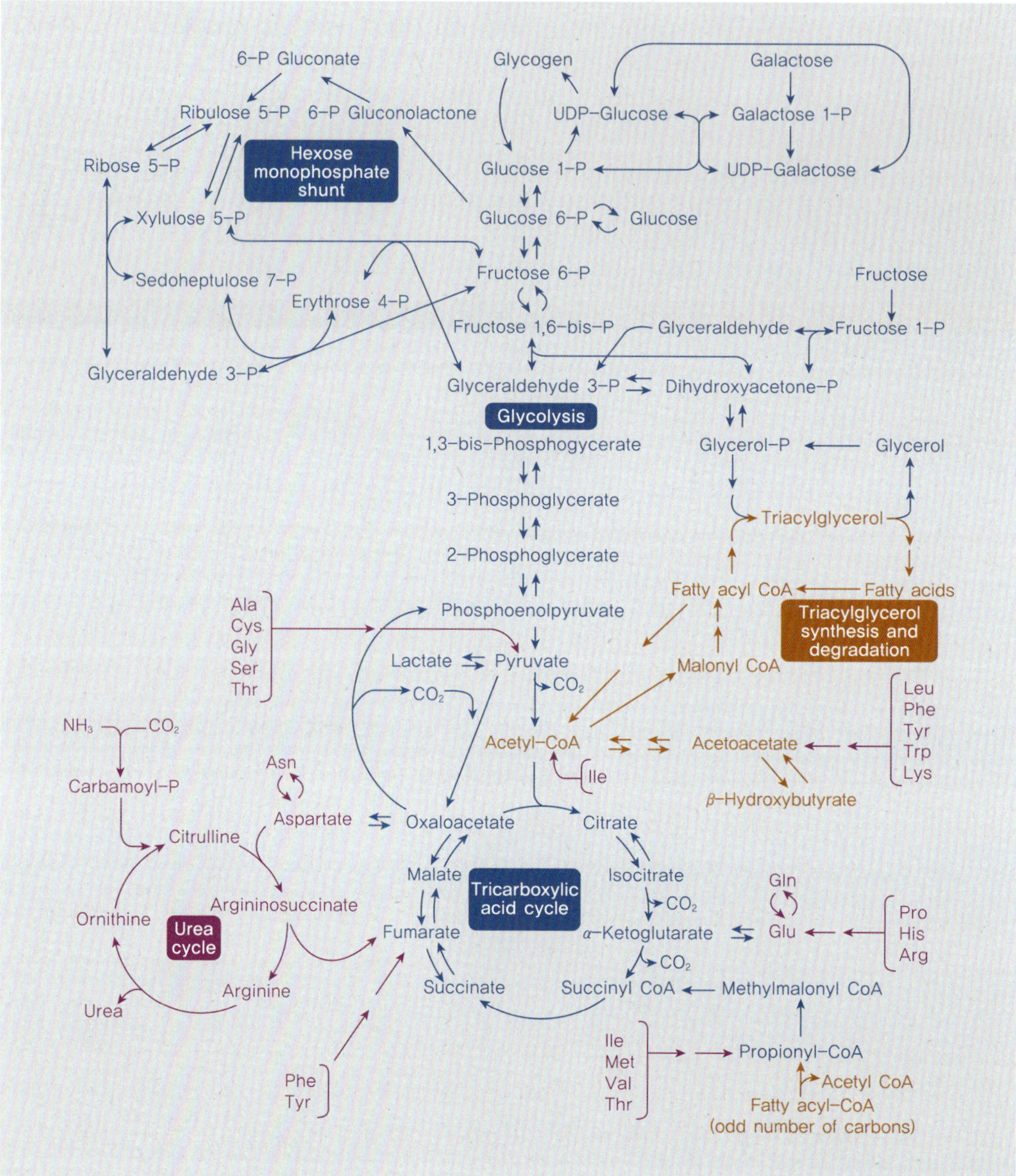

부록 4-2 Pyruvate dehydrogenase complex의 작용 기전

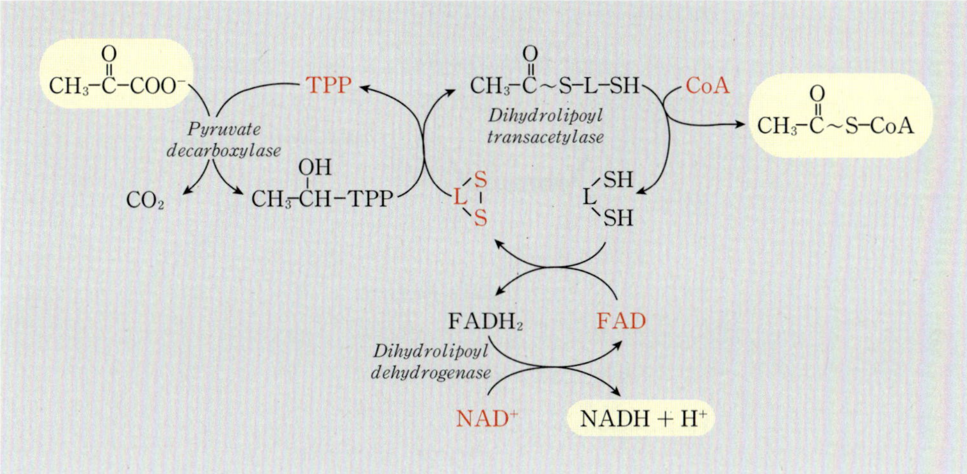

TPP = thiamin pyrophosphate; L = lipoic acid

부록 4-3 Hexose monophosphate pathway

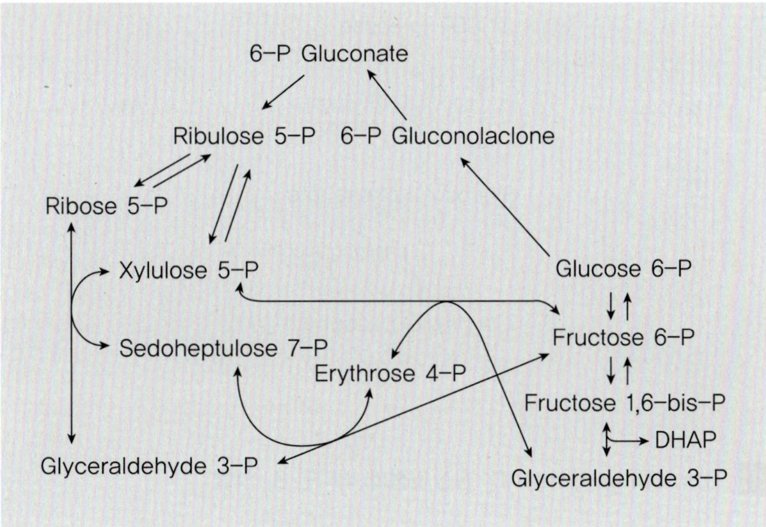

부록 4-4 Galactose가 glucose로 전환되는 과정

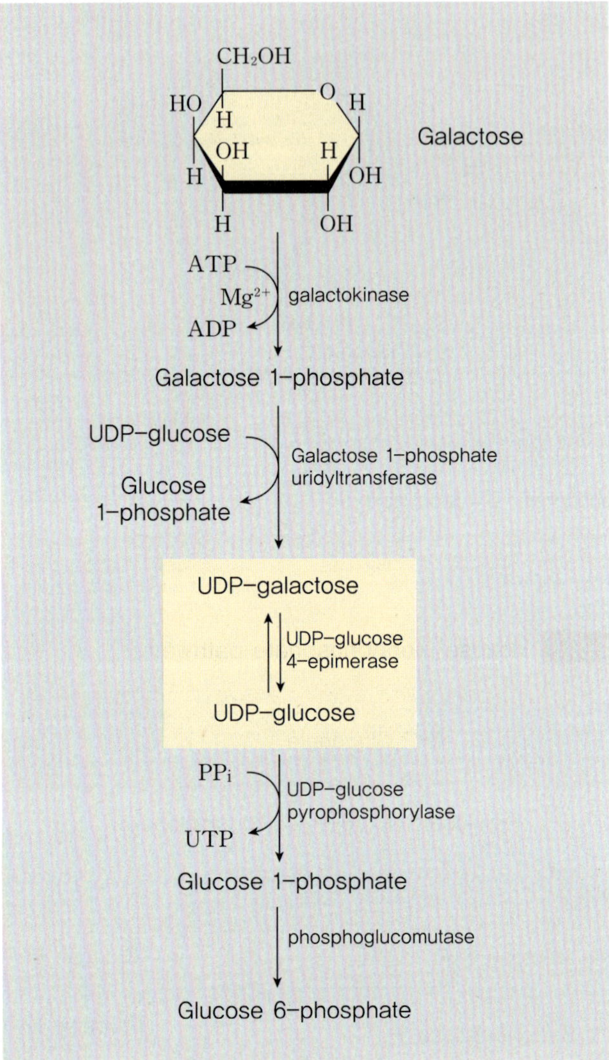

부록 4-5 Tryptophan에서 NAD^+ 합성과정과 비타민 B_6 역할

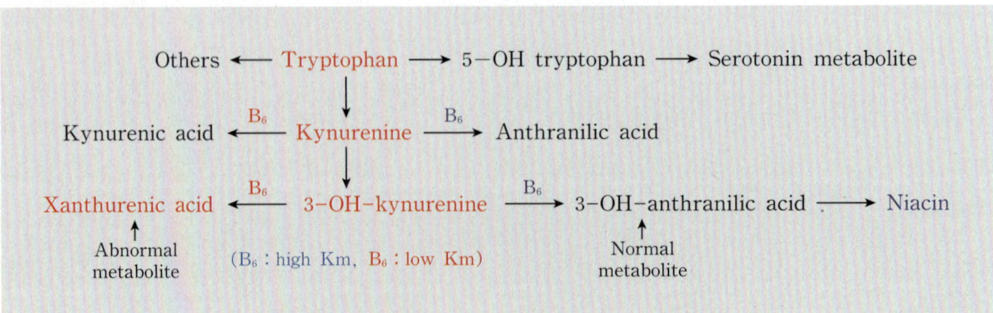

부록 5-1 DNA 와 RNA 염기 구조

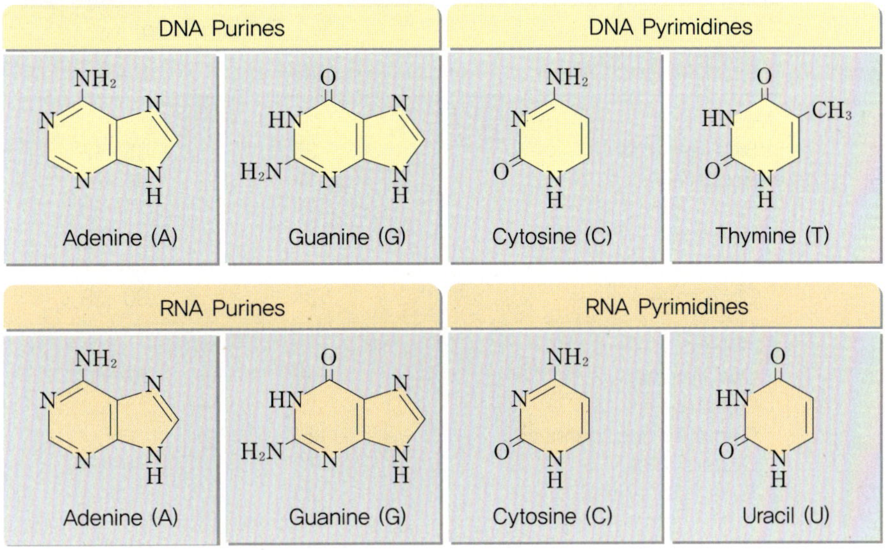

부록 5-2 Methionine이 taurine으로 대사되는 과정

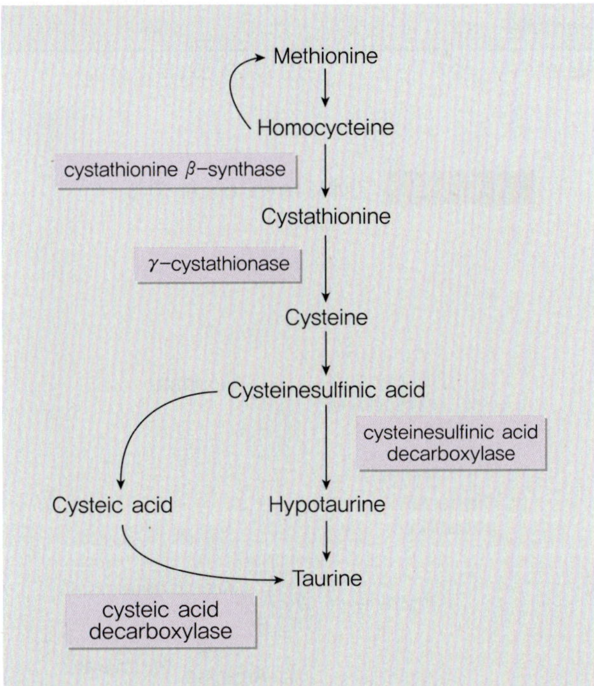

부록 5-3 Taurine 급원 식품

Dietary source	무게(mg/100g)	
	Mean	Range
Meat		
Beef(lean round)	36	15~47
Beef(liver)	19	14~27
Pork(loin)	50	39~69
Pork(liver)	17	11~23
Lamb(leg)	47	45~51
Chicken(leg)	34	30~38
Seafood		
Cod(frozen)	31	23~40
Clams(fresh)	240	145~370
Clams(minced, canned)	152	~
Oysters(fresh)	70	39~124
Tuna fish(canned)	70	~
		mg/L
vCow's milk		
Colostrum(1-3 days)	70	39~98
Early lactation(15-40 days)	12	3~37
Mid lactation(over 100 days)	4	1~16
Pasteurized milk	6	3~11
Human milk	54	24~85

* 1mg taurine = 8μmol

부록 5-4 간에서 Urea cycle 과정

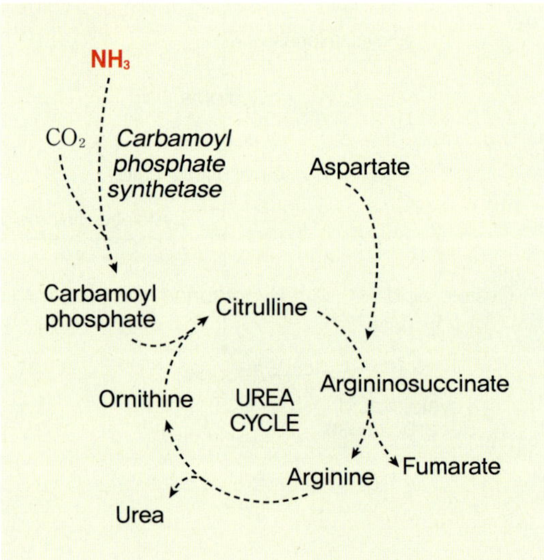

부록 6-1 중성지방 합성

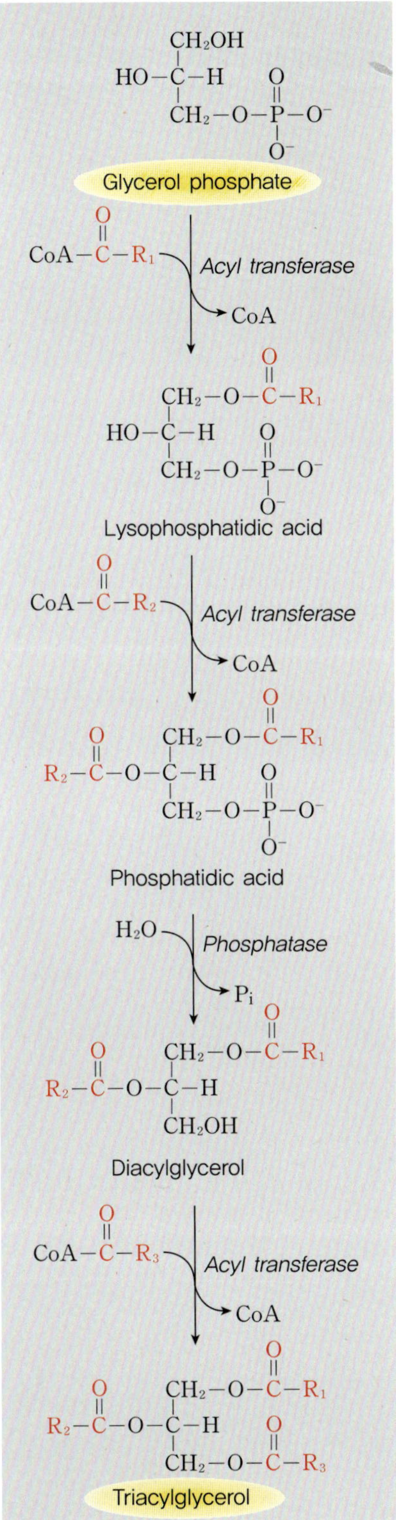

부록 6-2 Fatty acyl CoA의 β-oxidation 과정

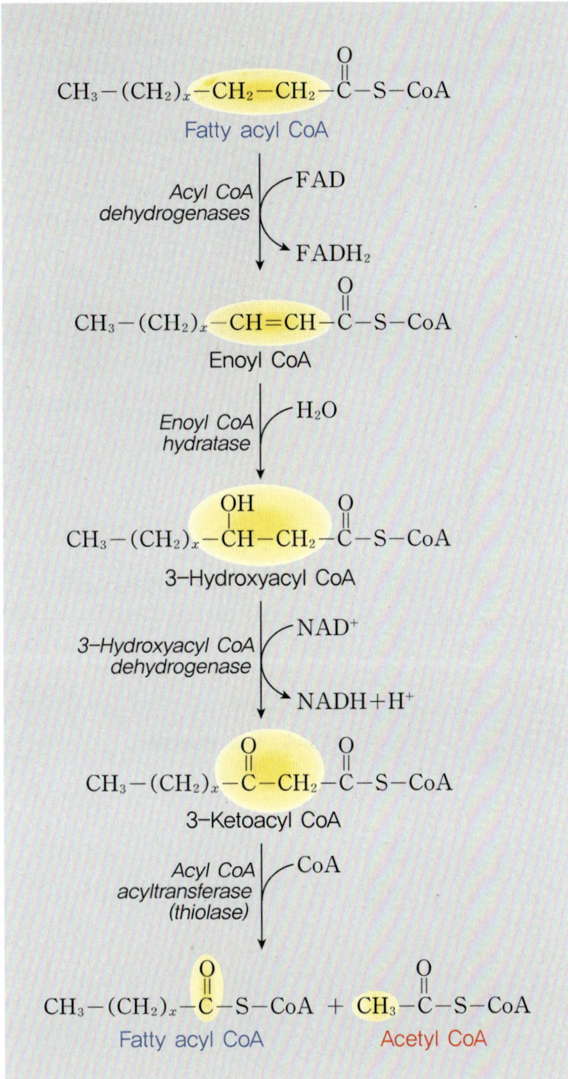

부록 6-3 세포질에서 Acetyl CoA 생성과정

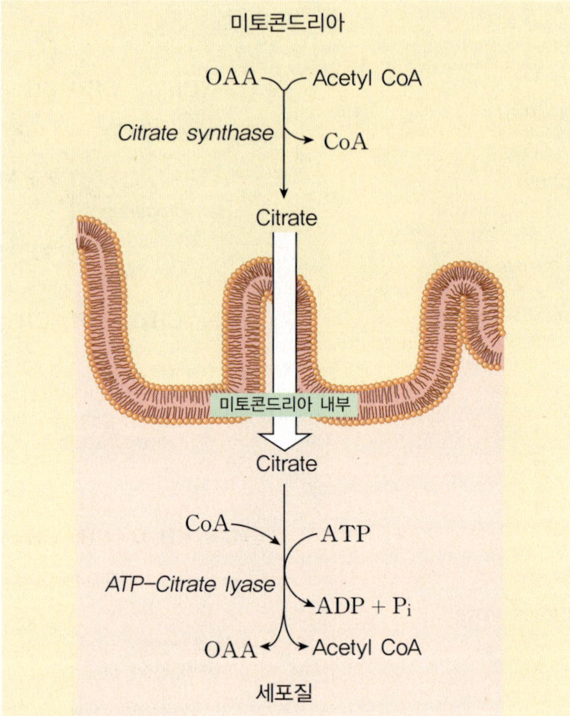

*OAA : oxaloacetate

부록 6-4 지방산 합성과정

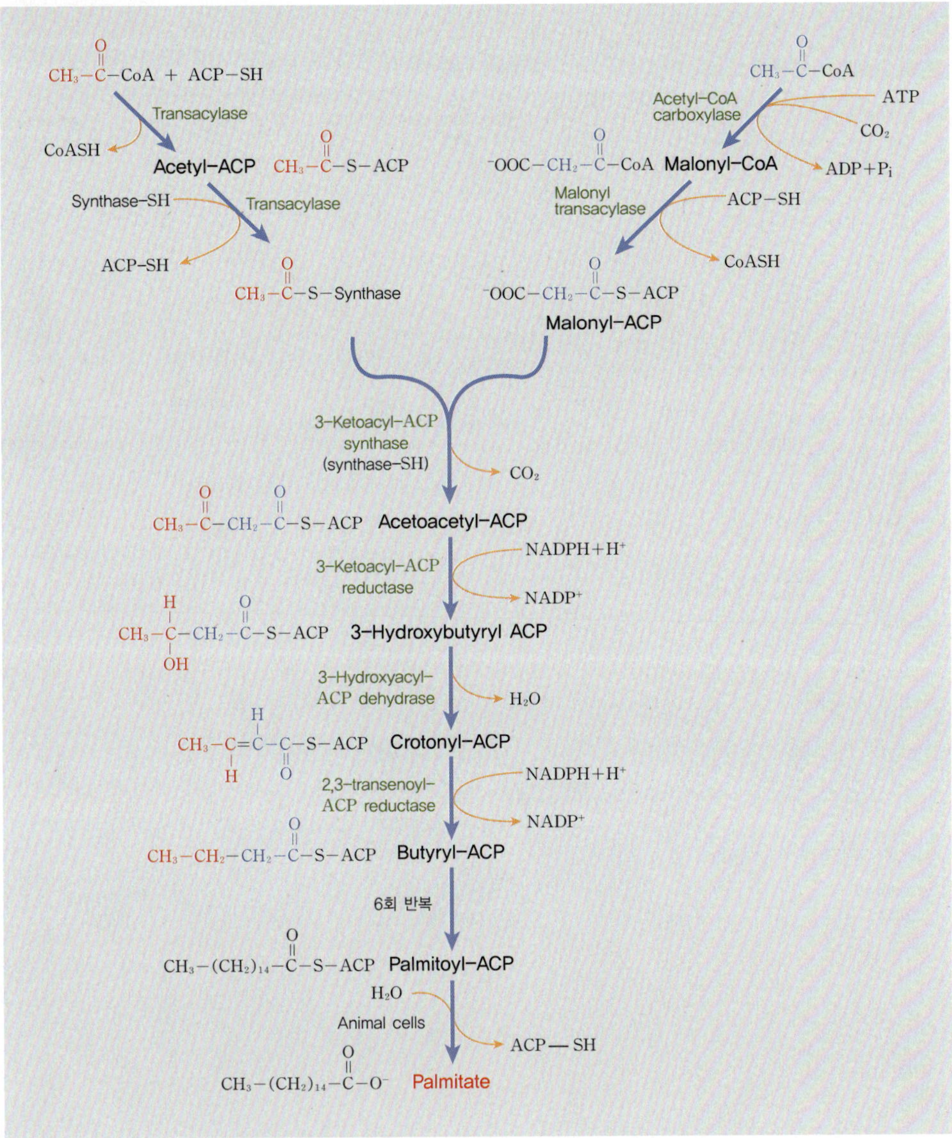

부록 6-5 Mevalonic acid에서부터 cholesterol 합성과정

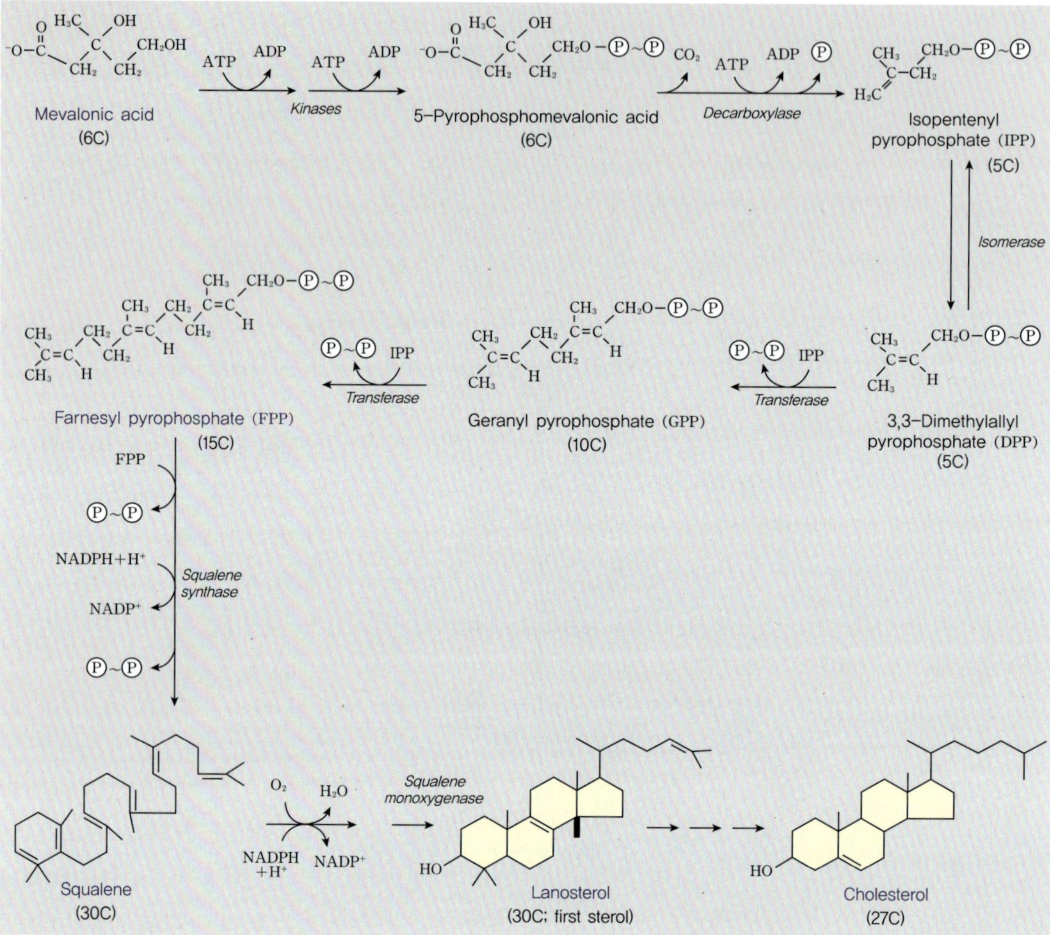

부록 10-1 포도당에서 비타민 C의 합성과정

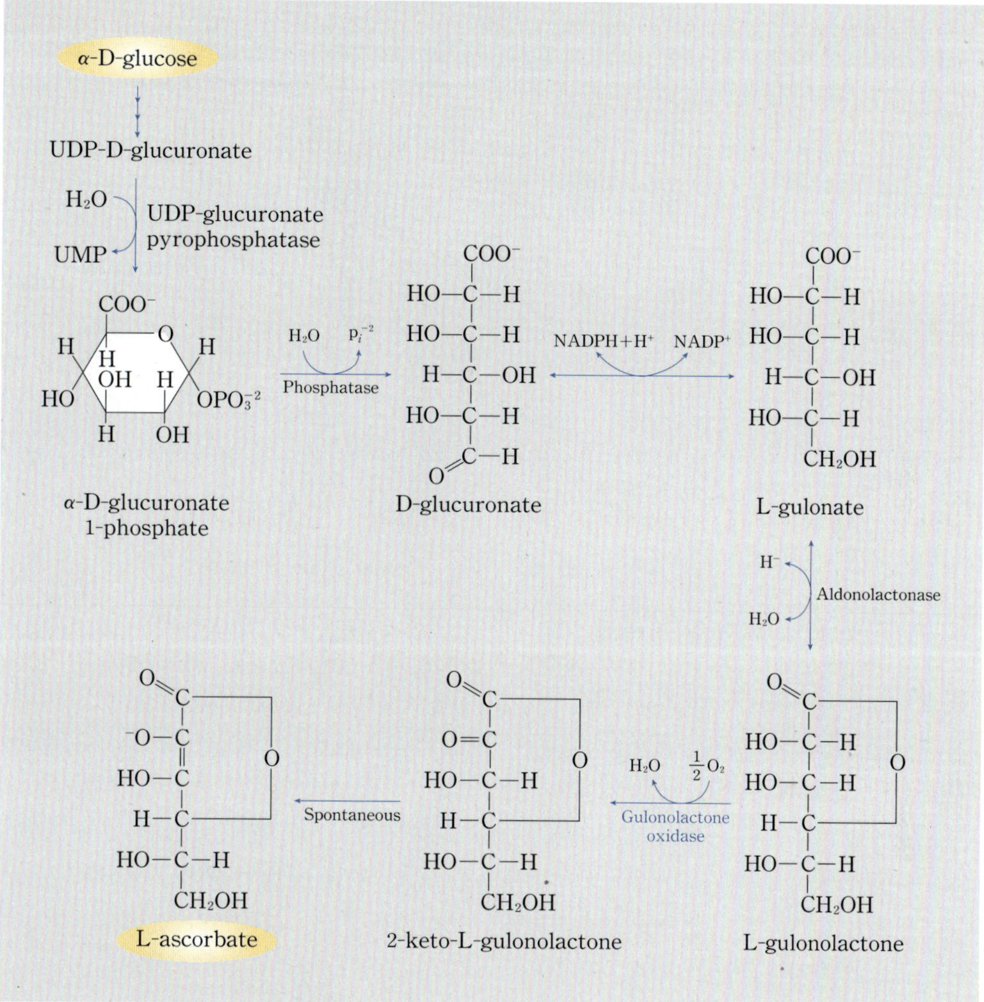

부록 10-2 페닐알라닌과 타이로신 대사의 비타민 C* 역할

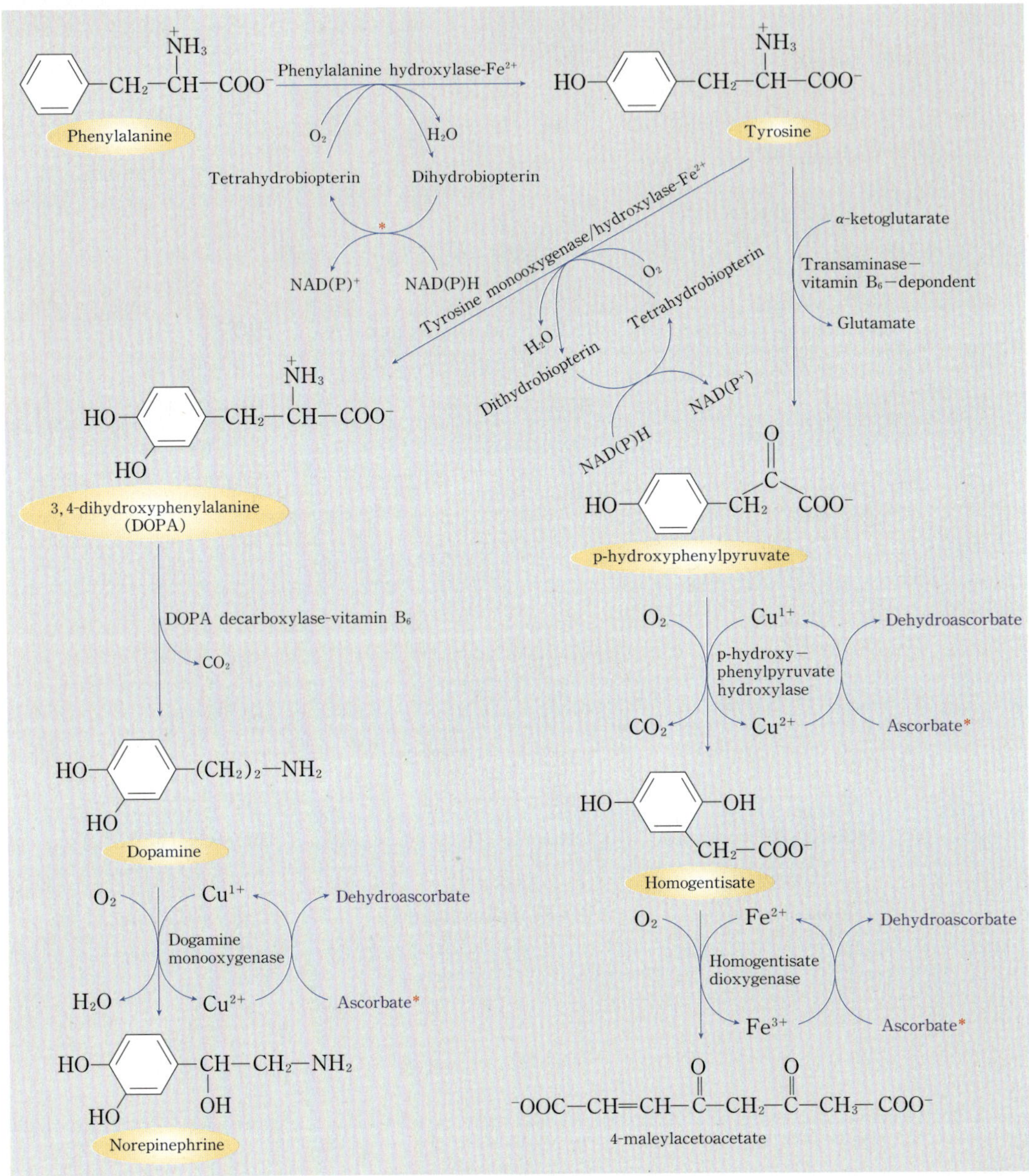

색 인

국문색인

ㄱ

ㄴ

ㄷ

ㄹ

ㅁ

ㅈ

ㅊ

ㅋ

ㅌ

ㅍ

영문색인

A

B

H

I

K

L

M

N

O

P

R

S

W

X

Y

Z

저자약력

박현서

성균관대학교 생물학 학사
University of Wisconsin (Madison) 생화학 석사
Oregon State University (Corvallis) 영양학 박사
경희대학교 식품영양학과 조교수~교수
경희대학교 생활과학대학 학장 역임
한국영양학회 회장 역임
현재 경희대학교 명예교수

임윤숙

숙명여자대학교 식품영양학 학사, 석사
Ohio State University 인체 영양학 박사
Oregon State University, Linus Pauling Institute 박사후연구원
University of California, Davis 의과대학 박사후연구원
현재 경희대학교 식품영양학과 조교수

김경아

경희대학교 식품영양학 학사, 석사
파리 제7대학교 세포생물학 및 생리학 석사
파리 제6대학교 생리학 및 병리생리학 박사
University of California, Berkeley 박사후연구원
전북의대 생화학교실 기금교수
연세의대 생화학, 분자생물학교실 연구 강사
현재 한국파스퇴르연구소 당뇨연구부 연구원

이해하기 쉬운 **고급영양학**

발행일	2010년 8월 13일 초판 인쇄 2010년 8월 20일 초판 발행
지은이	박현서, 임윤숙, 김경아
발행인	김 홍 용
펴낸곳	도서출판 효일
주 소	서울시 동대문구 용두동 102-201
전 화	02) 928-6644
팩 스	02) 927-7703
홈페이지	www.hyoilbooks.com
e-mail	hyoilbooks@hyoilbooks.com
등 록	1987년 11월 18일 제6-0045호
정 가	29,000원
ISBN	978-89-8489-280-4